中国南方喀斯特流域气象、农业及水文干旱驱动机制研究

贺中华　陈晓翔　梁　虹等　著

科　学　出　版　社

北　京

内 容 简 介

本书主要从流域结构与功能关系论述喀斯特流域气象、农业及水文干旱驱动机制。主要内容包括喀斯特流域结构与功能关系探讨，流域气象/农业/水文干旱特征识别，流域结构的降雨径流滞后效应分析，流域气象干旱与农业/水文干旱联合概率构建，流域气象-农业-水文干旱传播机制研究等。

本书可供从事水文水资源、水利工程、遥感信息工程、地理信息科学、地理科学、环境科学等专业的科研工作者和工程技术人员参考，并可作为相关专业的高等院校、学生的参考用书。

审图号：黔S(2024)008号

图书在版编目(CIP)数据

中国南方喀斯特流域气象、农业及水文干旱驱动机制研究 / 贺中华等著．北京 ：科学出版社，2024．6．-- ISBN 978-7-03-078815-3

Ⅰ．P931．5

中国国家版本馆CIP数据核字第2024CP8600号

责任编辑：林　剑 / 责任校对：樊雅琼

责任印制：徐晓晨 / 封面设计：无极书装

科学出版社出版

北京东黄城根北街16号

邮政编码：100717

http://www.sciencep.com

北京九州迅驰传媒文化有限公司印刷

科学出版社发行　各地新华书店经销

*

2024年6月第　一　版　开本：787×1092　1/16

2024年6月第一次印刷　印张：16 1/2

字数：350 000

定价：238.00元

(如有印装质量问题，我社负责调换)

前 言

《中国南方喀斯特流域气象、农业及水文干旱驱动机制研究》是在贵州省自然基金重点项目“黔中喀斯特流域农业干旱对气象干旱的响应机制及滞后效应模型研究”（黔科合基础-ZK［2023］重点028）、贵州省水利厅自然科学基金项目“黔中喀斯特流域结构的洪涝演化机制及灾害损失估算研究”（KT202237）及国家自然科学基金面上项目“中国南方喀斯特流域结构的水文干旱驱动机制研究”（41471032）、国家自然科学基金重大专项“喀斯特筑坝河流水安全与调控对策”（u1612441）等支持下完成的一项学术研究成果。参与完成本项目研究单位包括贵州师范大学、中山大学、贵州省水利厅/贵州省应急管理厅、贵州省水文水资源局等；参与研究的成员包括贺中华、陈晓翔、梁虹、杨朝晖、黄法苏、顾小林、许明金、张浪、杨铭珂、皮贵宁、游漫、陈莉会、潘杉、杨梅、谭红梅、杨树平、余欢、杨秋云等。

本书运用系统论的思路和方法，从流域系统结构和功能角度，结合流域水文学和流域地貌学，系统、全面、深入地探究和揭示喀斯特流域结构与流域储水、流域储水与流域干旱的定量关系，试图在研究内容、方法和手段等方面探索新的领域和途径，弥补喀斯特流域干旱及干旱传播机制研究的不足，使喀斯特流域水文水资源、水文遥感研究成果和水平更上新的台阶，也使喀斯特流域极值水文学研究得到了进一步的完善和发展。

本书研究主要选取中国南方喀斯特典型分布区，基于生产部门提供的大量实测水文气象数据及网络资源数据，采用野外调研与室内统计，结合现代数学分析方法（如分形理论、多元统计、灰色系统理论、人工神网络技术等）和遥感与GIS等技术进行综合研究。本书研究部分成果在*International Journal of Applied Earth Observation and Geoinformation*、*Scientific Reports*、*Natural Hazards*、*Theoretical and Applied Climatology*、*Journal of Water and Climate Change*、*Water*、《地理科学》、《地质科学》、《自然资源学报》、《水土保持学报》等学术期刊上发表。

本书在编写过程中参考并引用了有关院校及科研单位编写的教材和科研文献，在此表示致谢。在资料的搜集和整理中，贵州省水利厅、贵州省水文水资源局及相关单位和部门给予了大力的支持和帮助，在此致以诚挚的感谢。

受限于各方面条件，本书还存在诸多不足之处，恳切地希望各位读者对本书存在的不足提出批评和指正。

贺中华

2024年1月

目　　录

第1章 绪论

无论是对经济、社会的影响，还是对生态环境的影响，干旱是最具有破坏性的自然灾害之一。据联合国粮食及农业组织报告，干旱灾害导致全球年均损失2500亿~3000亿美元，且干旱频率及损失量将持续上升。1990~2015年全球干旱频率达5.7次/年，占自然灾害总数的5%；2012年美国因极端干旱导致经济损失高达120亿美元；在我国，1984~2018年干旱造成的经济损失达340亿元/年、影响作物面积大于200 000km^2/年，尤其2009~2010年我国北部及西南部干旱影响约3亿亩①农田、2700万人，经济损失超过1000亿元。因此，干旱给社会经济可持续发展、农业生产和人类生活带来广泛的影响，已引起政府及学术界的高度关注。

然而，干旱现象十分复杂：①同一地区不同年份以及同一年份不同季节的干旱现象有很大差异，具有显著的时空变化特征，这是由于降水的时空分布差异所致；相同降水在不同地区，干旱传播时间、干旱强度和干旱频率等特征也不完全相同，这说明干旱不仅仅与降水丰亏有关，也与下垫面条件和需水要求等关联。②针对不同流域，由于流域介质及空间结构分布对降水二次分配差异将导致降水的侧向径流及垂向入渗率的差异，从而影响降水的地表及地下滞流量（即流域储水量），进而影响干旱程度。③不同植被（农作物）及同种植被（农作物）在不同生长期对水的需求具有较大差异，在相同流域储水亏损条件下流域植被（农作物）将呈现不同的抗旱特征。④干旱发生表明在一定时期无降水或降水量极少，但在一定时期无降水或降水量极少并不意味干旱一定会发生；据研究表明，气象干旱向农业干旱传播时间在夏秋季较短、冬春季较长，因此，降水亏损是干旱发生的必要非充分条件，流域储水对干旱及干旱传播具有一定的调节功能。⑤气象干旱一旦发生，其干旱历时、干旱强度与干旱频率等特征主要受制于流域蓄水量的高低，即流域储水能力。若流域蓄水量多，则干旱传播时间较长、干旱历时短、干旱强度弱，即流域具有较强的储水能力；反之，流域蓄水量少，则干旱传播时间较短、干旱历时长、干旱强度强，即流域具有较弱的储水能力。因此，在一定降水亏损及植被（农作物）需水要求条件下，流域储水对干旱及干旱传播的调节机制是本研究亟待解决的科学问题。

中国南方的贵州、云南和广西是典型喀斯特分布区，其地貌类型、植被结构、土壤质地、岩性组合及人类活动等因素具有显著的区域性差异，从而影响降水的地表汇流与径流特征、影响流域储水能力。

1）不同地貌类型组合区，其流域地表常表现为形状各异、大小不同的溶蚀洼地、漏斗及盆地，为降水在地表与地下滞流提供了空间和场所，在一定程度上延缓降水在地表/

① 1亩≈666.67m^2。

地下汇流与径流时间，增强了流域下渗量或径流补给量，有助于流域储水能力。

2）流域植被是流域赋水的重要信息，其植被类型及结构对流域赋水起重要作用，主要表现：①植被垂直分层对降水垂直运动具有削速作用，即减轻降水对流域地表冲击与破坏，增强降水的下渗量；②植被水平分布对降水侧向径流具有截流作用，即减缓降水的地表流速、增强降水的下渗量。因此，植被覆盖在一定程度上增强了“生态蓄水量”。

3）土壤是流域介质的重要组成要素，土壤颗粒对降水具有很强的吸附作用，土壤空间是降水的最小储存单元或场所，是流域储水能力的综合体现；不同土壤类型，其土壤覆盖度、土壤颗粒大小、土壤孔隙度及土壤结构等差异较大，从而影响流域“土壤保水能力”。

4）喀斯特流域岩性不同于常态流域，不仅岩性类型多、质地不纯，且不同岩性类型交错分布，形成不同的岩性组合结构；在喀斯特作用下形成不同的溶隙、溶孔和管道，以及地下溶洞等结构，为地表与地下水滞流提供空间和场所，增强流域“岩性持水能力”。

5）土地利用是人类活动对流域介质的作用方式，土地利用空间格局是人类活动对流域介质的作用结果；而人类活动对流域介质作用结果主要表现为破坏流域介质及空间结构，影响降水的地表、地下汇流与径流过程，从而影响流域“蓄水、保水和持水能力”，促使或抑制干旱的发生。

目前，国内外学者对干旱进行了一定的研究，并取得了重要的进展和成果。集中表现在：以实测土壤含水量数据及气象和遥感数据为基础，从流域尺度或时间尺度构建相关的干旱指标；对干旱进行识别、特征提取和量化，以及对干旱进行监测评价、预测预警等。但是在干旱及干旱传播调节机制研究仍然相对薄弱，主要表现在：①大多偏重于方法上的探讨，即是从降水亏损、土壤水分亏损角度探讨在全球气候变化背景下的干旱特征及其演化规律；②偏重于研究天然条件下干旱现象/结果及其影响因素，少数学者考虑人类活动对干旱过程/机制的影响，而人类活动对干旱过程/机制已产生了严重影响，尤其是人类活动对流域介质结构的改变，已严重影响流域的产汇流机制，从而影响流域储水能力；③大多讨论非喀斯特流域在降水亏损、土壤水分亏损下的干旱识别及其特征分析，较少涉及喀斯特流域下垫面介质因素对干旱过程/机制的影响；④多数利用单点气象站观测序列数据进行干旱诊断分析，较少涉及多站点气象观测序列数据进行干旱诊断及时空变化分析。事实上，干旱既受降水亏损、土壤水分亏损等自然因素影响，同时受人类活动的影响，尤其是人类活动对流域地貌、土壤和岩性等结构的破坏。因此，干旱与其说受降水亏损影响，不如说受降雨–径流的调节作用，降水亏损是干旱发生的必要非充分条件，尤其是在特殊脆弱的中国南方喀斯特地区，干旱具有自然和社会双重属性特征，单纯考虑自然属性的干旱及干旱传播机制研究是不全面的。喀斯特地区在全球都是一类主要的生态脆弱区，如不进行喀斯特地区水资源保护，必将导致大面积的石漠化，诱发严重的环境及生态安全问题，流域储水研究已成为确保喀斯特地区经济发展、社会稳定的紧迫任务。在一定降水或水利措施保障供水条件下，流域储水对干旱传播具有较强的调节功能，而目前针对流域储水的研究相对滞后，研究工作及文献资料也相对较少，至今对流域储水的定量估算、流域储水对干旱的调节机制等不甚明了，成为喀斯特流域水文地貌学科发展的瓶颈因素之一，研究喀斯特中小流域储水，以及对干旱传播过程的调节作用及机制具有重要的学术研究价值。鉴于此，本书以中国南方喀斯特中小流域气象干旱、农业干旱和水文干旱为研究对象，采用室内分析与野外调研，以及利用面向对象技术、人工神经网络及交叉小波相结合的研究方法，分析喀斯特流域介质及结构对流域储水影响、定量刻画流域储水规律，讨论在气候变化、流域介质空间耦合及人类活动影响下流域储水对干旱传播调节作用，揭示喀斯特流域干旱及干旱传播机制，为喀斯特地区水资源的合理利用与经济社会的可持续发展提供科学依据，为喀斯特地区抗旱救灾提供技术支撑作用。

第2章 中国南方喀斯特流域结构与功能特征

2.1 喀斯特流域定义与类型

喀斯特一词来自于前南斯拉夫的伊斯特里亚（Istria）石灰岩高原的地理专名，即石头之意，它是指具有一种特殊水文现象和特殊地貌现象的地形，其水文和地貌的特性就在于具有地表地下水系塑造的地貌。科学家将可溶性岩石以化学或生物过程为主，机械破坏或改造过程为辅的岩溶作用称为喀斯特水文作用，由这种作用产生的地下管道称为喀斯特洞穴，它们统称为喀斯特。在可溶岩广泛分布的地区，喀斯特作用明显，喀斯特地貌广泛发育，其水文特征受地表、地下喀斯特系统影响显著的流域，称为喀斯特流域。一般地，在喀斯特地区，有喀斯特发育的流域都可以称为喀斯特流域。本研究所指的喀斯特流域是指由特殊的含水介质（可溶岩双重含水介质）和具有特殊的流域边界（地表、地下双重分水岭）、独特的地貌-水系结构及水文动态过程耦合的地域综合体。根据其水量平衡情况分为盈水流域、亏水流域和平衡流域。

2.2 喀斯特流域介质结构特征

2.2.1 岩石组成结构

岩石是喀斯特流域系统的物质组成部分，在喀斯特地区分布了广泛的碳酸盐岩，构成了喀斯特流域系统的一个子系统。在这个子系统中，各种岩石都具有自身的特性，从而控制流水溶蚀和侵蚀作用，使得喀斯特流域表现出自身的结构特征，也就是说岩性不同喀斯特流域结构也就不同。另外，从喀斯特流域整体来看，在岩性构造控制下，由于运动水的差异溶蚀和侵蚀在岩石内部形成了大量的次生溶孔、溶隙和溶道（溶管和溶洞系统），构成了喀斯特流域的地下通道，形成了地下水系；影响着岩溶裂隙的发育程度和规模，导致排水通道和透水性的差异，使喀斯特流域具有了不均一的双重含水介质结构。

2.2.2 植被分布结构

植被影响水文过程、促进降雨再分配、影响土壤水分运动，是喀斯特流域系统的有机组成部分。在流域中，各种植被类型形成多个子系统，组合在一起构成了植被结构，植被结构和其他要素耦合在一起构成流域。在喀斯特地区，受地形多样、地表起伏大等影响，植被对水文过程影响也较大，植被结构表现出了与流域水文更为密切的关系。

2.2.3 土层覆盖结构

流域土层系指分布在流域上具有一定规模的未固结沉积物，这些沉积物通常覆盖在基岩表面，是来源于母岩原地风化形成的表层土、风化壳，或是在河流动力顺坡移动等作用下从异地搬运形成的松散沉积物。由于下面覆盖有低渗透率岩石（通常这些沉积物渗透率较下层岩石大 2 至 3 个数量级），土层有时可确定为一个相对独立的水文地质单元。土层是喀斯特流域系统的组成部分，也是作为一个子系统存在于喀斯特流域中，并且和岩石系统、植被系统、地貌形态系统等相互协同构成流域。鉴于土层分布的空间结构受地貌、地势、地面坡度及物质组成的影响，喀斯特地区大部分流域内土层浅薄，零星分布，形成了岩溶地区独特的土层覆盖结构。

2.2.4 土地利用结构

1948～2023 年中国南方土地覆盖面积占比最大的是林地（68.6%；2020s），其次是耕地（26.7%；1980s），水体最小（0.5%；1970s～1990s）（图 2-1a）；耕地和草地地类年际变化呈递减趋势（$-46.17km^2/10a$，2010s～2020s；$-56.39km^2/10a$，1970s～1980s），其余地类呈递增趋势，其中建设用地递增最快（$393.11km^2/10a$，2010s～2020s）、水体递增最慢（$0.07km^2/10a$，1970s～1980s）。地类年际转移主要呈现林地转耕地最大（$39\ 330.9km^2/10a$，1970s～1980s），其次是耕地转林地（$33\ 213.6km^2/10a$，1970s～1980s），水体转建设用地最小（$0.45km^2/10a$，1980s～1990s）；转移量方面：林地（68.2%，2010s～2020s）>耕地（26.2%，1980s～1990s）>草地（14.1%，1970s～1980s）>建设用地（5.6%，2010s～2020s）>水体（1%，2010s～2020s）（图 2-1b～f）。

2.2.5 水系结构特征

（1）流域高程特征

中国南方喀斯特流域位于云贵高原的斜坡地带，地势由西向东呈阶梯状分布。根据地势分布特点，可将中国南方研究区划分为西部区、中部区和东部区。

从图 2-2 可知，研究区是由 53 个子流域组成、平均高程 1065.62m，从西向东地势逐渐下降，呈明显的高（西部区）、中（中部区）、低（东部区）阶梯状分布；地势最高与最低点分别是云南河边站（1972.75m）和广西武宣站（108.526m），西部区与东部区的最大高差 1864.224m，说明喀斯特流域侵蚀基准面与溶蚀基准面之间的距离较大，这为流域储水提供了空间与场所。受地势及距海距离的影响，从东至西多年平均降水量也呈逐渐递减变化趋势。从西部区到东部区，流域平均高程分别为 1862.09m、1175.28m 和 426.59m，高程标准差分别为 94.11、264.98、195.98，说明地势起伏度中部区最大，其次东部区，西部区最小，因此流域侵蚀基准面与溶蚀基准面距离中部最大，其次东部区，西部区是最

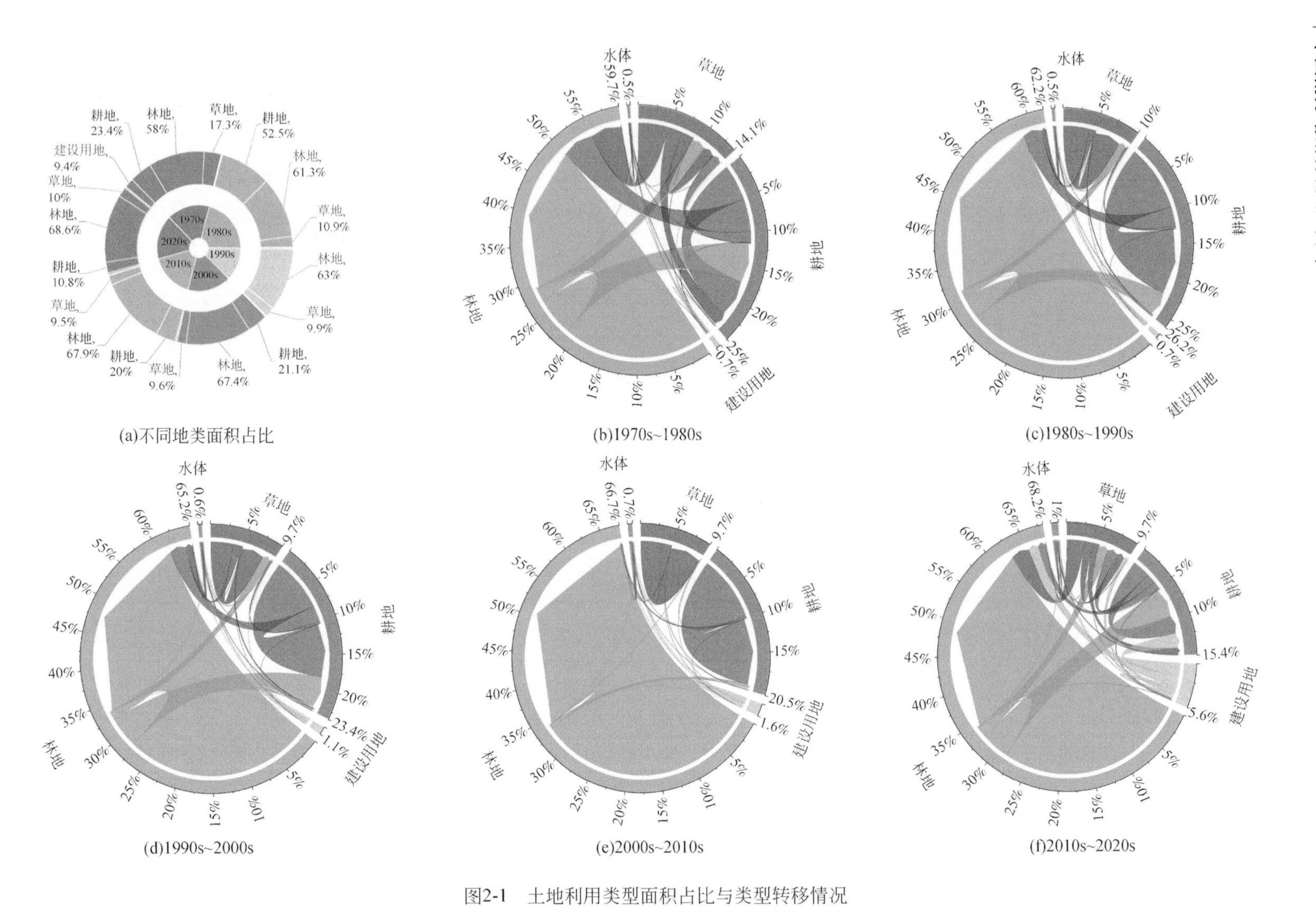

图2-1　土地利用类型面积占比与类型转移情况

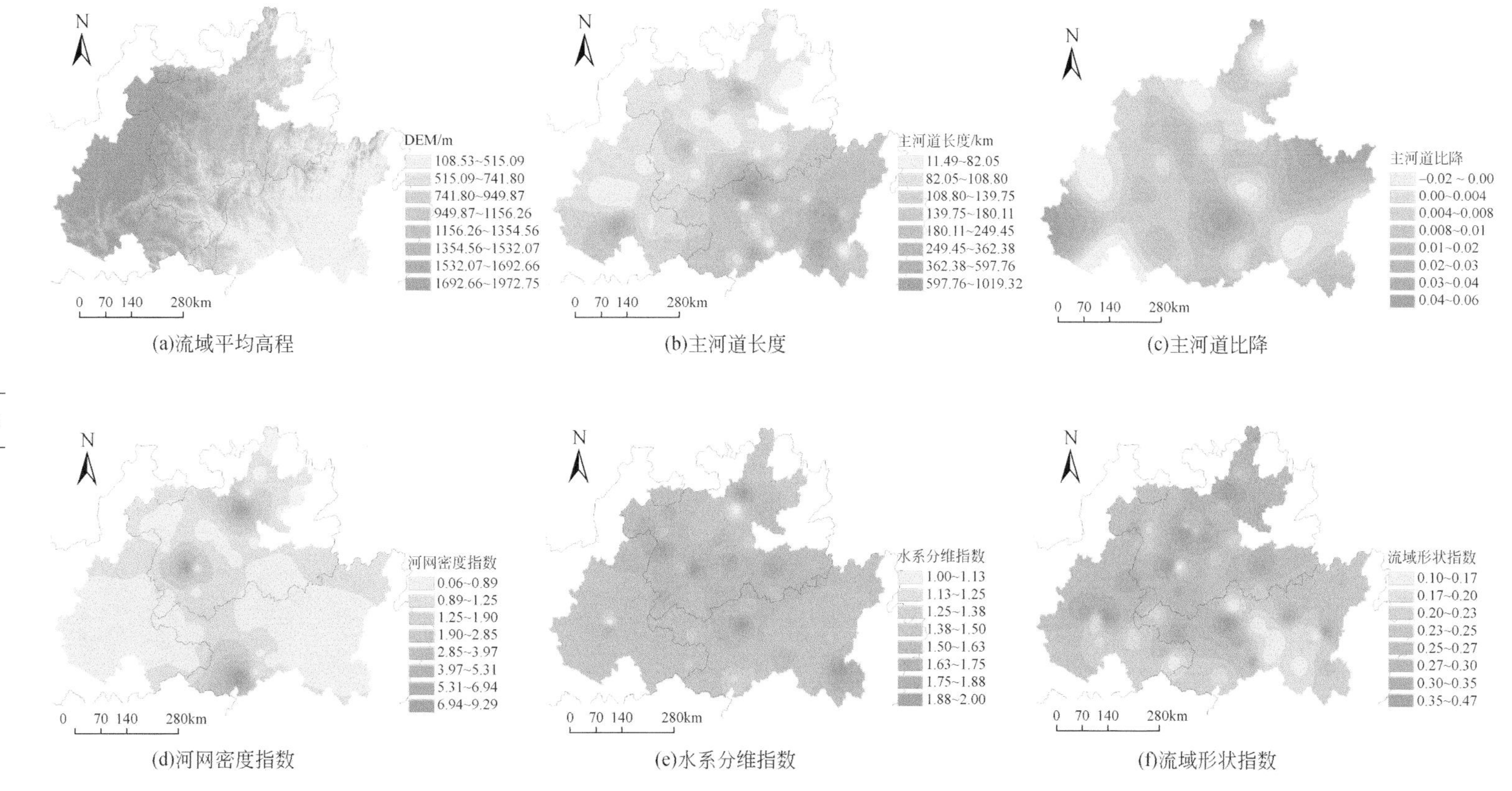
N
0 70 140 280km
DEM/m
108.53~515.09
515.09~741.80
741.80~949.87
949.87~1156.26
1156.26~1354.56
1354.56~1532.07
1532.07~1692.66
1692.66~1972.75
(a)流域平均高程
主河道长度/km
11.49~82.05
82.05~108.80
108.80~139.75
139.75~180.11
180.11~249.45
249.45~362.38
362.38~597.76
597.76~1019.32
(b)主河道长度
主河道比降
−0.02 ~ 0.00
0.00~0.004
0.004~0.008
0.008~0.01
0.01~0.02
0.02~0.03
0.03~0.04
0.04~0.06
(c)主河道比降
河网密度指数
0.06~0.89
0.89~1.25
1.25~1.90
1.90~2.85
2.85~3.97
3.97~5.31
5.31~6.94
6.94~9.29
(d)河网密度指数
水系分维指数
1.00~1.13
1.13~1.25
1.25~1.38
1.38~1.50
1.50~1.63
1.63~1.75
1.75~1.88
1.88~2.00
(e)水系分维指数
流域形状指数
0.10~0.17
0.17~0.20
0.20~0.23
0.23~0.25
0.25~0.27
0.27~0.30
0.30~0.35
0.35~0.47
(f)流域形状指数

图2-2 流域水系特征

小；流域储水空间深受流域基准面间距离影响，因此本流域储水空间从小到大为：西部<东部<中部。

（2）流域主河道长度/纵比降特征

主河道是流域水系侧向流的终点，其长度决定着流域集水面积的大小，是流域储水功能的一个重要指标。喀斯特流域地表崎岖、地形起伏很大，水文断面控制的流域面积一般较小、主河道长度较短，主河道平均长度为138.47km（图2-2b），主河道纵比降也较小，均值为0.071（图2-2c）。其中，中部区地表起伏最大，主河道长度最长，为128.961km，主河道纵比降为0.074；其次是东部区，主河道长度为105.67km，主河道纵比降为0.07；西部区主河道长度为105.64km，比降为0.068，均最小。广西天峨流域主河道长度最长（1 020.325km），贵州织金流域主河道长度最短（10.475km），广西凤山流域主河道纵比降最大（0.0266），广西三岔流域主河道纵比降最小（0.006）。同时，主河道长度最长的流域其主河道长度变化也最大，如主河道最长的中部地区，主河道长度 $C_v=1.49$，其次是西部区，主河道长度 $C_v=1.0$，而东部区，主河道长度 $C_v=0.89$；但主河道纵比降与主河道纵比降变化不完全一致，从西至东纵比降变化呈现递增趋势，即 C_v 值分别为0.34、0.44、0.93。总之，喀斯特流域主河道长度较短、主河道长度变化小（$C_v=1.21$），主河道纵比降较小，主河道纵比降变化也较小（$C_v=0.61$）。

（3）流域河网密度/水系分维及流域形状特征

喀斯特流域水系发育受流域侵蚀基准面与溶蚀基准面的控制，在喀斯特地貌演化幼年期，流域溶蚀基准面较浅，侵蚀基准面与溶蚀基准面间距离短，河网水系不发育；在地貌演化壮年期，流域溶蚀基准面埋藏较深，侵蚀基准面与溶蚀基准面间距离大，河网水系较发育。统计显示，研究区河网水系非常发育，河网密度均值1.1km/km²（图2-2d），分维指数 $1.0 \leq F_r \leq 2.0$，均值为1.5（图2-2e）；同时流域形状指数较小，平均值为0.25（图2-2f），说明喀斯特流域边界复杂。流域河网密度均值东部区最大（1.52），其次是中部区（1.24），西部区最小（0.64）。根据中国河网密度标准，西部区属于中等密度区，而中部区和东部区属于稠密区。其中，广西荣华、贵州乌江渡和盘江桥水文站点控制的流域河网密度最大，分别为9.32km/km²、8.34km/km²、7.17km/km²，均属于河网极密区。关于水系分维指数，东部区、中部区和西部区差异较小，分维指数均在1.5附近波动。而针对流域形状指数，中部区相对最大（0.30），其次是西部区（0.26），东部区相对最小0.23。总而言之，喀斯特流域地表起伏度越大，流域边界越不规则、流域控制面积越小、流域形状指数也越小；流域水系越发育，则河网密度越高、水系分维指数相对较大。

2.3 喀斯特流域结构与功能关系

系统的结构和功能是系统的两个基本概念，结构反映了系统内部各要素的组成关系，功能反映了系统内部各要素之间的活动关系。两者从不同方面规定了系统各要素之间的联系。系统结构作用于一切输入系统的物质、能量和信息，并输出一定的物质、能量和信息，对外就表现出一定的功能，在整个过程中物质、能量和信息以流的形式进行传递。

从结构与功能关系的原理出发认为：结构与功能相互依存，结构决定功能，功能反作用于结构，结构与功能相对应，在现实系统中结构和功能的对应关系存在“一对多”“多对一”等形式。

2.3.1 结构与功能相互依存

系统结构是系统功能的基础，系统功能是系统结构的外在表现。一定的系统结构总是表现为一定的系统功能，一定的系统功能总是由一定的系统结构产生的。没有结构的功能不存在，没有功能的结构也同样不存在。两者互为条件，不可分割。在喀斯特流域系统中，枯水径流就是流域结构的功能体现，要把握流域的枯水径流效应就必须深入研究喀斯特流域结构。只有从喀斯特流域结构出发，研究流域内岩石结构、地貌结构、植被结构、土层结构和流域功能的成因机理，才能真正把握枯水径流效应。另外由于流域系统具有动态演化特征，流域系统处在不同的演化阶段就必然形成与之相应的一套结构和功能。例如，喀斯特流域中的盈水流域和亏水流域就是由于流域的动态演化所致。

2.3.2 结构决定功能

由于结构是系统功能的基础，功能是其外在表现，是在物质流、能量流和信息流作用下的响应，所以必然结构决定功能。在喀斯特流域，岩石结构不同所表现出来的枯水特征值就不同，灰岩比例越高的流域，枯水径流模数越小；白云岩比例越高，枯水径流模数则越大；喀斯特流域不同岩石结构控制着不同的地貌类型的发育，这种地貌结构的差异也导致了不同的流域枯水水文特征。例如，集水面积增大，流域地表层调蓄水分能力相应较大，丰水季节的降水储存于地下，补给枯季河川径流的来源则较广；而且，随集水面积增大，河谷下切加深，补给河流枯水的含水层也较深厚，因而枯水流量也相应较大。

2.3.3 功能反作用于结构

功能与结构相比，功能是相对活跃的因素，结构是相对稳定的因素。在外界条件发生变化时，系统结构虽未变化，但系统功能会先发生不断变化，最终突破阈值引起系统结构的变化，这就是功能的反作用。河道内水流的运动是地貌结构形成的主要外营力之一，而喀斯特流域独特的地表地下结构的形成和水文过程也无不相关，在岩性和地质构造的控制作用下，由于含有不同二氧化碳量的水的差别溶蚀和侵蚀，流域内发育形成了大量次生的溶孔、溶洞、溶道等地下结构；在地表河流的下蚀、侧蚀和侵蚀下，形成了今天的地貌结构；流域系统水的输入使得流域内部要素得以维持，构成完整统一的系统。

第 3 章 中国南方喀斯特流域降雨时空演化特征

近几十年来全球气候变暖影响大陆和海洋表面温度的变化，造成全球大气环流发生变化，从而影响整个水循环过程，造成极端强降水及降水总量的增加。近期很多学者对我国不同区域降水变化及趋势做了大量的研究：1956 ~ 2000 年间中国北方流域降水量少、年际变化大，降水量一般趋于减少；南方流域降水较多，年际变化较小，降水量以增加为主。其中，长江中下游地区年和夏季降水量呈现明显增加趋势，黄河、淮河流域降水表现出减少趋势。中国西北、东北、华北降水趋势值不大，但以负趋势为主；青藏高原的冬春降水呈增加趋势，汛期降水呈微弱增加趋势。此外，黄土高原降水在波动中呈现下降趋势，尤其自 1980 年以来，降水减少趋势显著。贵州省位于我国西南部，处于世界喀斯特集中分布的亚洲片区中心，是中国喀斯特分布面积最大、发育最复杂的一个省区。黔中地区因地处两江分水岭河源地带、岩溶强烈发育山区，山高谷深水源低，雨多水少不易蓄存，坡陡土薄涵水弱，水资源开发利用难度极大，加上水资源时空分配不均，人均水资源量少，可利用水资源非常紧缺，缺水成为限制其发展的主要因素。因此，本章以黔中地区为例，从多个时间尺度去探讨降雨强度及频率的时空演化特征，以期为黔中水利枢纽工程的水资源调度和配置提供基础支撑。

3.1 研究区概况

黔中地区位于贵州省中部，是贵州省政治、经济、文化、交通中心，是贵州省城市最密集、交通最发达、工业基础最好、人口最集中、耕地资源集中成片的地区，包括贵阳市、安顺市、六盘水市、毕节市。研究区位于东经 104°19′10″ ~ 107°1′11″，北纬 25°24′30″ ~ 26°52′30″，面积 16 563.5km^2，平均海拔 1367.02m。研究区位于亚热带季风性湿润气候区，气候湿润温和、雨量充沛，多年平均降水量在 850 ~ 1510mm，在普定、镇宁、安顺、织金一带形成降水高值区，降水量自中部向西北、向东部递减，以六枝站为最大（1508.2mm）、以赫章站西部最小（854.2mm）。降水年际变化不大，但年内分配不均，降水主要集中在 5 ~ 10 月，占全年降水量的 80% 左右。研究区位于云贵高原的喀斯特丘陵地貌、东部斜坡第二阶梯，以及长江与珠江两大流域分水岭的宽缓斜坡地带，河流由于长江和珠江流域的分割，河流源短流细，脊线以北属长江流域乌江水系，主要河流为三岔河干流及其支流白岩河、懒龙桥河、波玉河、城关河，乌江支流猫跳河、南明河等；脊线以南属珠江流域，分属北盘江、红水河水系，主要河流为北盘江支流打邦河、王二河、坝陵河，红水河支流猫营河、格凸河等。

3.2 数据与方法

3.2.1 研究数据

降雨数据来自水利部整编的《水文统计年鉴》，从中选取黔中地区 1965 ~ 2016 年 56 个雨量站逐月实测数据；对于缺失的实测数据，采用三次样条函数内插法对数据进行插补。考虑流域面积影响，本节对数据进行了标准化处理。

3.2.2 研究方法

(1) 降雨距平指数

为了反映 1965 ~ 2016 年黔中地区降雨强度，本节选用降雨距平指数（PAI）进行计算。

$$\mathrm{PAI}=\frac{V_{年}-V_{多年均值}}{V_{多年均值}}\times 100\% \tag{3-1}$$

式中，PAI 表示降雨距平指数；$V_{年}$表示某年累计降雨量；$V_{多年均值}$表示多年累计平均降雨量。

降雨距平指数大小可以反映当年降雨量与多年平均降雨量的差距，较为直观地反映当年缺水情况。根据降雨距平指数，本节将降雨强度划分为五个等级：$-25\% \leqslant \mathrm{PAI}$ 为枯水等级/枯水年、$-25\% < \mathrm{PAI} \leqslant -10\%$ 为偏枯等级/偏枯年、$-10\% < \mathrm{PAI} \leqslant 10\%$ 为平水等级/平水年、$10\% < \mathrm{PAI} \leqslant 25\%$ 为偏丰等级/偏丰年、$\mathrm{PAI} > 25\%$ 为丰水等级/丰水年。

(2) 降雨频率计算

为了反映 1965 ~ 2016 年黔中地区降雨频率，本节选用 *P*-Ⅲ型分布计算研究区降雨频率，*P*-Ⅲ型概率密度函数 $f(x)$ 为

$$f(x)=\frac{\beta^{\alpha}}{\Gamma(\alpha)}(x-a_0)^{a-1}e^{-\beta(x-a_0)} \tag{3-2}$$

式中，$\Gamma(\alpha)$ 为伽马函数；$a_0>0$、$\alpha>0$、$\beta>0$ 分别表示皮尔逊Ⅲ型的形状、尺度和位置参数，分别用基本统计特征参数 E_x，离均系数 C_v、C_s表示，关系式如下：

$$a_0=E_x\left(1-\frac{2C_v}{C_s}\right)$$

$$\alpha=\frac{4}{C_s^2}$$

$$\beta=\frac{2}{C_vC_sE_x}$$

为了便于描述和理解黔中地区降雨频率时空演化特征，本节将对降雨发生频率划分为 5 个等级：0 ~ 20% 为极少发生（低频）、20% ~ 40% 为较少发生（中低频）、40% ~ 60% 为经常发生（中频）、60% ~ 80% 为频繁发生（中高频）、80% ~ 100% 为极频繁发生（高频）。

(3) 降雨尺度分析

降雨是区域气候环境特征，降雨量大小及其时空分布是决定一个地区气候环境的重要

因素。不同时间尺度降雨表达如下：

$$V_{i,k} = \sum_{j=1}^{3k} Q_{i,j}(k = 1,2,3,4) \quad (3\text{-}3)$$

式中，$Q_{i,j}$表示第 i 水文年第 j 月的降雨量；$V_{i,k}$表示第 i 个水文年第 k 个参考期的累积降雨量，k=1 表示 10～12 月，k=2 表示 10～次年 3 月；k=3 表示 10～次年 6 月，k=4 表示 10～次年 9 月。

3.3 黔中地区降雨强度时空演化特征

以降雨数据为基础，利用降雨距平指数（PAI）计算黔中地区 1965～2016 年 4 种尺度（3 个月、6 个月、9 个月、12 个月）的降雨强度（PAI_3、PAI_6、PAI_9、PAI_12）；同时，为了更好地反映黔中地区降雨强度演化特征，本节将 1965～2016 年划分为 6 个时段，即 1965～1969 年为 1960s、1970～1979 年为 1970s、1980～1989 年为 1980s、1990～1999 年为 1990s、2000～2009 年为 2000s、2010～2016 年为 2010s（图 3-1）。

从图 3-1 可知：

1）总体上，1960s～2010s 黔中地区降雨强度呈现“N 型”，即 1960s～1980s 呈现“先上升后下降”、1980s～2010s 逐步“上升”的变化趋势。其中，1970s、2010s 降雨强度最大，平水等级及以上的降雨面积占比分别为 74.74%、69.39%，其次是 1990s（56.15%）和 1960s（55.85%），而 1980s 降雨强度相对最小（33.83%）；丰水等级降雨面积 1970s 最大（47.55%），其次是 1960s（28.34%）和 2010s（25.97%），1980s 最小（7.1%）；这说明 1970s 主要表现为丰水年，1960s 和 2010s 为偏丰年，1980s 为枯水年。

2）黔中地区降雨强度在 PAI_3～PAI_12 主要表现为枯水等级，面积占比分别为 27.66%、25.42%、26.5%、24.07%；同时，随着时间尺度增加，不同等级降雨面积变化较小。其中，3 个月尺度（PAI_3）枯水等级降雨在 2000s 面积分布最大（40.53%），其次是 1980s（38.27%），而 2010s 面积分布最小（10.89%）；6 个月尺度（PAI_6）枯水等级降雨在 1980s 面积分布最大（35.4%），其次是 2000s（33.3%），2010s 面积分布最小（12.67%）；9 个月尺度（PAI_9）枯水等级降雨在 1980s 面积分布最大（34.63%），其次是 1960s（31.04%），1970s 面积分布最小（19.96%）；12 个月尺度（PAI_12）枯水等级降雨在 1960s 面积分布最大（37.65%），其次是 1980s（32.88%），2010s 面积分布最小（12.52%）。这说明黔中地区在 3～12 个月时间尺度下主要表现为枯水年、最佳时间尺度为 3 个月。

3）1960s～1970s 平水及以下等级降雨强度相对变率为负，偏丰和丰水等级为正，且枯水等级相对变率为负的最大（-44.04%）、丰水等级为正的最大（67.85%），这说明平水及以下等级降雨强度呈负向演化、偏丰和丰水等级呈正向演化；同理，枯水和偏枯等级在 1980s～1990s、偏丰和丰水等级在 1990s～2000s 的降雨强度相对变率为负，平水及以下等级在 1970s～1980s、平水及以上等级在 2000s～2010s 的降雨强度相对变率为正（1970s～1980s），且在 1970s～1980s 偏枯等级相对变率达正向最大（315.69%）、丰水等级达负向最大（-85.06%）。这表明枯水和偏枯等级（1980s～1990s）、偏丰和丰水等级（1990s～2000s）

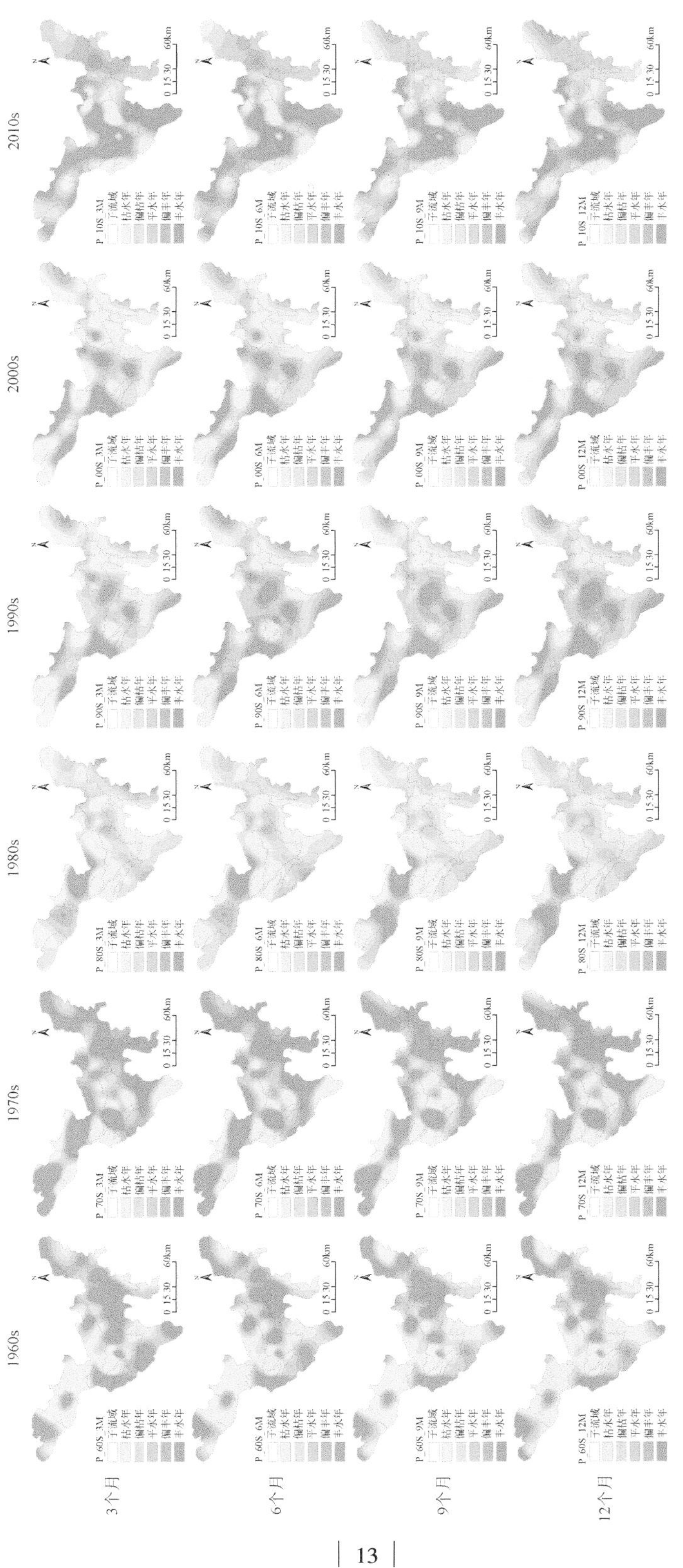

图3-1　黔中地区降雨强度时空分布

的降雨强度呈现负向演化，平水及以下等级（1970s ~ 1980s）和平水及以上等级（2000s ~ 2010s）呈现正向演化。总体上，1960s ~ 1970s、1980s ~ 1990s、2000s ~ 2010s 黔中地区平水及以下等级降雨面积分布逐渐减小，偏丰和丰水等级逐渐增大；1970s ~ 1980s、1990s ~ 2000s 平水及以下等级降雨面积分布逐渐增大、偏丰和丰水等级逐渐减小；枯水和偏枯等级的降雨面积分布总体呈现“负–正”交替，丰水和偏丰等级呈现“正–负”交替，而平水等级变化相对复杂。

4）枯水与偏丰等级、偏枯与丰水等级的降雨强度在 PAI_3→PAI_12 变率方向相反，而平水等级呈现单一的“正向”演化，即枯水等级呈现“负–正–负”演化，偏丰等级呈“正–负–正”演化，偏枯等级呈现“正–正–负”演化，丰水等级呈现“负–负–正”演化。其中，枯水等级降雨 PAI_9→PAI_12 中呈现负最大（–9.16%），在 PAI_3→PAI_6 呈正最大（4.49%），偏丰等级降雨在 PAI_3→PAI_6 中呈正的最大（8.99%），在 PAI_6→PAI_9 中呈负的最大（–11.92%）。这说明枯水等级降雨在 PAI_9→PAI_12 负向演化速度最快，在 PAI_3→PAI_6 正向演化速度最快；偏枯等级降雨在 PAI_3→PAI_6 正向演化速度最快且呈正最大（7.09%），在 PAI_9→PAI_12 负向演化速度最快且呈负最大（–2.27%）；偏丰等级降雨在 PAI_3→PAI_6 正向演化速度最快，在 PAI_6→PAI_9 负向演化速度最快；丰水等级降雨在 PAI_6→PAI_9 负向演化速度最快且呈负最大（–7.35%），在 PAI_9→PAI_12 正演化速度最快且呈正最大（5.24%）。总体表明，枯水和偏枯等级降雨随着时间尺度增加呈负向演化，平水及以上等级降雨呈正向演化，即随着时间尺度增加，枯水和偏枯等级降雨面积逐渐减小，平水及以上等级降雨面积逐渐增大。

从空间分布上看，黔中地区降雨强度总体呈现“东西转移”趋势。其中，偏丰和丰水等级降雨在 1960s 主要集中分布黔中东部、东北部和西南部，1970s 呈现“两带一心”分布格局，即呈现东北西南带和北部边缘带及以普定为中心的分布区；1980s 降雨强度急剧下降，除织金西部和六盘水地区外，整个研究区主要分布平水及以下等级降雨；1990s 降雨强度逐渐增加，并在黔中西部呈零星分布或近圆分布；2000s 偏丰和丰水等级降雨呈零星分布或近圆分布更加显著；2010s 降雨强度增大，且形成西北、西部和西南部强降雨分布带。随着时间尺度增加，黔中地区降雨强度空间分布变化较小。

3.4 黔中地区降雨频率时空演化特征

同理，以降雨数据为基础，利用 *P*-Ⅲ型概率分布计算黔中地区 1965 ~ 2016 年 4 种尺度（3 个月、6 个月、9 个月、12 个月）的降雨频率（*f*_3、*f*_6、*f*_9、*f*_12）（图 3-2）。

从图 3-2 可知：

1）总体上，1960s ~ 2010s 黔中地区平水年降雨频率最高，其次是偏丰年，而枯水和偏枯年降雨频率最低。其中，中频及以上降雨在平水年面积分布占比 62.8%、在偏枯和偏丰年占比 36.74% 和 35.69%，而在丰水年占比 31.8%。这说明在平水年主要表现为中频及以上降雨，偏丰年表现为中低频降雨，而枯水、偏枯和丰水年表现为低频降雨。

2）黔中地区降雨频率在 3 个月尺度（*f*_3）主要表现为低频和中低频，且面积分布占比 53.6% 和 36.78%。其中，低频降雨在枯水年分布最大（88.42%），其次在丰水年

(70.57%)，平水年分布相对最小（14.34%）；中低频降雨在偏丰年分布最大(63.51%)，其次偏枯年（30.1%），而在枯水年分布最小（11.58%）。黔中地区降雨频率在6、9、12个月尺度（f_6、f_9、f_12）均表现为中频和中低频。其中，在6个月尺度(f_6）中低频和中频降雨面积分布占比45.1%和33.51%，在f_9占比40.44%和30.15%，在f_12占比32.35%和44.19%。这说明随着时间尺度增加中低频降雨逐渐减小、中频降雨逐渐增大。

3）总体上，黔中地区降雨频率相对变率在枯水年至丰水年（L→H）中低频与中频、中低频与中高频演化方向相反，即低频呈现“负–正”演化、中频呈现“正–负”演化、中低频呈现“正–负”交替、中高频呈现“负–正”交替，高频演化相对复杂。其中，低频和中低频降雨相对变率在偏枯年向平水年演化（P→N）中呈现负的最大（–67.48%，–26.33%）且负向演化速度最快、在平水年向偏丰年（N→P）呈现正的最大（129.9%，58.68%）且正向演化速度最快；中频和中高频降雨相对变率在P→N中正向演化速度最快且呈现正的最大（26.2%，348.64%）、在N→P中负向演化速度最快且呈现负的最大(–29.86%，–66.04%)。

4）在3～12个月尺度演化中，低频与中频降雨相对变率演化方向相反，而中高频与高频演化方向相同，即低频呈现“负–正–负”演化、中频呈现“正–负–正”演化、中高频与高频呈现“正–正–负”演化、中低频呈现“正–负–负”。其中，低频降雨相对变率在3个月向6个月演化（f_3→f_6）中呈现负的最大（–82.8%）且负向演化速度最快，在6个月向9个月演化（f_6→f_9）中呈现正的最大（35.26%）且正向演化速度最快；中频降雨相对变率在f_3→f_6中正向演化速度最快且呈现正的最大（358.4%），在f_6→f_9中负向演化速度最快且呈现负的最大（–10.03%）；中低频、中高频与高频降雨相对变率分别在f_3→f_6中呈现正的最大（22.56%、656.86%、102.6%）且正向演化速度最快，在9个月向12个月演化（f_9→f_12）中呈现负的最大（–20.01%、–25.39%、–0.17%）且负向演化速度最快；除中频外，其余频率降雨相对变率均随着时间尺度增加而呈现负向演化，即中频降雨面积分布逐渐增大、其余频率降雨面积分布逐渐减小。

从空间分布上看，针对3～12个月尺度（f_3、f_6、f_9、f_12）黔中地区在枯水、偏枯及丰水年降雨以低频分布为主，平水及偏丰年降雨以中频为主。其中，枯水年在f_3尺度局部地区零星分布中低频降雨，但在f_6尺度空间分布相对集中，在f_9、f_12尺度西部局部地区出现中高频和高频降雨且呈点状分布；偏枯年在f_3尺度下零星分布中低频降雨范围有所扩大，同时西部边缘出现高频降雨且呈点状分布；高频降雨在f_6尺度更加显著但中低频降雨逐渐消失，f_9尺度西部边缘仍呈现高频降雨；同时整个研究区又零星分布着中低频降雨，在f_12尺度中低频和高频降雨分布更加显著。平水年在4个时间尺度中低频、中频和中高频降雨呈点状分布，丰水年的低频降雨有所增加、中频降雨有所减少。

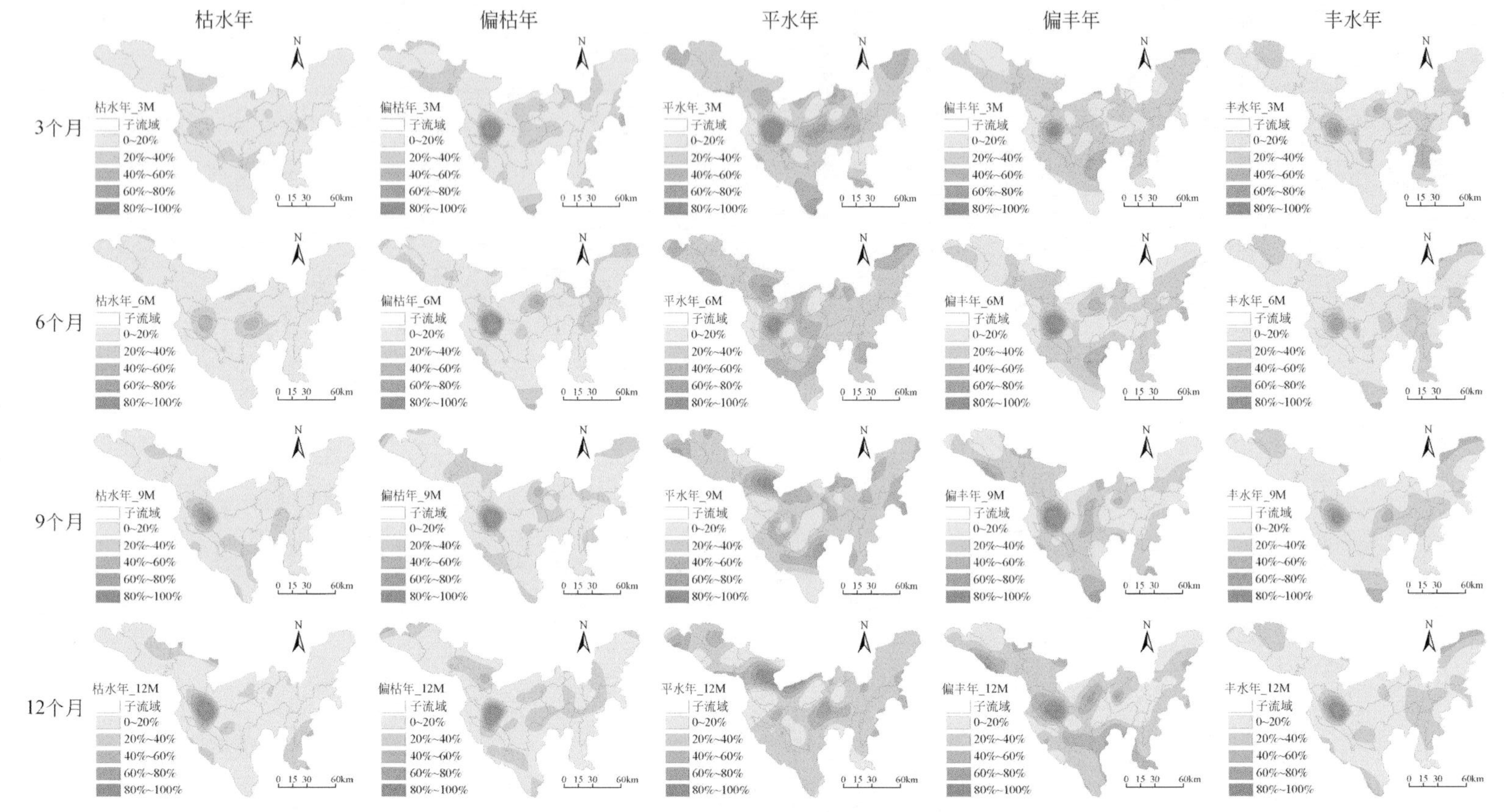

图3-2 黔中地区降雨频率时空分布

3.5 黔中地区降雨演化特征分析

3.5.1 降雨强度/频率的变异分析

通过对图 3-1 和图 3-2 不同等级或频率降雨面积进行统计，计算降雨强度、降雨频率面积变异系数（表 3-1 ~ 表 3-4）。

1）总体上，黔中地区同一时间尺度不同等级降雨或相同等级的面积分布差异较小，其变异系数（C_v）均值分别是 0.52 和 0.404。从时间尺度上，不同等级降雨面积分布差异（C_v）是 C_{v_12}（0.47）<C_{v_9}（0.48）<C_{v_6}（0.51）<C_{v_3}（0.61）（表 3-1），相同等级降雨面积分布差异在 3 个月尺度（C_{v_3}）最大，其次是 6 个月尺度（C_{v_6}），在 12 个月尺度最小（C_{v_12}）（表 3-2）。这说明随着时间尺度增加，不同等级降雨或相同等级的面积分布差异逐渐减小。从年代变化上，不同等级降雨面积分布差异（C_v）在 1970s 最大，其次是 1980s，而 2010s 差异最小（表 3-1）；相同等级降雨面积分布差异（C_v）从小到大排序是 $C_{v\_平水等级}$（0.27）< $C_{v\_偏丰等级}$（0.34）< $C_{v\_枯水等级}$（0.35）< $C_{v\_偏枯等级}$（0.47）< $C_{v\_丰水等级}$（0.6）（表 3-2）。这说明随着年代变化，黔中地区不同等级降雨或相同等级的面积分布差异逐渐减小。

2）与降雨强度相比，黔中地区同一尺度不同频率降雨或相同频率降雨的面积分布差异较大（表 3-3），其变异系数（C_v）均值大于 1（表 3-3）或等于 0.675（表 3-4）。从时间尺度上，不同频率降雨面积分布差异，其中 C_{v_12}（0.98）<C_{v_9}（1）<C_{v_6}（1.04）<C_{v_3}（1.45）（表 3-3）；相同频率降雨面积分布差异，其中 C_{v_12}（0.51）<C_{v_6}（0.54）<C_{v_9}（0.71）<C_{v_3}（0.94）（表 3-4）。这说明黔中地区随着时间尺度增大，不同频率降雨或相同频率降雨的面积分布差异逐渐减小。从水文年变化上看，不同频率降雨面积分布差异在偏枯年最大（$C_v = 1.34$），其次是枯水年（$C_v = 1.25$），平水年、偏丰年和丰水年最小（$C_v \approx 1$）（表 3-3）；相同频率降雨面积分布差异，其中 $C_{v\_中低频}$（0.45）<$C_{v\_中频}$（0.63）< $C_{v\_低频}$（0.64）<$C_{v\_高频}$（0.76）<$C_{v\_中高频}$（0.91）（表 3-4）。这说明黔中地区随着水文年的递增，不同频率降雨或相同频率降雨的面积分布差异逐渐增大。

表 3-1 同一尺度不同等级降雨强度的年代差异（C_v）

尺度	年代					
	1960s	1970s	1980s	1990s	2000s	2010s
3 个月	0.53	0.87	0.72	0.49	0.60	0.47
6 个月	0.45	0.81	0.70	0.25	0.44	0.40
9 个月	0.44	0.77	0.67	0.30	0.29	0.39
12 个月	0.55	0.73	0.64	0.25	0.33	0.30

表 3-2　同一尺度相同等级降雨强度的年代差异（C_v）

尺度	等级				
	枯水年	偏枯年	平水年	偏丰年	丰水年
3 个月	0.44	0.52	0.25	0.37	0.66
6 个月	0.37	0.53	0.27	0.32	0.61
9 个月	0.20	0.42	0.26	0.33	0.59
12 个月	0.39	0.40	0.29	0.32	0.54

表 3-3　同一尺度不同频率降雨的年代差异（C_v）

尺度	等级				
	枯水年	偏枯年	平水年	偏丰年	丰水年
3 个月	1.93	1.39	1.08	1.35	1.49
6 个月	0.89	1.53	0.97	1.00	0.82
9 个月	1.12	1.15	0.92	0.95	0.88
12 个月	1.05	1.29	1.04	0.70	0.80

表 3-4　同一尺度相同频率降雨的年代差异（C_v）

尺度	频率				
	低频	中低频	中频	中高频	高频
3 个月	0.57	0.60	1.29	1.14	1.09
6 个月	0.61	0.36	0.50	0.56	0.67
9 个月	0.54	0.43	0.37	1.38	0.84
12 个月	0.82	0.41	0.35	0.55	0.42

3.5.2　降雨强度/频率方差分析

从上述分析可知，不同时间尺度的降雨强度与降雨频率差异显著（图 3-3 和图 3-4）。

1）不同等级降雨 F 值在 3 个月、6 个月尺度较小，显著性概率 Sig. >0.05，而在 9 个月、12 个月尺度较大；其中 9 个月尺度最大，显著性概率 Sig. <0.05，这说明不同降雨强度在 3 个月、6 个月尺度有差异，但差异不显著，在 9 个月、12 个月尺度不仅存在差异，而且差异特别显著（图 3-3）。

2）不同频率降雨 F 值无论是在 3 个月、6 个月尺度，还是在 9 个月、12 个月尺度，差异均特别大，且 Sig. <0.01。这说明降雨强度、降雨频率特征差异主要来源于不同等级的降雨强度和降雨频率（图 3-4）。

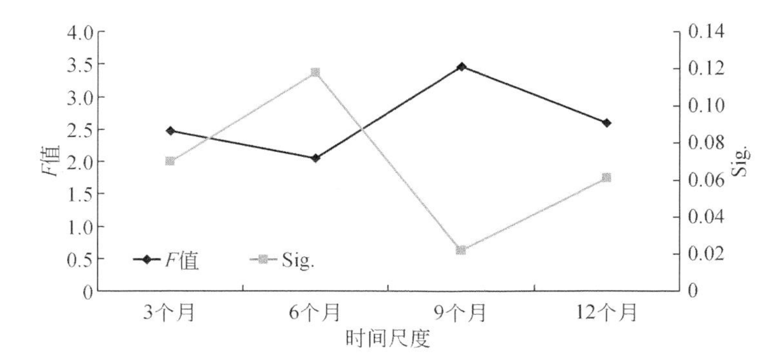

图 3-3　不同时间尺度的降雨强度 *F* 值及显著性

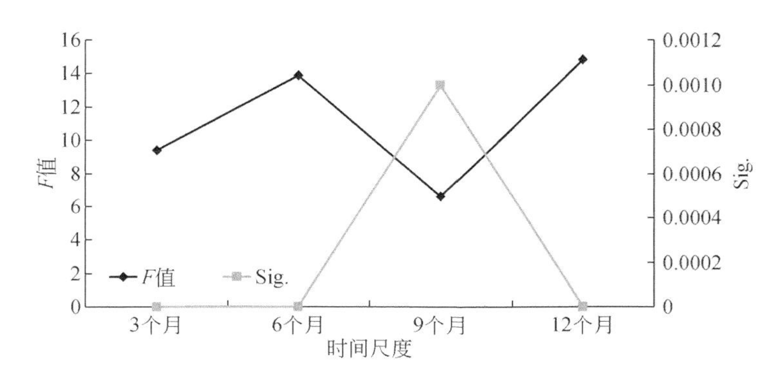

图 3-4　不同时间尺度的降雨频率 *F* 值及显著性

3.5.3　降雨强度与降雨频率相关分析

为了分析 1960s ~ 2010s 4 种时间尺度不同降雨强度与频率的相关性。本节针对 3 ~ 12 个月尺度的降雨频率—强度矩阵与强度—时间矩阵进行矩阵乘积运算，生成 4 种时间尺度的降雨频率—时间矩阵；再计算降雨强度—时间矩阵与降雨频率—时间矩阵的相关系数（表 3-5 ~ 表 3-8）。

1）针对 3 个月尺度，降雨强度主要表现为正常和偏丰等级，降雨频率表现高频（表 3-5）。其中，偏丰等级降雨与低频、中低频、中频和中高频降雨相关最高，相关系数分别为-0. 869，0. 893，0. 868，0. 837，显著性 Sig. <0. 05；其次是枯水和平水等级降雨，偏枯和丰水等级降雨最小，显著性 Sig. >0. 05。

2）针对 6 个月尺度，降雨强度主要表现为偏枯等级，降雨频率表现为中中高频和高频（表 3-6）。其中，除平水等级降雨，其余等级降雨发生频率均很高，尤其是偏枯等级降雨与中低频、中频和中高频降雨，枯水等级与高频率、丰水等级与中高频相关系性最高，显著性 Sig. <0. 01；其次是偏枯等级与低频，偏丰等级与中频和高频，以及丰水等级与中低频，显著性 Sig. <0. 05；其余等级降雨发生频率不显著（Sig. >0. 05）。

3）针对9个月尺度，降雨强度主要表现为平水等级，降雨频率表现为中频（表3-7）。其中，丰水等级与低频和中频降雨、平水等级与中低和高频降雨、偏枯等级与中频降雨相关性最高，显著性概率 Sig. <0.01；其次是偏枯等级与低频降雨、平水等级与低频和中高频降雨，显著性 Sig. <0.05，其余等级降雨与其余频率降雨相关性不显著（Sig. >0.05）。

4）针对12个月尺度，降雨强度主要表现为偏枯、平水和偏丰等级，降雨频率表现为低频（表3-8）。其中，丰水等级降雨主要表现低频和中频、正常等级降雨主要表现为中低频、中高频和高频，偏枯等级降雨主要表现为低频和中频（Sig. <0.01）及中低频（Sig. <0.05），其余等级降雨发生频率均不显著（Sig. >0.05）。

表3-5　3个月尺度不同等级降雨强度与降雨频率的相关系数（*R*）

强度	频率				
	低频	中低频	中频	中高频	高频
枯水年	0.781	−0.811	−0.779	−0.757	0.259
偏枯年	0.353	−0.388	−0.397	−0.33	0.748
平水年	−0.768	0.731	0.767	0.795	0.807
偏丰年	−0.869*	0.893*	0.868*	0.837*	−0.148
丰水年	−0.322	0.366	0.343	0.292	−0.76

*表示0.05显著性水平；**表示0.01显著性水平；以下表相同

表3-6　6个月尺度不同等级降雨强度与降雨频率的相关系数（*R*）

强度	频率				
	低频	中低频	中频	中高频	高频
枯水年	0.471	0.698	−0.721	−0.623	0.978**
偏枯年	0.917*	0.991**	−0.918**	−0.974**	0.567
平水年	0.161	0.063	0.184	−0.328	−0.609
偏丰年	−0.683	−0.797	0.902*	0.602	−0.854*
丰水年	−0.76	−0.883*	0.727	0.981**	−0.518

表3-7　9个月尺度不同等级降雨强度与降雨频率的相关系数（*R*）

强度	频率				
	低频	中低频	中频	中高频	高频
枯水年	−0.328	0.151	0.572	−0.473	−0.100
偏枯年	−0.879*	−0.499	0.986**	0.129	0.486
平水年	−0.865*	−0.987**	0.652	0.894*	0.998**
偏丰年	0.371	−0.166	−0.658	0.527	0.200
丰水年	0.934**	0.710	−0.926**	−0.416	−0.737

表 3-8 12 个月尺度不同等级降雨强度与降雨频率的相关系数（R）

强度	频率				
	低频	中低频	中频	中高频	高频
枯水年	-0.392	0.256	0.167	-0.343	-0.288
偏枯年	-0.940 **	-0.844 *	0.970 **	0.740	0.697
平水年	-0.609	-0.950 **	0.756	0.987 **	0.978 **
偏丰年	0.613	0.183	-0.521	-0.009	0.032
丰水年	0.994 **	0.758	-0.948 **	-0.701	-0.725

3.6 本章小结

1）黔中地区降雨强度在 1960s～1980s 呈现“先上升后下降”，1980s～2010s 逐步“上升”的变化趋势，即 1970s 为丰水年、1960s 和 2010s 为偏丰年，而 1980s 为枯水年。同时，降雨强度具有一定的时间尺度效应特征，如不同等级降雨在 3 个月、6 个月尺度差异较小，显著性概率 Sig. >0.05，而在 9 个月、12 个月尺度差异较大，尤其 9 个月尺度显著性 Sig. <0.05。从空间分布上黔中地区偏丰和丰水等级降雨在 1960s 主要集中分布黔中东部、东北部和西南部，1970s 呈现“两带一心”分布格局。

2）1960s～2010s 黔中地区平水年降雨频率最高，其次是偏丰年，而枯水年和偏枯年降雨频率最低；降雨频率相对变率在枯水年至丰水年中低频与中频、中低频与中高频演化方向相反；且不同频率降雨无论是在 3 个月、6 个月尺度还是在 9 个月、12 个月尺度差异均特别显著（Sig. <0.01）。从空间分布上黔中地区在枯水、偏枯及丰水年降雨以低频分布为主，平水年及偏丰年降雨以中频为主。

3）降雨强度与频率的相关性具有显著的时间尺度效应特征。例如，在 3 个月尺度偏丰等级降雨与低频、中低频、中频和中高频降雨相关性最高（Sig. <0.05）、偏枯和高丰等级降雨相关性最小（Sig. >0.05）；在 12 个月尺度丰水等级降雨主要表现低频和中频，平水等级降雨主要表现为中低频、中高频和高频，偏枯等级降雨主要表现为低频和中频（Sig. <0.01），其余等级降雨发生频率均不显著（Sig. >0.05）。

第4章 中国南方喀斯特流域气象干旱特征

干旱是一种重大的自然灾害，对农业、生态、环境、健康，以及能源和经济部门产生严重的直接及间接影响。在过去一百多年，气候变化越来越明显，导致世界很多地区干旱日益严重。例如，1980～2009年因干旱造成全球经济损失约为173.3亿美元；2008～2017年约为250亿美元，远超过其他灾害造成的损失；2009～2010年中国西南地区因严重干旱导致经济损失超过35亿美元。因此，迫切需要研究干旱机制及其演化规律，以期为抗旱救灾提供技术指导。因此，本章综合考虑连续小波（WTO）、交叉小波（XWT）及小波相干（WTC），结合相关经典分析和贝叶斯理论探研全球/区域气候变化与人类活动耦合对气象干旱驱动。因此，本章研究目标：①1948～2023年中国南方气象干旱强度/频率、干旱重现期/振荡周期识别；②分析人类活动对气象干旱强度/频率影响；③讨论在全球气候变化与区域/局地气候异常条件下，土地利用/覆盖变化（LULCC）对中国南方喀斯特流域气象干旱驱动。因此，通过本章的研究，在一定程度上厘清气象干旱演化及机制，为中国南方喀斯特流域抗旱救灾提供技术指导与理论支撑。

4.1 研究区概况

中国南方喀斯特流域是以贵州、云南、广西为中心，是锥状喀斯特、剑状喀斯特和塔状喀斯特典型分布区。研究区位于东经101°55′55″～110°55′45″，北纬22°42′57″～29°13′11″，面积352 526km^2，包括贵州大部分地区（37.97%）、云南东南部地区（25.36%）、广西西北及北部地区（36.67%），平均海拔848m。研究区位于北亚热带湿润气候区与南亚热带半湿润气候区，常年雨量充沛，但时空分布不均，全区多年平均降水量在1000～1300mm、年均温16～23℃；研究区以乌蒙山—苗岭为分水岭，分属于长江流域和珠江流域，即北部为长江流域的金沙江水系、长江上游干流水系、乌江水系和洞庭湖水系；南部为珠江流域的南盘江水系、北盘江水系、红水河水系和都柳江水系（贵州境内）、元江水系（云南境内）、西江水系（广西境内）。

4.2 数据与方法

4.2.1 研究数据

(1) 气象数据

区域气象数据主要来源于全球陆面数据同化系统（GLDAS；0.25°×0.25°，0.1°×

0.1°)，选取 1948 ~ 2023 年逐月降雨、气温/露点、潜在蒸发量/相对湿度、气压/风速、日照强度/时数；为了验证区域气象数据精度，本节从中国气象数据网选取 51 个水文站/雨量站（贵州 21 个、广西 19 个、云南 11 个）对比分析和校正。全球气象数据主要来源于物理科学验证室提供的逐月 Nino 3.4、SOI 和 AMO 等数据（1948 ~ 2023 年）。流域高程及水系特征是利用 ArcGIS 10.3 从 30m DEM 并结合综合水文地质图自动提取。

（2）土地利用数据

土地利用数据主要来源资源环境科学与数据中心、国家地球系统科学数据中心平台及其他土地利用数据共享平台等。参考“全国遥感监测土地利用/覆盖分类体系”将中国南方土地利用类型划分为 6 个类别：耕地、森地、草地、水域、建设用地和未利用地。

4.2.2 研究方法

4.2.2.1 SPEI 计算

SPEI 以逐月气温及降雨量为输入数据，计算月降雨量与潜在蒸散量的差值并进行标准正态处理，其计算过程如下。

（1）建立不同时间尺度（年/季/月）水分盈亏累积时间序列

$$D_i = p_i - \mathrm{ETC}_i \tag{4-1}$$

$$D_n^k = \sum_{i=0}^{k-1} (p_{n-i} - \mathrm{ETC}_{n-i}), (n \geqslant k) \tag{4-2}$$

式中，k 为时间尺度（年/季/月）；n 表示某年/季/月；p_i 和 ETC_i 为第 i 年/季/月降雨量和蒸散量（mm）；D_n^k 为第 k 时间尺度下水分盈亏累积时间序列。

（2）概率分布拟合

比较 Log-logistic、Pearson-Ⅲ、Lognormal 和广义极值等对 D_n^k 序列拟合效果，结果表明 Log-logistic 拟合效果较好，具体分布如下：

$$F(x) = \left[1 + \left(\frac{\alpha}{x - \gamma}\right)^\beta\right]^{-1} \tag{4-3}$$

式中，α、β、γ 分别为尺度、形状和原始参数。它们分别采用线性距的方法拟合获得，即

$$\alpha = \frac{(\omega_0 - 2\omega_1)\beta}{\Gamma(1 + 1/\beta)\Gamma(1 - 1/\beta)}$$

$$\beta = \frac{2\omega_1 - \omega_0}{6\omega_1 - \omega_0 - 6\omega_2}$$

$$\gamma = \omega_0 - \alpha\Gamma(1 + 1/\beta)\Gamma(1 - 1/\beta)$$

式中，Γ 为阶乘函数；ω_0、ω_1、ω_2 为原始数据序列 D_i 的升序排列后的概率加权矩。计算如下：

$$\omega_s = \frac{1}{N}\sum_{i=0}^{N} (1 - F_i)^s D_i \qquad F_i = \frac{i - 0.35}{N} \tag{4-4}$$

式中，N 为参与计算的天数。

(3) 累积概率正态处理

$$P=1-F(x)$$

当累积概率 $P\leqslant 0.5$ 时，概率加权矩（ω）公式为

$$\omega=\sqrt{-2\ln P}$$

$$\mathrm{SPEI}=\omega-\frac{c_0+c_1\omega+c_2\omega^2}{1+d_1\omega+d_2\omega^2+d_3\omega^3} \tag{4-5}$$

当 $P>0.5$ 时，以 $1-P$ 表示 P：

$$\mathrm{SPEI}=-\left(\omega-\frac{c_0+c_1\omega+c_2\omega^2}{1+d_1\omega+d_2\omega^2+d_3\omega^3}\right) \tag{4-6}$$

式中，$c_0=2.515\,517$，$c_1=0.802\,853$，$c_2=0.010\,328$；$d_1=1.423\,788$，$d_2=0.189\,269$，$d_3=0.001\,308$。

(4) 干旱等级划分

干旱等级划分如表 4-1 所示。

表 4-1 SPEI 干旱等级

等级	SPEI 范围	干旱类型
1	SPEI≥-0.5	无旱/正常
2	-1<SPEI<-0.5	轻度干旱
3	-1.5<SPEI≤-1	中度干旱
4	-2<SPEI≤-1.5	严重干旱
5	SPEI≤-2	极端干旱

4.2.2.2 贝叶斯原理

为了探研全球气候变化与区域/局地气候异常（C_v）耦合条件下不同地类对气象干旱驱动，本节选取贝叶斯原理计算土地利用/覆盖变化（LUCC）对干旱驱动概率。计算公式如下（拉尼娜年为例）：

耕地在极端异常（$C_v=1.5$）条件概率：

$$P(Y<-0.5\mid 1.4<X\leqslant 1.5)=\frac{F_{XY}(1.5,-0.5)-F_{XY}(1.4,-0.5)}{F_X(1.5)-F_X(1.4)} \tag{4-7}$$

耕地在严重异常（$C_v=1.4$）条件概率：

$$P(Y<-0.5\mid 1.3<X\leqslant 1.4)=\frac{F_{XY}(1.4,-0.5)-F_{XY}(1.3,-0.5)}{F_X(1.4)-F_X(1.3)} \tag{4-8}$$

耕地在中度异常（$C_v=1.3$）条件概率：

$$P(Y<-0.5 \mid 1.2<X \leqslant 1.3) = \frac{F_{XY}(1.3,-0.5)-F_{XY}(1.2,-0.5)}{F_X(1.3)-F_X(1.2)} \tag{4-9}$$

耕地在轻度异常（$C_v=1.2$）条件概率：

$$P(Y<-0.5 \mid 1.1<X \leqslant 1.2) = \frac{F_{XY}(1.2,-0.5)-F_{XY}(1.1,-0.5)}{F_X(1.2)-F_X(1.1)} \tag{4-10}$$

耕地在无旱/正常（$C_v=1.1$）条件概率：

$$P(Y<-0.5 \mid X \leqslant 1.1) = \frac{F_{XY}(1.1,-0.5)}{F_X(1.1)} \tag{4-11}$$

式中，X，Y 分别表示区域/局地气候异常 C_v 值；其余地类驱动概率计算过程同上；正常年/厄尔尼诺年计算过程同上。

4.3 气象干旱特征

4.3.1 气象干旱强度特征

1948～2023 年中国南方喀斯特流域年季气象干旱主要呈现南北（年均、春冬）或东西递减（秋）以及东西强弱交替（夏）分布格局（图 4-1、图 4-2），这与气温和蒸散发空间分布比较一致。根据干旱等级划分标准，中国南方喀斯特流域气象干旱主要表现中度干旱、严重干旱和极端干旱，尤其秋季中度干旱面积占比达 100%，其余季节中度干旱面积大于 90%。干旱重现期极端干旱最长，中度干旱最短（图 4-3b）。与年季相比，月尺度气象干旱呈逐年递增，尤其 1995 年以后干旱以中度及以上等级为主，1～12 月均有发生（图 4-2a）；1950 年、1955 年、1960 年、1970 年、1980 年 1～6 月以严重干旱为主，1955 年以极端干旱为主（图 4-2a）；月尺度干旱重现期极端［68.07 月（在 6 月）～55.09 月（在 9 月）］>严重［29.18 月（在 11 月）～19.41 月（在 5 月）］>中度［11.58 月（在 5 月）～8.57 月（在 11 月）］（图 4-3c）。

4.3.2 气象干旱频率特征

1948～2023 年中国南方喀斯特流域年季气象干旱频率为 0.35～0.39，总体呈西南向东北递减（图 4-1），其中干旱频率相对较高是秋季中度干旱 0.195、冬季严重干旱 0.12 及年均和春季极端干旱（0.05）。这主要是因为全球变暖可能导致中国降雨强度增加和频率降低。10 年滑动平均干旱频率总体呈递增趋势，其中干旱频率增长率年均最快（0.0298/10a），其次是夏秋（0.0227/10a，0.027/10a），春冬最慢（0.0058/10a，0.014/10a）；不同等级干旱频率增长率：极端干旱（0.0233/10a，年均）>中度干旱（0.0123/10a，

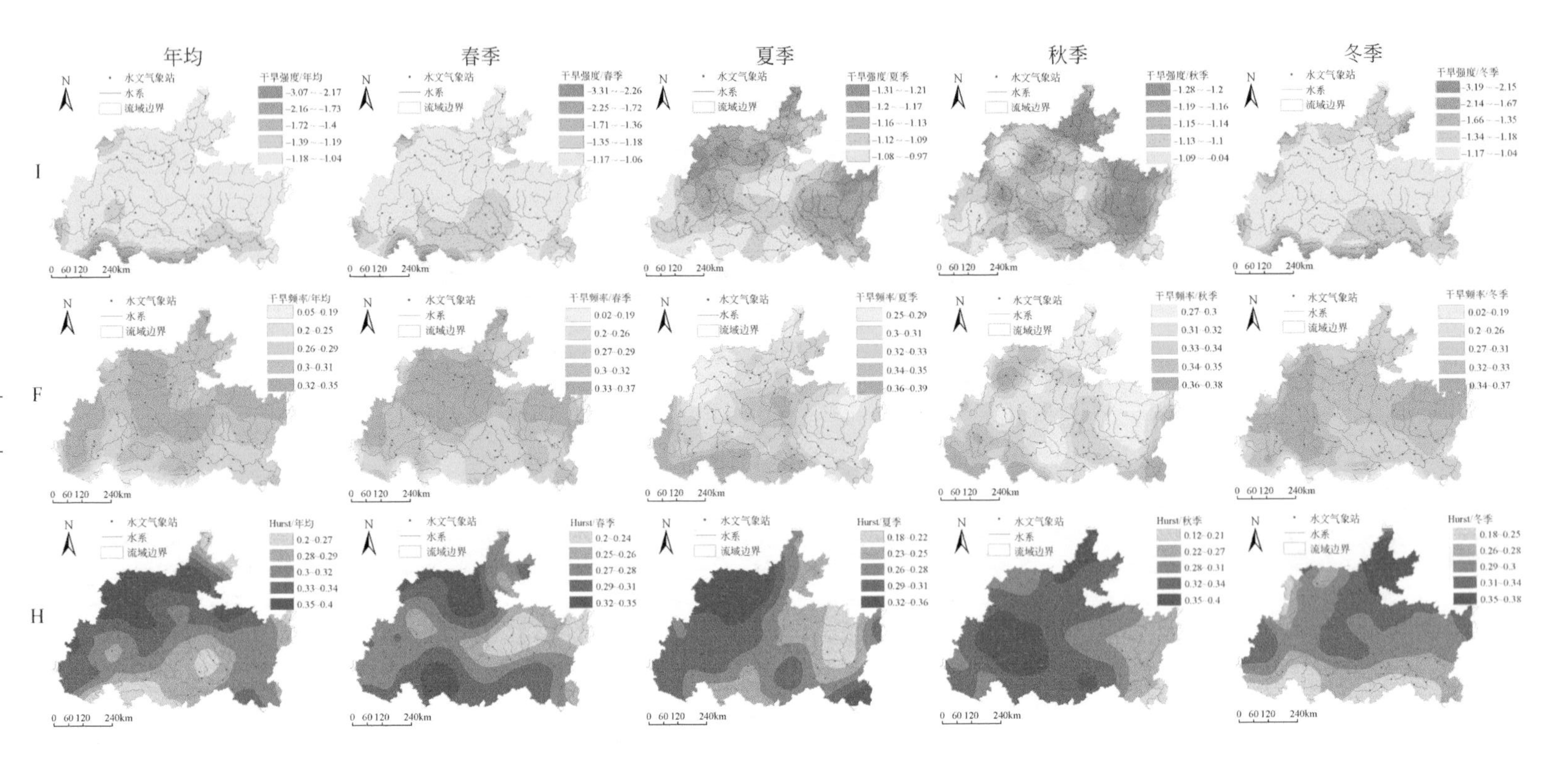

图4-1 干旱强度/频率及Hurst指数空间分布（年、季）

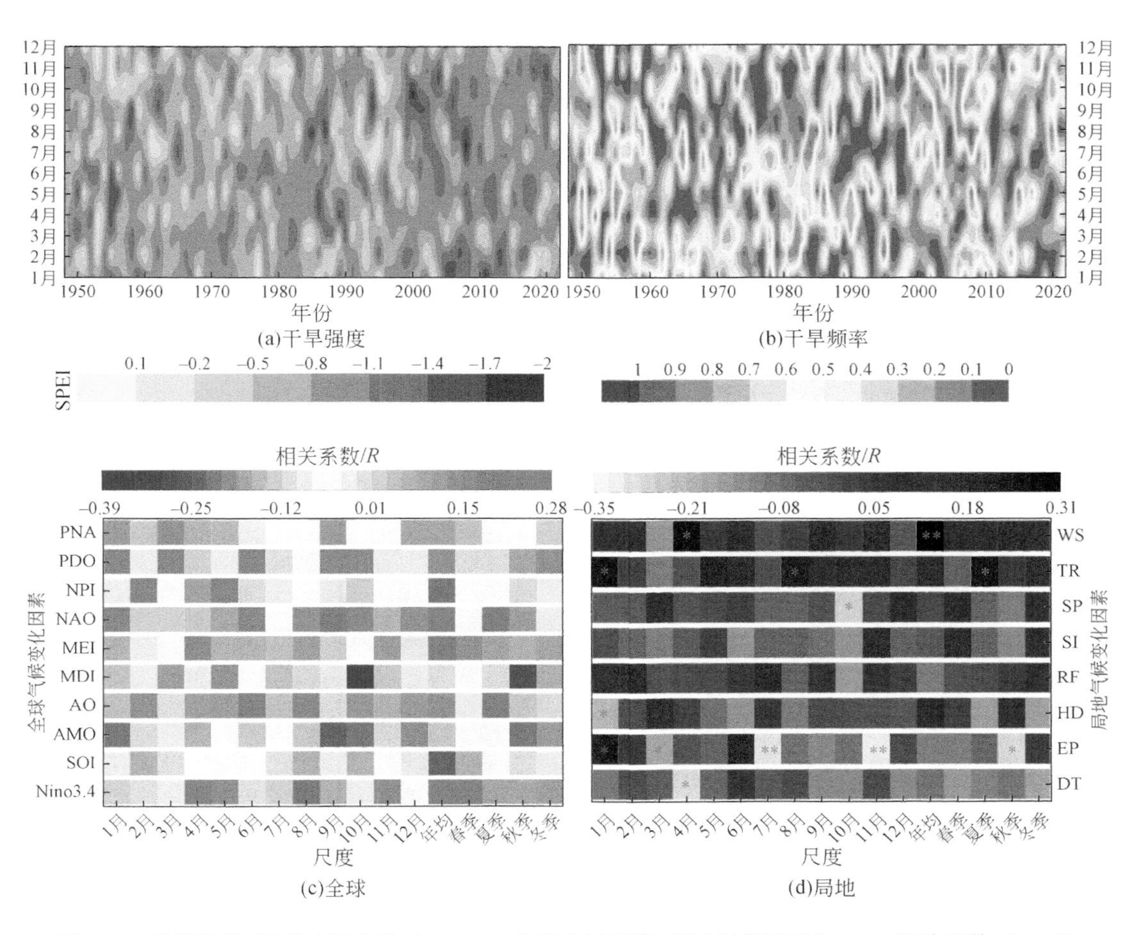

图 4-2 干旱强度/频率时间变化（a、b），全球大气环流/局地气候因子与 SPEI 相关系数（c、d）

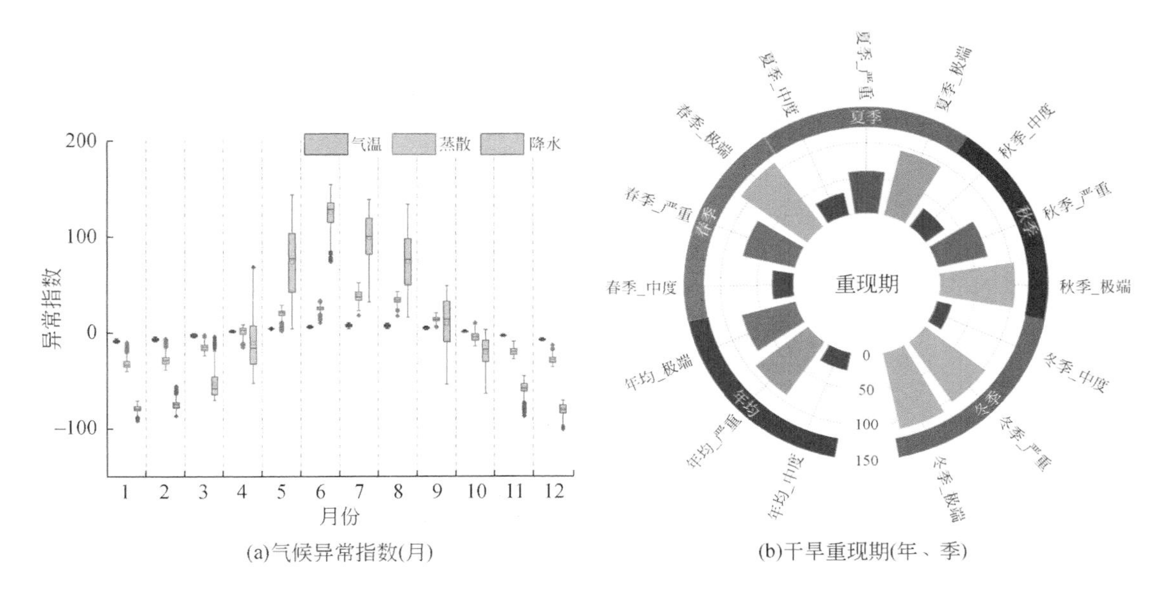

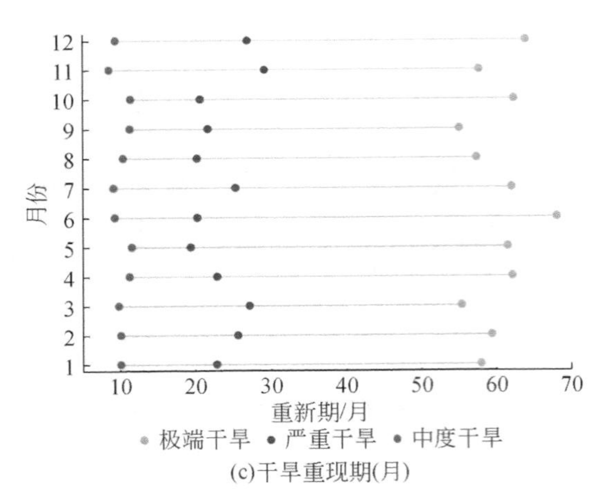

图4-3　局地气候异常与干旱重现期（年/季/月）

夏季）>严重干旱（0.0085/10a，秋季）。月尺度干旱频率分布相对复杂（图4-2b），其中2000年、2009年6～11月干旱频率最高，其次1980年和1952年1～9月，而1990年5～10月、1979年8～12月相对较低（图4-2b）。图4-1显示中国南方气象干旱Hurst指数小于0.5，说明1948～2023年SPEI呈负相关的突变跳跃性振荡，Husrt越小SPEI振荡越强；秋季Hurst最小（0.12）说明SPEI振荡最强且呈东西向减弱，夏季恰好相反（东西向增强）；SPEI振荡性年均呈西北向东南逐渐增强、春季呈南北交替分布（图4-1）。

4.4　气象干旱机制

4.4.1　气候变化对中国南方喀斯特流域气象干旱驱动机制

4.4.1.1　全球气候变化对气象干旱影响

为了探研全球气候变化对中国南方喀斯特流域气象干旱（SPEI）驱动，本节计算年/季/月大气环流因子（10个）与SPEI斯皮尔曼相关系数（R）（图4-2c）。图4-2c显示Nino 3.4、SOI和MEI与SPEI相关系数（R）年均最大（0.234，-0.242，0.24；Sig. <0.05）；NAO和MDI对气象干旱（SPEI）影响夏秋最强（0.281，-0.286；Sig. <0.05），春冬影响不显著（Sig. >0.05）。同理，4月Nino 3.4（0.25）、10月MDI（-0.386）及9月AMO（-0.24）和NAO（0.275）对SPEI影响已通过显著性检验（Sig. <0.05，或Sig. <0.01）。

为进一步揭示全球气候变化对干旱驱动，本节选取通过显著性检验的大气环流因子与SPEI进行小波分析（图4-4）。

1）SPEI在年和夏秋呈3个较强的振荡周期通过95%红噪声检验，其中年均在2.9～3.6月（1954～1958年）、2.6～3.4月（1996～2000年）、15～36月（1978～2002年）（变化不连续），夏季3～3.9月（1964～1972年）、2.7～3.3月（1995～1996年）、6.7～

8.3月（2002～2007年），秋季2.9～7.3月（1979～1997年）、5.3～6.8月（1964～1970年）、2～2.6月（1961～1963年），这说明SPEI在年均和夏秋季具有显著频域周期变化特征（图4-4）。年均SOI、夏季NAO和秋季MDI具有类似的周期变化特征，其中SOI在1992～2020年（9.7～13.7月）、MDI在1966～1976年（5.8～9.3月）及NAO在2004～2010（2.1～2.9月），具有较强振荡且通过显著性检验（Sig. <0.05）。

2）高频区（2.6～7.8月）MDI与SPEI在秋季共振较强，1963～1997年呈显著的条带分布，尤其在1988～1999年（3～4.8月）呈负相关或近似负相关，低频区（11.7～25.5月，1948～1978年）呈显著负相关但不连续；说明MDI在秋季对气象干旱（SPEI）影响存在一定的滞后性。与秋季相比，高频区（2～2.9月）NAO与SPEI在夏季共振周期相对较弱，但在1948～1957年、2004～2010年和2020～2023年呈较强的近似正相关关系，说明NAO在夏季是气象干旱主导驱动因素；在COI区域外，共振周期（13～37.4月）在全时域（1948～2023年）显著递减，但振荡凝聚性强。高/低频区SOI与SPEI在年尺度具有6个共振周期通过95%红噪声检验，尤其在高频区（2～3.1月，1948～1951年；3.7～4.8月，1948～1955年；2.1～2.9月，1995～1998年；3.2～6.1月，2015～2023年）呈显著的近似负相关，说明SOI在年尺度对气象干旱影响也存在滞后性。

3）与年季尺度类似，SPEI在4月、9月、10月具有3个较强的振荡周期通过显著性检验（Sig. <0.05）（图4-4）；NAO在9月具有1个弱振荡周期（2.38～3.214月，1986～1994年）通过95%红噪声检验，Nino 3.4在4月呈现3个显著的振荡周期，尤其在1974～2008年（3.38～3.97月）呈条带分布，MDI在10月显示2个较强振荡周期（图4-4）。

4）Nino 3.4对气象干旱影响相对复杂，4月表现出正（3.1～4.3月，1969～1975年）负（3.8～6.8月，1981～2003年；10.3～11.7月，1997～2004年）相位差（图4-4），尤其在2.1～2.8月（1996～2000年）、3.9～7.3月（2015～2023年），以及2.1～2.6月（1985～1989年）、4.3～7.3月（1948～1955年）小波相干谱最强，说明Nino 3.4在4月对气象干旱影响呈现一定的滞后性与持续性（图4-4）；NAO与SPEI在9月高频区主要表现3个显著正相位或近似正相位的共振周期（图4-4），尤其在COI区域内3个共振期小波相干谱密度最强，说明NAO对气象干旱影响在8.5～9月（1982～1991年）、12.4～14.4月（1980～1995年）是呈现持续性，在3.7～5.3月（2002～2011年）呈现滞后性（图4-4）；在COI区域外具有3个不连续的共振周期（2.1～3.1月，5.3～8.3月，2020～2023年；2.9～4.3月，1948～1954年）表现显著的正相关或近似正相关（图4-4），这说明9月NAO是气象干旱主导驱动因素。中高频区MDI与SPEI在10月共振周期相对复杂，2.6～3.9月（1988～1998年）呈现显著的负相关或近似负相关，尤其在3.8～7.3月（1976～1992年）和5.8～9.8月（2015～2023年）呈现滞后1/4周期；低频区9.7～38.8月（1948～1974年）表现不连续的完全负相关（图4-4），表明MDI对气象干旱影响在10月存在显著的滞后性。

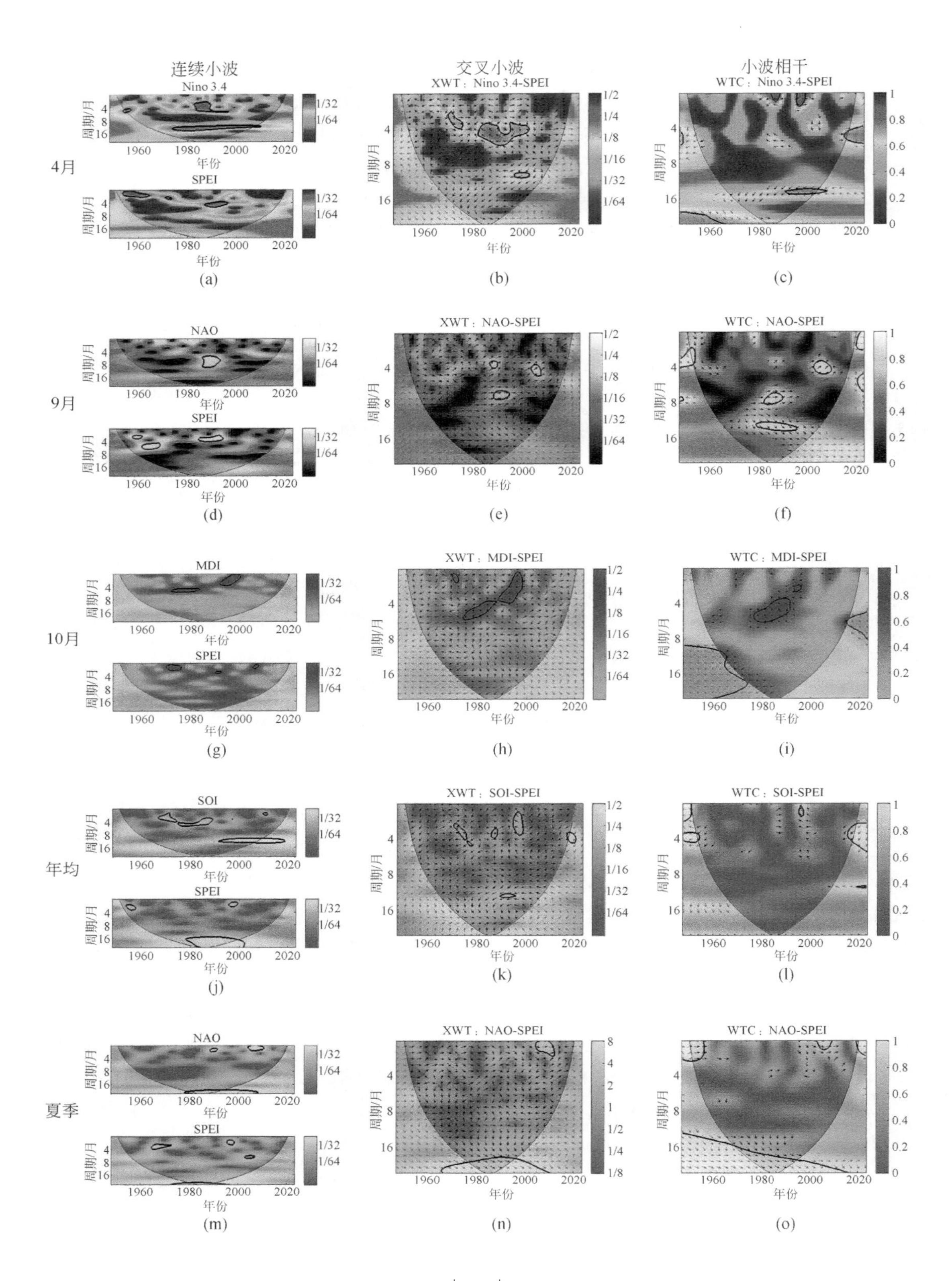

连续小波
交叉小波
小波相干
Nino 3.4
XWT：Nino 3.4-SPEI
WTC：Nino 3.4-SPEI
4月
SPEI
NAO
XWT：NAO-SPEI
WTC：NAO-SPEI
9月
MDI
XWT：MDI-SPEI
WTC：MDI-SPEI
10月
SOI
XWT：SOI-SPEI
WTC：SOI-SPEI
年均
夏季
周期/月
年份
(a)
(b)
(c)
(d)
(e)
(f)
(g)
(h)
(i)
(j)
(k)
(l)
(m)
(n)
(o)

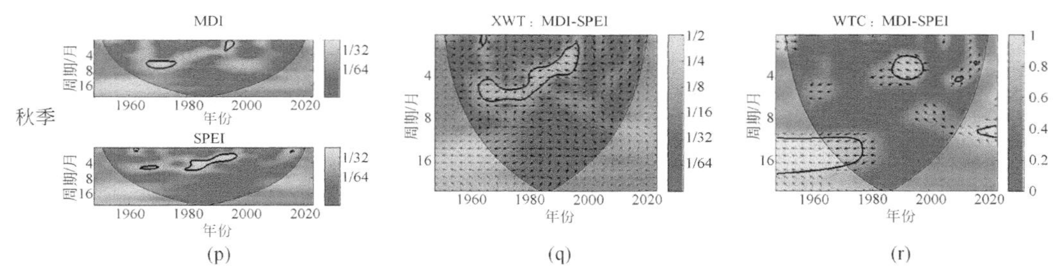

图 4-4　全球大气环流因子与 SPEI 小波分析（年/季/月）

为更好地反映全球气候变化对干旱驱动，本节针对大气环流 10 个因子进行主成分分析，提取特征值大于 1 的主成分因素，探研主成分因素对 SPEI 综合影响（*R*）（图 4-5）。总体上，年季大气环流主成分因素对气象干旱影响表现为：PC1 > PC2 > PC3 > PC4，且呈正负性差异，尤其年均 PC1 和夏季 PC2 相关系数达 0.25（图 4-5）；均方根误差和标准差 PC1 最大，PC3 最小。月尺度主成分因素对气象干旱正负影响更显著，其中 1 月和 12 月呈正影响，其余月份呈现正负交替，4 月 PC4、5 月 PC2 正影响最大（0.24），9 月 PC4 负影响最大（-0.36）（图 4-6a）。

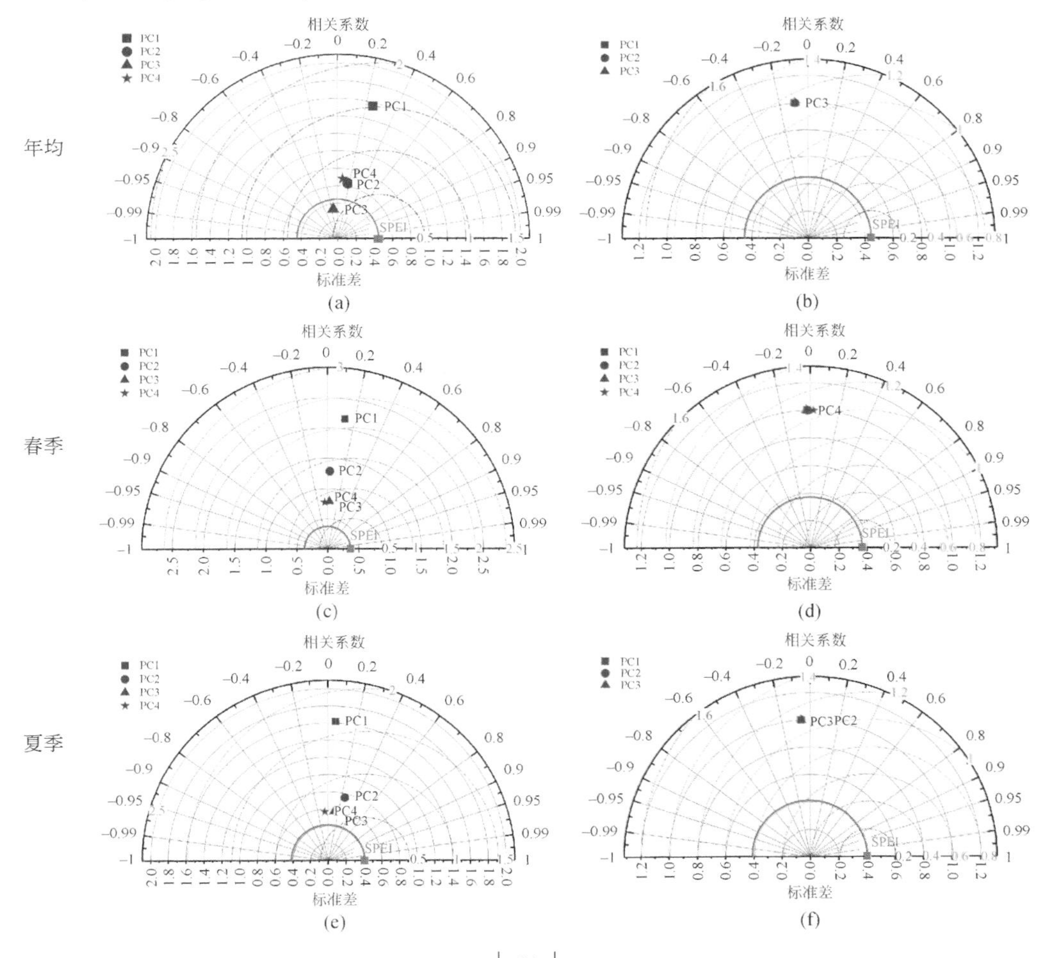

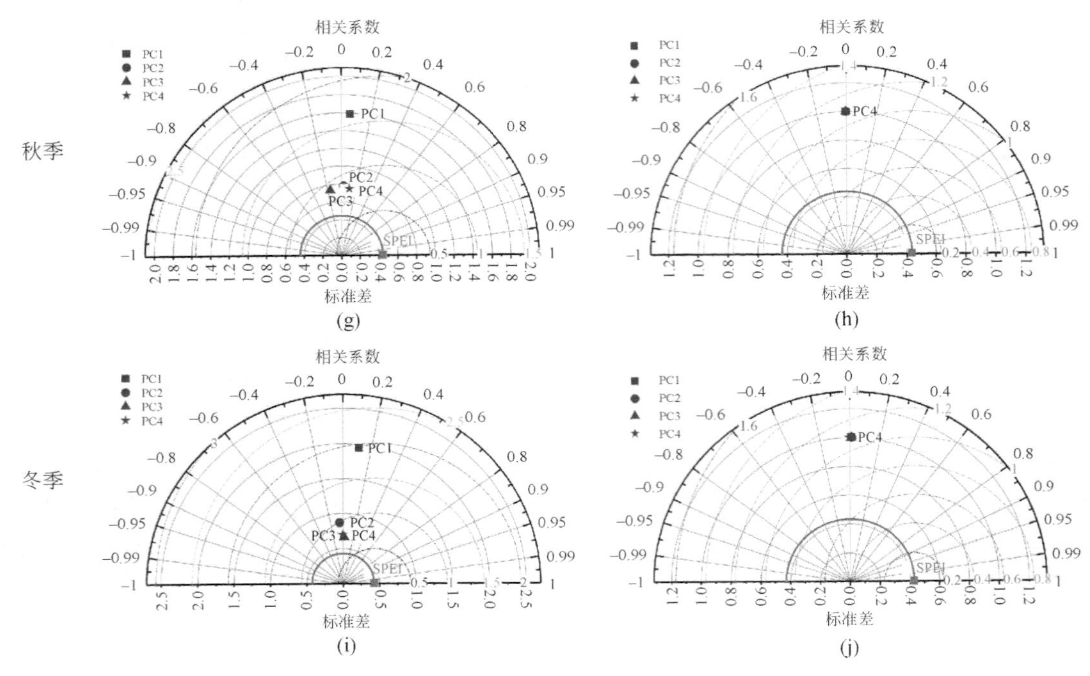

图 4-5 全球大气环流/局部气候主成分因素与 SPEI 相关系数（年/季）

4.4.1.2 区域气候变化对气象干旱影响

与全球大气环流相比，区域气候变化对中国南方喀斯特流域气象干旱影响更显著，且主要表现为负影响（图 4-2d）。总体上，区域蒸散量对气象干旱影响最显著，主要表现在 7 月和 11 月（-0.303，-0.346；Sig. <0.01），以及 1 月、3 月和秋季（Sig. <0.05）。说明气象干旱一旦发生，空气中水汽补给主要来自该区域蒸散发量，即区域蒸散发量越强（弱），区域气候变化对气象干旱调节能力越强（弱），干旱越轻（强）（图 4-2d）。其次是温度和风速，主要表现为正影响，其中温度在 1 月、8 月和秋季影响较为显著（Sig. <0.05），风速在 4 月（Sig. <0.05）和年均（Sig. <0.01）影响较（特别）显著（图 4-2d），说明气温越高即大气饱和温度越高，气态水转成液态水难度越大，干旱越强，这可能是露点温度与气象干旱主要呈现负相关的原因（4 月露点 R=-0.281，Sig. <0.05）；另外，风速越大空气中水汽分子容易被输送而减少，空气水汽分子急剧下降、相对湿度降低（1 月相对湿度，R=-0.233，Sig. <0.05）导致气象干旱加剧。同时，气压越高大气分子数越多，严重抑制流域蒸散量，导致空气中水汽分子减少干旱加剧，尤其 10 月大气压与 SPEI 呈特显著负相关（R=-0.298，Sig. <0.01）。因此，降雨亏损导致气象干旱发生，空气中水汽补给主要来源于流域蒸散量，因此干旱期降雨与 SPEI 关系相对较弱。这个研究结果与 Ghamghami 的研究结论比较一致。他们利用 SPEI 讨论 1988～2017 年伊朗的干旱特征，研究发现温度在干旱中的作用大于降水，SPEI 适用于伊朗干旱的计算。这可能是因为全球变暖导致区域降雨变化、时间变化及水流动态变化，最终导致潜在蒸散量的变化和干旱的加剧。

同理，为探研区域/局地气候变化对干旱驱动，本节针对局地气候 8 个因子进行主成分分析，提取特征值大于 1 的主成分因素，探讨主成分因素与气象干旱（SPEI）相关性（R）（图 4-5）。与全球大气环流综合因素相比，年季区域/局地气候综合因素（主成分）对气象干旱（SPEI）影响相对较弱，且主要表现为负影响（图 4-5）；这可能是区域/局地气候因素间相关性较强，因素间产生相互削弱或抑制，从而导致主成分因素对干旱影响不显著；虽秋冬季主成分因素呈现一定的正影响，但未通过 0.05 显著性检验。然而，均方根误差及标准差均大于或等于 1（除秋季外），这说明主成分因素仍包含原有气候因素大量信息，因此利用主成分因素揭示气象干旱机制是合理的。主成分因素对气象干旱影响在月尺度呈显著的正负差异，其中 2 月、9 月、10 月呈负影响，11 月呈正影响，其余月份呈现正负交替（图 4-6b）。

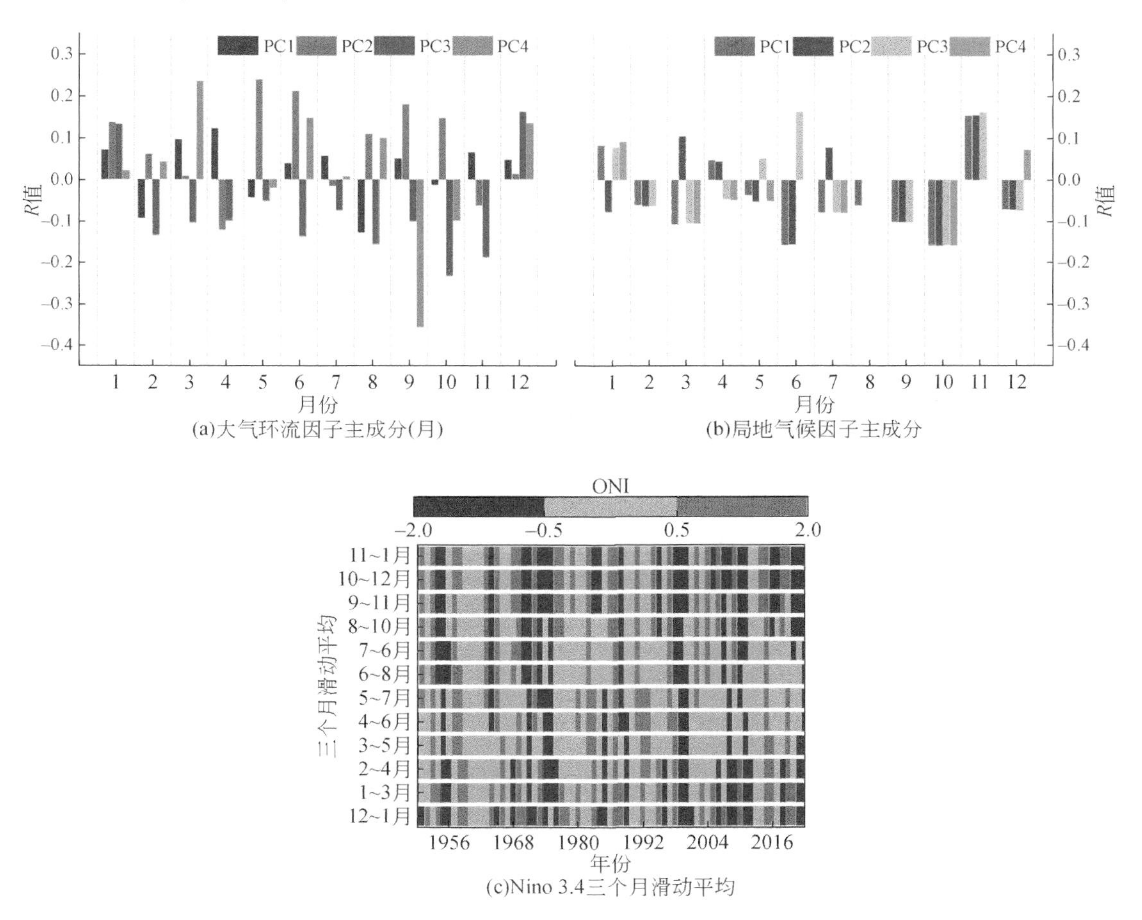

图 4-6　全球大气环流、局地气候因素主成分对 SPEI 驱动（月尺度）

4.4.2　土地覆盖变化对 SPEI 驱动机制

正如上述分析，气象干旱是由于长期降雨量亏损或低于阈值而导致空气中水汽分子数急剧减少，不能满足流域生态需水而导致干旱现象。在一定降雨亏损条件下流域蒸散量是空气水汽补给的主要来源，人类活动对流域地表或地下的重建或破坏呈现为不同土地利用类型，在一定程度上严重影响流域蒸散量，从而导致土地利用类型与SPEI呈显著的负相关（图4-7a）。图4-7a显示中国南方土地利用与SPEI相关性（R）呈东南向西北逐渐减弱，尤其东南部地区特别显著负相关面积占比33.14%，西北、中部和西南局部地区呈现正相关（0.13%）（图4-7a）。总体上，土地利用类型对气象干旱驱动平均概率0.39～0.42（图4-7b）。其中，建设用地对干旱驱动相对集中（0.38～0.42），草地相对分散（0.37～0.45），耕地和建设用地对干旱驱动方差相对较小，而草地相对较大，耕地和水域对干旱驱动呈现正偏，草地和建设用地呈负偏，林地呈正态分布。土地利用类型对极端干旱驱动概率均较弱（0.01）且呈正态分布（水体除外，0.17，正偏），对中度干旱驱动相对较强（0.15～0.17）且集中（0.14～0.185）（图4-7b）；耕地对严重干旱驱动相对较大且分散（0.025～0.155），其余地类驱动相对较小且集中（图4-7b）。这可能是建设用地主要是人工硬化地表且空间分布相对较小且集中，加速降雨径流的地表流速，削减降雨入渗率，削弱区域蒸散量；草地和林地以自然地表为主，空间分布相对较大而分散，促进降雨地表径流，增强降雨入渗率，但草地与林地因生态需水将消耗一定量的土壤水和空气中水汽，从而影响流域（区域）蒸散量；与建设用地相比，耕地是人工扰动地表且空间分布相对较大且集中，地表结构相对单一，导致对流域（区域）蒸散量影响差异相对较小；与其他地类相比，水域面积占比最小，水域对气象干旱调节能力相对较弱。

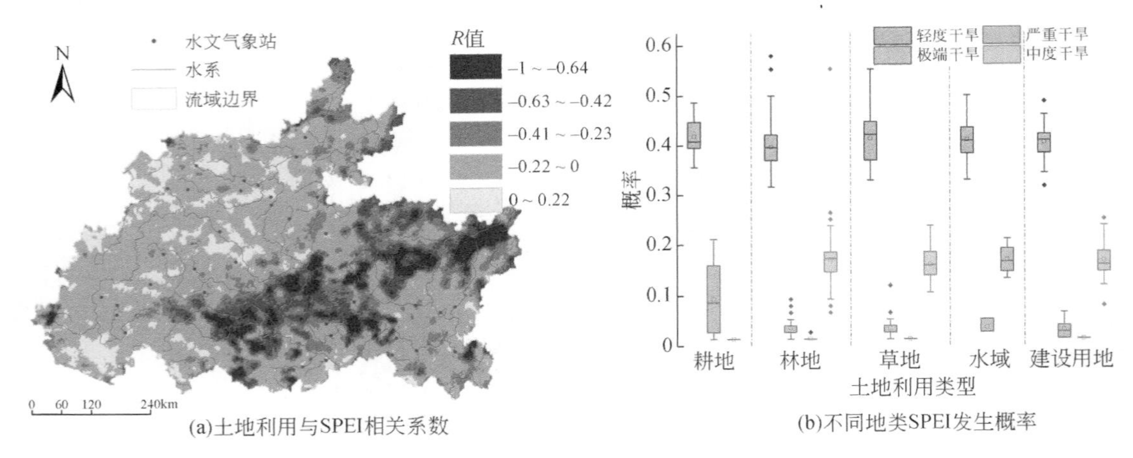

图4-7　土地利用对SPEI驱动

4.4.3　大气环流与土地覆盖变化耦合对气象干旱驱动机制

为了揭示全球气候变化对气象干旱驱动，本节根据Nino 3.4计算三个月滑动平均指数，即Oceanic Niño Index（ONI）（图4-6c）；基于连续5个月ONI≥0.5℃（≤-0.5℃）将1948～2023年划分为厄尔尼诺年（图4-8c）、拉尼娜年（图4-8a）和正常年（图4-8b）。为了讨论区域/局地气候变化（异常）对气象干旱驱动，本节针对1948～2023年局地气候

8个因子计算变异系数（C_v）、求出几何平均数，反映1948～2023年中国南方喀斯特流域局地气候变化（异常）空间分布特征（图4-8）；利用自然断点法将局地气候变化（异常）划分为5个等级，即正常（C_v=1.1）、轻度异常（C_v=1.2）、中度异常（C_v=1.3）、强度异常（C_v=1.4）和极端异常（C_v=1.5）（图4-8）。

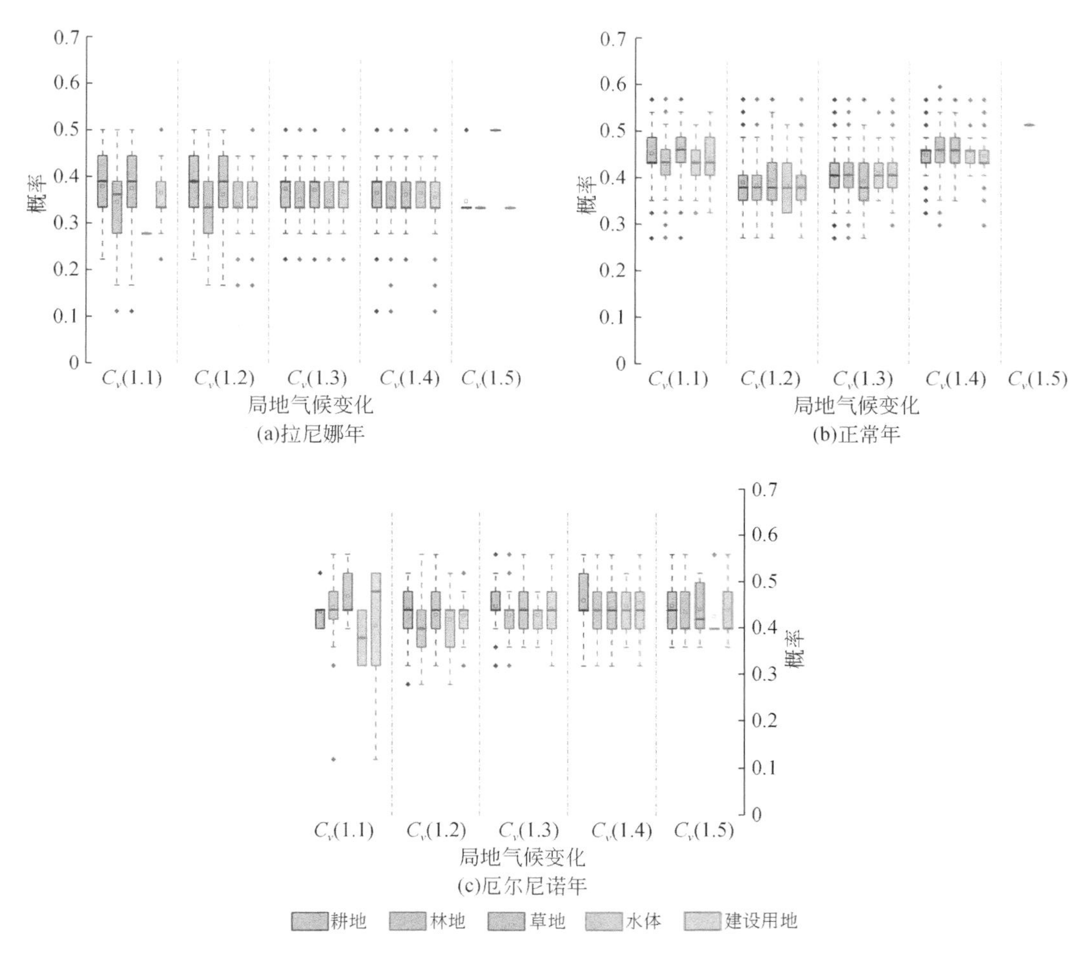

图4-8　全球大气环流、局地气候与土地利用耦合对SPEI驱动

1）图4-8综合反映了全球气候变化、局地气候异常及土地利用对中国南方喀斯特流域气象干旱驱动，其发生概率从大到小：厄尔尼诺年（0.32～0.52）>正常年（0.31～0.51）>拉尼娜年（0.27～0.5）；这说明海面温度越高（低），海-气交换/环流越强（弱），大气环流对中国南方气象干旱调节能力越强（弱）。其中，拉尼娜年局地气候极端异常（C_v=1.5）对气象干旱驱动最大（0.33～0.5），其次是正常（C_v=1.1）和轻度异常（C_v=1.2）（0.275～0.445），中度异常（C_v=1.3）和强度异常（C_v=1.4）最小（0.33～0.39）（图4-8a）；正常年局地气候极端异常对气象干旱驱动最强（0.51），其次是正常和强度异常（0.41～0.48），轻度和中度异常最弱（0.32～0.43）（图4-8b）；厄尔尼诺年正常和强度异常（0.32～0.52）>极端异常（0.4～0.5）>轻度和中度异常（0.36～0.48）

(图 4-8c)。这证明了在给定全球大气环流条件下，区域/局地气候异常对中国南方气象干旱具有较强的促使或抑制作用。

2）拉尼娜年耕地和草地在正常和轻度异常对气象干旱驱动最大（0.33 ~0.445），尤其草地在极端异常高达 0.5，其次是所有地类在中度和强度异常对气象干旱驱动基本相等（0.33 ~0.39），以及林地在正常和轻度异常，耕地、林地和水域在极端异常对干旱驱动基本相等（0.28 ~0.39，0.33）；正常年林地在极端异常对气象干旱驱动最强（0.51），其次是耕地和草地在正常与林地和草地在强度异常（0.43 ~0.485），而水域在轻度异常驱动最弱（0.325 ~0.43）；厄尔尼诺年与局地气候异常耦合对干旱驱动：草地（0.44 ~0.52，正常）>草地（0.4 ~0.5，极端异常）>水域（0.32 ~0.44，正常）。这夯实了在全球气候变化和区域/局地气候异常耦合下人类活动对气象干旱影响不容忽视，尤其草地和林地对气象干旱具有很强的调节功能，其次是耕地，而建设用地与水域归因于较小分布面积而调节能力相对较弱。

3）拉尼娜年林地和草地在正常和轻度异常对干旱驱动方差最大，所有地类在中度和强度异常对干旱驱动方差基本相等且分布相对集中，耕地、林地、草地和水域在极端异常对干旱驱动呈现正态分布；正常年草地在轻度异常对干旱驱动方差最大且呈正偏、耕地和草地在强度异常方差最小且呈负偏、林地在极端异常呈正态分布；同理，厄尔尼诺年所有地类对干旱驱动方差变化相对复杂且对干旱驱动呈现正、负偏态分布。这验证了人类活动结果呈现的不同地类对降雨储存具有很大差异，从而导致对气象干旱调节具有显著的差异。

4.5 本章小结

为了揭示中国南方喀斯特流域气象干旱机制，本节选取逐月气象数据计算 SPEI 及 Hurst 指数，利用贝叶斯原理探研全球/区域气候变化与人类活动耦合对气象干旱驱动，得出以下三点结论：

1）1948 ~2023 年中国南方喀斯特流域年/季气象干旱主要呈现南北（年均、春冬）或东西递减（秋）及东西强弱交替（夏），干旱频率为 0.35 ~0.39，总体呈西南东北递减。月尺度气象干旱呈逐年递增，干旱重现期：极端 [68.07 月（在 6 月） ~55.09 月（在 9 月）] >严重 [29.18 月（在 11 月） ~19.41 月（在 5 月）] >中度 [11.58 月（在 5 月） ~8.57 月（在 11 月）]；月尺度干旱频率分布相对复杂，气象干旱 Hurst 指数小于 0.5，干旱振荡秋季最强且呈东西减弱，夏季恰好相反，年均呈西北东南逐渐增强，春季呈南北交替分布。

2）全球大气环流对中国南方喀斯特流域气象干旱均有影响，尤其 Nino 3.4、SOI、AMO、MDI、MEI、NAO 通过 0.05/0.01 显著性检验，在不同时频率域对干旱影响呈现持续性/滞后性特征；与全球大气环流相比，区域气候变化对气象干旱影响更显著，尤其是蒸散量/气压呈负影响，蒸散量在 1 月、3 月（Sig. <0.05）和 7 月、11 月（Sig. <0.01）、气压在 10 月（Sig. <0.01）影响较（特别）显著；气温/风速呈正影响，其中温度在 1 月、8 月和秋季影响较为显著（Sig. <0.05），风速在 4 月（Sig. <0.05）和年均（Sig. <0.01）影

响较（特别）显著；干旱期降雨对气象干旱影响相对较弱。与大气环流主成分因素相比，年季区域/局地气候主成分对气象干旱影响相对较弱，且主要呈负影响。

3）土地利用对中国南方喀斯特流域气象干旱呈负影响，其驱动概率为0.39～0.42，全球/区域气候变化与土地利用耦合对干旱驱动概率从大到小：厄尔尼诺年（0.32～0.52）>正常年（0.31～0.51）>拉尼娜年（0.27～0.5）。拉尼娜年局地气候极端异常（$C_v=1.5$）对气象干旱驱动最大（0.33～0.5），正常年局地气候极端异常对气象干旱驱动最强（0.51），厄尔尼诺年正常和强度异常（0.32～0.52）>极端异常（0.4～0.5）>轻度和中度异常（0.36～0.48）。拉尼娜年耕地和草地在正常与轻度异常对气象干旱驱动最大（0.33～0.445），正常年林地在极端异常对气象干旱驱动最强（0.51），厄尔尼诺年与局地气候异常耦合对干旱驱动：草地（0.44～0.52，正常）>草地（0.4～0.5，极端异常）>水域（0.32～0.44，正常）。拉尼娜年林地和草地在正常与轻度异常对干旱驱动方差最大，正常年草地在轻度异常对干旱驱动呈正偏；厄尔尼诺年所有地类对干旱驱动呈正、负偏态分布。

第5章　中国南方喀斯特流域降雨–径流滞后效应时空演化特征分析

降雨与径流之间存在极显著的相关关系，但降雨与径流并非同时发生，在时间上存在一定的滞后性，其滞后时间及强度深受流域储水影响。流域储水是流域介质对大气降水的滞流作用，其流域滞留量（蓄水量）深受流域介质类型及结构影响以及人类活动影响；流域介质是流域组成主体，是流域水资源储存空间和场所；不同流域介质，其介质类型、结构和特征差异很大，影响着流域储水能力，关系着干旱的发生。因此，本章将以黔中地区为研究区，选取1961～2016年气象和水文数据，首先利用分布滞后回归模型判定径流对降雨滞后期长度，并计算流域滞后指数；其次，利用GIS空间插值法，针对黔中地区径流对降雨滞后效应进行模拟，分析流域滞后效应特征（滞后强度及滞后频率）；最后，讨论同一滞后期不同滞后强度（频率）等级的差异性、以及不同滞后期相同滞后强度（频率）等级的差异性，分析流域滞后强度与滞后频率的相关性。

5.1　数据与方法

5.1.1　研究数据

本节所用降雨与水文数据来自水利部整编的《水文统计年鉴》，从中选取黔中地区1961～2016年56个雨量站和11个水文站逐月实测数据。考虑流域面积影响，对降雨及水文数据进行了标准化处理。

5.1.2　研究方法

首先，利用EViews 9.0软件中的CROSS进行滞后效应分析和判断。经判定，喀斯特流域径流对降雨的滞后效应总体表现为3期。其次，利用EViews 9.0软件中的PDL生成分布滞后回归模型，即LS y α PDL（x，k，m，d），其分布滞后回归模型：

$$y_t = \alpha + \sum_{i=0}^{k} \beta_{t\_i} x_{t\_i} + \mu_t \tag{5-1}$$

式中，y_t 表示第t时径流量；β_{t_i}，x_{t_i}分别表示第t时、第i期滞后系数及变量（降雨量）；$\beta_{t_i}x_{t_i}$表示第t时降雨在第i期滞流量，即$\beta_{t_i}x_{t_i}$值越小，表示第t时降雨在第i滞后期产生滞流量越小、滞后效应越强，或者说第i滞后期变量（x_{t_i}）对当前期变量（y_t）贡献率较小；μ_t 表示第t时的随机变量；α是常数，k表示滞后期长度，m为多项式次数，d为分布滞后特征控制参数。本节 $k=3$，$m=2$，d 为缺损值。

最后，滞后指数计算。滞后指数（lagging index，LI）通过第 s 参考期、第 i 个滞后期的 $\mathrm{LI}_{i,s}$进行计算，其公式可表达为

$$\mathrm{LI}_{i,s}=\frac{V_{i,s}-\overline{V}_i}{S_i};i=0,1,2,3;s=1,2,\cdots,6 \tag{5-2}$$

式中，$V_{i,s}=\beta_{t\_i}x_{t\_i}$，$V_{i,s}$表示第 s 参考期第 i 滞后期的滞流量；$\overline{V}_i$、S_i 分别表示第 i 滞后期的滞流量均值和标准差。本节中，$i=0$ 表示滞后 0 期（即当前月），$i=1$ 表示滞后 1 期（即滞后 1 个月），…，$i=3$ 表示滞后 3 期（即滞后 3 个月）；$s=1$ 表示 1960s，$s=2$ 表示 1970s，…，$s=6$ 表示 2010s。

LI 为正值，表示为正常（即无滞后效应），LI 为负值，且绝对值越大，滞后强度越严重。根据 LI 指标，滞后强度可划分为五个等级，即 0.0≤LI 无滞后，−1.0≤LI<0.0 轻度滞后，−1.5≤LI<−1.0 中度滞后，−2.0≤LI<−1.5 重度滞后，LI<−2.0 极端滞后。

5.2　黔中地区降雨–径流滞后强度时空演化特征

滞后效应是指某时刻的大气降水经流域的产流和汇流作用，最终在流域出口断面产生径流，其径流相对于降水在时间上存在一定的滞后性，其滞后强度与频率由流域储水能力所决定。喀斯特流域由于具有可溶性的含水介质，在可溶性水的差异溶蚀和侵蚀作用下形成大小不同的溶隙、溶孔和管道，以及地下溶洞、地下河、地下廊道等，为流域储水或地下水滞流提供空间和场所，致使流域具有一定的滞后效应特征。因此，流域储水能力强弱关系着流域滞后强度/滞后频率，本节选取 1961 ~ 2016 年降雨及径流时间序列数据，采用滞后指数（LI）从不同时段（1960s，1970s，…，2010s）计算中国贵州黔中地区滞后效应特征（LI_60s，LI_70s，…，LI_10s）（图 5-1）。

1）总体上，黔中地区喀斯特流域径流对降雨的滞后效应表现为 3 期（滞后 3 个月），滞后效应面积占流域总面积的 80% 以上。其中，1970s 滞后效应分布面积最大（95.61%），其次是 1960s（94.72%），2000s 相对最小（86.47%）。这说明喀斯特流域对大气降雨的滞流作用特别显著，流域储水能力极强。例如，重度及以上等级的滞后强度在 2000s ~ 2010s 的面积分布为 40% ~ 50%，在 1960s ~ 1990s 分布为 30% ~ 40%。

2）从同一滞后期、不同年代角度，径流对降雨的滞后效应差异很大。1960s 和 1990s 喀斯特流域主要表现为轻度滞后，其面积占比分别为 28.36% 和 32.4%；1970s 和 1980s 流域滞后现象相对明显，即主要表现为中度滞后（38.7%、41.2%），2000s 和 2010s 流域滞后现象特别显著，重度等级的滞后强度面积占比分别为 27.7% 和 32.12%。这说明流域滞后效应除受降雨的影响，同时也受人类活动的影响。针对在当前期（X_{t_0}），流域对大气降水的滞流作用极强，尤其是 1970s 和 2010s 极端等级的滞后强度面积占比分别为 38.3% 和 52.1%，同时，重度等级的滞后强度在 2000s 面积分布极大（45.2%）。从滞后 1 期（X_{t_1}）（滞后 1 个月）到滞后第 3 期（X_{t_3}）（滞后 3 个月）流域对大气降水的滞流作用总

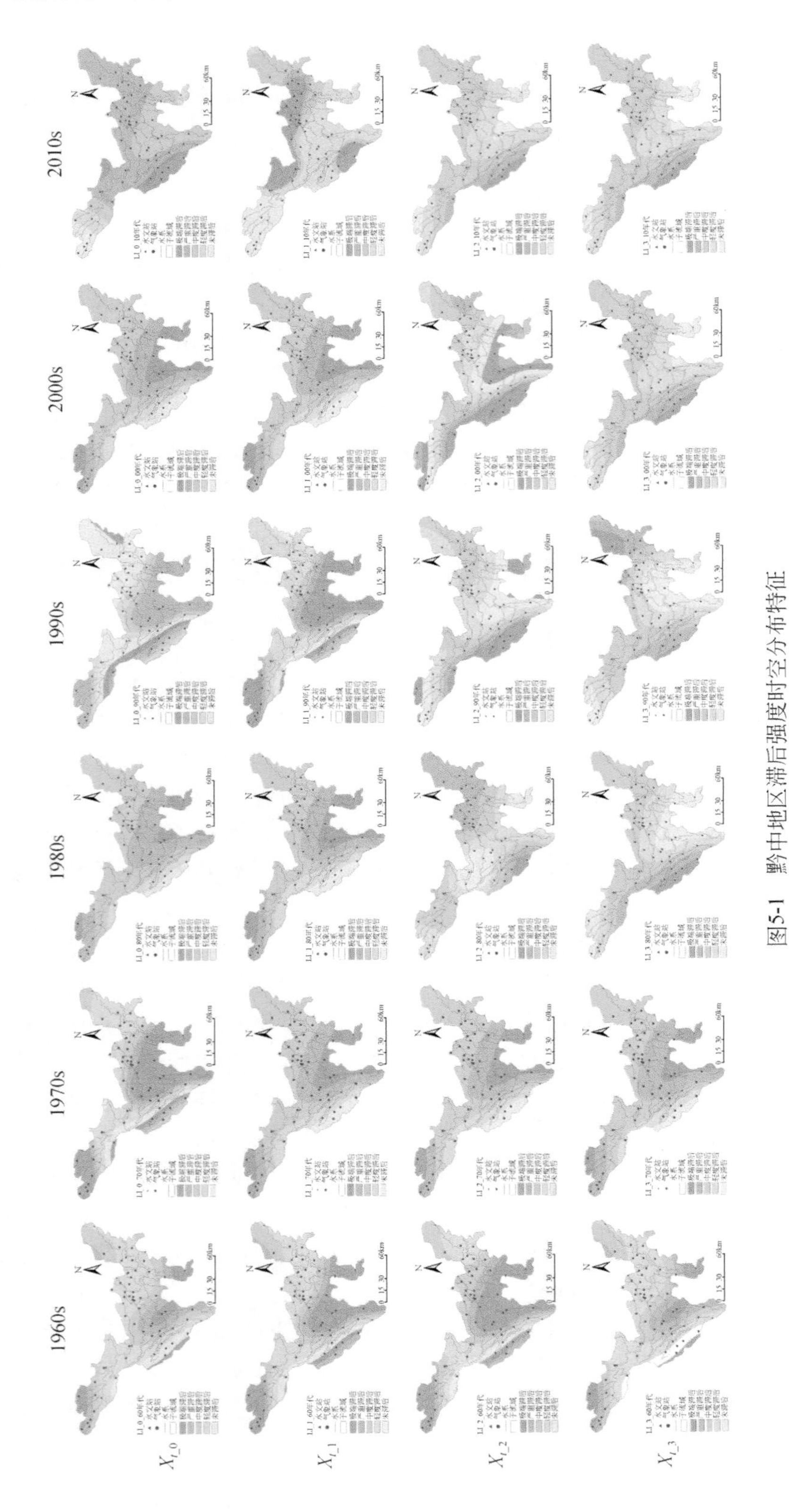

图5-1 黔中地区滞后强度时空分布特征

体表现为中度滞后效应，但在不同年代也存在一定差异。例如，针对在 X_{t_1} 的滞后强度，1960s、1970s 和 1990s 主要表现为轻度等级，1980s 表现为中度等级，2000s、2010s 则表现为重度等级；针对在 X_{t_2} 的滞后强度，1980s、1990s 表现为轻度等级，1970s 表现为中度等级，2010s 表现为重度等级，而 1960s 和 2000s 则表现为极端滞后等级；针对在 X_{t_3} 的滞后强度，除 1990s 表现为中度等级外，其余年代均表现为轻度等级。

3）从同一年代、不同滞后期角度，径流对降雨滞后效应也不相同。1960s 和 1970s 主要表现为轻度和中度等级的滞后强度，1980s、2000s 和 2010s 表现为中度和重度等级的滞后强度，而 1990s 主要表现为轻度和极端等级的滞后强度。这意味着在相同的降雨和人类活动影响下，流域滞后效应深受储水能力影响。这证实了流域滞后效应是四因素（降雨、人类活动、流域储水、滞后期）作用的结果。

从空间分布上说，黔中地区流域滞后效应南北差异很大。其中，1960s～1970s 北部地区主要表现为轻度及以下等级的滞后效应，南部表现为中度及以上等级的滞后效应；而 2010s 流域滞后效应分布正好相反，1980s～2000s 滞后效应分布相对复杂。

4）从同一滞后期、不同年代角度，针对当前期（X_{t_0}）和滞后 1 期（X_{t_1}），1960s～1990s 黔中地区流域滞后强度可明显划分为北部、中部和南部，即南部主要表现为重度及以上等级滞后效应、北部主要表现为中度等级滞后效应、中部主要表现轻度及以下等级滞后效应；2010s 北部地区主要表现重度及以上等级的滞后效应、南部主要表现中度及以下等级滞后效应，2000s 滞后强度由西向东呈现逐渐递减趋势。而针对在滞后 2 期（X_{t_2}）和滞后 3 期（X_{t_3}），1960s～1970s 流域滞后强度总体呈现由南向北逐渐递减趋势，1980s～2010s 流域滞后强度可明确划分为东部、中部和西部，即西部滞后效应相对较强，其次是东部，中部滞后效应相对较弱。

5.3　黔中地区降雨-径流滞后频率时空演化特征

为了便于描述和理解黔中地区流域滞后效应发生频率时空演化特征，本节将对滞后效应发生频率划分为 5 个等级：0～20% 为极少发生（低频）、20%～40% 为较少发生（中低频）、40%～60% 为经常发生（中频）、60%～80% 为频繁发生（中高频）、80%～100% 为极频繁发生（高频）（图 5-2）。

众所周知，从降雨开始到径流的产生都需要一定的时间过程，从这角度上说几乎所有流域降雨-径流都会出现滞后现象，滞后发生率达 100%。由于受人类活动影响，同一流域、不同时期滞后强度差异很大，滞后频率也不尽相同。

1）总体上，1960s～1980s 流域滞后频率主要表现为中频，滞后面积占比为 29.8%～46.7%，而 1990s～2010s 主要表为中高频，滞后面积占比为 49%～59.4%。这表明从 1960s～2010s 流域滞后效应受人类活动影响越来越显著。中频及以上等级的滞后频率，在 2000s 面积占比最大（91.5%），其次是在 1990s 和 2010s（87.6%，86.7%），而在 1960s～1980s 流域滞后面积占比相对最小（74%～78%）。高频等级的滞后频率在 1990s 面积占比最大（11.6%），其次是在 1960s～2010s，其余年代的面积占比不足 10%。

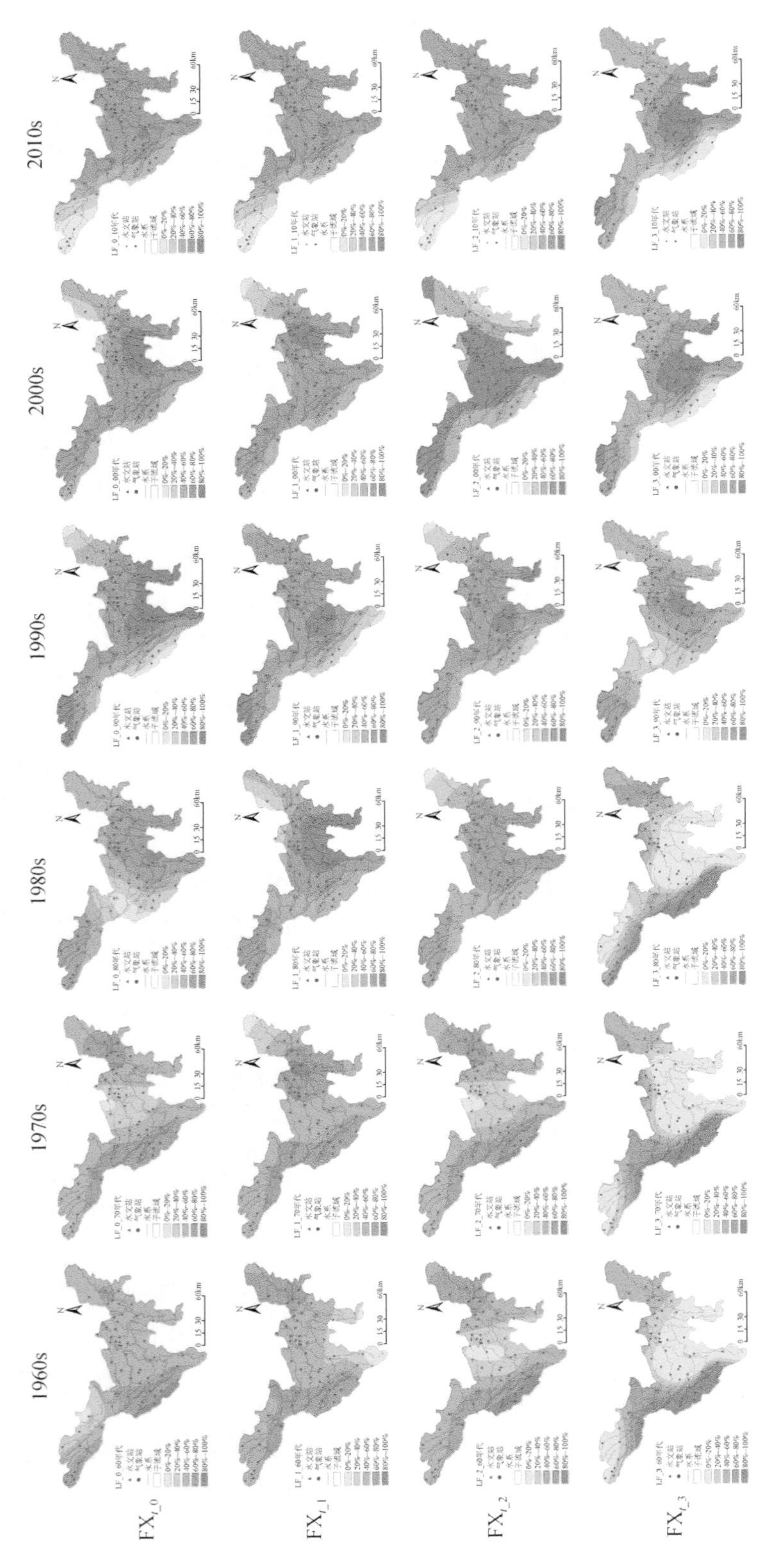

图5-2 黔中地区滞后频率时空分布特征

2）从滞后期角度，从当前期（FX_{t_0}）到滞后 2 期（FX_{t_2}）流域滞后频率以中高频为主，面积占比为 43.4% ~52.1%，其次是中频（32.5% ~37%）；到滞后 3 期（FX_{t_3}）流域滞后频率以中频为主（31.4%），其次是低频（22%）。这可能是随着滞后期的延长，降雨对流域滞后频率影响越来越小，流域滞后效应发生频率呈递减的变化趋势。

3）从不同滞后频率、不同滞后期角度，中频等级的滞后频率从当前期（FX_{t_0}）到滞后 3 期（FX_{t_3}）均呈现“负向”演化，即中频滞后效应呈现逐渐递减趋势；低频和中低频等级的滞后频率从当前期（FX_{t_0}）到滞后 3 期（FX_{t_3}）呈现“负–正–正”演化，即从当前期（FX_{t_0}）到滞后 1 期（FX_{t_1}）滞后面积逐渐减小，从滞后 1 期（FX_{t_1}）到滞后 3 期（FX_{t_3}）滞后面积逐渐递增；中高频等级的滞后频率呈现“正–负–负”演化，而高频等级的滞后频率演化方向正好相反。这说明流域滞后频率的发生，除降雨及流域储水影响外，人类活动影响也起主要作用。

从空间分布上说，从当前期（FX_{t_0}）至滞后 3 期（FX_{t_3}），黔中地区滞后频率在 1960s ~1970s 可明显划分为东部、中部和西部，即西部滞后频率以中高频及高频为主、东部以中频为主、中部以中低频及以下等级为主；在 1990s ~2010s 呈现从东南向西北逐渐递减趋势。从当前期（FX_{t_0}）至滞后 2 期（FX_{t_2}）黔中地区滞后频率在 1980s 呈现从东南向西北递减，到滞后 3 期（FX_{t_3}）可明显划分为西部、中部和东部的分布格局。

5.4 黔中地区降雨–径流滞后效应分析

5.4.1 滞后强度、滞后频率变异分析

通过上述分析可知，不同等级的滞后强度/滞后频率差异性很大。为了证实不同等级的滞后强度及频率时空分布差异性，本节计算滞后强度及频率变异系数（C_v）(表 5-1 ~ 表 5-4)。

1）表 5-1 表示同一滞后期、不同等级的滞后强度在时空分布上的差异性（C_v = 0.76）。其中，不同滞后强度在滞后 1 期的 1970s 差异性最大，变异系数达 1.18；其次是在当前期的 1980s 和 2010s，滞后 2 期的 2010s 和滞后 3 期的 2000s，而滞后 2 期的 2000s 差异性最小（C_v=0.29）。总体上，滞后强度时空分布差异性从小到大排序为：滞后 2 期（C_v=0.62）<滞后 1 期（C_v=0.78）<滞后 3 期（C_v=0.82）= 当前期（C_v=0.82）。这意味着人类活动对流域滞后强度影响时空差异性显著。

2）不同滞后期、相同等级的滞后强度在时空分布上的差异性也比较大（C_v=0.70）（表 5-2），尤其是极端等级的滞后强度在 1980s（C_v=1.16）和 2010s（C_v=1.3）最大，其次是严重滞后及非滞后等级的滞后强度在 1980s，其变异系数分别为 C_v=1.05 和 C_v=1.04，而其余等级的滞后强度变异系数均小于 1。总体上，极端等级的滞后强度时空分布差异性最大（C_v=0.82），其次是严重滞后和非滞后等级（C_v=0.71），而中度和轻度等级相对最小（C_v=0.59、C_v=0.66）。

3）与滞后强度相比，同一滞后期、不同等级的滞后频率在时空分布差异性最大，变异系数均值 C_v=1.04（表 5-3）。同时，1960s ~2010s 不同滞后频率在滞后 1 期（滞后 1 个

月）的变异系数 C_v>1.0，在滞后3期（滞后3个月）正好相反（C_v<1.0），这说明在滞后1期的流域滞后频率主要表现为受降雨变率影响，而到滞后第3期主要表现受流域储水能力差异的影响。针对在滞后2期，滞后频率在1960s和1970s的时空分布差异性 C_v<1，在1980s～2010s的 C_v>1，这说明在1960s、1970s流域滞后频率主要受流域储水能力差异影响，而1980s以后可能还受人类活动差异性的影响。针对在当前期，滞后频率时空分布差异相对复杂，这可能是当前期主要受降雨变率影响外，同时还受人类活动和流域储水能力差异性的影响。同一等级的滞后频率在不同滞后期的时空分布差异性与滞后强度类似（表5-4）（C_v=0.67），其中高频和低频的变异系数（C_v）均值大于1，其余频率小于1，即表明高频和低频滞后效应的时空分布差异性很大，这意味着（得出）高频和低频滞后效应受降雨变率影响相对较大，受流域储水能力差异性影响相对较小，而其余滞后频率恰好反之。

表5-1　相同滞后期不同滞后强度等级的变异系数（C_v）

尺度	年代					
	1960s	1970s	1980s	1990s	2000s	2010s
当前期	0.79	0.68	1.00	0.67	0.79	1.00
滞后1期	0.61	1.18	0.76	0.68	0.78	0.67
滞后2期	0.53	0.78	0.57	0.53	0.29	1.01
滞后3期	0.93	0.92	0.74	0.45	1.04	0.86

表5-2　不同滞后期相同滞后强度等级的变异系数（C_v）

等级	年代					
	1960s	1970s	1980s	1990s	2000s	2010s
极端滞后	0.57	0.91	1.16	0.43	0.55	1.30
严重滞后	0.49	0.68	1.05	0.71	0.73	0.60
中度滞后	0.51	0.43	0.71	0.39	0.84	0.65
轻度滞后	0.58	0.73	0.88	0.17	0.80	0.81
非滞后	0.24	0.49	1.04	0.61	0.34	0.56

表5-3　相同滞后期不同滞后频率等级的变异系数（C_v）

尺度	年代					
	1960s	1970s	1980s	1990s	2000s	2010s
当前期	1.63	0.88	0.97	0.74	1.21	1.42
滞后1期	1.11	1.18	1.03	1.26	1.25	1.43
滞后2期	0.76	0.96	1.29	1.26	1.08	1.42
滞后3期	0.58	0.63	0.55	0.83	0.79	0.78

表 5-4　不同滞后期相同滞后频率等级的变异系数（C_v）

等级	年代					
	1960s	1970s	1980s	1990s	2000s	2010s
极端滞后	1.04	1.08	1.06	0.87	0.59	1.60
严重滞后	0.71	0.39	0.45	0.34	0.31	0.36
中度滞后	0.42	0.36	0.29	0.36	0.28	0.60
轻度滞后	0.40	0.43	0.50	0.70	0.34	0.22
非滞后	1.48	1.69	1.57	0.64	1.07	0.18

5.4.2　滞后强度、滞后频率方差分析

无论是滞后强度或是滞后频率，不同等级的滞后强度及频率在时空分布上存在一定的差异性。为了弄清不同等级滞后效应特征差异性来源，本节分别对流域滞后强度、滞后频率的分布面积进行了统计，并作了方差分析（图 5-3）。从图 5-3 左可知：①从当前期到滞后 2 期，不同等级的滞后强度 F 统计值较小，显著性概率 $p>0.05$，仅在滞后 3 期 F 统计值较大（15.503，$p=0.0$）。这表明从当前期到滞后 2 期不同等级的滞后强度相互影响影响很小，或相互影响不显著，而到滞后第 3 期不同等级的滞后强度相互影响较大，或相互影响特别显著。这可能是从当前期到滞后 2 期流域滞后强度主要表现为受大气降水的影响，而到了滞后第 3 期，流域滞后强度主要受控于流域储水能力。②不同等级的滞后频率无论是在当前期还是滞后期 F 值均较大，仅在滞后 3 期不显著性（$p=0.056$），在其余滞后期及当前期都特别显著（$p=0.0$）（图 5-3b）。这说明滞后现象一旦发生，不同等级的滞后频率相互影响显著，进一步表明流域储水能力对滞后效应起决定性作用。③总体上，无论是滞后强度或是滞后频率 F 统计值均较大，显著性较高（$p<0.001$）。这说明同一等级的滞后强度或滞后频率在不同滞后期相互影响特别显著，这也正是前期土壤含水量对后期影响的结果。

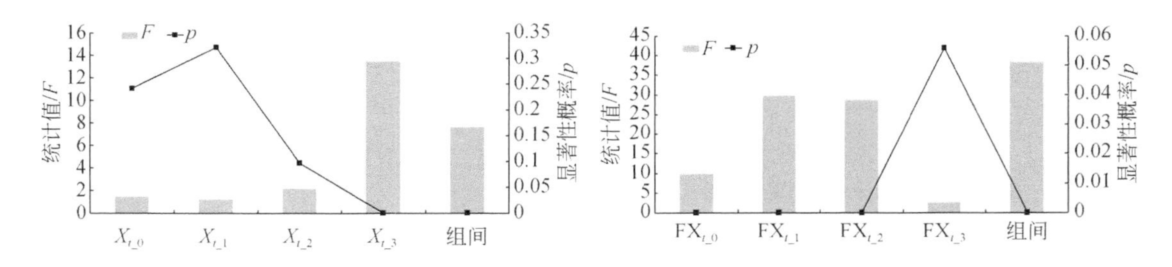

图 5-3　滞后强度及滞后频率方差分析

5.4.3 滞后强度与滞后频率相关分析

虽然滞后强度与滞后频率时空分布存在差异性，但两者可能存在一定的相互影响。为了证实流域滞后强度与滞后频率的相关性，本节针对不同等级的滞后强度与滞后频率进行相关分析（表 5-5 ~ 表 5-8）。

1）从当前期来看，仅有轻度滞后与中高频率的相关系数 R 较大（−0. 897），显著性 $p<0.05$，其余相关系数 R 较小且显著性 $p>0.05$，即表明在轻度滞后地区发生中高频滞后效应的概率很小（表 5-5）。其中，从滞后强度角度，极端和中度等级的滞后效应与滞后频率总体表现为正相关，其余表现为负相关；从滞后频率角度，高频和中高频等级的滞后频率与滞后强度总体表现为正相关，其余表现为负相关。

2）在滞后 1 期和滞后 2 期与当前期类似，不同等级的滞后强度与滞后频率相关关系不显著。其中，针对在滞后 1 期，轻度和中度等级的滞后强度与滞后频率总体表现为负相关、其余表现为正相关；高频和中频等级的滞后频率与滞后强度总体表现为负相关，其余表现为正相关；针对在滞后 2 期，非滞后和极端等级的滞后强度与滞后频率总体表现为正相关、其余表现为负相关，中高频和中低频等级的滞后频率与滞后强度表现为负相关，其余表现为正相关（表 5-6，表 5-7）。

3）针对在滞后 3 期，不同等级的滞后强度与滞后频率相关系数（R）显著增大，尤其是中度等级的滞后强度与高频等级的滞后频率，相关系数 $R=0.95$，其次是中度滞后与中低频、轻度滞后与中高频以及极端滞后与高频，其相关系数绝对值大于 0. 8。同理，极端和非滞后等级的滞后强度与滞后频率总体表现为正相关，其余表现为负相关；低频和中低频等级的滞后频率与滞后强度总体表现为正相关，其余表现为负相关（表 5-8）。

表 5-5　当前期滞后强度与频率的相关系数（R）

等级	频率				
	高频	中高频	中频	中低频	低频
极端滞后	0. 043	0. 523	−0. 493	−0. 150	0. 355
严重滞后	−0. 172	0. 666	−0. 477	−0. 487	0. 083
中度滞后	−0. 279	−0. 252	0. 262	0. 487	0. 184
轻度滞后	0. 277	−0. 897 *	0. 697	0. 246	−0. 467
非滞后	0. 252	0. 506	−0. 428	−0. 668	−0. 365

* 表示 0. 05 显著性水平；* * 表示 0. 01 显著性水平，以下表相同

表 5-6　滞后 1 期滞后强度与频率的相关系数（R）

等级	频率				
	高频	中高频	中频	中低频	低频
极端滞后	0. 121	0. 099	−0. 160	0. 493	−0. 378
严重滞后	0. 072	0. 647	−0. 728	−0. 316	0. 445

续表

等级	频率				
	高频	中高频	中频	中低频	低频
中度滞后	0.335	–0.657	0.561	–0.256	–0.212
轻度滞后	–0.476	–0.392	0.629	0.326	–0.175
非滞后	–0.183	0.811 *	–0.794	–0.235	0.564

表 5-7　滞后 2 期滞后强度与频率的相关系数（*R*）

等级	频率				
	高频	中高频	中频	中低频	低频
极端滞后	0.629	–0.698	0.460	0.742	–0.042
严重滞后	–0.792	0.420	–0.433	–0.308	0.774
中度滞后	–0.451	–0.274	0.362	0.245	0.053
轻度滞后	0.605	0.145	–0.064	–0.244	–0.666
非滞后	0.426	0.359	–0.143	–0.517	–0.824 *

表 5-8　滞后 3 期滞后强度与频率的相关系数（*R*）

等级	频率				
	高频	中高频	中频	中低频	低频
极端滞后	–0.821 *	–0.158	–0.131	0.784	0.132
严重滞后	–0.581	–0.441	–0.328	0.587	0.379
中度滞后	0.950 **	–0.411	–0.257	–0.862 *	0.355
轻度滞后	0.114	0.854 *	0.713	–0.226	–0.795
非滞后	0.112	0.188	–0.063	–0.043	–0.055

5.5　本章小结

喀斯特流域由于具有可溶性的双重含水介质，在可溶性水的差异溶蚀和侵蚀作用下形成大小不同的储水空间和场所，致使流域具有一定的储水能力；流域储水受流域介质及结构影响，更受人类活动影响；人类活动具有区域性特征，从而流域滞后效应具有显著的区域性差异。通过本章研究，对流域滞后效应得出以下几点结论：

1）黔中地区径流对降雨的滞后效应表现为 3 期（滞后 3 个月），其滞后效应面积占总面积的 80% 以上，且不同年代流域径流对降雨的滞后效应差异很大。例如，1970s 滞后效应分布面积最大（95.61%），其次是 1960s（94.72%），2000s 相对最小（86.47%）；1960s ~ 1980s 流域滞后效应主要表现为中频为主，滞后面积为 29.8% ~ 46.7%，而 1990s ~ 2010s 主要表为中高频（49% ~ 59.4%）。

2）黔中地区滞后强度南北差异很大，其中1960s～1970s北部地区主要表现为轻度及以下等级，南部表现为中度及以上等级，而2010s流域滞后等级正好相反，1980s～2000s滞后强度空间分布相对复杂；滞后频率在1960s～1970s可明显划分为东部区、中部区和西部区，1990s～2010s呈现从东南向西北逐渐递减趋势。

3）黔中地区不同等级的滞后强度/滞后频率差异性很大，滞后强度时空分布差异性从小到大排序为：滞后2期（C_v=0.62）<滞后1期（C_v=0.78）<滞后3期（C_v=0.82）=当前期（C_v=0.82）。与滞后强度相比，滞后频率的时空分布差异性最大，变异系数均值C_v=1.04。其中，1960s～2010s滞后频率在滞后1期变异系数均大于1，在滞后3期正好相反（C_v<1.0）。

因此，流域滞后效应受降雨因素影响，更受流域储水能力影响及人类活动影响。所以说，流域滞后效应是降雨、流域储水、人类活动及滞后期四因素共同作用的结果。

第6章 中国南方喀斯特流域滞后强度与频率联合概率

降雨进入河网前大部分储存于水文子系统中（如冰雪、土壤水、地下水及水库），导致径流相对降雨在时间上表现出一定的滞后性，其滞后强度与频率深受降雨时间、流域储水及人类活动影响。然而，流域滞后效应很少引起人们的关注，但它对于旱机制研究，尤其是不同干旱类型的传播或转换极为重要。本章将选取中国南方喀斯特分布区为研究区，基于1980～2020年气象和水文数据，利用分布滞后回归模型模拟降雨径流过程，分析流域滞流时间序列；利用正态分布、对数正态分布、P-Ⅲ型分布和逻辑对数分布对滞流时间序列进行拟合，分析不同时间尺度的喀斯特流域滞后效应特征（滞后强度与频率），利用Copula函数讨论滞后强度与频率联合概率。本章对流域滞后效应研究将有助于揭示气象干旱向农业和水文干旱传播机制，为喀斯特地区抗旱救灾提供理论基础。

6.1 数据与方法

6.1.1 研究数据

气象数据主要来源于全球陆面数据同化系统（GLDAS，空间分辨率0.25°×0.25°）及中国气象数据网；水文数据来自水利部整编的水文资料，从中选取51个水文站/雨量站（贵州21个、广西19个、云南11个），统计1980～2020年逐月降雨数据。流域高程及水系特征是利用ArcGIS 10.3从30m DEM并结合综合水文地质图自动提取。考虑流域面积影响，对相关数据进行了标准化处理。

6.1.2 研究方法

6.1.2.1 降雨径流过程模拟

（1）降雨-径流的滞流量计算

首先，利用EViews 9.0软件中的CROSS进行滞后效应分析和判断。

其次，利用EViews 9.0软件中的PDL生成分布滞后回归模型，即LS y α PDL（x，k，m，d），其分布滞后回归模型：

$$y_t = \alpha + \sum_{i=0}^{k} \beta_{t\_i} x_{t\_i} + \mu_t \tag{6-1}$$

式中，y_t 表示第 t 时径流量（理论值）；β_{t_i}和 x_{t_i}分别表示第 i 滞后期在第 t 时的滞后系数及变量（降雨量），即$\beta_{t_i}x_{t_i}$值越大，表示第 i 滞后期在第 t 时的径流量越大，或者说第 i 滞后期变量（x_{t_i}）对当前期变量（y_t）贡献率较大；μ_t 表示第 t 时的随机变量；α 是常数，k 表示滞后期长度，m 为多项式次数，d 为分布滞后特征控制参数。

最后，利用径流量实际观测值与理论值之差（V）反映流域滞后效应，即滞流量为负表示流域具有滞后效应特征，负值越大滞后效应越强。

（2）流域滞后效应分析

在单变量分析中，目前常用 7 个边缘分布对径流过程进行模拟。本章综合考虑，从中选取四种分布对流域滞流总量时间序列进行分析，主要包括正态分布、对数正态分布、P-Ⅲ型分布及逻辑对数分布（表 6-1）。模型参数主要采用矩估计法进行估计，每种模型拟合结果均通过 K-S 和 RMSE 检验。

表 6-1　流域滞流总量时间序列模拟函数

模型	概率密度函数	参数
正态分布	$f(x)=\frac{1}{\sqrt{2\pi\sigma}}\ell^{-\frac{(x-\mu)^2}{2\sigma^2}}$	期望:$\mu=\bar{x}$,方差: $\sigma^2=\frac{1}{n}\sum_{i=1}^{n}(x_i-\bar{x})^2$
对数正态分布	$f(x)=\frac{1}{x\sqrt{2\pi\sigma}}\ell^{-\frac{(\ln x-\mu)^2}{2\sigma^2}}$	期望:$E(X)=\ell^{\mu+\sigma^2/2}$,方差:$D(X)=(\ell^{\sigma^2}-1)\ell^{2\mu+\sigma^2}$
P-Ⅲ型分布	$f(x)=\frac{\beta^\alpha}{\Gamma(\alpha)}(x-a_0)^{a-1}\ell^{-\beta(x-a_0)}$	$\alpha=\frac{4}{C_s^2},\beta=\frac{2}{\bar{x}C_vC_s},a_0=\bar{x}\left(1-\frac{2C_v}{C_s}\right)$,其中 C_v,C_s 分别是变异系及偏度系数
逻辑对数分布	$f(x)=\frac{\beta}{\alpha}\left(\frac{x-\gamma}{\alpha}\right)^{\beta-1}\left[1+\left(\frac{x-\beta}{\alpha}\right)^{\beta}\right]^{-2}$	α 为尺度参数,β 为形状参数,γ 为原点参数

（3）流域滞后指数计算

滞后指数（lagging index，LI）通过第 m 模型在第 t 时间尺度 $LI_{t,m}$进行计算，其公式表达为

$$LI_{t,m}=\frac{V_{t,m}-\bar{V}_{t,m}}{S_{t,m}};t=1,3,6,9,12;m=1,2,3,4 \tag{6-2}$$

式中，$V_{t,m}=y_{值(t)}-y_{理值(t)}$，即表示第 m 模型在第 t 时间尺度的滞流总量；$\bar{V}_{t,m}$和 $S_{t,m}$分别表示第 m 模型在第 t 时间尺度的滞流量均值和标准差。

LI 为正值，表示为正常（即无滞后效应），LI 为负值，且绝对值越大，滞后强度越严重。根据 LI 指标，滞后强度可划分为五个等级：0.0≤LI 无滞后，−1.0≤LI<0.0 轻度滞后，−1.5≤LI<−1.0 中度滞后，−2.0≤LI<−1.5 重度滞后，LI<−2.0 极端滞后。

6.1.2.2　流域滞后强度与频率的联合概率

（1）Copula 联合概率建立

为了更好地反映流域滞后强度与频率特征，本节选用结构简单、适应性强的二维 Archimedean Copula 函数构建中国南方喀斯特流域滞后效应联合分布模型（表 6-2）。

表 6-2 流域滞后强度与频率的 Copula 函数族

Copula 函数	函数形式	θ 与 τ 的关系
Gumbel-Copula	$F(p,z)=C(u,v)=\exp\{-[(-\ln u)^{\theta}+(-\ln v)^{\theta}]^{\frac{1}{\theta}}\}$	$\tau=1-\frac{1}{\theta},\theta\in[1,\infty)$
Clayton-Copula	$F(p,z)=C(u,v)=(u^{-\theta}+v^{-\theta}-1)^{\frac{-1}{\theta}}$	$\tau=\frac{\theta}{2+\theta},\theta\in(0,\infty)$
Frank-Copula	$F(p,z)=C(u,v)=-\frac{1}{\theta}\ln\left[1+\frac{(\ell^{-\theta u}-1)(\ell^{-\theta v}-1)}{(\ell^{-\theta}-1)}\right]$	$\tau=1+\frac{4}{\theta}\left[\frac{1}{\theta}\int_0^{\theta}\frac{t}{\ell^{t}-1}dt-1\right],\theta\in R$

其中，表 6-2 的参数 θ 与 Kendall 秩相关系数 τ 可由下列公式计算。

$$\tau=(C_n^2)^{-1}\sum_{i<j}\operatorname{sign}[(x_i-x_j)(y_i-y_j)] \tag{6-3}$$

$$\operatorname{sign}[(x_i-x_j)(y_i-y_j)]=\begin{cases}1,(x_i-x_j)(y_i-y_j)>0\\0,(x_i-x_j)(y_i-y_j)=0\\-1,(x_i-x_j)(y_i-y_j)<0\end{cases} \tag{6-4}$$

式中，C_n^2 表示组合数，n 是样本总数；x_i，y_i分别表示滞后强度与频率系列值；秩相关系数 τ 越大，表示变量之间相关性越显著。

（2）Copula 联合概率检验

利用 Copula 函数对滞后强度与频率拟合后，需采用拟合优度检验指标进行优选，确定最优拟合 Copula 函数。常用方法有均方根误差准则（RMSE）、赤则信息准则法（AIC）和贝叶斯信息准则法（BIC）。计算公式如下：

$$\text{RMSE}=\sqrt{\frac{1}{n}\sum_{i=1}^{n}(p-p_i)^2} \tag{6-5}$$

$$\text{AIC}=n\ln(\text{MSE})+2\text{m} \tag{6-6}$$

$$\text{BIC}=n\ln(\text{MSE})+m\ln(n) \tag{6-7}$$

式中，p 和 p_i 分别表示经验频率和理论频率；m 表示模型参数个数；RMSE、AIC、BIC 值越小模型拟合效果越优。

6.2 逐月滞流量时间序列分布拟合最优检验

为了揭示径流对降雨的滞后响应，本研究利用公式（6-1）对降雨径流过程进行模拟，计算流域滞流总量；利用正态分布、对数正态分布、P-Ⅲ型分布及逻辑对数分布（表 6-1）从不同时间尺度对滞流量时间序列进行模拟，根据公式（6-2）计算流域滞后指数，从空间分布和时间演化对流域滞后强度与频率拟合效果进行检验（MSE、AIC、BIC）（图 6-1）。结果发现正态分布、对数正态分布、P-Ⅲ型分布及逻辑对数分布对流域滞后效应模拟效果较好，均方误差较小；均方差从正态到逻辑对数模拟呈逐渐递减变化趋势（图 6-1a），尤其是对数正态分布模拟最小。与滞后频率模拟相比较，滞后强度的均方误差相对较大，尤其是正态分布模拟在 1 ~ 12 个月尺度变化最大，对数正态模拟变化最小（与 P-Ⅲ型分布及逻辑对数分布相比）（图 6-1a）。为了进一步寻找最优的分布拟合，本研究针对四种分布模拟结果分别计算 AIC、BIC（图6-1b，图6-1c）。从图6-1 发现，无论是滞后强度或频率在 1 ~12 个月尺度 AIC 与 BIC 分布比较相似，其值基本都小于 0；对数正态分布模拟的 AIC 和 BIC 值达负的最大，尤其在 1 ~12 个月尺度模拟结果差异较大，其余分布模拟值较大但差异较小，这说明对数正态分布对流域滞后效应模拟最好，且具有很好的时间尺度效应，其余分布模拟效果相对较弱。

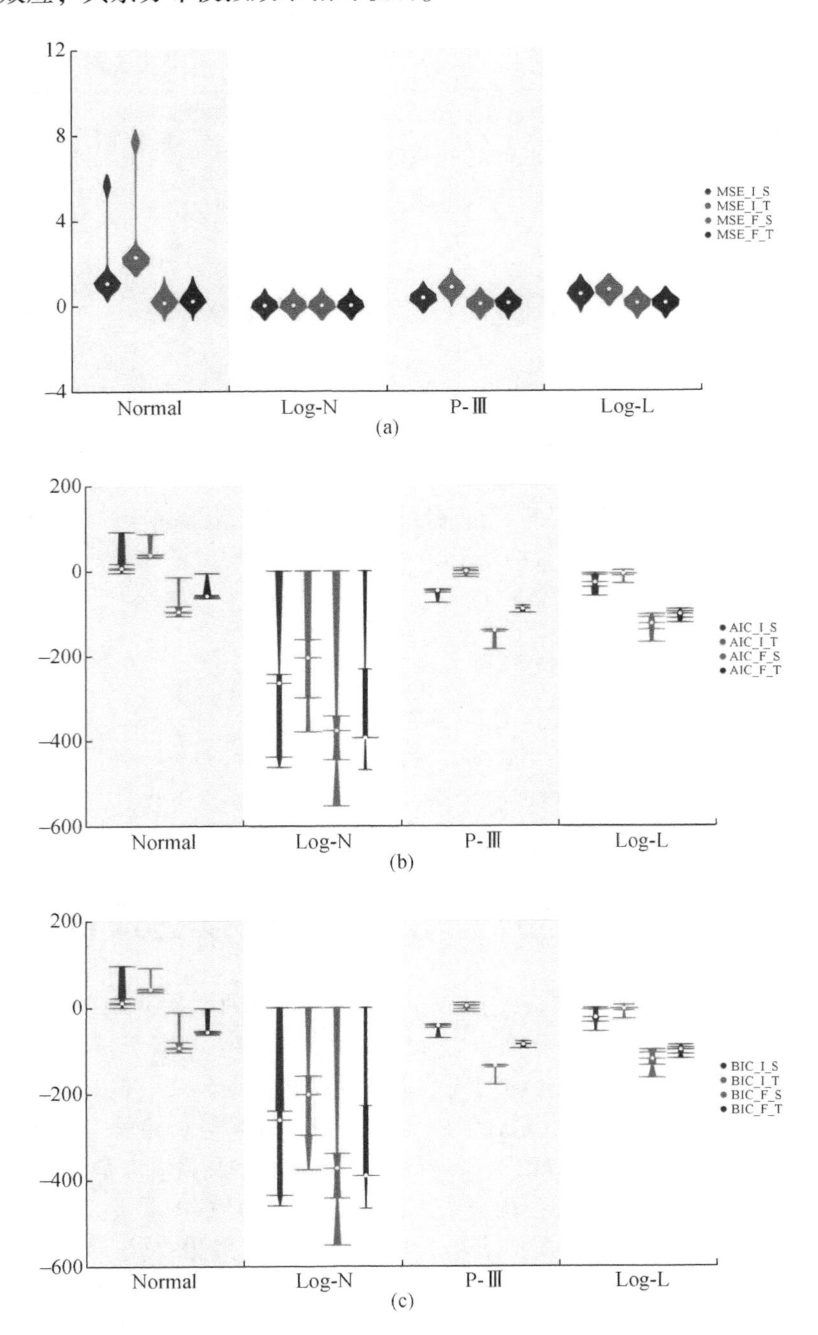

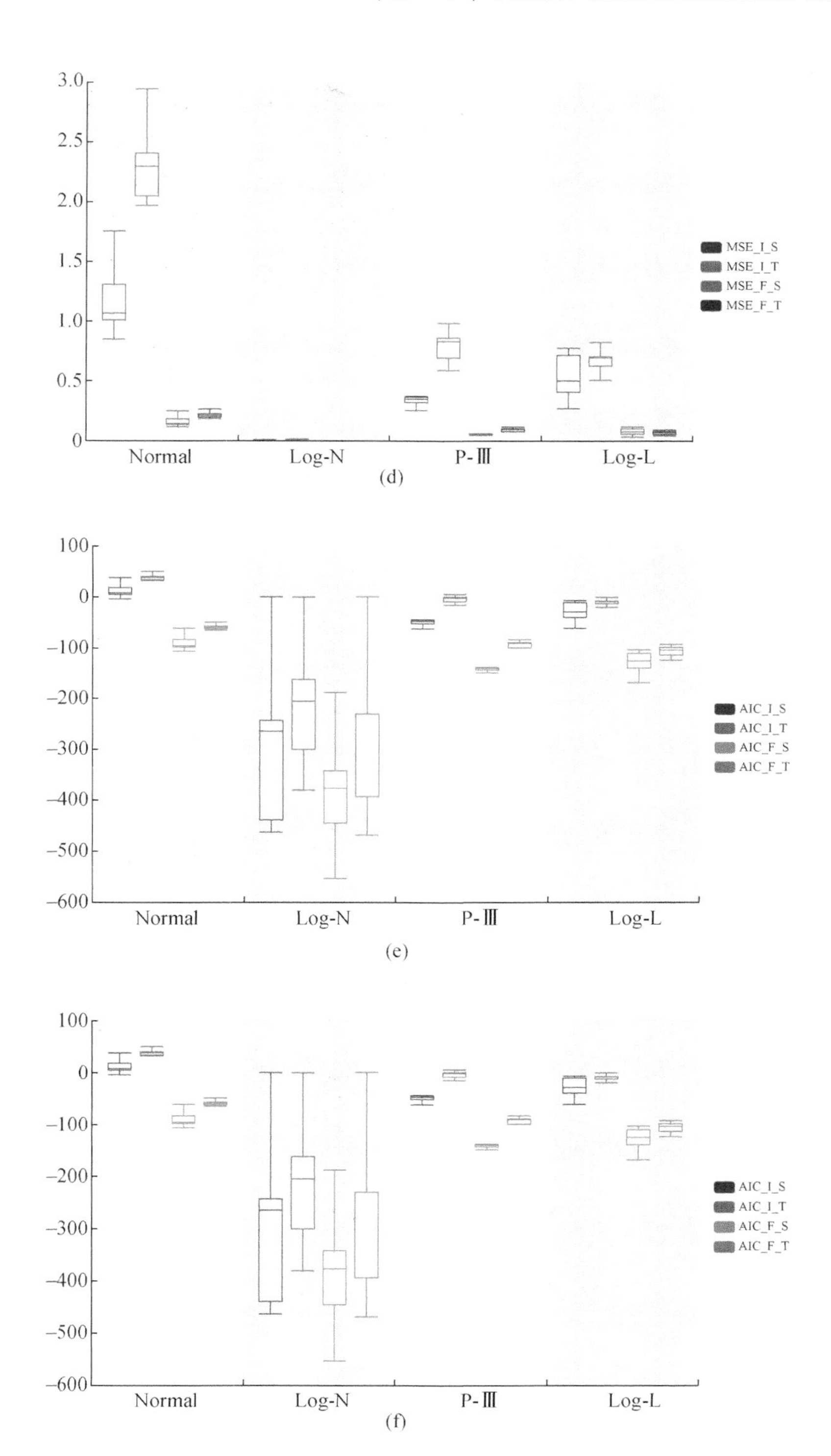

图 6-1　正态分布（Normal）、对数正态分布（Log-N）、P-Ⅲ型分布（P-Ⅲ）及逻辑对数分布（Log-L）的 MSE、AIC、BIC 检验值

为了讨论流域滞后强度与频率的关系，本节选用 Gumbel-Copula、Clayton-Copula 和 Frank-Copula（表 6-2）计算滞后强度与频率联合概率。根据 θ 与 τ 的关系，其中 Frank-Copula 的参数 θ 具有两个值，因此对应联合分布分别用 Frank-1（$\theta<1$）和 Frank-2（$\theta>1$）表示。如图 6-2a ~ 图 6-2d 从空间分布或时间变化对 Gumbel、Clayton 和 Frank-1、Frank-2 联合概率进行检验（AIC、BIC），结果表明四种分布函数拟合效果差异显著，这结果与 Wen 研究较为一致。从空间分布或时间变化 Gumbel 的 AIC 和 BIC 均负的最大，即拟合效果最优，其次是 Clayton 和 Frank-1；Frank-2 相对较弱。同时，Copula 函数族具有显著的时间尺度效应，尤其针对正态分布及对数正态分布，Gumbel 随着时间尺度递增拟合效果越优；其次是 Clayton 和 Frank-1，而 Frank-2 随着时间尺度递增拟合效果微弱增强或无变化。而针对 P-Ⅲ型及逻辑对数的 Copula 函数族拟合效果比较好，但时间尺度效应不显著，尤其针对 P-Ⅲ型模拟随着时间尺度递增基本没变化。

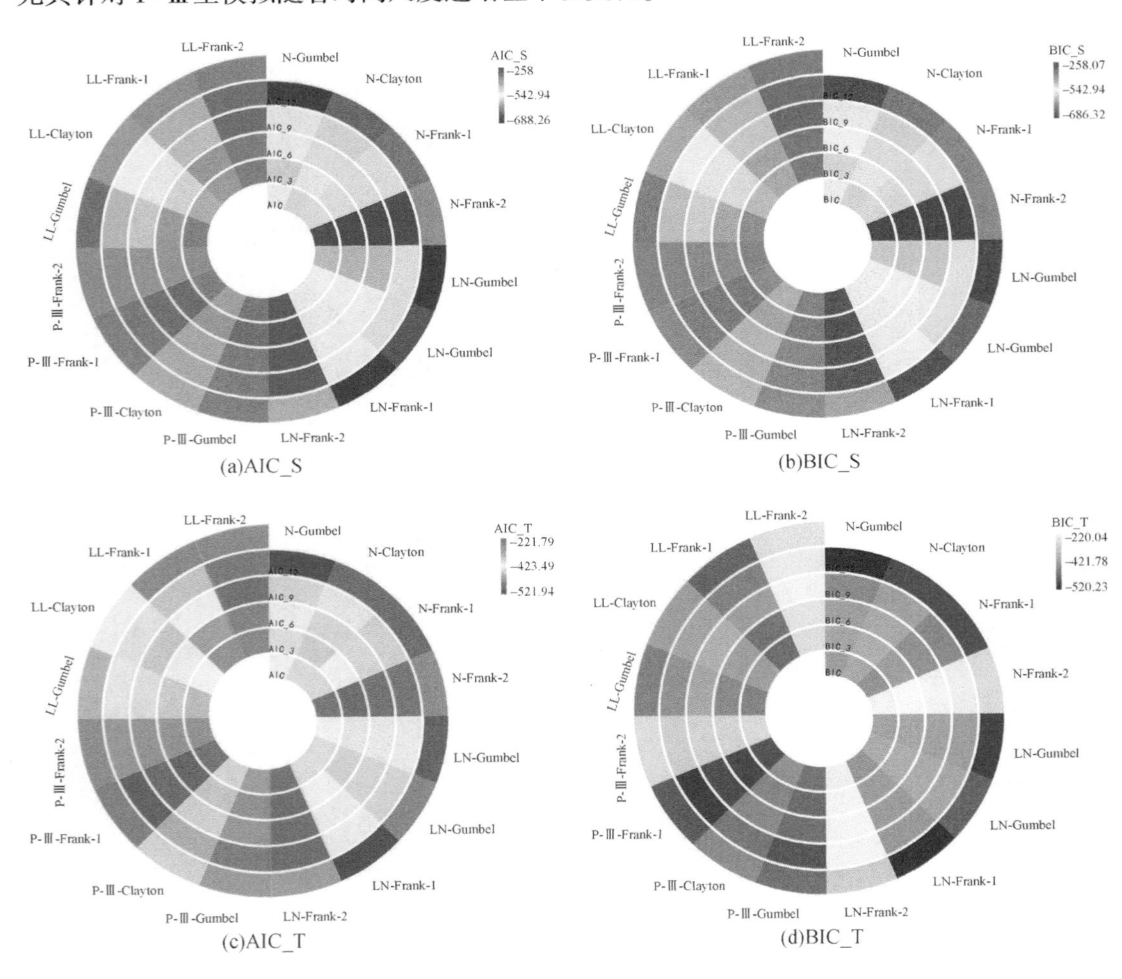

图 6-2　不同时间尺度滞后强度与频率联合概率的 AIC、BIC 值

6.3 喀斯特流域滞后强度时空演化特征

为讨论喀斯特流域滞后效应特征，基于均方误差较小的原则本研究选用正态分布、对数正态分布、P-Ⅲ型分布及逻辑对数分布从不同时间尺度对滞后强度进行模拟（图6-5），结果发现四种分布对流域滞后效应模拟效果差异很大，滞后强度主要呈现东部强、西部弱，南部强、北部弱的空间分布格局（图6-5）。其中，对数正态及P-Ⅲ型分布模拟主要表现轻度至严重滞后等级，逻辑对数分布拟合呈现非滞后至严重等级，正态分布拟合呈现非滞后和轻度滞后。这说明流域滞后效应深受降雨空间分布影响，尤其受流域介质结构对气候变化响应的差异性影响；同时，降雨的季节性变化导致流域滞后效应具有显著的时间尺度特征。例如，对数正态分布模拟在12个月尺度严重滞后等级面积分布高达92.12%，在1个月和6个月尺度的轻度滞后等级面积分布为93.09%、82.04%（图6-3a）；P-Ⅲ型分布及逻辑对数分布在1～12个尺度模拟中度滞后面积分布为72.03%～80.69%、60.66%～84.36%，正态分布在1～12个尺度模拟轻度滞后等级逐渐递减、非滞后等级逐渐增加（图6-3a）。另外，时间尺度对模型模拟影响特别显著，如1～12个月尺度的流域滞后强度变异系数（C_v）大于0.8（除正态分布，$C_v<0.3$），尤其1个月、3个月和12个月尺度的$C_v>1$（图6-4a）；其中P-Ⅲ型分布模拟的C_v最大（>1.1），其次是对数正态和逻辑对数分布（$C_v=0.8\sim1.6$），正态分布模拟的C_v最小（$C_v<0.3$）（图6-4a）；非滞后（除6个月）和严重滞后等级（除1个月）的变异系数$C_v>1$，轻度（除12个月尺度）及中度滞后等级的$C_v<1$（图6-5a）。这可能是在短时间尺度（1个月和3个月）平均降雨量较大、变化小、流域的径流调节作用相对较弱，而长时间尺度（12个月）平均降雨量较小、变化较大、流域的径流调节作用相对较强，导致降雨径流的滞后效应差异显著；中等时间尺度（6个月和9个月）降雨量变化及流域的径流调节能力大于1个月和3个月、小于12个月尺度，因此导致降雨径流的滞后效应差异相对较小。同时，人类活动对流域介质的破坏与重建对降雨径流过程影响随着年代的变化具有较大差异，导致流域滞后效应具有显著的年代际特征。从年代际角度看，P-Ⅲ型分布模拟滞后强度最为显著，主要表现为中度及

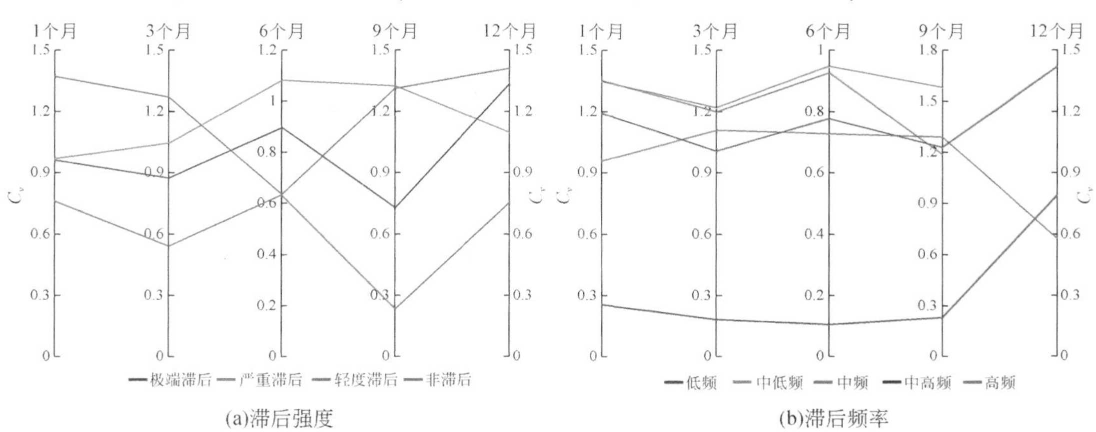

图6-3 流域滞后强度与频率不同等级的时间尺度空间变异性（C_v）

以上等级，其次是逻辑对数分布模拟，正态分布模拟的滞后强度主要表现为轻度和非滞后等级（图 6-6a）；尤其对数正态及正态分布模拟随着年代的递增流域滞后强度逐渐增强，且呈现显著的年代差异；2001 ~2016 年对数正态分布模拟的滞后强度达中度及以上等级，2000 年、2020 年正态分布模拟表现为轻度滞后；P-Ⅲ型分布及逻辑对数分布模拟的滞后强度呈现显著的“强–弱”交替；随着时间尺度的递增，对数正态分布模拟在 1980 ~2000 年滞后强度逐渐增强，正态分布和 P-Ⅲ型分布模拟基本没变化，而逻辑对数分布模拟的滞后强度由中等时间尺度（6 个月和 9 个月）向短时间尺度（1 个月和 3 个月）和长时间尺度（12 个月）逐渐增强（图 6-6a）。

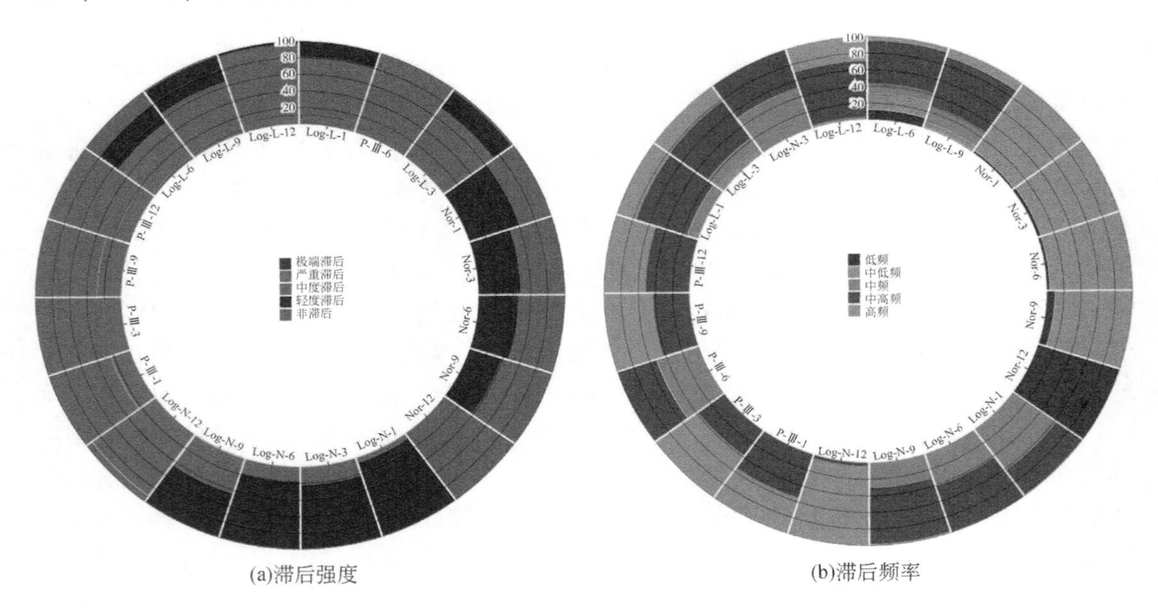

图 6-4　不同时间尺度流域滞后强度与频率面积百分比

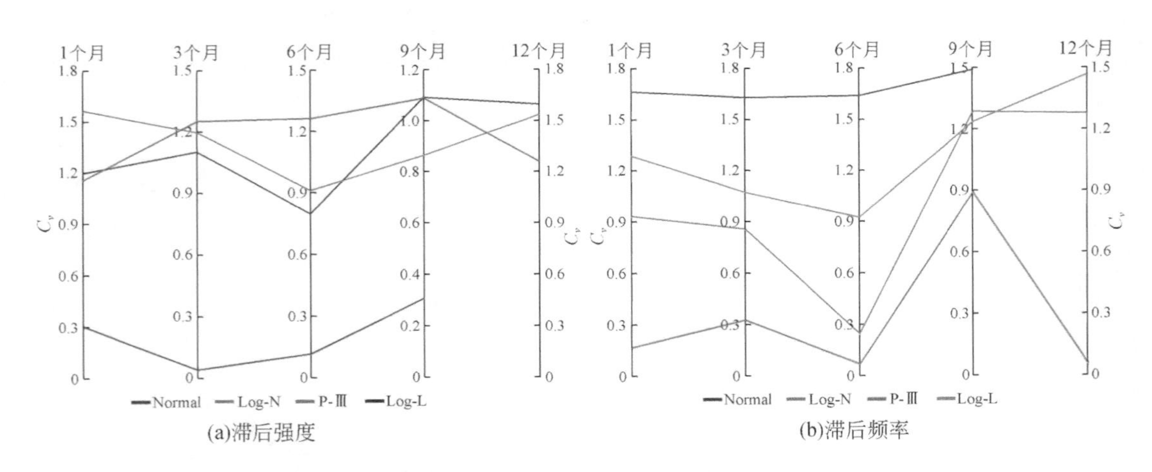

图 6-5　流域滞后强度与频率不同模型拟合的时间尺度空间变异性（C_v）

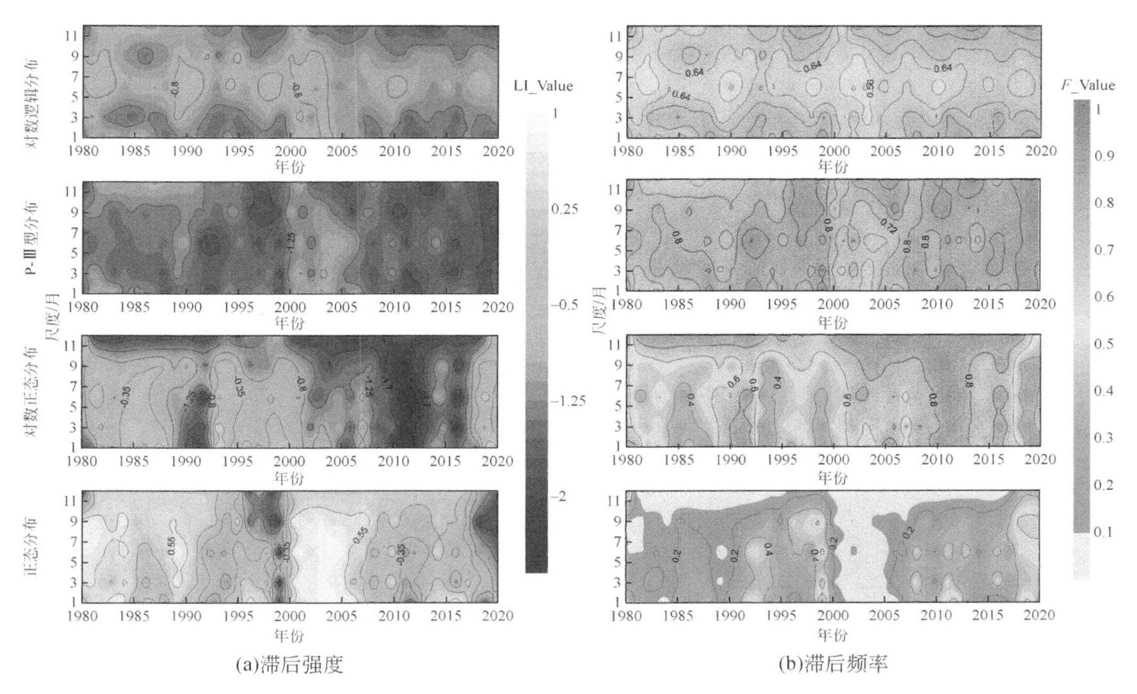

图6-6 不同时间尺度流域滞后强度与频率时间分布特征

6.4 喀斯特流域滞后频率时空演化特征

流域滞后强度将伴随着一定的滞后频率，流域滞后频率空间分布特征如图6-7所示。其中，对数正态分布、P-Ⅲ型分布和逻辑对数分布模拟的滞后频率较高，正态分布模拟的滞后频率相对较低，尤其是对数正态分布及P-Ⅲ型分布模拟主要表现为中频、中高频和高频，正态分布模拟表现为中低频和低频。这表明四种分布对降雨变化的响应比较灵敏，能较好地模拟径流对降雨的滞后效应特征。对数正态分布模拟在12个尺度高频面积分布达96.02%（图6-3a），在1~9个尺度中高频面积分布逐渐增大（37.38%~68.02%，图6-3b），呈现从西南向东北递减的分布格局（图6-8）；P-Ⅲ型分布模拟在6个月和12个月尺度从西北向东南呈现强-弱交替的条带分布（图6-8），在3个月和9个月尺度中高频面积分别为61.46%、66.7%（图6-3b）；逻辑对数分布模拟在6个月尺度从西南向东北显著增加，9个月和12个月尺度逐渐递减（图6-7）。这表明分布模型选取对流域滞后频率模拟存在一定的差异，同时具有显著的时间尺度特征，这可能归因于降雨的时间尺度及流域储水能力的空间差异的综合影响。例如，与滞后强度相比，正态分布模拟的滞后频率面积分布在不同时间尺度差异最大（$C_v>1.6$）（图6-4b）；其次是逻辑对数分布模拟：$C_{v,6}$（0.92）$<C_{v,3}$（1.07）$<C_{v,9}$（1.23）$<C_{v,1}$（1.28）$<C_{v,12}$（1.46），以及对数正态分布模拟：$C_{v,6}$（0.24）$<C_{v,3}$（0.86）$<C_{v,1}$（0.92）$<C_{v,12}$（1.27）$<C_{v,9}$（1.28）；P-Ⅲ型分布模拟最小：$C_{v,1-12}=0.06\sim0.89$（图6-4b）。针对滞后频率不同等级在不同时间尺度，低频、中低频和中频$C_v>1$（除6个月尺度），高频$C_v=0.6\sim1.3$，中高频$C_v<0.8$（图6-5b）。这

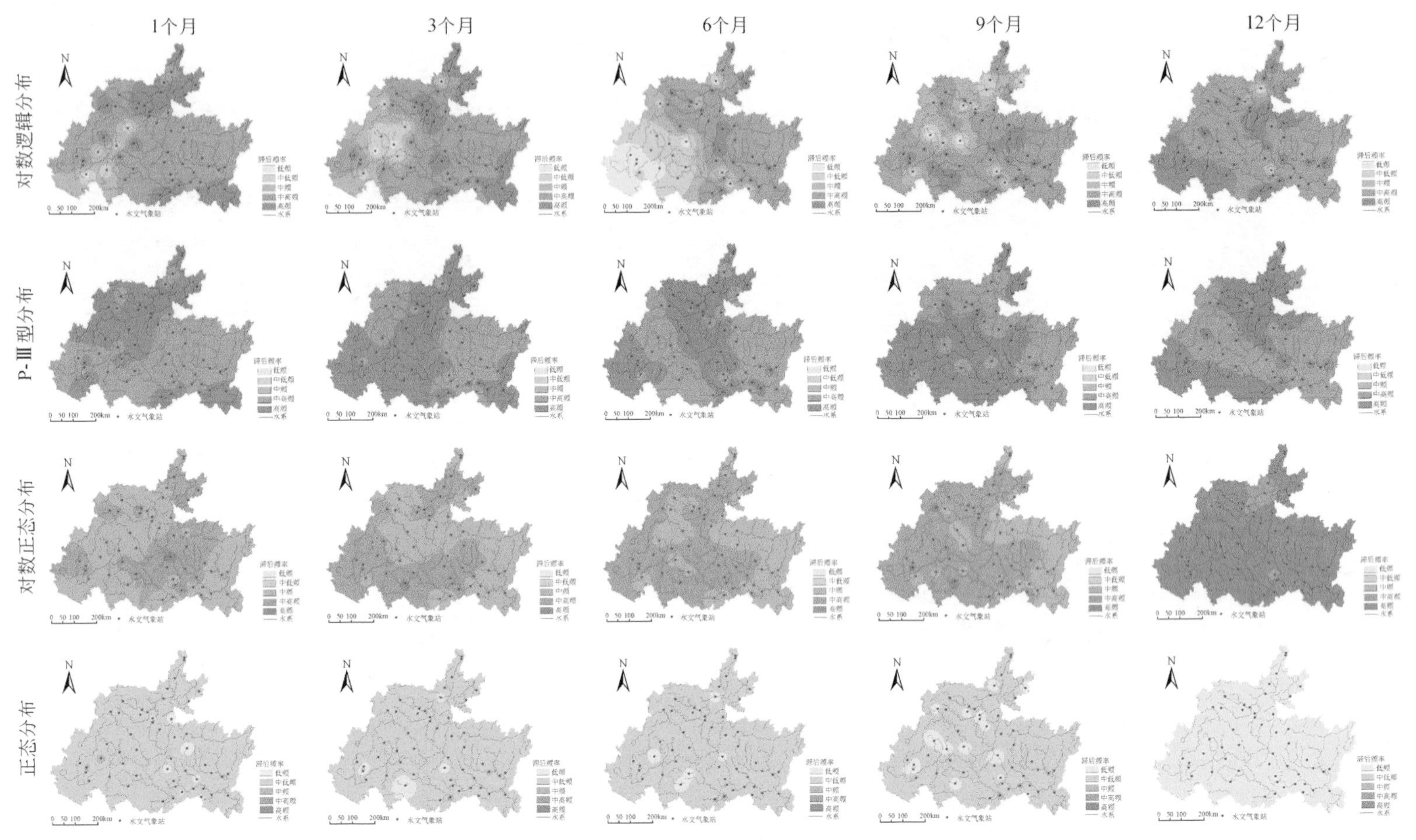

图6-7 不同时间尺度流域滞后频率空间分布特征

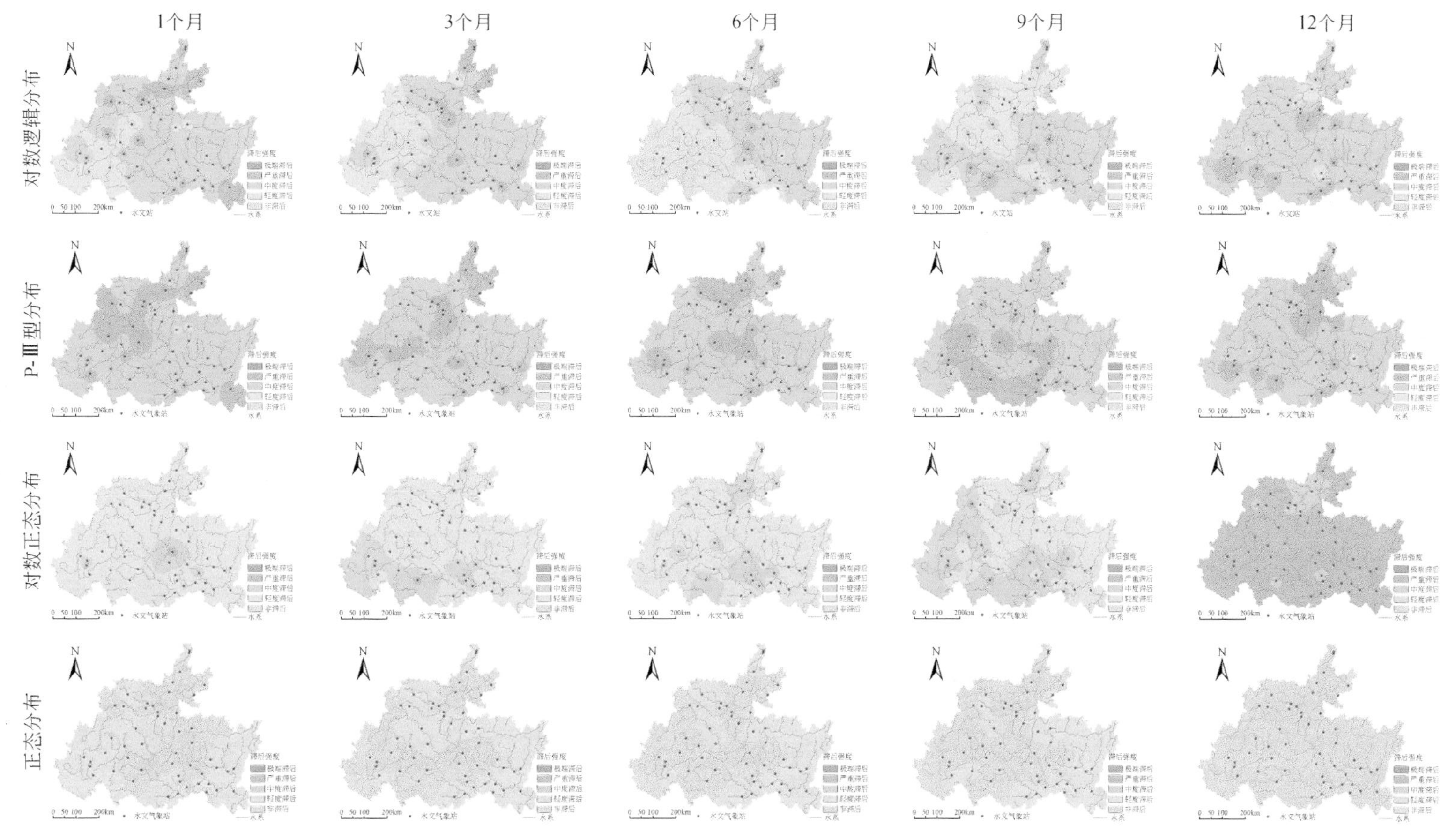

图6-8 不同时间尺度流域滞后强度空间分布特征

进一步证实流域滞后效应是降雨变化和流域径流调节共同作用的结果，时间尺度影响也不容忽视。图 6-6b 表明四种分布对滞后频率模拟在不同年代也呈现显著的差异，其中 P-Ⅲ型和逻辑对数分布模拟的滞后频率最高，其次是对数正态模拟，正态分布模拟的滞后频率最小。P-Ⅲ型分布模拟的滞后频率大于 0.6、局部年份频率高达 0.9（例如，1993 年的 1 个月和 6 个月尺度、1998 年的 9 个月和 12 个月尺度及 2020 年等）；逻辑对数分布的滞后频率模拟在不同时间尺度呈显著的强–弱交替，频率在 0.66 ~ 0.70 范围波动（图 6-6b）；正态分布模拟在不同年代滞后频率呈显著的“强–弱–强”周期性变化，即 1980 ~ 2000 年滞后频率增强期（频率：0.1 ~ 0.4），2000 ~ 2006 年滞后频率减弱期（频率<0.1），2006 ~ 2020 年滞后频率增强期（频率：0.2 ~ 0.6）（图 6-6b）；对数正态分布模拟的滞后频率呈现两个变化期，即 1980 ~ 2001 年是“弱–强–弱”交替期，2001 ~ 2019 年是增强期（图 6-6b）。说明人类活动影响流域下垫面介质及结构，从而影响流域产汇流机制，导致不同时间尺度或年代流域径流对降雨响应差异显著。

6.5 流域滞后强度与频率联合概率时空特征

流域滞后强度与频率无论在时间或空间上都是同时发生，为更好地揭示流域滞后效应时空演化规律，本研究讨论四种分布（正态分布、对数正态分布、P-Ⅲ型分布和逻辑对数分布）对滞后强度与频率模拟的 Copula 联合概率（图 6-9 ~ 图 6-12）。总体上，Gumbel-Copula、Clayton-Copula、Frank-1-Copula 和 Frank-2-Copula 空间分布比较相似，联合概率值较低，其中正态分布模拟的联合概率 0.016 ~ 0.247、对数正态分布模拟的联合概率 0.027 ~ 0.212、P-Ⅲ型分布模拟的联合概率在 0.027 ~ 0.181、逻辑对数分布模拟 0.027 ~ 0.238（图 6-9 ~ 图 6-12），这可能是流域滞后强度与频率呈显著负相关关系的缘故（$R<-0.8$，Sig. <0.01）。同时，时间尺度对 Copula 联合概率空间分布影响比较显著。正态分布模拟的 Copula 联合概率在 1 个月尺度自西向东逐渐减小，9 个月尺度正好相反，3 个月尺度呈南北向逐渐增大，6 和 12 个月尺度呈东北—西南空间分布格局，尤其 12 个月尺度联合概率呈显著的西北东南递减的变化趋势（图 6-9）；对数正态分布与正态分布类似，联合概率在 3 ~ 9 个月尺度呈现显著的南北条带空间分布且概率值逐渐增大，1 个月尺度联合概率值整体相对较高且呈现东西向“强–弱–强”空间分布，12 个月尺度联合概率值整体相对较低且呈东西向“弱–强–弱”空间分布（图 6-10）；P-Ⅲ型分布模拟在 1 个月尺度联合概率呈东南西北向递减，9 个月尺度呈东北西南向递减，3 个月尺度呈东西向“强–弱”交替，6 个月和 12 个月尺度联合概率呈显著的东南—西北条带空间分布格局（图 6-11）；逻辑对数分布模拟的联合概率空间分布在 6 个月尺度呈东北西南显著递减，12 个月尺度东南西北条带分布，1 个月尺度呈东北西南条带分布，3 个月尺度呈东西向“强–弱”交替，9 个月呈南北向“弱–强”交替（图 6-12）。

随着年代的递增，Copula 联合概率呈现周期性变化（图 6-13），其中正态与对数正态分布模拟的联合概率分布比较相似，正态分布模拟可明显划分为 1980 ~ 1999 年和 2006 ~ 2020 年为较强概率期，1999 ~ 2006 年较弱概率期（图 6-13a）；对数正态分布模拟呈现1980 ~ 2006 年的较强概率期、2006 ~ 2016 年弱概率期、2016 ~ 2020 年概率增强期（图 6-13b），

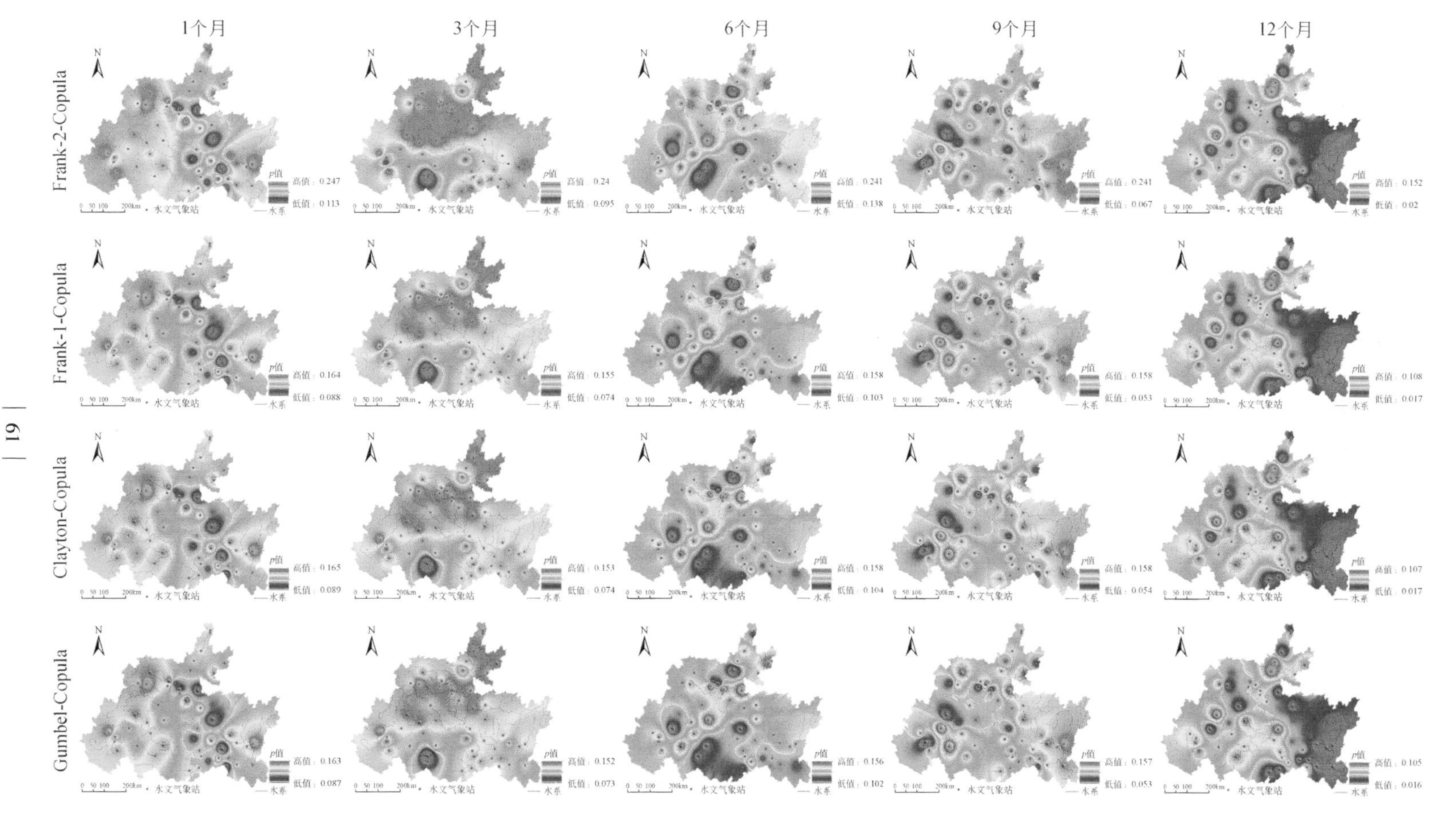

图6-9 正态分布模拟的滞后强度与频率Copula联合概率空间分布特征

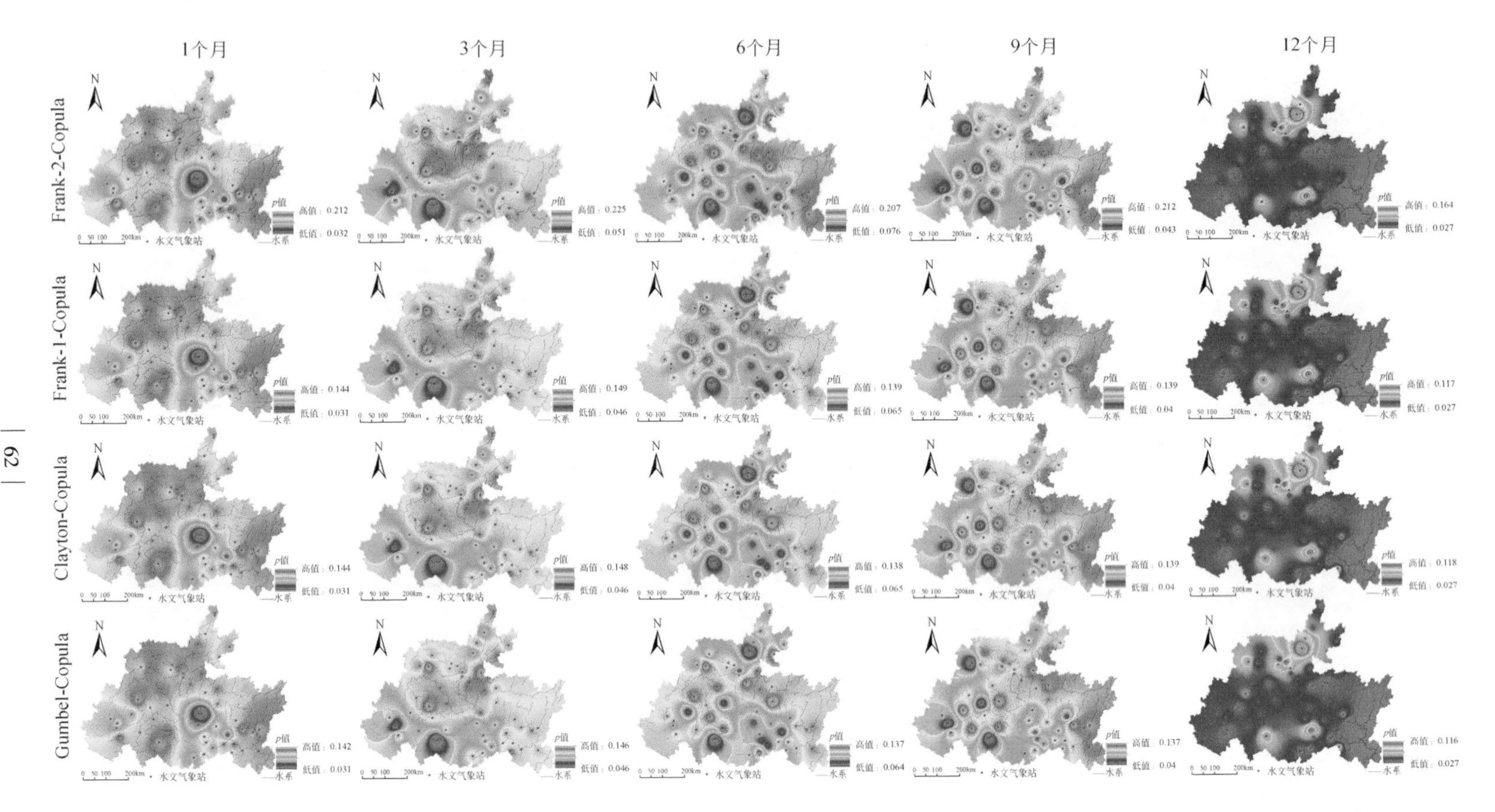

图6-10　对数正态分布模拟的滞后强度与频率Copula联合概率空间分布特征

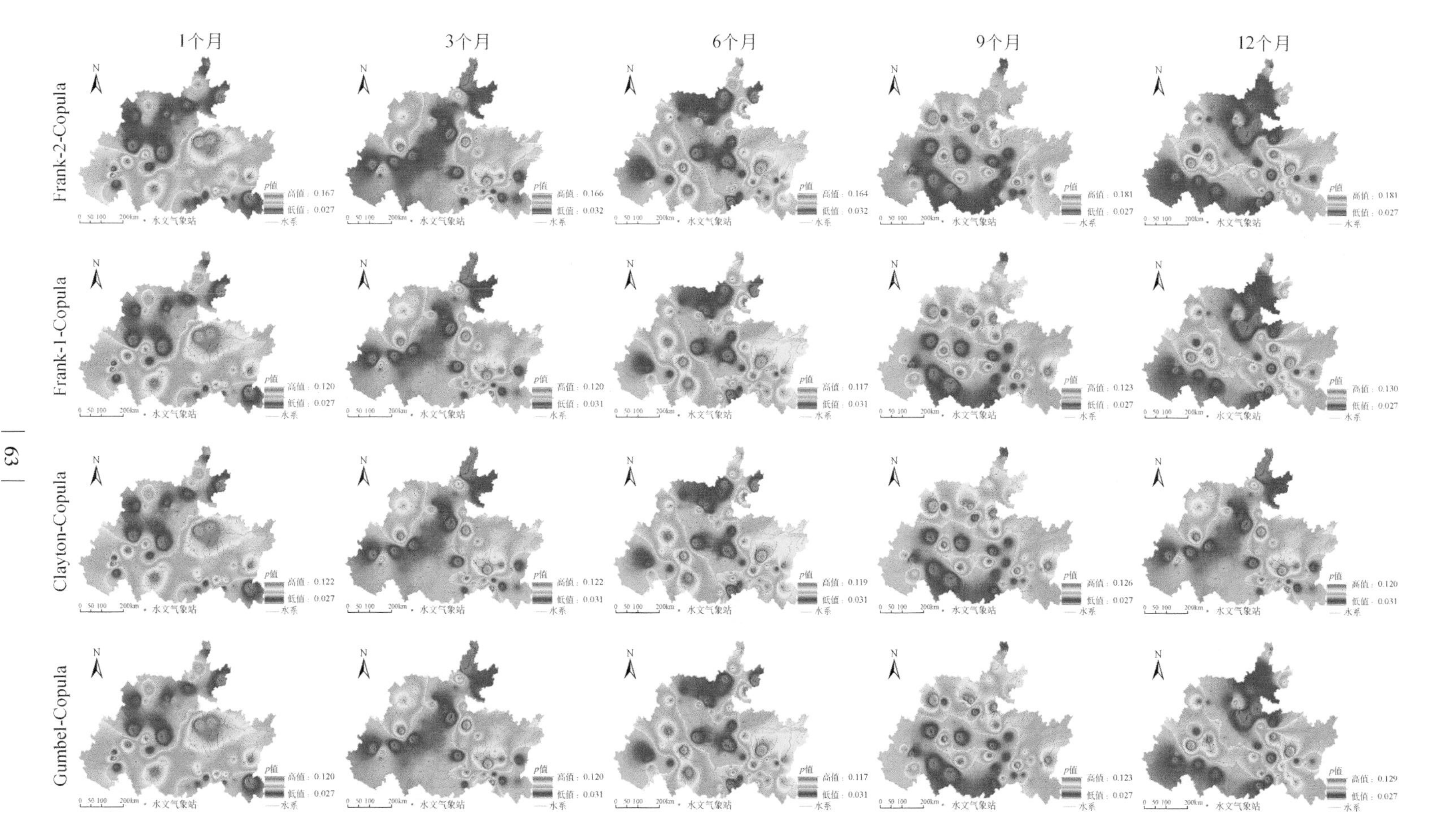

图6-11　P-Ⅲ型分布模拟的滞后强度与频率Copula联合概率空间分布特征

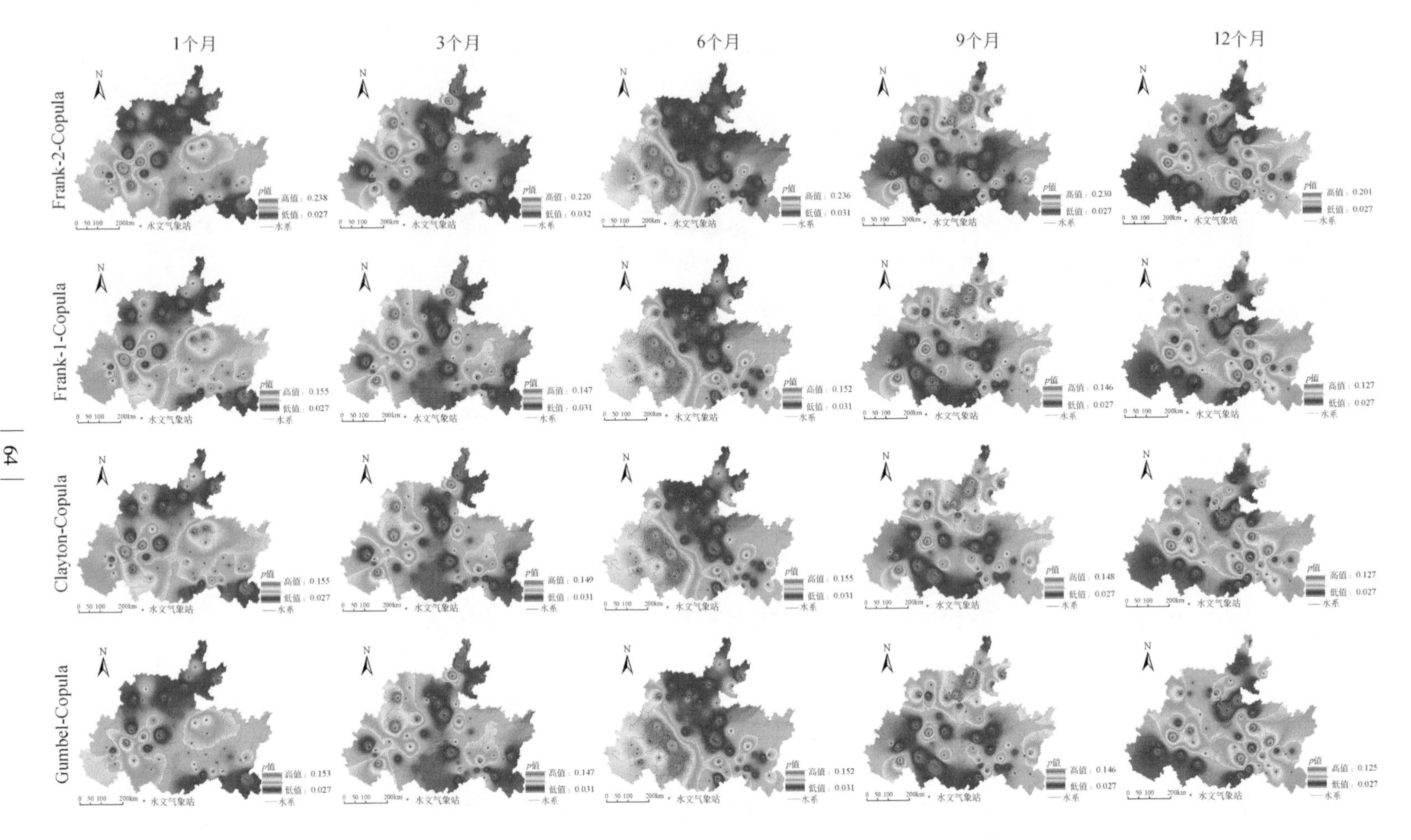

图6-12 对数逻辑分布模拟的滞后强度与频率Copula联合概率空间分布特征

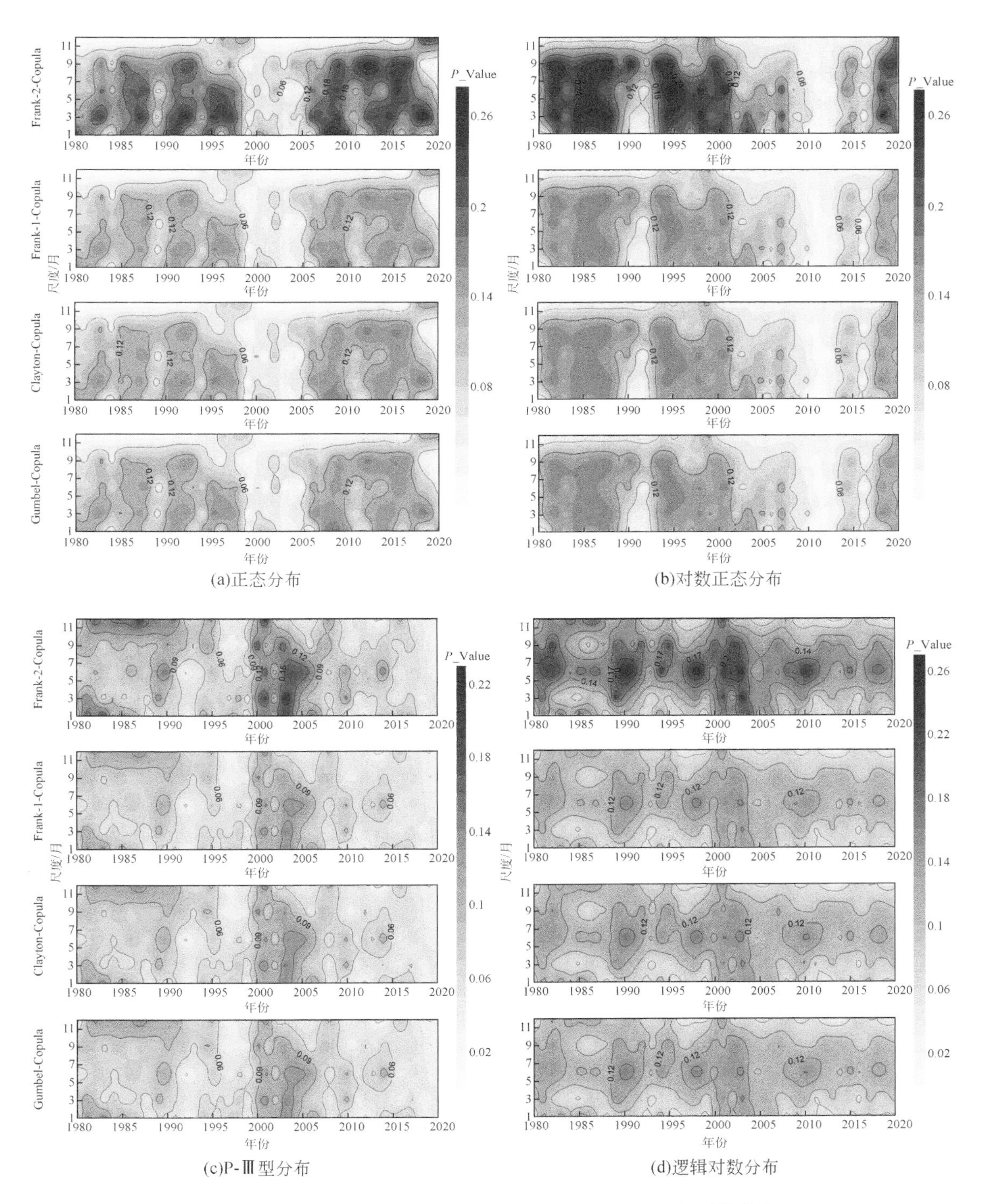

图6-13 正态分布、对数正态分布、P-Ⅲ型分布和逻辑对数分布模拟的滞后强度与频率 Copula 联合概率时间分布特征

且不同概率期又表现强–弱交替现象；P-Ⅲ型分布模拟在1980～2000年联合概率变化较小，2000～2020年联合概率呈周期性递减（图6-13c）；逻辑对数分布模拟在1980～2020年联合概率呈显著的强弱周期性变化（图6-13d）。针对这四种分布模拟，Frank-2的联合概率相对较大，其余分布联合概率值相对较小（图6-13）。随着时间尺度递增，正态与对数正态分布模拟的联合概率值逐渐减小（图6-13a、图6-13b），P-Ⅲ型分布模拟在1980～2000年联合概率由中等时间尺度（6个月和9个月）向短时间（1个月和3个月）和长时间（12个月）尺度逐渐增强（图6-13c），而逻辑对数分布模拟正好相反，即在1980～2020年联合概率由中等时间尺度（6个月和9个月）向短时间（1个月和3个月）和长时间（12个月）尺度逐渐减弱（图6-13d）。

6.6 本章小结

与正常流域相比，喀斯特流域可溶性含水介质在可溶性水的差异侵蚀或溶蚀作用下形成大小不同的空间，为大气降雨在流域地表及地下滞流提供了场所，致使流域具有一定的储水能力，从而径流对降雨呈现较强的滞后响应；降雨径流过程模拟均方差从正态分布到逻辑对数分布呈逐渐递减趋势，尤其是对数正态分布模拟最小。受降雨的空间分布及季节性变化影响，流域滞后效应具有显著的时间尺度特征，尤其1个月、3个月和12个月尺度的滞后强度 $C_v>1$，6个月和9个月尺度 $C_v<1$，这表明在短时间尺度（1个月和3个月）平均降雨量较大、变化小、流域的径流调节作用相对较弱，而长时间尺度（12个月）平均降雨量较小、变化较大、流域的径流调节作用相对较强，导致降雨径流的滞后效应差异显著；流域滞后强度将伴随着一定的滞后频率，对数正态分布、P-Ⅲ型分布和逻辑对数分布模拟的滞后频率较高，正态分布模拟的滞后频率相对较低，尤其是对数正态分布及P-Ⅲ型分布模拟主要表现为中频、中高频和高频，正态分布模拟表现为中低频和低频。滞后强度与频率联合概率总体较低，这归因于流域滞后强度与频率呈显著负相关关系（$R<-0.8$，Sig. <0.01），其中Gumbel联合概率拟合最优，其次是Clayton和Frank-1，Frank-2相对较弱。同时，人类活动对流域介质的破坏与重建对降雨径流过程影响，导致流域滞后强度与频率具有显著的年代差异。因此，流域滞后效应是气候变化、流域介质结构及人类活动共同作用的结果，本研究证实了降雨亏损是流域干旱发生的必要非充分条件，尤其是喀斯特流域，流域滞后效应决定着干旱传播过程及其转换机制。

第7章　中国南方喀斯特流域土地利用对流域滞后效应驱动机制

干旱发生表明在一定时期无降雨或降雨量极少，但在一定时期无降雨或降雨量极少，并不意味干旱一定会发生，针对不同地区干旱发生表现出一定的滞后性，其滞后时间及强度深受流域储水能力影响，因此，干旱与其说受降雨亏损影响，不如说受流域储水影响（土壤、含水层、湖泊、河流），这意味着干旱可能会在枯水或丰水期、区域或流域尺度发生。与常态流域相比，喀斯特流域不仅介质类型多（岩性、土壤、植被及土地利用等）、质地不纯、结构复杂，在可溶性水的差异侵蚀或溶蚀作用下形成大小不同的溶隙、溶孔和管道，为大气降水在地表与地下滞留提供空间和场所，致使喀斯特流域对不同时间尺度气候变化具一定的滞后响应。因此，本章将以黔中地区为研究区，选取1971～2016年气象和水文数据，首先利用分布滞后回归模型判定径流对降雨滞后效应特征，并计算流域滞后指数；其次，利用GIS空间插值法，针对黔中地区1976年、1986年、1996年、2006年、2016年土地利用数据对人类活动进行模拟，分析1970s、1980s、1990s、2000s、2010s人类活动时空演化特征；最后讨论人类活动对流域滞后效应驱动机制。因此，通过本章研究为喀斯特地区干旱监测与预测奠定理论基础。

7.1　数据与方法

7.1.1　研究数据

（1）土地利用数据

土地利用数据来源于资源环境科学与数据中心，本节分别选取1976年、1986年、1996年、2006年、2016年土地利用情况代表1970s、1980s、1990s、2000s、2010s的土地利用变化情况（图7-1）。土地利用类型划分是参考“全国遥感监测土地利用/覆盖分类体系”，并考虑一级和二级分类标准。

（2）降雨与水文数据

本节所用降雨与水文数据是由水利部整编的《水文统计年鉴》，从中选取黔中地区1971～2016年66个雨量站和12个水文站逐月实测数据；考虑流域面积影响，本章对降雨及水文数据进行了标准化处理。

7.1.2　研究方法

首先，本节利用EViews 9.0软件中的CROSS进行滞后效应分析和判断。经判定，喀斯特流域径流对降雨的滞后效应总体表现为3期。

其次，利用EViews 9.0软件中的PDL生成分布滞后回归模型，即LS y α PDL（x，k，m，d）。

其分布滞后回归模型：

$$y_t = \alpha + \sum_{i=0}^{k} \beta_{t\_i} x_{t\_i} + \mu_t \tag{7-1}$$

式中，y_t表示第t时径流量；β_{t_i}，x_{t_i}分别表示第t时、第i期滞后系数及变量（降雨量）；$\beta_{t_i}x_{t_i}$表示第t时降雨在第i期滞流量，即$\beta_{t_i}x_{t_i}$值越小，表示第t时降雨在第i滞后期产生流量越小、滞后效应越强，或者说第i滞后期变量（x_{t_i}）对当前期变量（y_t）贡献率较小；μ_t表示第t时的随机变量；α是常数，k表示滞后期长度，m为多项式次数，d为分布滞后特征控制参数。本研究中$k=3$，$m=2$，d为缺损值。

最后，滞后指数计算。滞后指数（lagging index，LI）通过第s参考期、第i个滞后期的$\mathrm{LI}_{i,s}$进行计算，其公式可表达为

$$\mathrm{LI}_{i,s} = \frac{V_{i,s} - \bar{V}_i}{S_i}; i=0,1,2,3; s=1,2,\cdots,6 \tag{7-2}$$

式中，$V_{i,s}=\beta_{t\_i}x_{t\_i}$；$V_{i,s}$表示第$s$参考期第$i$滞后期的流量；$\bar{V}_i$和$S_i$分别表示第$i$滞后期的流量均值和标准差。本研究中$i=0$表示滞后0期（即当前月），$i=1$表示滞后1期（滞后1个月），…，$i=3$表示滞后3期（滞后3个月）；$s=1$表示1970s，$s=2$表示1980s，…，$s=5$表示2010s。

LI为正值，表示为正常（即无滞后效应），LI为负值，且绝对值越大，滞后强度越严重。根据LI指标，滞后强度可划分为五个等级，即$0.0 \leq \mathrm{LI}$无滞后，$-1.0 \leq \mathrm{LI} < 0.0$轻度滞后，$-1.6 \leq \mathrm{LI} < -1.0$中度滞后，$-2.0 \leq \mathrm{LI} < -1.6$重度滞后，$\mathrm{LI} < -2.0$极端滞后。

7.2 土地利用空间格局演化特征

7.2.1 土地利用类型特征

总体上，1970s～2010s黔中地区土地利用类型主要表现为林地（41.2%）、耕地（30.4%）、草地（26.6%）、建设用地（1.37%）、水域（0.36%）、未利用地（0.02%）（图7-1）。这说明1970s～2010s人类活动强度差异较小。不同地类在同一时期（年代）空间分布差异较大（$C_v=1.1$），其中林地和耕地主要分布在以普定为中心的研究区中部、东部和南部区域，以及六盘水的西北部地区，而草地主要分布在六盘水的东南部地区，水域零星分布在以普定为中心的研究区中部地区。说明不同地类在同一时期（年代）相互转换率较大，即人类活动较强；同一地类在不同时期（年代）空间分布差异较小（$C_v=0.1$），其中林地、草地和未利用地的空间分布无差异（$C_v \approx 0.1$）。说明同一地类在不同时期（年代）相互转换率较小，表明不同时期人类活动强度差异不显著。

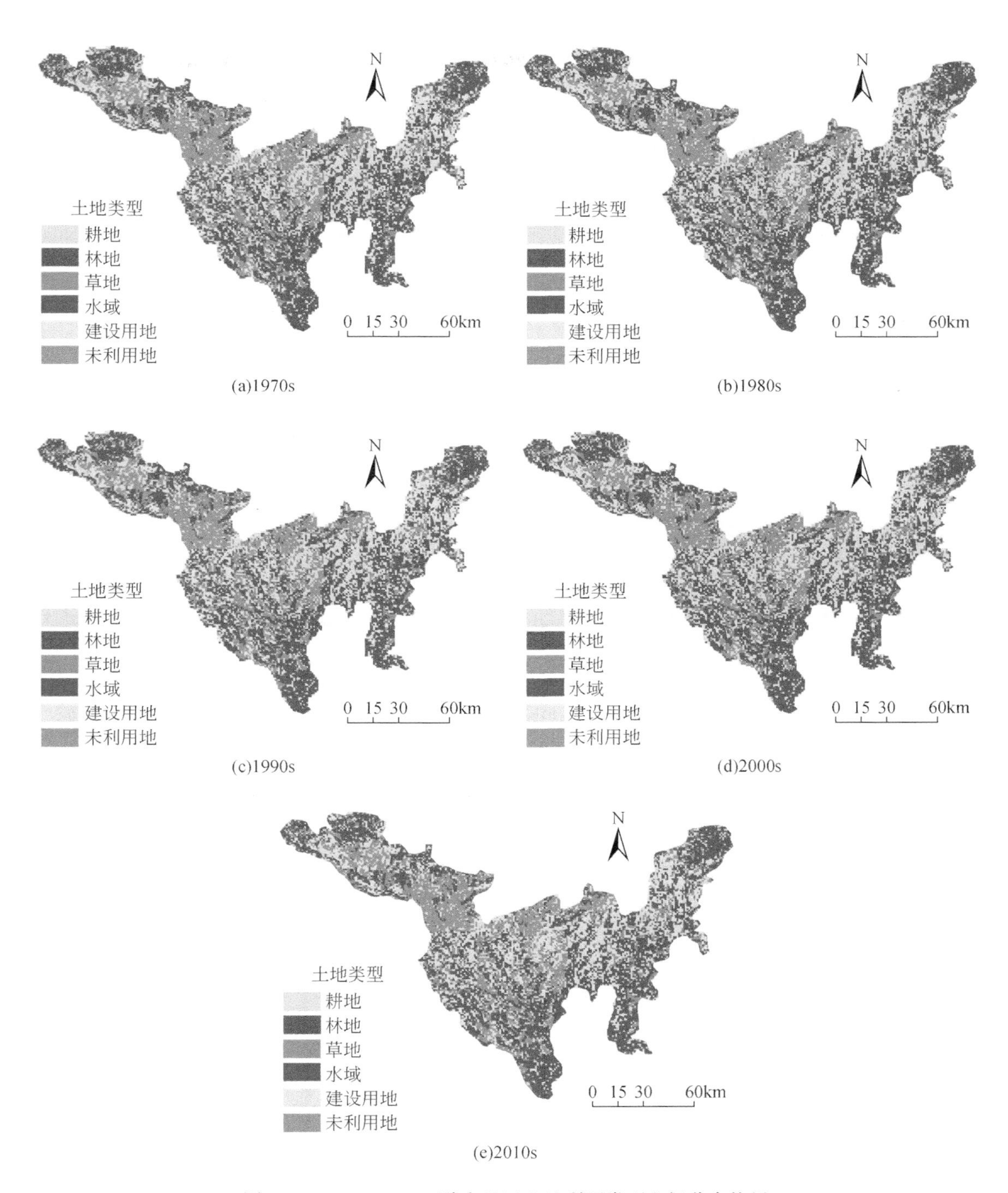

图 7-1　1970s ~ 2020s 黔中地区土地利用类型空间分布格局

7.2.2 土地利用空间格局演化

总体上，1970s～2010s黔中地区土地利用总体变化率呈现上升趋势。其中，2000s～2010s为1.26%，1990s～2000s为0.63%，1980s～1990s为0.01%。比较而言，2000s～2010s黔中地区土地利用总体变化率最大，1980s～1990s总体变化率最小，这说明土地利用变化在2000s～2010s相对迅速、人类活动较为剧烈，在1980s～1990s相对缓慢、人类活动较为和缓（图7-2a）。同一地类年变内变化率在不同时期（年代）差异较大，且呈正负差异（图7-2b～图7-2e）。其中，1970s～1980s耕地和草地呈负向变化，其余类型呈正负变化，且耕地变化负最大（-46.74%），未利用地变化正最大（10%）（图7-2b）；1980s～1990s的耕地（-32.1%）和草地（-40.96%）仍呈现负向变化，林地呈现正向变化（8.86%），其余类型未发生变化（图7-2c）；1990s～2000s林地呈现负向变化（-49.89%），其余类型呈现正向变化与无变化（图7-2d）；2000s～2010s的耕地、草地和未利用地呈现负向变化，其余类型呈现正向变化，且草地负向变化最大（-13.83%），水域呈正向变化最大（10%）（图7-2e）。总之，1970s～2010s耕地和草地面积呈递减趋势，水域和建设用地面积呈递增趋势，而林地和未利用地有增也有减。其中，耕地、林地和草地面积递减速度最快分别是1970s～1980s（-46.74%）、1990s～2000s（-49.89%）、1980s～1990s（-40.96%），水域和建设用地面积递增速度最快是2000s～2010s（10%、9.62%），而未利用地从1970s～1980s正的最大（10%）递减至2000s～2010s负的最大（-1.85%）。

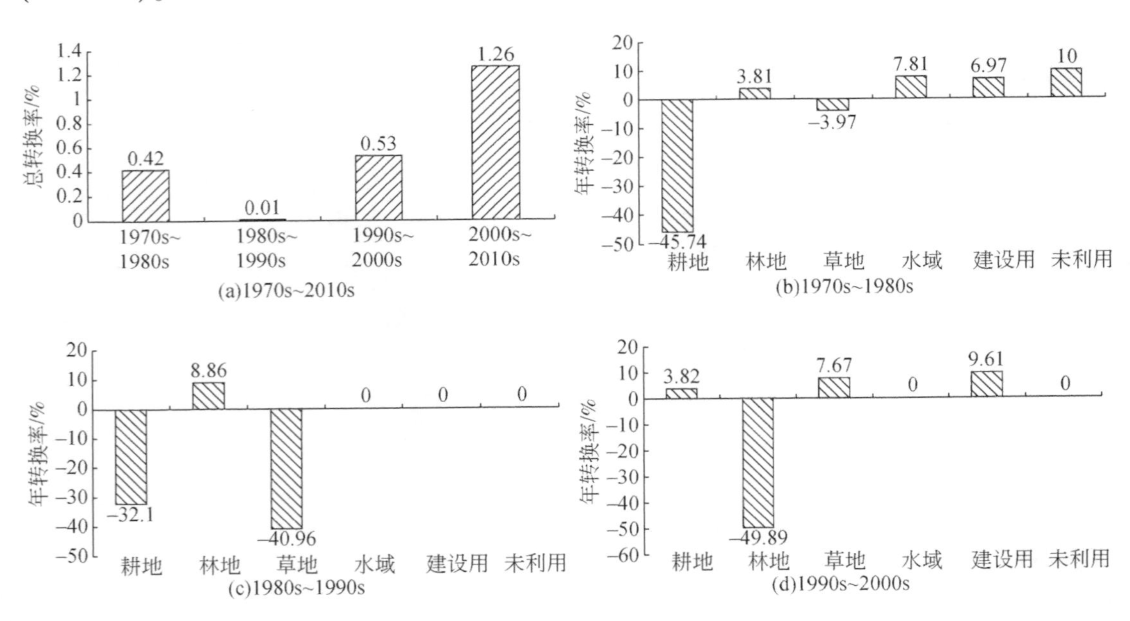

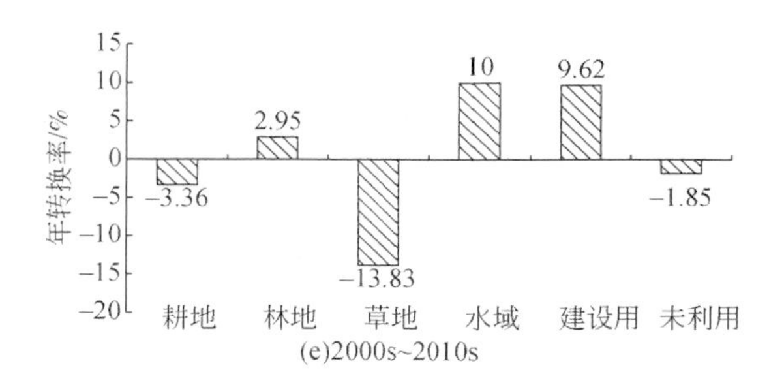

图 7-2 土地利用类型总体变化率及不同时期转换率

7.2.3 土地利用类型形态特征

地类形态特征是反映土地利用的重要参数，也是反映人类活动强度的重要指标。本节在景观指数软件包 Fragstats 4.0 支持下，以 1976 年、1986 年、1996 年、2006 年和 2016 年土地利用数据为基础，分别提取土地类型的最大斑块指数（LPI）（Range：0<LPI≤100）、边缘密度指数（ED）（Range：ED≥0）、以及斑块形状指数（SHAPE）（Range：SHAPE≤1）、分维指数（FRAC）（Range：1≤FRAC≤2）等 48 个指标（图 7-3），并针对 LPI、ED、SHAPE、FRAC 作如下分析。

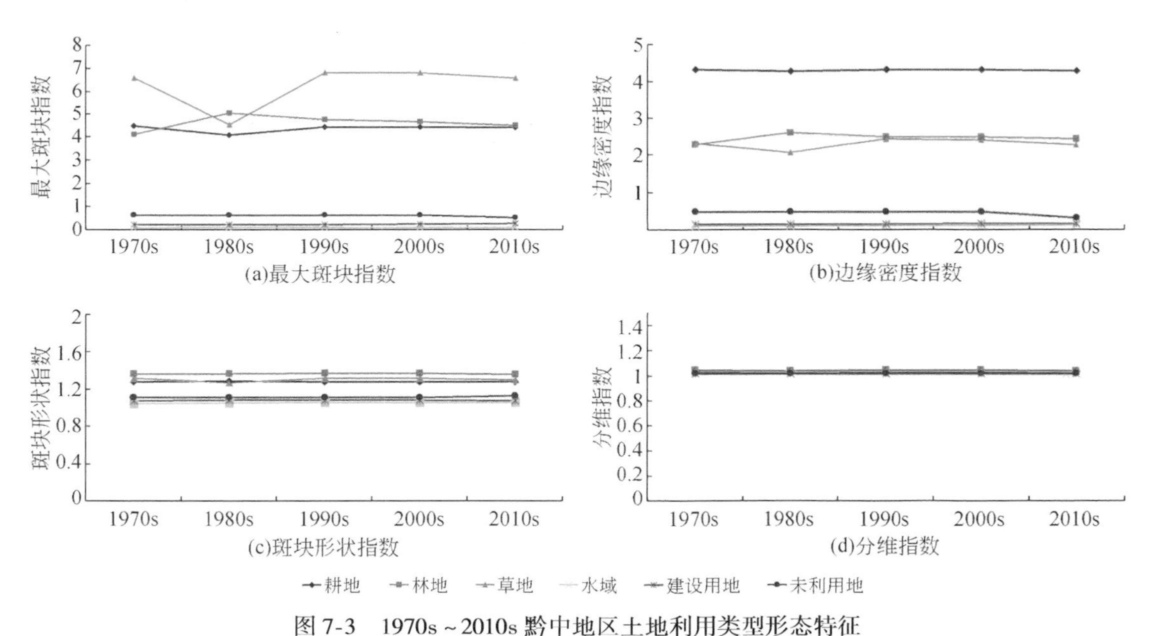

图 7-3 1970s ~ 2010s 黔中地区土地利用类型形态特征

1）总体上，不同地类最大斑块指数差异较大。其中，草地最大斑块指数最大（4.0 ~ 7.0），其次是林地（4.0 ~ 6.0）和耕地（4.0 ~ 4.6），水域最小（0.1）。表明草地分布相对集中、连片，而水域分布相对零散、破碎。随着年代的递增（1970s ~ 2010s），草地最大斑块指数差异较大，且总体呈递增趋势，其次是林地和耕地差异较小，而未利用地、建设用地和水域基本无差异，这表明 1970s～2010s 人类活动对草地类型影响最小，其次是林地和耕地，而对未利用地、建设用地和水域影响不显著（图 7-3a）。

2）图 7-3b 说明耕地斑块边界条件最复杂，其次是林地和草地，而未利用地、建设用地和水域斑块边界条件相对单一。同时，随着时代的递增（1970s～2010s）六种地类的斑块边界条件变化不显著。

3）六种地类斑块形状指数均小于 1，说明这六种地类的斑块形状分布相对复杂。其中，林地、草地和耕地的斑块形状指数相对较小（<0.3），未利用地、建设用地和水域的斑块形状指数相对较大（<0.6）。同时随着年代的递增（1970s～2010s），六种地类斑块形状指数变化较小，表明人类活动在不同年代对地类形状影响较小（图 7-3c）。

4）六种地类斑块分维指数均大于 1，且随着年代变化基本保持不变（图 7-3d）。表明这六种地类斑块形状比较复杂，但在不同年代差异较小，即表明人类活动在不同年代对地类形状影响较小。

7.3 土地利用空间格局对流域滞后效应驱动机制

7.3.1 土地利用类型对流域滞后效应驱动机制

总体上，土地利用对流域滞后效应均有影响，且不同地类表现出正、负性差异。其中，林地和水域对滞后强度表现为正影响、其余表现为负影响，而对滞后频率影响恰好相反（图 7-4）。

相同地类在不同时间尺度（1～12 个月）对流域滞后效应影响差异较大。尤其对滞后频率影响差异耕地最大，其次是林地和草地，而水域和未利用地最小（图 7-4d）；对滞后强度影响差异 6 个月和 9 个月尺度相对较强，1 个月和 12 个月相对较弱（图 7-4c）。方差表明相同地类在不同尺度对滞后效应影响未通过显著检验（$p>0.06$，除林地和草地），即说明相同地类在不同时间尺度对滞后效应影响差异不显著（表 7-1）。然而，不同地类在相同时间尺度对流域滞后强度/频率影响差异特别显著（$p<0.001$）（表 7-1），尤其对滞后强度影响（F 值）在 3 个月尺度达最大值（199.736），对滞后频率影响（F 值）随时间尺度增加而逐渐减小。

与时间尺度相比，随着年代变化地类对流域滞后效应影响具有类似的变化特征（图 7-4a、图 7-4b）；相同地类在不同年代（1970s～2010s）对流域滞后强度影响差异特别显著（$p<0.001$）（除未利用地，表 7-2），尤其林地和草地对滞后强度影响（R）随年代递增逐渐增大，耕地、水域和建设用地影响差异逐渐减小（图 7-4a）；林地、草地和未利用地在不同年代（1970s～2010s）对流域滞后频率影响差异很大（$p<0.001$），其余地类影响差异较小（$p>0.06$）（图 7-4b，表 7-2）。不同地类在相同年代对流域滞后效应影响差异特别显著（$p<0.001$），且随着年代递增 F 值逐渐增大（表 7-2）；总体表明地类与年代耦合对流域滞后效应影响特别显著（$F=9.634$，$p<0.001$）。

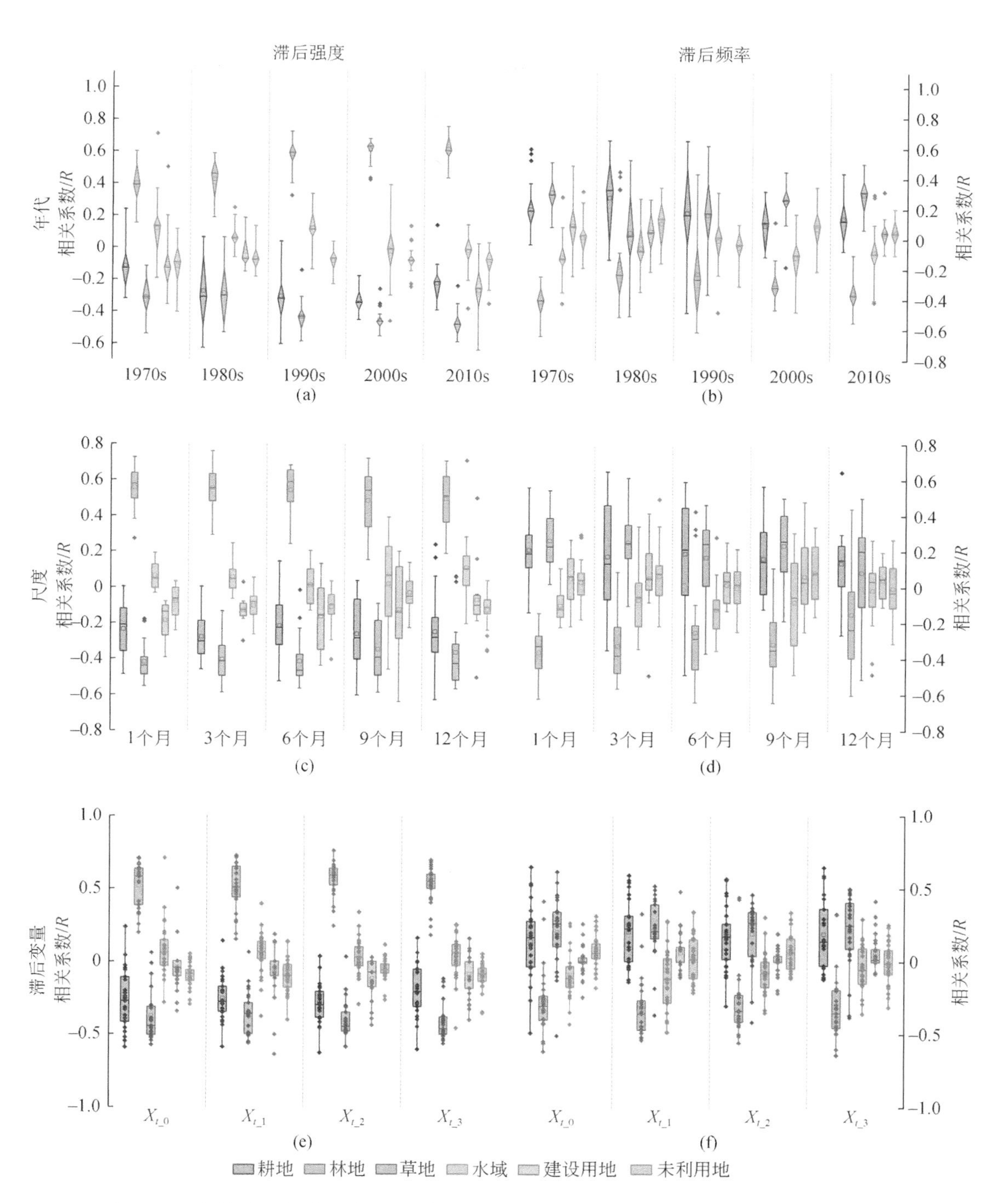

图 7-4 流域滞后强度/频率与土地利用类型在不同年代（a，b）、不同时间尺度（c，d）及滞后期/变量的相关性（e，f）

同理，相同地类在不同滞后变期（X_{t_0} ~ X_{t_3}）对滞后效应影响具有类似特征（图7-4e、图7-4f），影响未通过显著性检验（p>0.06）；不同地类在相同滞后期对流域滞后效应影响特别显著（p<0.001，表7-3），尤其是对滞后强度影响（F值）随滞后期的延长而增大，且在滞后2期（X_{t_2}）达极大值179.176，对滞后频率影响呈现增大到减小再增大变化。

表7-1　相同/不同土地利用类型在不同/相同时间尺度方差分析

土地类型	滞后强度		滞后频率		时间尺度	滞后强度		滞后频率	
	F_value	Sig.	F_value	Sig.		F_value	Sig.	F_value	Sig.
耕地	0.361	0.836	0.279	0.891	1个月	182.077	0.000	68.046	0.000
林地	1.114	0.366	3.928	0.006	3个月	199.736	0.000	43.183	0.000
草地	0.906	0.464	2.803	0.030	6个月	109.768	0.000	12.304	0.000
水域	1.266	0.293	1.116	0.364	9个月	60.292	0.000	19.684	0.000
建设用地	0.676	0.681	0.860	0.497	12个月	66.287	0.000	4.164	0.002
未利用地	3.264	0.016	1.364	0.262					

表7-2　相同/不同土地利用类型在不同/相同年代的方差分析

土地类型	滞后强度		滞后频率		年代	滞后强度		滞后频率	
	F_value	Sig.	F_value	Sig.		F_value	Sig.	F_value	Sig.
耕地	6.379	0.001	1.984	0.103	1970s	46.840	0.000	67.780	0.000
林地	20.113	0.000	4.294	0.003	1980s	68.120	0.000	8.023	0.000
草地	8.096	0.000	6.641	0.000	1990s	230.131	0.000	8.486	0.000
水域	4.846	0.001	1.368	0.261	2000s	280.149	0.000	38.483	0.000
建设用地	16.742	0.000	2.120	0.084	2010s	210.809	0.000	66.080	0.000
未利用地	0.833	0.608	4.172	0.004					

表7-3　相同/不同土地利用类型在不同/相同滞后期/变量的方差分析

土地类型	滞后强度		滞后频率		滞后变量	滞后强度		滞后频率	
	F_value	Sig.	F_value	Sig.		F_value	Sig.	F_value	Sig.
耕地	1.196	0.316	0.364	0.779	X_{t_0}	89.187	0.000	18.864	0.000
林地	0.764	0.623	0.317	0.813	X_{t_1}	96.661	0.000	29.431	0.000
草地	0.486	0.694	0.08	0.971	X_{t_2}	179.176	0.000	22.421	0.000
水域	0.472	0.703	0.931	0.429	X_{t_3}	118.892	0.000	22.793	0.000
建设用地	0.964	0.413	2.313	0.081					
未利用地	1.317	0.273	1.641	0.186					

7.3.2 土地类型转移对流域滞后效应驱动机制

图7-5表明地类转移对流域滞后效应影响呈现正、负性差异。其中，林地（1970s～1990s、2000s～2010s）和水域（1980s～2000s）类型转移对流域滞后强度主要表现为正影响，其余类型主要表现为负影响（图7-5a）；耕地、建设用地（1970s～2010s）对滞后频率主要表现为正影响、其余类型主要表现为负影响（图7-5b）。

随着年代变化（1970s～2010s），地类转移对滞后强度影响（*R*值）林地和草地呈正（负）逐渐增大，耕地、水域和未利用地呈“V型”、倒“V型”，建设用地影响差异逐渐减小（图7-5a）；对滞后频率影响（*R*值）耕地和草地呈“W型”，林地呈“单峰”型，水域呈“峰-谷”交替（图7-5b）。

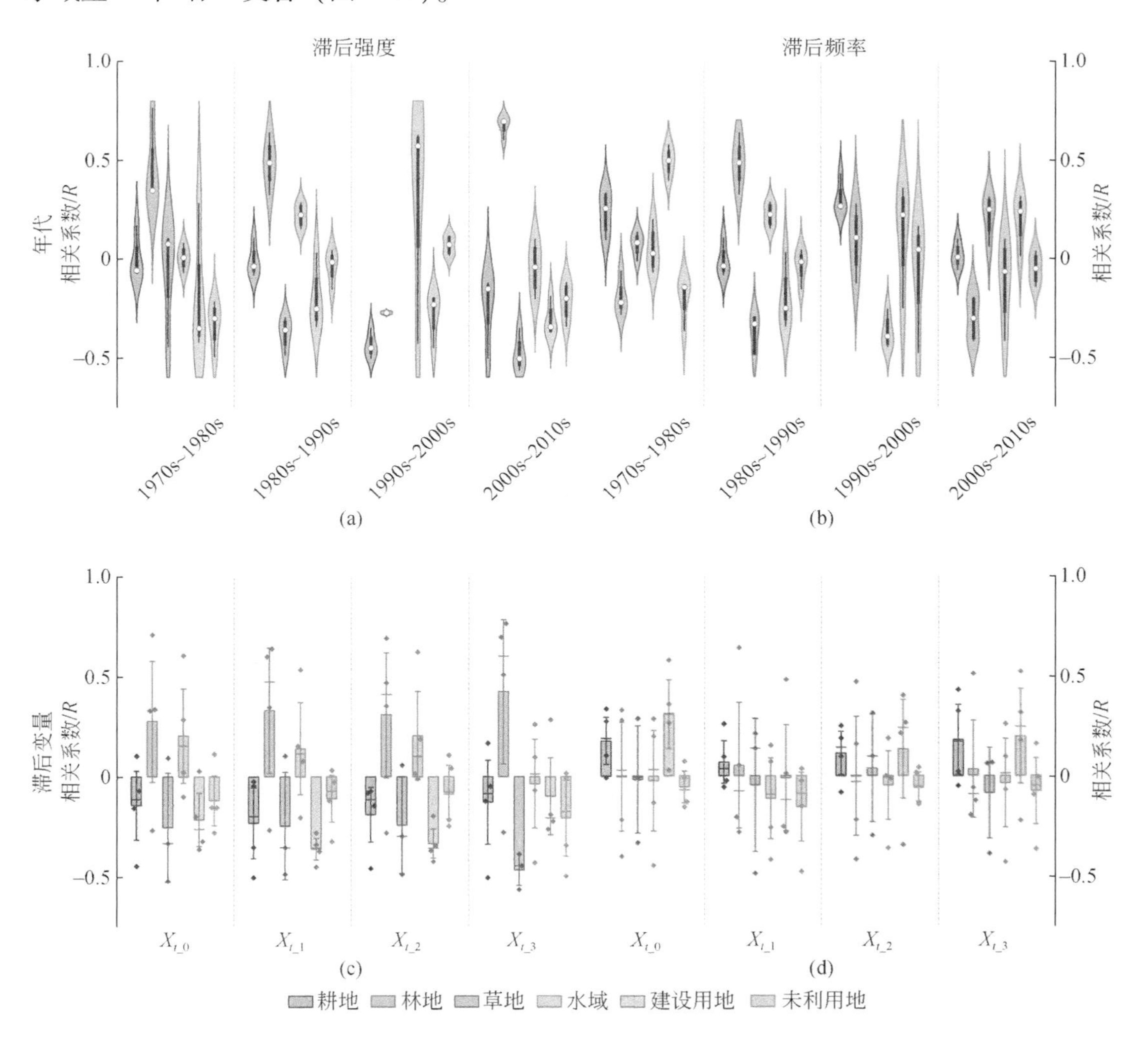

图7-5 土地利用类型与滞后强度/频率在不同年代（a，b）、不同滞后期/变量（c，d）的相关性

地类转移在不同滞后期（$X_{t\_0} \sim X_{t\_3}$）对流域滞后效应正负影响更显著（图7-5c、图7-5d）。其中，对滞后强度林地和水域表现为正影响，其余表现为负影响（图7-5c）；对滞后频率耕地和建设用地表现为正影响，其余表现为负影响（图7-5d）。随着滞后期的延长林地转移对滞后强度影响逐渐增大，耕地、建设用地与未利用地变化较小（图7-5c）；林地、草地和水域对滞后频率影响（R）围绕0值波动（图7-5d）。这表明地类转移具有年代变化特征，对滞后效应影响差异不显著（p>0.06）。

7.3.3 土地利用形态对流域滞后效应驱动机制

为了消除指标间的相关性及减少变量的个数，本节针对地类形态特征48个指标进行主成分分析，提取特征值大于1的主成分。因此，耕地和林地提取6个主成分（$Z_1 \sim Z_6$）、草地和水域6个（$Z_1 \sim Z_6$）、建设用地提取4个（$Z_1 \sim Z_4$）；未利用地面积占比较小，形态特征不显著，未进行主成分分析（图7-6）。

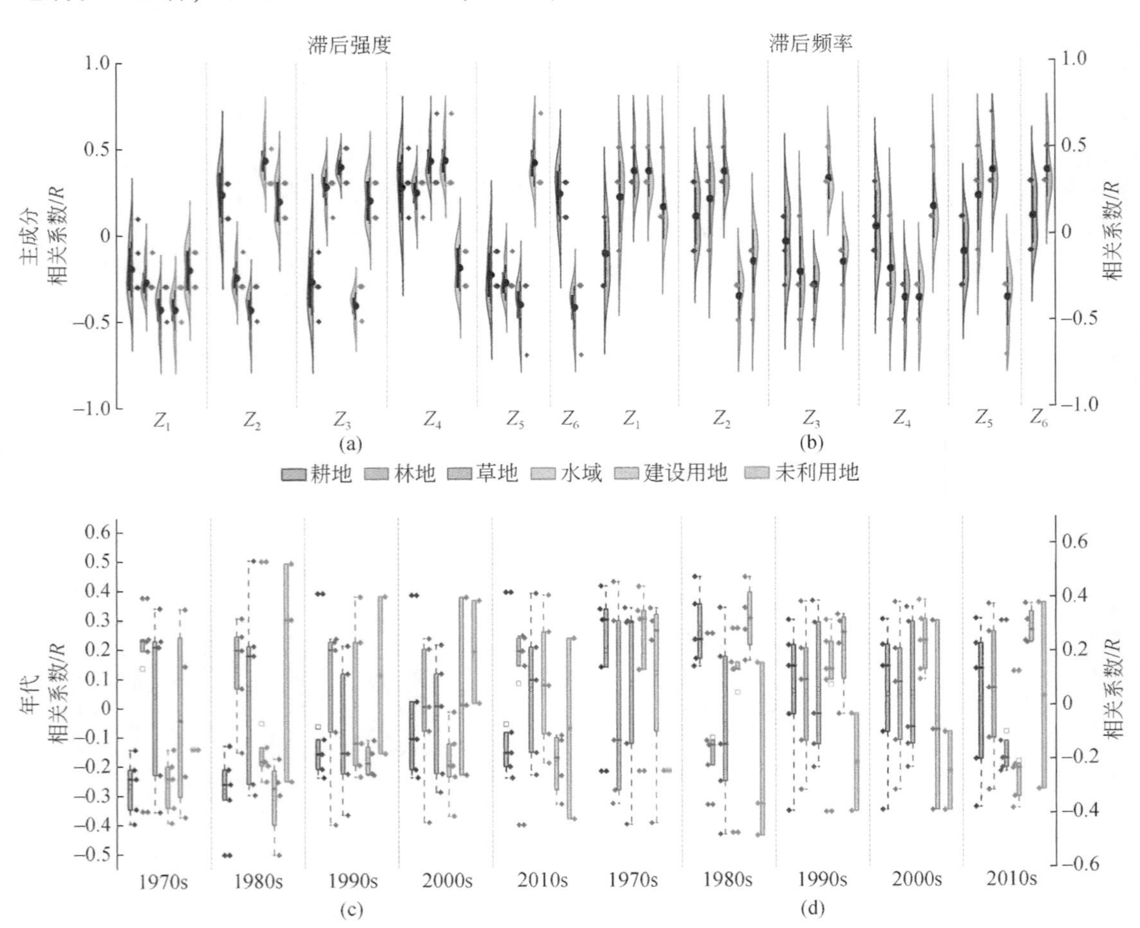

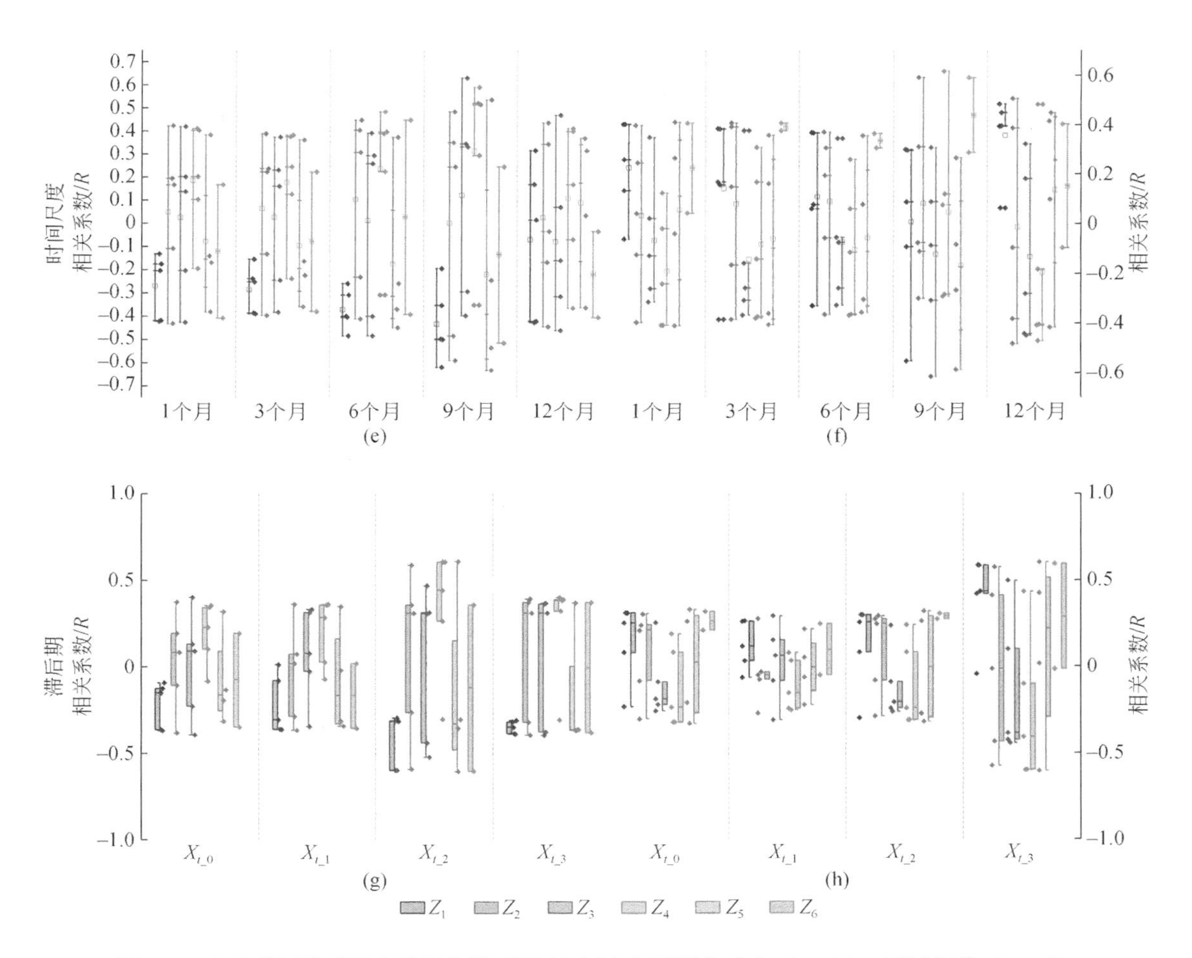

图7-6 土地利用类型形态特征与滞后强度/频率在不同主成分（a，b）、不同年代（c，d）、不同时间尺度（e，f）及不同滞后期（g，h）的相关性

1）总体上，主成分因素（Z_s）在不同滞后期（X_{t_0} ~ X_{t_3}）、不同年代（1970s ~ 2010s）和不同时间尺度（1 ~ 12 个月）对流域滞后效应影响呈正负性差异（图 7-6）；尤其是滞后强度影响耕地呈现“负-正”交替，林地、草地和建设用地呈“单峰型”，水域呈“W 型”（图 7-6a），而滞后频率影响恰好相反（图 7-6b）。随着年代变化（1970s ~ 2010s）第 1 主成分（Z_1）对滞后强度/频率影响逐渐减弱，Z_2主要表现正影响，Z_4主要表现负/正影响，Z_6影响差异相对较大，Z_3相对较小（图 7-6c、图 7-6d）；总体上主成分因素在不同年代对滞后效应影响差异不显著（p>0.06）。与年代变化相比，时间尺度对主成分因素影响相对显著（p<0.06），且随着时间尺度增加主成分对滞后强度/频率影响差异逐渐增大（除 Z_1）（图 7-6e、图 7-6f）。在不同滞后期（X_{t_0} ~ X_{t_3}）Z_1/Z_4对滞后强度呈负/正影响（图 7-6g），对滞后频率呈正/负影响（图 7-6h）；随着滞后延长 Z_2对滞后强度/频率影响差异逐渐增大（图 7-6g、图 7-6h）；主成分因素对滞后强度/频率影响差异在当前期和滞后 1 期（X_{t_0}、X_{t_1}）相对较小（图 7-6g），在滞后第 2 期和第 3 期（X_{t_2}、X_{t_3}）相对较大（图 7-6h）。

2）地类形态特征主成分因素（Z_s）在不同滞后期（X_{t_0} ~ X_{t_3}）、不同年代（1970s ~ 2010s）和不同时间尺度（1 ~ 12 个月）对流域滞后效应影响差异特别显著（$p<0.001$）（表 7-4）。其中，主成分（Z_s）在 X_{t_0}–X_{t_3}对滞后强度/滞后频率影响（F 值）草地最大，其次是水域和林地，耕地和建设用地最小（表 7-4）；在 1970s ~ 2010s 建设用地 F 值最大（173.83，43.37），其次是耕地和林地，水域和草地最小（表 7-4）；在 1 ~ 12 个月尺度 F 值：草地>水域>耕地>建设用地>林地（表 7-4）。这说明地类形态特征无论随着年代的变化，时间尺度递增还是滞后期的延长对流域滞后效应影响都特别显著（$p<0.001$）（表 7-5）。

表 7-4　同一地类形态特征（Z_s）与滞后强度/频率在不同滞后变量/滞后期、不同时的间尺/年代方法分析

土地类型	X_{t_0} ~ X_{t_3}				1 ~ 12 个月				1970s ~ 2010s			
	滞后强度		滞后频率		滞后强度		滞后频率		滞后强度		滞后频率	
	F_value	Sig.	F_value	Sig.	F_value	Sig.	F_value	Sig.	F_value	Sig.	F_value	Sig.
耕地	9.674	0.000	1.202	0.348	8.646	0.000	4.139	0.007	24.980	0.000	19.769	0.000
林地	20.640	0.000	6.022	0.006	1.298	0.298	4.066	0.008	3.637	0.014	6.609	0.001
草地	68.447	0.000	24.037	0.000	307.664	0.000	321.661	0.000	0.680	0.643	0.742	0.699
水域	42.726	0.000	16.926	0.000	116.030	0.000	92.390	0.000	3.180	0.026	0.874	0.616
建设用地	6.961	0.002	2.336	0.084	6.424	0.009	6.070	0.003	173.83	0.000	43.37	0.000

表 7-5　不同地类形态特征（Z_s）与滞后强度/频率在不同滞后变量/滞后期、不同时的间尺/年代方法分析

项目	滞后强度	滞后频率		
	F_value	Sig.	F_value	Sig.
X_{t_0} ~ X_{t_3}	7.098	0.000	4.679	0.001
1 ~ 12 个月	6.666	0.000	4.929	0.000
1970s ~ 2010s	3.461	0.006	3.412	0.006

3）地类形态特征主成分对滞后强度/频率影响 R 绝对值随滞后期延长（X_{t_0} ~ X_{t_3}）总体呈递增趋势（图 7-7a、图 7-7b）；尤其对滞后强度影响（R）草地和水域最大，且在滞后 2 期（X_{t_2}）达极大值，其次是耕地、林地和建设用地，在滞后 3 期（X_{t_3}）达极大值（图 7-7a）；对滞后频率影响（R）草地、水域、林地和建设用地呈单调递增且在滞后 3 期（X_{t_3}）达最大值，耕地在 X_{t_2}达极大值（图 7-7b）。与滞后期相比，主成分因素对滞后强度/频率影响 R 绝对值随年代变化（1970s ~ 2010s）总体呈递减变化，且草地、耕地、林地和水域 R 值呈平行分布，建设用地呈水平分布（图 7-7c、图 7-7d）。时间尺度对滞后效应影响（R）相对复杂，随着时间尺度递增林地、草地、水域和建设用地对滞后强度影响（R）呈"单峰型"，且在 9 个月尺度达最值，耕地呈"对称型"，6 个月达最大值（图 7-7e）；对滞后频率影响（R）恰好相反，即林地、草地、水域和建设用地近似"U 型"，且在 9 个月尺度达最小值，耕地呈"双峰型"，9 个月达最大值（图 7-7f）。

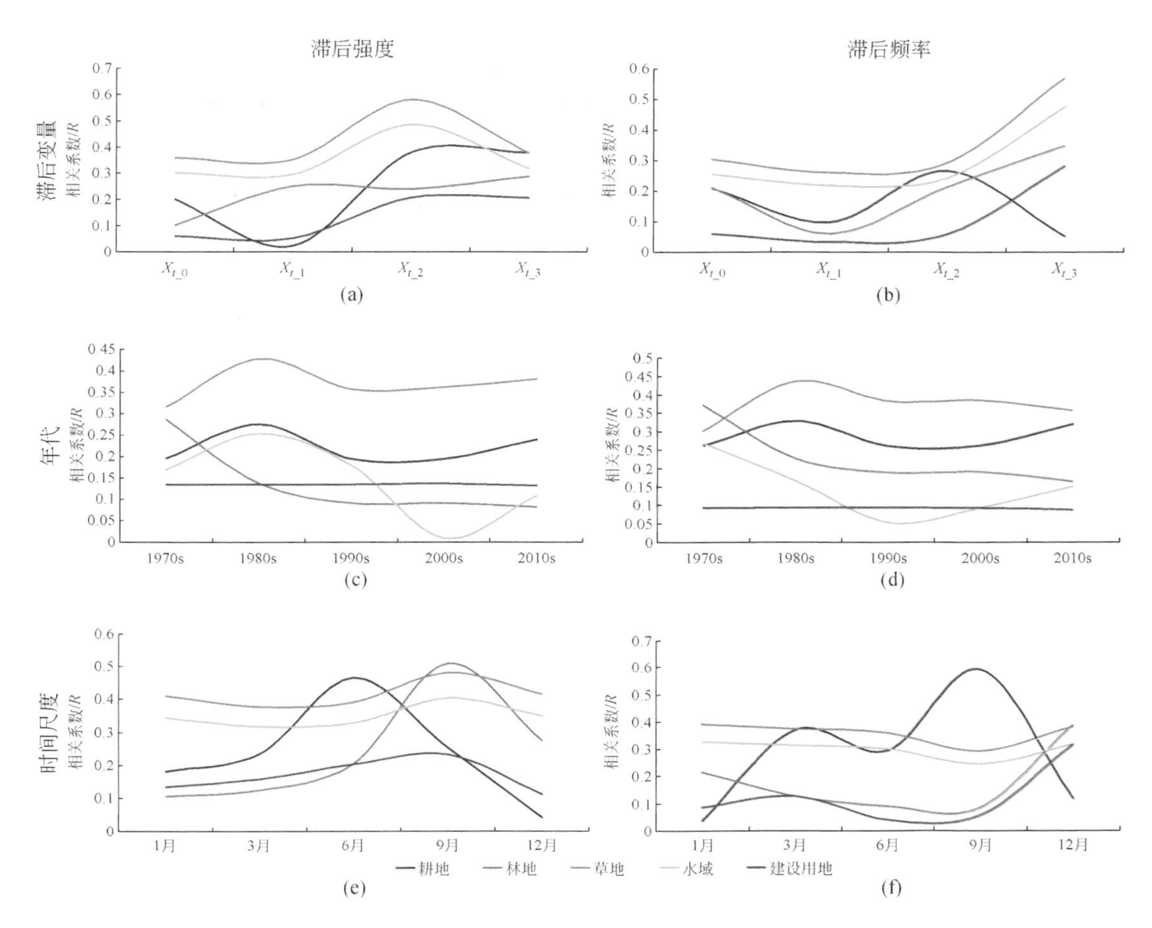

图 7-7 土地利用类型与滞后强度/频率在不同滞后期/变量（a，b）、不同年代（c，d）及不同滞后期/变量（e，f）的相关性

7.4 本章小结

干旱与其说受降雨亏损影响，不如说受流域储水影响；流域介质是人类活动的对象，人类活动结果是改变或破坏流域地表与地下含水介质类型及结构，从而影响流域储水能力，导致流域呈现一定的滞后效应特征。因此，本节通过研究得出以下几点结论：

1）土地类型对流域滞后效应均产生影响，且呈现正、负性差异。其中，林地和水域对滞后强度表现为正影响，其余表现为负影响，而对滞后频率影响恰好相反。同时，随着年代的变化、滞后期的延长及时间尺度的增加，土地利用对流域滞后效应影响差异特别显著（$p<0.001$）。

2）不同年代（1970s～2010s）地类转移对流域滞后效应产生显著影响，尤其对滞后强度影响（R 值）林地和草地呈正（负）逐渐增大，耕地、水域和未利用地呈“V 型”、倒“V 型”，对滞后频率影响耕地和草地呈“W 型”，林地呈“单峰”型，水域呈“峰-

谷”交替；地类转移在不同滞后期（$X_{t\_0} \sim X_{t\_3}$）对流域滞后效应正负影响更显著。

3）地类形态特征主成分因素（Z_s）随年代变化，时间尺度递增及滞后期延长对流域滞后效应影响特别显著（$p<0.001$）。其中，主成分在 $X_{t\_0} \sim X_{t\_3}$ 对滞后强度/频率影响（F 值）草地最大，其次是水域和林地，耕地和建设用地最小；1970s～2010s 建设用地 F 值最大，其次是耕地和林地，水域和草地最小；1～12 个月尺度 F 值：草地>水域>耕地>建设用地>林地。

4）主成分对流域滞后效应影响 R 绝对值随滞后期延长（$X_{t\_0} \sim X_{t\_3}$）总体呈递增趋势，尤其对滞后强度影响（R）草地和水域最大，且在滞后 2 期（X_{t_2}）达极大值；随年代变化（1970s～2010s）主成分因素对流域滞后效应影响（R 绝对值）总体呈递减变化，且草地、耕地、林地和水域 R 值呈平行分布；时间尺度对滞后效应影响（R）相对复杂，随着时间尺度递增林地、草地、水域和建设用地对滞后强度影响（R）呈“单峰型”，耕地呈“对称型”；对滞后频率影响（R）恰好相反，即林地、草地、水域和建设用地近似“U 型”，耕地呈“双峰型”。

第8章 中国南方喀斯特流域农业干旱特征及机制

据预测，在21世纪中后期，中国将呈现广泛干旱化趋势。干旱是影响范围最广、持续时间最久的自然灾害，不仅影响农作物生长、人类活动和社会经济等，同时还影响着国家粮食安全。农业干旱监测是减少农业损失的重要途径，因此，精准监测农业干旱具有重要意义。农业干旱是指地表土壤水分亏缺无法满足植被正常生长甚至导致作物产量亏损并造成经济损失的现象，其以土壤水分和植被生长状况来反映植被生长过程中需水量的亏损程度，因此，土壤水分是农业干旱监测的重要因子。本章以贵州省为例，利用地理加权回归模型（GWR）对GLDAS土壤水分进行降尺度研究，解决实测数据时间序列不完整，遥感数据空间分辨率低的问题；再基于此，以标准化土壤湿度指数（SSI）为干旱指标，从年尺度、生长季尺度、季尺度分析喀斯特干旱强度、干旱频率和干旱面积时空演变特征，同时利用Copula函数分析干旱强度和干旱面积的联合概率特征；并从气象、下垫面和人类活动3个方面共选取14个因子，运用地理探测器（GD）进一步揭示喀斯特农业干旱驱动机制，以期为喀斯特农业干旱抗旱减灾提供科学依据。

8.1 研究区概况

贵州省地处我国西南部，东连湖南、南邻广西、西接云南、北濒四川和重庆，位于云贵高原东斜坡地带，介于103°36′~109°35′E，24°37′~29°13′N，全省面积176 167km²。贵州地貌深受地质构造控制，山脉高耸、切割强烈、岭谷高差明显，整个大地貌以盆地、丘陵和山地为主；贵州是岩溶极为发育的省份，岩溶地貌类型齐全、分布广泛，碳酸盐岩石出露约占全省总面积的73%。贵州省位于副热带东亚大陆季风区内，气候类型属中国亚热带高原季风湿润气候。全省大部分地区气候温和，冬无严寒、夏无酷暑，四季分明；常年雨量充沛，时空分布不均，全省各地多年平均降水量在1100~1300mm；光照条件差，降雨日数较多，相对湿度较大，全省大部分地区年日照时数在1200~1600小时之间。贵州境内的河流密布，总长度11 270km；其中长度在60km以上的有93条。贵州河流以乌蒙山—苗岭为分水岭，分属于长江流域和珠江流域，即北部为长江流域的金沙江水系、长江上游干流水系、乌江水系和洞庭湖水系；南部为珠江流域的南盘江水系、北盘江水系、红水河水系和都柳江水系。

8.2 数据与方法

8.2.1 研究数据

本研究数据来源见表8-1，时间序列为2001～2020年，投影均统一为WGS-1984-UTM-zone-48N。土壤水分为“GLDAS-NOAH026-M-2.1”数据集中的0～10cm数据，单位为kg/m^3。归一化植被指数（NDVI）和地表温度（LST）利用HEG（HDF-EOS TO GeoTIFF Conversion Tool）统一投影和空间分辨率，并合成年尺度、生长季尺度和季尺度（春季：3～5月；夏季：6～8月；秋季：9～11月；冬季：12月至次年2月）。将土地利用数据重分类为水田、旱地、林地、草地、水域、建设用地、未利用地七类，使用离干旱强度最强年份最近年份的土地利用进行驱动探测，如2009年、2011年为干旱最强年份，则选用2010年的数据。岩溶发育强度数据来源于《贵州省水文地质志》中的贵州省岩溶发育强度图，将其数字化并分为非岩溶区、弱发育区、中等发育区、较强发育区及强烈发育区。

表8-1　数据集与数据来源

数据集	空间分辨率	时间分辨率	数据来源
土壤含水量	0.26°	1个月	全球陆面数据同化系统(GLDAS)(https://ldas.gsfc.nasa.gov/gldas/#)
NDVI	260m	16天	LAADS DACC数据中心(https://ladsweb.modaps.eosdis.nasa.gov)
LST	1km	8天	同NDVI
降水量	1km	1个月	国家地球系统科学数据共享服务平台(http://www.geodata.cn)
潜在蒸散发	1km	1个月	同降水量
平均气温	1km	1个月	同降水量
人口密度	1km	1年	WorldPop(https://www.worldpop.org/)
土地利用数据	1km	6年	中国科学院资源环境科学数据中心(http://www.resdc.cn)
土壤类型数据	1km	—	同土地利用数据
土壤质地数据	1km	—	同土地利用数据
DEM	1km	—	同土地利用数据
坡度	1km	—	基于DEM数据利用ArcGIS计算获取
坡向	1km	—	基于DEM数据利用ArcGIS计算获取
岩溶发育强度分区	—	—	《贵州省水文地质志》
岩性	—	—	World Soil Information(https://www.isric.org/)
地貌类型	—	—	贵州省1∶100万综合地貌图

8.2.2 研究方法

(1) 喀斯特农业干旱识别

SSI 考虑土壤水的分布特征，计算前需先确定土壤水分的概率分布。本研究年均土壤水分时间序列数据经 Kolmogorov-Smirnov 检验，结果符合正态分布。因此，SSI 的计算方法为：

$$\mathrm{SSI}=\frac{\mathrm{SM}-\mu}{\sigma} \tag{8-1}$$

式中，SM 为某一时间尺度土壤水分；μ 为该时间尺度下多年土壤水分均值；σ 为该时间尺度下多年土壤水分标准差。SSI 干旱等级划分见表 8-2。

表 8-2 标准化土壤湿度指数干旱等级划分

干旱等级	SSI 值
正常	(−0.6，+∞)
轻旱	(−1.0，−0.6]
中旱	(−1.6，−1.0]
重旱	(−2.0，−1.6]
特旱	(−∞，−2.0]

(2) 土壤水分降尺度研究

GWR 是全局回归模型的扩展，考虑变量的空间地理位置和辅助因子参数来建立线性回归模型，该模型的高斯核平滑函数还考虑回归系数的空间非平稳性，其降尺度效果优于全局回归模型。NDVI 和 LST 是土壤水分降尺度研究广泛采用的 2 个辅助因子，因此，本研究选择 NDVI 和 LST，利用局部自适应窗口 GWR 将空间分辨率为 0.26°的 GLDAS 土壤水分提高为 1km。具体步骤为：

1）将 250m 的 NDVI 和 1km 的 LST 重采样转成 0.25°（低分辨率，L），保证 NDVI 和 LST 与 GLDAS 空间分辨率一致。

2）在低空间分辨率（0.25°，L）建立研究区土壤水分 SM 与 NDVI 和 LST 的映射关系：

$$\mathrm{SM}_L\ (i)=C_0\ (i)+C_1\ (i)\mathrm{NDVI}_L\ (i)+C_2\ (i)\mathrm{LST}_L\ (i)+R_L(i) \tag{8-2}$$

3）将 1km 的NDVI_H 和LST_H 代入式（8-2）计算高空间分辨率（1km，H）的土壤水分：

$$\mathrm{SM}_H\ (i)=C_0\ (i)+C_1(i)\mathrm{NDVI}_H(i)+C_2(i)\mathrm{LST}_H\ (i)+R_H(i) \tag{8-3}$$

式（8-2）和式（8-3）中，SM_L（i）表示 0.25°的 GLDAS 图像第 i 个格网的土壤水分；$\mathrm{SM}_H(i)$ 表示 1km 图像第 i 个格网的土壤水分；C_0、C_1 和 C_2 分别表示常数项、NDVI 系数和 LST 系数，即不同格网的常数项和系数都不相同。$\mathrm{NDVI}_L(i)$、$\mathrm{LST}_L(i)$ 表示 0.25°图像

第 i 个格网的植被指数和地表温度；$NDVI_H(i)$、$LST_H(i)$ 则为 1km 图像第 i 个格网的植被指数和地表温度。

（3）干旱联合概率

根据 Sklar 定理，干旱强度（x）和干旱面积（y）的联合分布函数与边缘分布函数存在一一对应的关系，因此构建干旱强度和干旱面积二元 Copula 模型：

$$F[x,y]=C_{\theta}[F_x(x),F_y(y)]=C(U_x,U_y)=C(U,V) \tag{8-4}$$

$$U=F_x(x),V=F_y(y)$$

式中，θ 为待定参数：$F(x,y)$ 为干旱强度和干旱面积的联合分布函数；U 和 V 分别为干旱强度和干旱面积的边缘分布函数。

（4）干旱驱动探测

地理探测器（GD）是广泛应用于各个领域中探测地理要素空间分异性及揭示其背后驱动力的一种新空间分析模型，解释力强度 q 值不用进行线性假设，能客观地描述探测因子能在多大程度上解释探测变量，同时还能有效避免多变量共线性问题。因此，本研究利用 GD 探测各因子在不同时间尺度对农业干旱空间分异影响程度，进一步探讨喀斯特农业干旱驱动机制。GD 包括因子、风险、交互和生态 4 个探测器。q 值的计算表达式为：

$$q=1-\frac{\sum_{h=1}^{L}N_h\sigma_h^2}{N\sigma^2} \tag{8-5}$$

式中，q 为解释力强度，值域为［0，1］，q 值越大代表探测因子对农业干旱的解释力越强；L 为探测因子类别数；h 为某一具体类别；N_h 和 N 分别为某类别 h 和全区单元数；σ_h^2 和 σ^2 为分别为某类别 h 和全区单元数；q 值以 F 统计量来检验。

8.3 喀斯特农业干旱时空演变特征

8.3.1 干旱强度时空变化特征

基于 NDVI、LST，利用 GWR 将 0.25°的 GLDAS 提升为 1km 的 GLDAS。从年/季尺度和生长季（春、夏、秋、冬）计算 2001 ~2020 年贵州省 SSI（图 8-1 ~ 图 8-3）。在年尺度下 SSI 呈波动上升趋势（倾斜率 0.346/10a）（图 8-1），意味着年平均干旱强度整体呈减弱趋势，平均干旱强度为-0.842。尤其 2002 年、2011 年为典型干旱年，干旱强度分别达-1.948、-2.042；2008 年、2020 年为正常年，干旱强度为 0。生长季尺度与年尺度相比干旱强度波动趋势相似，SSI 整体也呈上升趋势（0.218/10a），意味着干旱强度整体呈减弱趋势，平均干旱强度为-0.766（图 8-1）。春季 SSI 波动较小，整体呈下降趋势（-0.009/10a），意味着春旱强度呈增强趋势，平均干旱强度为-0.912，且在 2010 年最强（-1.610）。夏季 SSI 呈上升趋势（0.171/10a），即夏季干旱强度呈减弱趋势，平均干旱强度为-0.683；2011、2012 年干旱强度最强，分别达到-1.696、-1.627，即为重旱。秋季 SSI 呈上升趋势（0.478/10a），干旱强度呈减弱趋势，平均干旱强度为-0.816；2011 年秋季干旱强度最高（-1.744），即为重旱；2010、2016 年和 2019 年秋季干旱强度最弱（0）。冬季 SSI 也呈上升趋势（0.106/10a），干旱程度呈减弱趋势，平均干旱强度为-0.786；2009 年干旱强度最高（-1.643），即重旱。

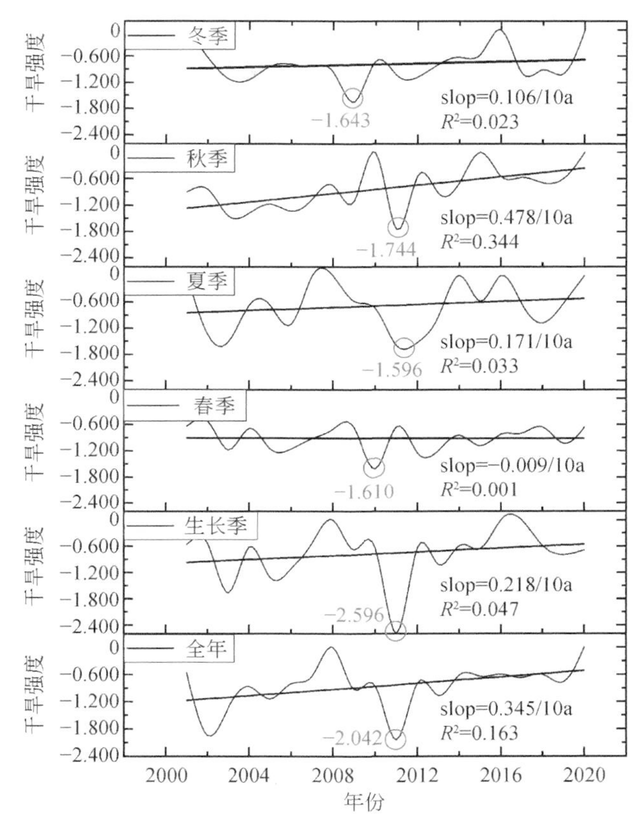

图 8-1　不同时间尺度干旱强度年际变化趋势

因此，根据图 8-1 找出干旱强度最强的年份（年尺度：2011 年；生长季尺度：2011 年；春季：2010 年；夏季：2011 年；秋季：2011 年；冬季：2009 年），结合表 8-2 绘制干旱强度空间分布图（图 8-2）。由图 8-2a 可知，年尺度下贵州省干旱强度呈西南低东北高分布格局，其中，习水、赤水、剑河、锦屏和印江等地干旱强度较高（SSI：-2.960 ~ -3.922），为特旱。生长季尺度下全省范围内干旱强度较强（特旱）（图 8-2b），局部地区（贵定、福泉和平塘等地）干旱强度相对较弱（中旱）。春旱强度主要呈东西向“弱—强—弱”交替分布，SSI 在-1.016 ~ -3.263，其中特旱主要集中在桐梓、黔西、安顺、望谟等地（图 8-2c）。夏季 SSI 呈东高西低分布（图 8-2d），尤其东北部的习水、赤水、道真和东部的三穗、天柱等地 SSI 为-2.286 ~ -2.647，即为特旱；西南部的兴义、贞丰、兴仁等地干旱程度相对较轻，干旱等级为正常和轻旱。秋季干旱呈西高东低分布格局（图 8-2e），其中威宁、赫章、兴义等地干旱程度较强（-2.326 ~ -3.316），为特旱；雷山、台江部分地区干旱强度为 0。冬旱强度呈西南（盘县、兴义等地）和东北（石阡、施秉等地）高，西北（赤水等地）和东南（麻江等地）低分布格局。

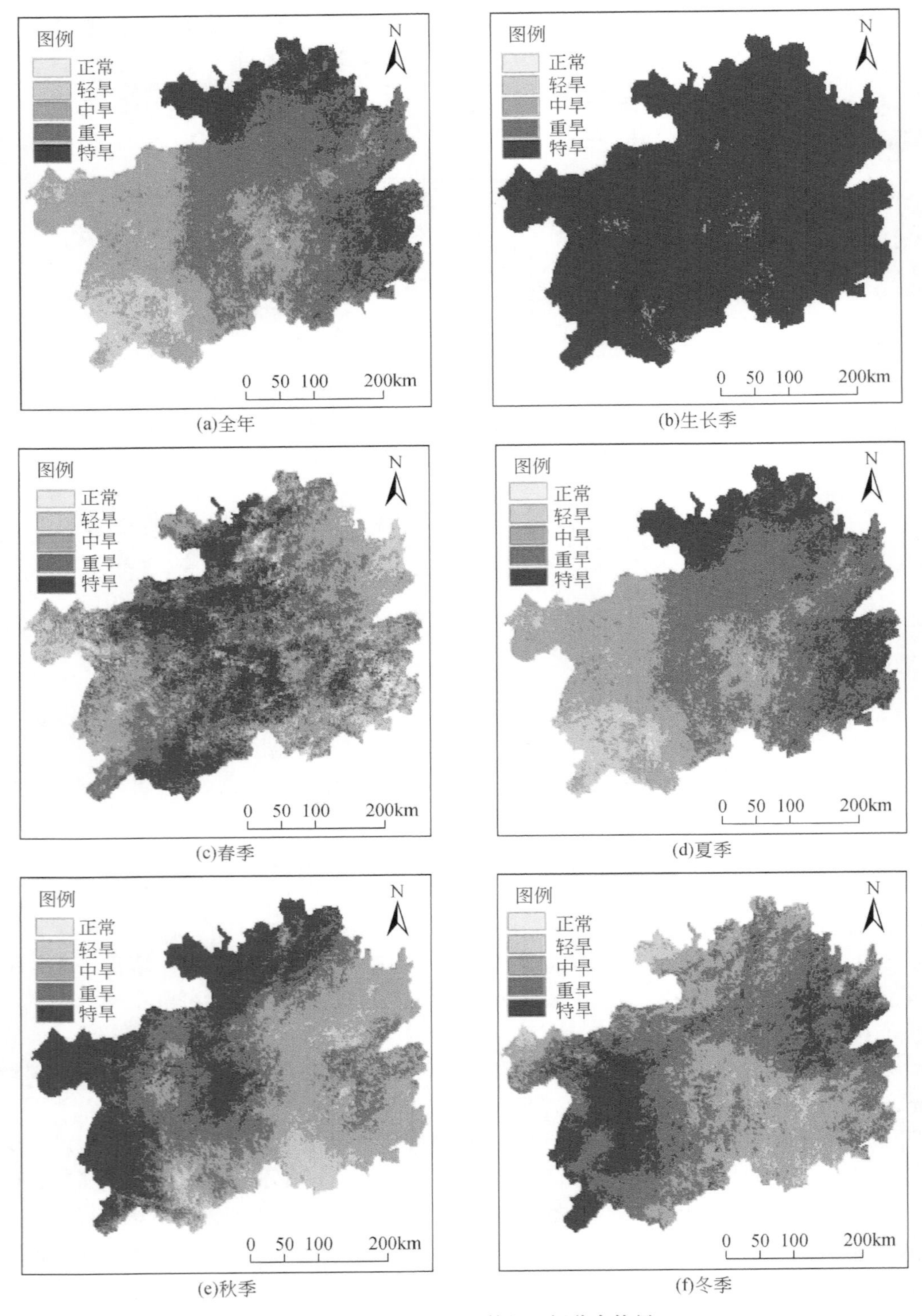

图 8-2 典型年份干旱等级空间分布格局

8.3.2 干旱面积时间变化特征

本研究以 SSI = -0.6 为阈值统计农业干旱面积（图 8-3）。年尺度干旱面积变化趋势呈"M"形波动减少，其中 2006 年（130 423km^2）、2011 年（174 893km^2）为"M"形的 2 个峰值；2001 年（61km^2）、2008 年（0km^2）和 2020 年（0km^2）则为"M"形的 3 个低谷。生长季 2003 年（173 716km^2）和 2011 年（176 048km^2）干旱面积分布最广；2002 年（24km^2）、2007 年（28km^2）和 2020 年（10km^2）干旱面积分布最少，总体呈减少趋势。春季与年尺度相比呈略微减少趋势。而夏季与春季相比减少趋势要快，其中 2011 年和 2012 年最多，分别达 174 721 和 173 728km^2，其次为 2003 年（166 276km^2）。秋季与年尺度相同，呈波动减少趋势，但波动范围比年尺度要大；2003 年（170 340km^2）、2004 年（163 416km^2）、2009 年（166 004km^2）和 2011 年（174 846km^2）干旱面积较多，全省大范围有旱情；除干旱强度为 0 的年份（2010 年、2016 年、2020 年），2012 年干旱面积最少（22km^2）。冬季波动较小，但比春季大，其中 2009 年干旱面积最多（176 006km^2），2019 年干旱面积最少（8km^2）。

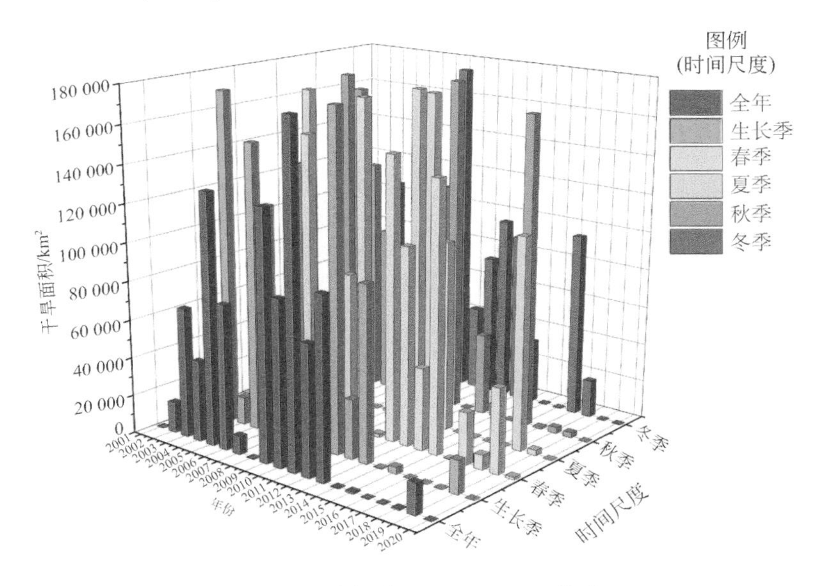

图 8-3 不同时间尺度干旱面积统计

8.3.3 干旱频率空间分布特征

年尺度下，2001 ~ 2020 年干旱频率为 0.06 ~ 0.60，呈现东北向西南增大、西高东低分布格局（图 8-4a）；其中，西南部的兴义、兴仁等地干旱频率较高（0.40 ~ 0.60），北部的正安、道真及中部的贵定等地干旱频率较低（0.06 ~ 0.10）。生长季尺度干旱频率空间分布与年尺度类似，即呈现西南高东北低的趋势，干旱频率为 0.10 ~ 0.46（图 8-4b）；

其中西南部的册亨、望谟、紫云等地干旱频率较高（0.36~0.4），西北部的赤水、习水等地干旱频率较低（0.10~0.16）。春旱频率与生长季尺度具有相似性，均呈西南高东北低格局（图8-4c），但北部和西南部春旱频率呈点状分布；其中西南部的盘县、普安和水城等地春旱频率较高（0.46~0.66），而册亨、安龙等地春旱频率较低（0.06~0.16）。夏旱频率呈“两高两低”分布（图8-4d），“两高”是东北部思南、印江等地和中部福泉、麻江等地（0.36~0.46），“两低”是西北部桐梓、正安等地和西部威宁、水城等地（0.16~0.20）。秋旱与生长季相反，呈东北高西南低格局（图8-4e），与之不同的是西北部赤水、习水等地秋旱频率较低；东北部万山、江口等地频率高。冬旱多呈点状分布（图8-4f），如东北部印江、江口，北部道真、湄潭、绥阳，中部龙里、南明，中西部黔西、大方，西部雷山、凯里等点状频率较高；而西南部册亨、望谟和关岭等地频率较低。

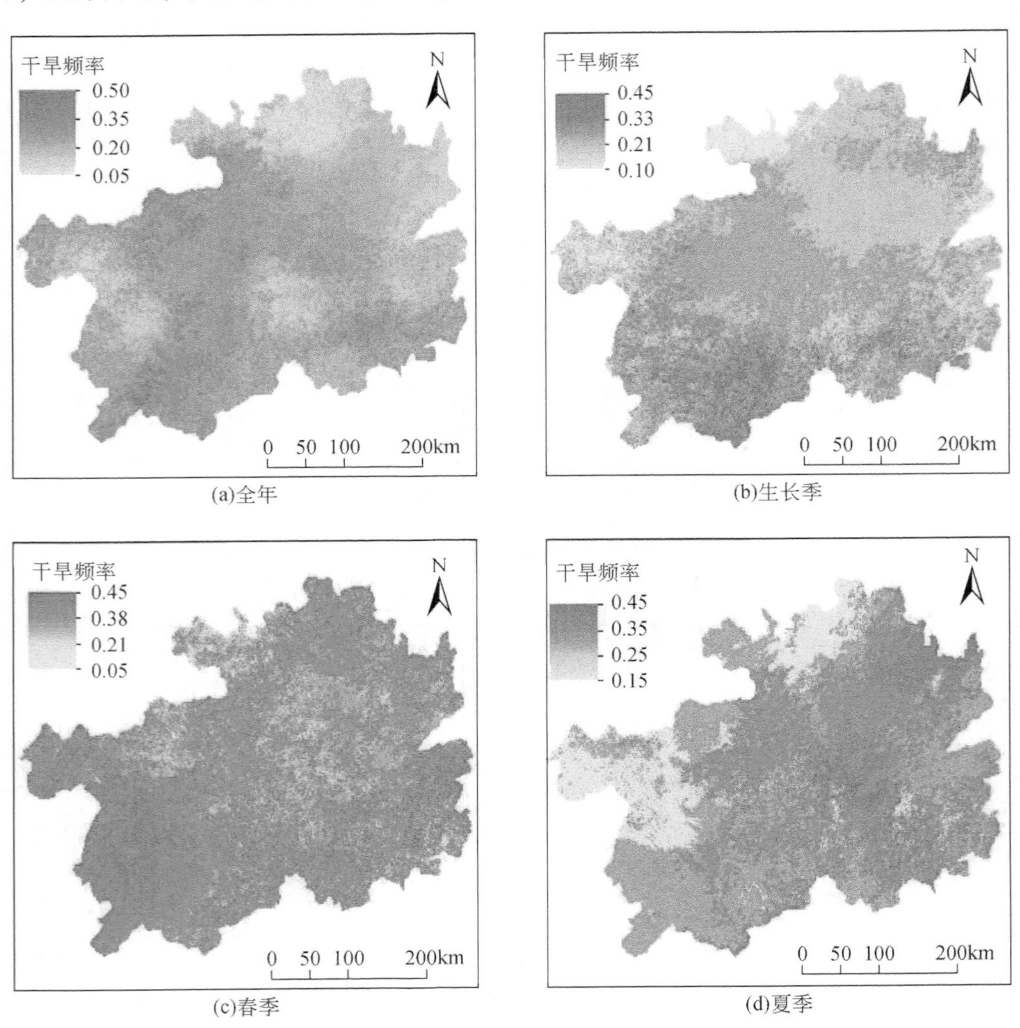

(a)全年　(b)生长季

(c)春季　(d)夏季

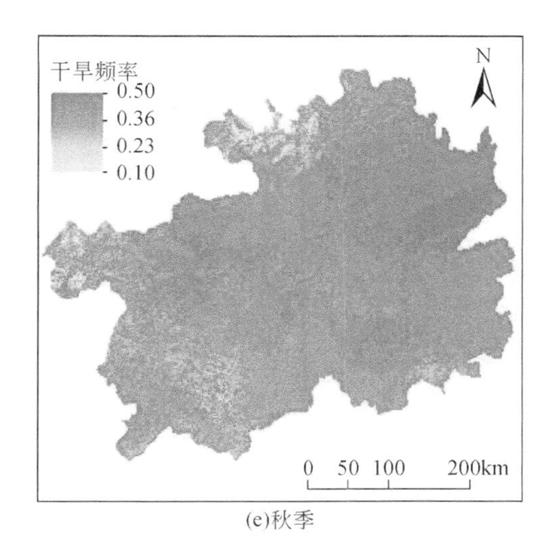

(e)秋季

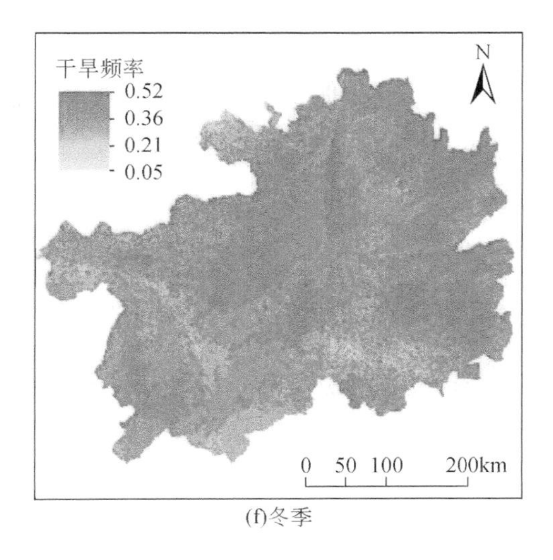

(f)冬季

图 8-4 不同时间尺度干旱频率空间分布格局

8.4 干旱强度与干旱面积联合概率分析

图 8-5 表示干旱强度与干旱面积联合概率。总体上，不同时间尺度干旱强度与干旱面积联合概率较低（除秋季），但随着干旱强度和面积增大，区域内干旱联合概率逐渐递增（除夏季）。在年尺度下，干旱强度边缘概率为 0.80 ~ 1.00，干旱面积边缘概率为 0.90 ~ 1.00，联合概率较高（0.22 ~ 0.24）。与年尺度相比，生长季干旱联合概率有所增加（0.3），其中干旱强度边缘概率为 0.76 ~ 1.00、干旱面积边缘概率为 0.66 ~ 0.86。与其他时间尺度相比，春季干旱联合概率值较低（0.2 ~ 0.22），干旱强度边缘概率为 0.30 ~ 1.00，干旱面积边缘概率为 0.70 ~ 1.00，表明春季不同干旱等级面积较大。与春季相比，夏季干旱联合概率有所提高（0.28 ~ 0.30），干旱强度边缘概率为 0.1 ~ 0.96，干旱面积边缘概率为 0.3 ~ 0.66，说明夏季干旱强度大、面积分布小。与其他时间尺度相比，秋季干旱联合概率较高（0.64 ~ 0.66），秋旱强度比夏旱低，但干旱面积比夏季大；秋季联合特征等值距离大表明秋旱强度和面积变化较大，发生高强度和大面积干旱的概率较大。冬季与秋季相比，干旱联合概率有所降低，但与其他时间尺度相比有所提高；联合概率等值线较为密集，与秋季类似区域内干旱发生概率较高。综合而言，干旱联合概率：秋季>冬季>生长季>夏季>全年>春季，秋冬干旱联合概率值较高，即秋冬容易发生较高强度和较大面积的农业干旱。

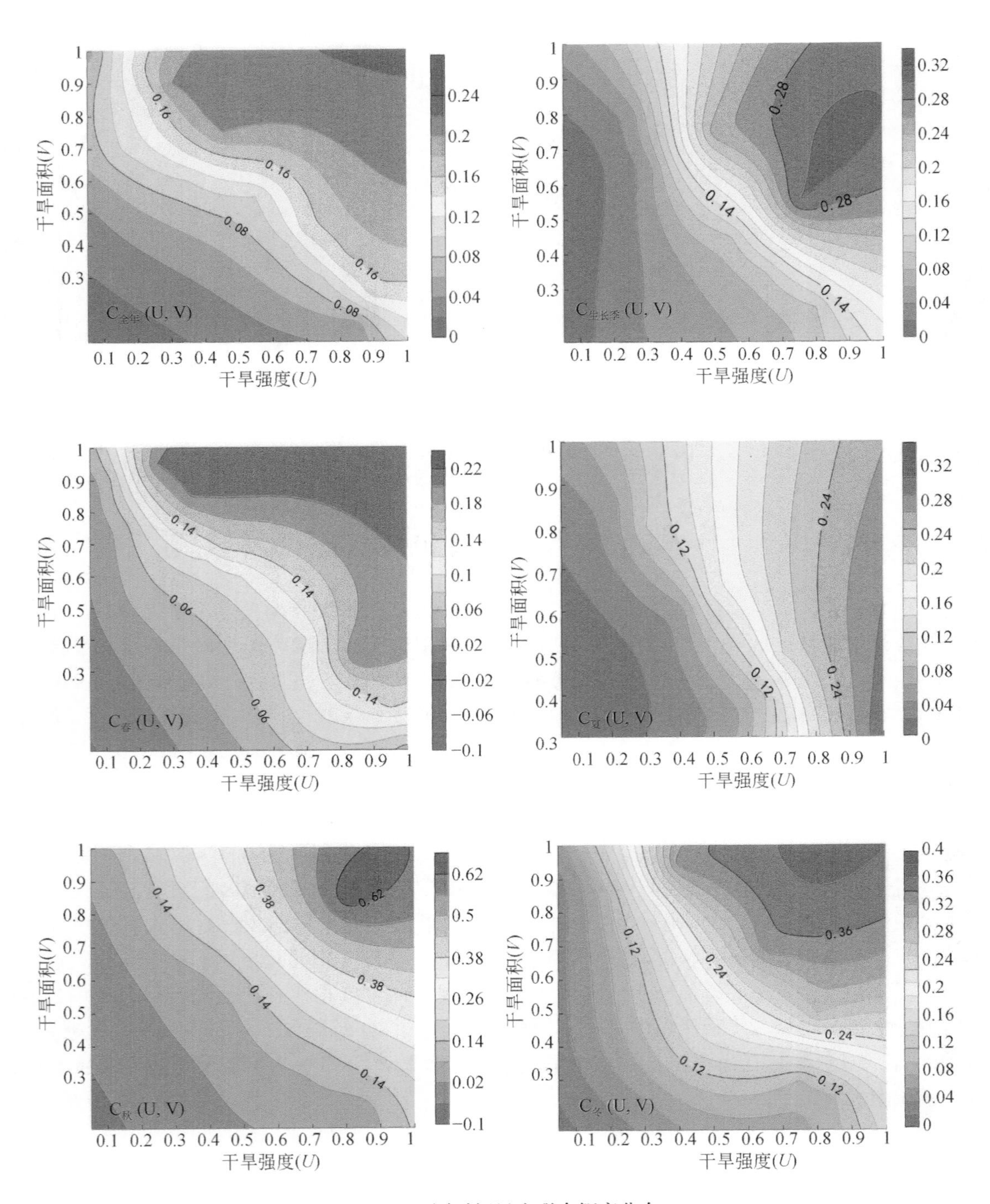

图 8-5 不同时间尺度联合概率分布

8.5 喀斯特农业干旱驱动机制分析

8.5.1 探测因子最优离散化结果

为了探讨不同时间尺度干旱驱动机制，本节选取气象（降水量、潜在蒸散发、气温）、社会（人口密度、土地利用类型）、下垫面（砂土含量、黏土含量、海拔、坡度、坡向、岩溶发育强度、地貌类型、岩性）为探测因子，SSI 为探测变量，采用自然断点法（Natural）、百分位值法（Quantile）和标准差法（SD）计算 q 值；其中，最佳离散化方法和分类组数以 q 值最大为标准，所有连续型因子最佳离散化方法和分类组数见表 8-3。然后，以 10km×10km 格网对研究区创建规则格网，并以格网中心为采样点（1687 个）对不同时间尺度干旱强度最强年份进行驱动力探测（图 8-1）。

表 8-3　离散型探测因子的最佳分类组数和分类结果

时间尺度	探测因子	砂土含量	黏土含量	海拔	坡度	人口密度	降水	潜在蒸散发	气温
年尺度	离散化方法	百分位值法	百分位值法	自然断点法	标准差法	自然断点法	自然断点法	自然断点法	标准差法
	分类组数	12	12	12	12	12	12	11	12
生长季尺度	离散化方法	百分位值法	百分位值法	百分位值法	标准差法	百分位值法	自然断点法	自然断点法	自然断点法
	分类组数	12	12	12	12	9	12	10	10
春季	离散化方法	百分位值法	百分位值法	百分位值法	标准差法	百分位值法	自然断点法	自然断点法	自然断点法
	分类组数	11	10	10	11	10	11	9	11
夏季	离散化方法	百分位值法	百分位值法	百分位值法	自然断点法	百分位值法	自然断点法	自然断点法	自然断点法
	分类组数	9	9	9	10	10	10	10	10
秋季	离散化方法	百分位值法	百分位值法	自然断点法	标准差法	百分位值法	自然断点法	自然断点法	标准差法
	分类组数	12	12	11	12	12	12	12	11
冬季	离散化方法	百分位值法	百分位值法	自然断点法	标准差法	百分位值法	自然断点法	自然断点法	自然断点法
	分类组数	12	12	11	12	12	11	10	10

8.5.2 因子探测分析

从图 8-6 可以看出，因子探测 q 值均通过 0.06 的显著性检验。年尺度各探测因子对 SSI 的解释力（q 值）：岩溶发育强度（0.344）>海拔（0.266）>降雨（0.167）>地貌类型（0.097）>黏土含量（0.080）>气温（0.079）>人口密度（0.076）>潜在蒸散发（0.072）>岩性（0.070）>土壤类型（0.066）>土地利用类型（0.048）。其中，岩溶发育强度、海拔、降水对 SSI 的解释力>10%，即岩溶发育强度为干旱的主导驱动因子，黏土含量与气温 q 值接近，即对干旱影响程度接近，土地利用对干旱影响相对较弱。生长季只有 4 个因子通过 0.06 显著性检验，且 q 值总体较低，从大到小为岩溶发育强度 (0.116) >潜在蒸散发 (0.064) >人口密度 (0.049) >海拔 (0.036)；与年尺度类似，岩溶发育强度为主导驱动因子，海拔影响干旱最弱。春季 q 值从大到小为降水 (0.342) >海拔 (0.161) >岩溶发育强度 (0.106) >岩性 (0.072) >气温 (0.066) >潜在蒸散发 (0.043) >黏土含量 (0.036) >地貌类型 (0.033) >人口密度 (0.017)。夏季与春季相比 q 值增大，主要呈现：岩溶发育强度 (0.467) >降水 (0.423) >海拔 (0.270) >气温 (0.168) >黏土含量 (0.071) >地貌类型 (0.067) >土壤类型 (0.064) >土地利用类型 (0.046) >潜在蒸散发 (0.038) >人口密度 (0.034)，岩溶发育强度和降水对 SSI 解释力大于40%，说明在夏季岩溶发育强度和降水与干旱关系较密切。在秋季，降水为主导驱动因子，其次是海拔和气温，人口密度对干旱影响较小；q 值大小排序为降水 (0.407) >海拔 (0.362) >气温 (0.321) >岩溶发育强度 (0.233) >土壤类型 (0.227) >潜在蒸散发 (0.208) >黏土含量 (0.196) >砂土含量 (0.161) >岩性 (0.101) >地貌类型 (0.068)

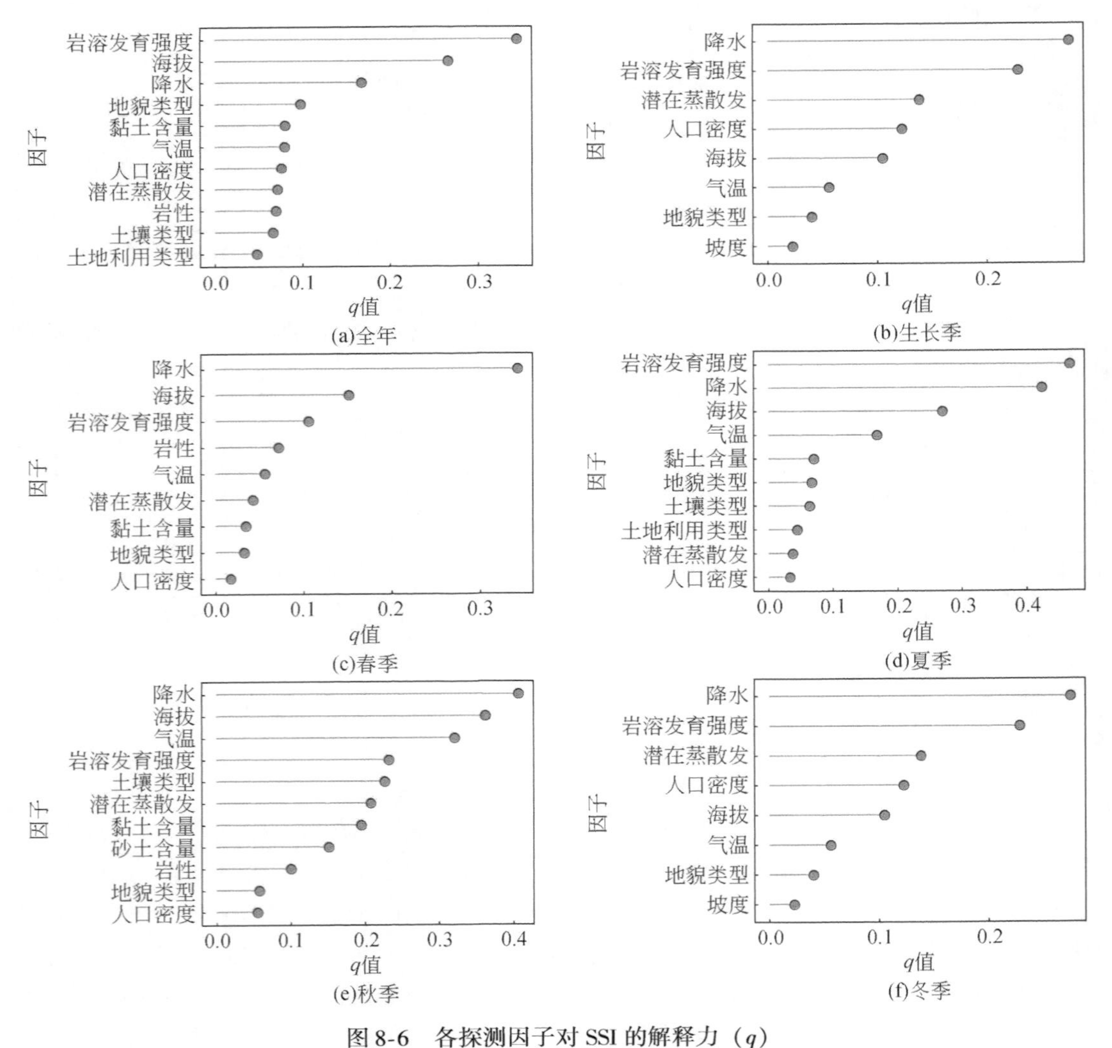

图 8-6 各探测因子对 SSI 的解释力 (q)

>人口密度（0.066）。与其余时间尺度相比，冬季 q 值整体较小，降雨为主导驱动因子（0.276），其次为岩溶发育强度（0.228）和潜在蒸散发（0.138），坡度相对较弱（0.023）。综合而言，溶发育强度在年/生长季和夏季、降水在春秋冬季为农业干旱主导驱动因子，而土地利用类型、人口密度和坡度对干旱影响不大，这归因于降水是地表径流主要来源，海拔影响山地降水分布，岩溶发育强度影响地表汇水。

8.5.3 交互作用分析

交互探测显示不同因子两两交互均呈双因子增强和非线性增强（图 8-7），即不同因子交互 q 值均大于单因子 q 值。在年尺度下，降水∩岩溶发育强度（0.621）、气温∩海拔（0.636）和潜在蒸散发∩海拔（0.609）是干旱主导交互组合，呈非线性增强；对干旱影响最小的单因子（土地利用类型）在与其他因子交互 q 值大于其单因子 q 值。与年尺度相比，生长季干旱解释力较弱，以降雨∩岩溶发育强度（0.366）、降雨∩地貌类型（0.262）和潜在蒸散发∩海拔（0.263）为主导交互组合，以砂土含量∩黏土含量及土地利用类型∩岩溶发育强度 2 个组合为双因子增强，其他组合均为非线性增强。春季，降水与其他 13 个因子交互作用 q 值均较大，主导交互组合为降水∩气温（0.464）、降水∩地貌类型（0.433）及降水∩潜在蒸散发（0.433），其次为潜在蒸散发∩海拔（0.608）和气温∩降水（0.607）。夏季，降水∩岩溶发育强度（0.624）、降水∩海拔（0.699）和岩溶发育强度∩海拔（0.699）为主导交互组合且均为双因子增强，说明这些因子协同与干旱关系较紧密。秋季双因子增强组合较多，其中降水∩潜在蒸散发（0.697）、海拔∩潜在蒸散发（0.608）及降水∩气温（0.607）q 值大。冬季交互 q 值大小与春季接近，降水∩岩溶发育强度（0.461）、气温∩降水（0.431）及潜在蒸散发∩海拔（0.428）为主导交互组合。综上，不同时间尺度主导交互组合都为对应尺度的降水、岩溶发育强度、海拔两两之间交互或与其他因子（气温、潜在蒸散发）交互；坡度、坡向和土地利用类型交互对干旱影响较低。

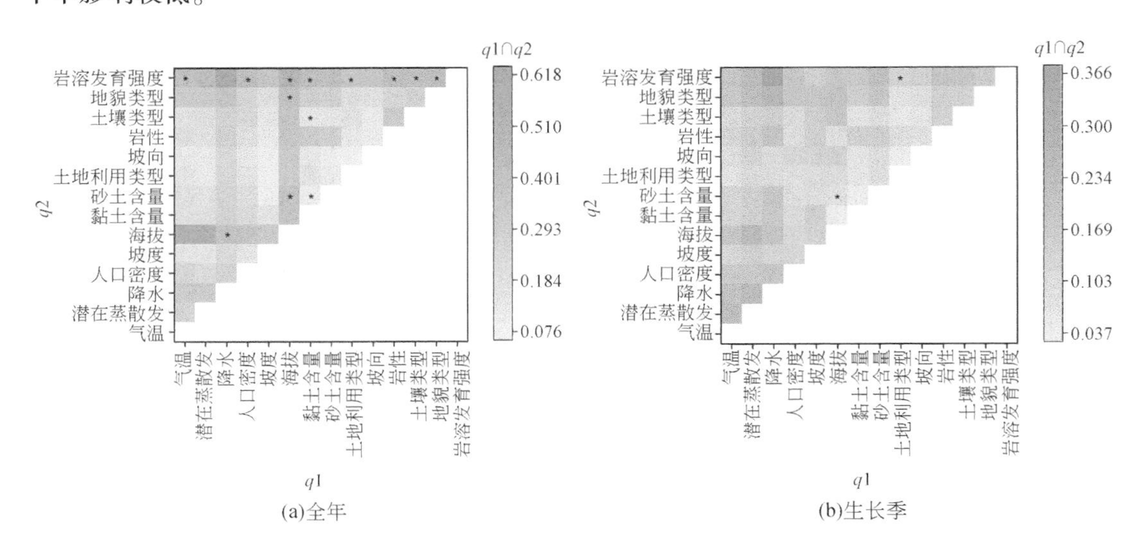

(a)全年

(b)生长季

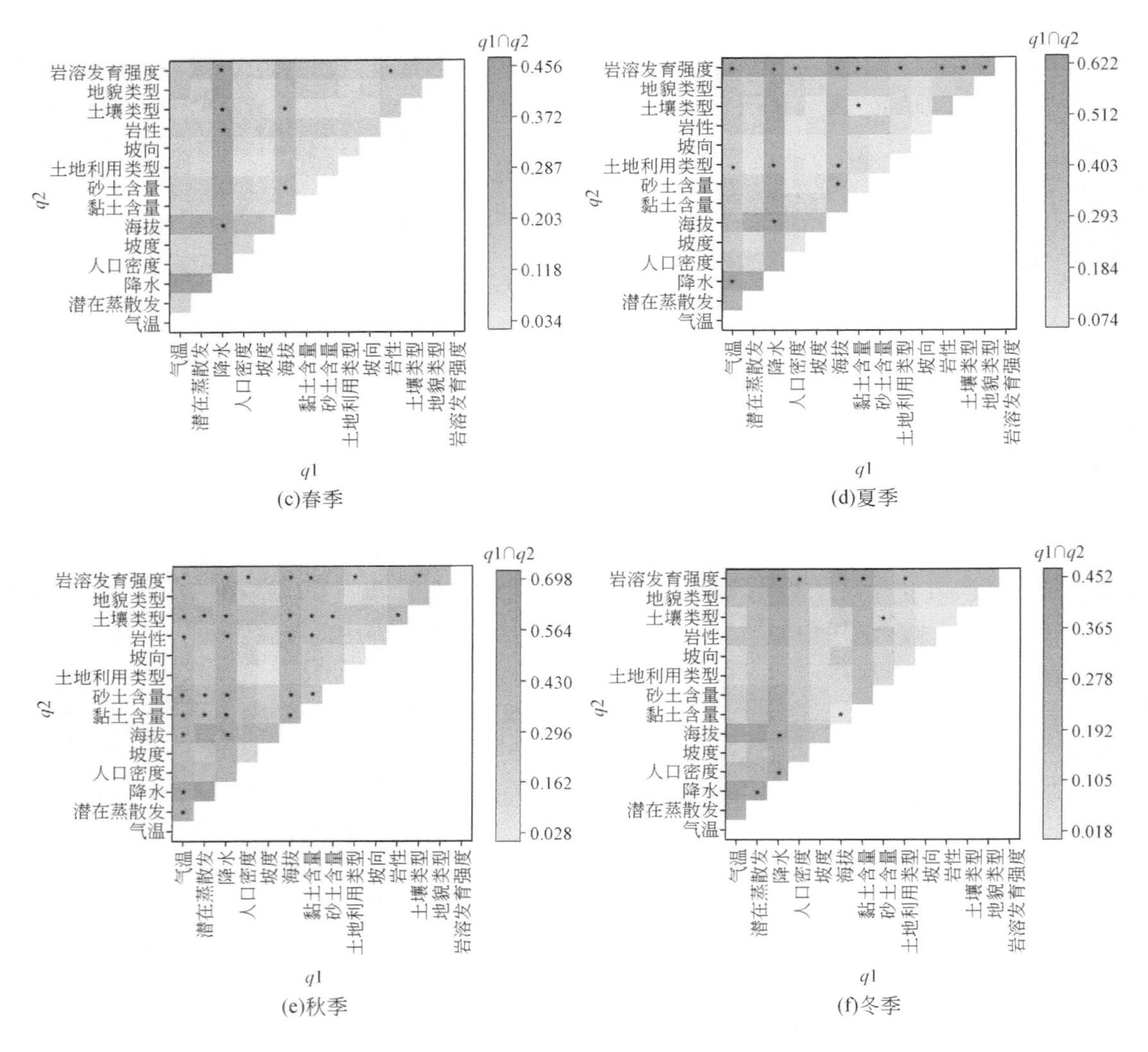

(c)春季

(d)夏季

(e)秋季

(f)冬季

图 8-7 各探测因子交互探测解释力

*代表双因子增强，其他为非线性增强

8.5.4 风险探测分析

风险探测器探讨干旱易发因子范围或类型如表 8-4 所示。年尺度气温升高到(14.9℃，16.7℃］最容易发生干旱，然后 SSI 开始升高，干旱强度减弱，说明气温与干旱强度在一定范围内呈正相关；降水量丰盈影响干旱的发生，但降水较多也导致 SSI 低；潜在蒸散发、人口密度、海拔低干旱强度较低。生长季与年尺度具有相似性。春季坡度达 14.9°、降水量达 236mm 干旱强度开始减弱；气温、潜在蒸散发、人口密度高容易发生干旱。夏季降水量超过 298mm、海拔超过 766m 干旱强度开始减弱；坡度和气温高、潜在蒸散发低容易发生干旱。秋季坡度、海拔高，潜在蒸散发、降水、气温低容易发生干旱。冬季与秋季不同，冬季气温越高越容易发生干旱。

表 8-4　各探测因子容易发生农业干旱的范围或类型

项目	全年	生长季	春季	夏季	秋季	冬季
坡度	(22, 24.4]	(24.4, 28.9]	(12.6, 14.9]	(20.1, 28.9]	(24.4, 28.9]	(1.94, 3.41]
黏土百分率	(36, 41]	(36, 41]	(36, 43]	(26, 29]	(26, 26]	(43, 48]
砂土百分率	(39, 40]	(46, 48]	(61, 62]	(46, 48]	(48, 61]	(32, 33]
人口密度	[6.94, 36.6]	[6.94, 46.3]	(368, 13800]	(62.4, 66.2]	(148, 191]	(1080, 2140]
潜在蒸散发	[863, 922]	[672, 723]	(334, 366]	[362, 373]	(177, 188]	(163, 171]
降水	(936, 971]	(603, 636]	(210, 236]	(280, 298]	[143, 167]	(19.3, 27.1]
气温	(14.9, 16.7]	(17.6, 18.6]	(20.1, 21.9]	(26, 27.3]	[10.2, 12.4]	(11.4, 12.6]
海拔	[202, 696]	(669, 696]	[1220, 1420]	(616, 766]	(2170, 2630]	(1760, 1940]
土壤类型	水稻土	风沙土	石质土	水稻土	黄棕壤	风沙土
地貌类型	深切低山	深切中山	峰从谷地	浅切低山	峰丛洼地	低山谷地
岩溶发育强度	非岩溶区	中等发育区	弱发育区	非岩溶区	较强发育区	较强发育区
岩性	河流相	河流相	板岩和泥质岩	碎屑沉积岩	玄武岩	外露岩石
土地利用类型	水田	水田	水域	水田	建设用地	旱地
坡向	平地	平地	平地	平地	平地	南向

8.5.5　生态探测分析

运用生态探测器探讨两因子之间对 SSI 的影响是否具有显著性差异（图 8-8），以进一步验证主导驱动因子对干旱影响，有显著性差异记为“Y”，否则记为“N”。年尺度岩性∩潜在蒸散发、岩性∩土壤类型、人口密度∩黏土含量、黏土含量∩气温、人口密度∩气温无显著性差异，说明这些因子协同对干旱影响存在部分相同；岩溶发育强度、海拔、降水分别与岩性、潜在蒸散发、土壤类型、人口密度之间存在显著性差异，进一步验证岩溶发育强度、海拔和降水对 SSI 影响大，岩性、人口密度、黏土含量对 SSI 影响小。生长季坡度、海拔、黏土含量、砂土含量两两之间无显著性差异，与因子探测结果相同（图 8-6b），这些因子对干旱影响较弱。春季土壤类型∩潜在蒸散发、土壤类型∩黏土含量、地貌类型∩黏土含量无显著差异；夏季无显著差异的是地貌类型∩黏土含量和地貌类型∩土壤类型；秋季与春季、夏季具有相似性，地貌类型∩人口密度、岩溶发育强度∩土壤类型无显著性差异；冬季与生长季相似，坡度∩土地利用类型、砂土含量∩黏土含量无显著性差异。综上，坡度、人口密度、地貌类型和黏土含量对 SSI 的影响较弱。不同时间尺度无显著性差异组合少，说明喀斯特地区农业干旱是不同因子协同产生的结果。

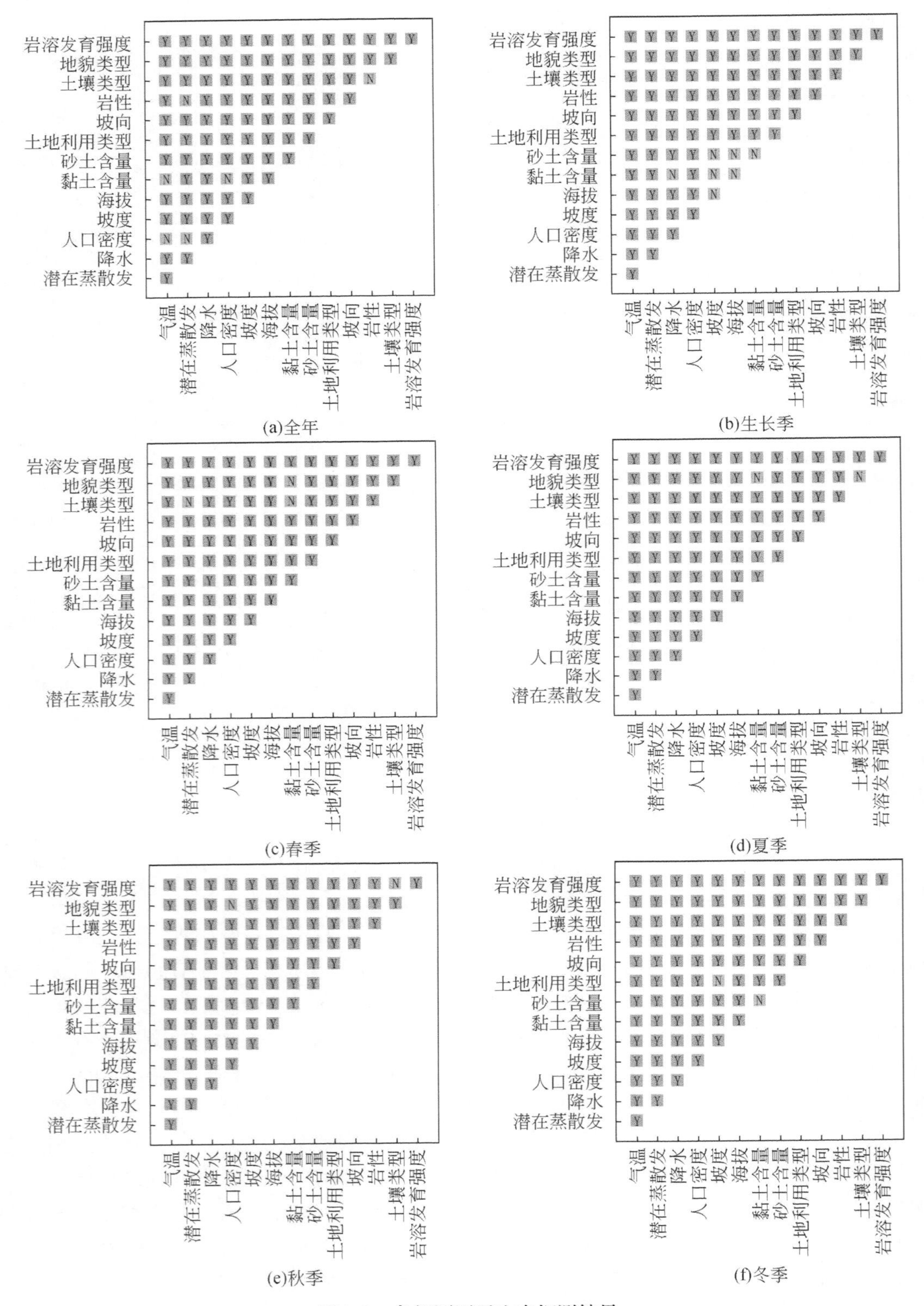

图 8-8　各探测因子生态探测结果

8.6 本章小结

1）20 年间，贵州省干旱强度和干旱面积整体呈减少趋势，其中 2011 年、2012 年为研究期内典型干旱年。不同时间尺度 SSI 空间分布有差异，总体上表现为西低东高，干旱程度呈西高东低分布格局。年尺度干旱频率呈西高东低分布格局；生长季和春季干旱频率具有相似的空间格局，由东北向西南增高；夏旱频率呈“两高两低”空间分布格局，“两高”分布在东北部和中部，“两低”分布在西部和西北部；秋旱频率空间分布与生长季相反，呈东北高西南低分布；冬旱频率总体上呈东北高西南低分布格局。

2）在干旱强度和干旱面积的联合概率中，贵州省除夏季以外，其他时间尺度干旱联合概率总体相似，随着干旱强度和干旱面积的增大，区域内农业干旱特征联合值也增大；除秋季以外，其他时间尺度干旱联合概率总体偏低。干旱联合概率：秋季>冬季>生长季>夏季>全年>春季，说明贵州省秋冬易发生较高强度和较大面积的农业干旱。

3）岩溶发育强度、降水和海拔对年尺度、春季和夏季的农业干旱影响较大，同时 q 值大小也位于生长季、秋季和冬季前 3 因子，说明这 3 个因子与喀斯特农业干旱具有较强的空间耦合关系。降水∩岩溶发育强度是影响年尺度（q=0.617）、生长季（q=0.366）、夏季（q=0.624）、冬季（q=0.461）干旱最剧烈的交互组合。春季最强交互组合为降水∩气温（q=0.464）；秋季潜在蒸散发∩降水对农业干旱的解释程度接近 70%，为秋季最强交互组合，而坡度、坡向和土地利用类型两两协同对农业干旱的影响较低。不同时间尺度不同因子交互作用对 SSI 均呈现双因子增强和非线性增强，且无显著性差异组合很少，说明农业干旱是不同因子协同的结果。

第9章 中国南方喀斯特流域农业干旱监测模型构建

干旱是最具破坏性的自然灾害之一，影响水文、气象、生态和社会等，并会造成巨大损失。干旱可分为四类：首先降水不足发生气象干旱，然后导致土壤水分不足、影响植被生长发生农业干旱，而后因河流缺水发生水文干旱，最后影响人类生活和地区发展，发生社会经济干旱。植被和气候之间的相互作用复杂，所以农业干旱与其他干旱相比较难理解，且农业关乎国家粮食安全，同时又易受气候制约，因此研究农业干旱至关重要。因此本章以贵州省为例，考虑降水、潜在蒸散发、NDVI、海拔及岩溶发育强度，利用机器学习算法（随机森林和支持向量机），构建不同时间尺度的喀斯特农业干旱监测模型，同时比较两种模型的性能，选择其中性能较好的模型作为喀斯特农业干旱监测模型。基于此，运用Sen趋势分析和MK突变检验，探讨不同时间尺度喀斯特农业干旱时空分布特征；并利用SARIMA模型预测未来6年的干旱情况，同时利用RBEAST模型分析未来6年喀斯特农业干旱的变化趋势，以期为喀斯特地区农业干旱监测与抗旱减灾提供科学依据。

9.1 数据与方法

9.1.1 研究数据

土壤水分数据来源于Global Land Date Assimilation System（GLDAS），选取“GLDAS-NOAH026-M-2.1” 0～10cm，单位为kg/m^3，时段为2001～2020年逐月，投影为WGS-1984-UTM-zone-48N；归一化差值植被指数（NDVI）来源于LAADS DACC数据中心；降水、潜在蒸散发来源于国家地球系统科学数据共享服务平台；岩溶发育强度分区来源于《贵州省水文地质志》。NDVI、降水、潜在蒸散发利用标准化方法来反映各自的异常状况，并统一分辨率（空间分辨率：1km；时间分辨率：1个月），再基于贵州省84个气象站点提取进行后续研究。

9.1.2 研究方法

9.1.2.1 干旱识别

标准化指数计算简单，并能刻画不同时间尺度干旱的严重程度，因此本节选用标准化降水指数（SPI）与标准化土壤指数（SSI）来识别干旱。两者计算方法类似，其计算过程为：

采用一定概率统计分布拟合月降水（P）或月土壤水分（S）序列：

$$\mathrm{SPI}\,|\,\mathrm{SSI}=\Phi-1(F(\mathrm{Dk}_n)) \tag{9-1}$$

式中，$\Phi-1(F(x))$ 为标准正态逆变换，DK_n 为 P 或 S，表示 P 或 S 在不同时间尺度上的累计，计算方法为：

$$\mathrm{Dk}_n=\sum_{i=0}^{k-1}(\mathrm{P}_{n-i}\,|\,S_{n-i}),n\geqslant k \tag{9-2}$$

式中，n 为计算月数，k 为累计时间尺度，本节 $k=1$、3、6、9、12 共 5 个时间尺度。

常采用伽马分布拟合 P 或 S 序列：

$$g(x)=\frac{1}{\beta\Gamma(a)}X^{a-1}e^{-\frac{1}{\beta}} \tag{9-3}$$

式中，Γ（a）为 gamma 函数，x 为 P 或 S 累计，α 和 β 为 gamma 函数的形状和尺度参数，采用极大似然法估计。SPI、SSI 根据国家干旱等级标准对干旱程度进行分级（表 9-1）。

表 9-1　SSI 与 SPI 干旱等级划分

SPI | SSI	干旱程度
−0. 5≤SPI | SSI	正常
−1. 0≤SPI | SSI<−0. 5	轻旱
−1. 5≤SPI | SSI<−1. 0	中旱
−2. 0≤SPI | SSI<−1. 5	重旱
SPI | SSI<−2. 0	特旱

9.1.2.2　喀斯特农业干旱模型构建

（1）模型构建原理

农业干旱指长时间降水异常导致土壤水分短缺，无法满足植被正常生长需求，同时还伴随着植被蒸腾的不断失水，进而使植被生长受胁迫并造成经济损失的现象。因此农业干旱过程不仅涉及大气降水、植被生长状态和土壤水分等因素，还与蒸散有关系，同时海拔会影响降水格局及人类活动的空间分布，此外喀斯特岩溶发育强度影响着土壤保水、蓄水能力。致旱因子耦合关系复杂，因此本研究以不同时间尺度月 SSI（SSI-1、SSI-3、SSI-6、SSI-9、SSI-12）为因变量，月降水异常、月蒸散异常、月 NDVI 异常、海拔和岩溶发育为自变量，利用随机森林和支持向量机回归算法，构建半经验半机理农业干旱监测模型，同时评估两种模型的性能。

（2）随机森林模型构建

随机森林算法（RF）是基于决策树的集成机器学习算法，能有效避免决策树过拟合问题，包括分类和回归算法，其回归算法原理是从数据集中有放回的随机抽取样本，生成 ntree 个新样本集合，每个样本集合构建回归树，同时回归树在每个节点处从自变量中随机挑选 mtry 个自变量进行分支生长。所有的回归树组成随机森林，预测结果为每棵回归树结果的均值。本节基于 R 平台 randomForest 包构建以 RF-CDI＝（PreA，PetA，NDVIA，

DEM，Karest-development）为形式的不同时间尺度每月（1～12 月）的随机森林喀斯特农业干旱监测模型。本节以均方误差（MSE）最小为标准确定 ntree（上限：2000）（表 9-2），mtry 固定为 6（即 6 个自变量都参与每棵树的分支生长）。

表 9-2　构建随机森林模型 ntree 参数

	1	2	3	4	5	6	7	8	9	10	11	12
RF-CDI1	1606	1802	638	280	1700	2000	1887	378	166	678	346	819
RF-CDI3	473	294	679	1888	374	1993	1499	1701	180	1066	1271	806
RF-CDI6	633	1449	1983	996	1963	1967	673	944	1048	1916	1962	633
RF-CDI9	334	1990	1476	1410	1797	1411	1809	1980	324	1194	1988	246
RF-CDI12	308	1349	1666	669	1666	1092	822	822	837	1092	1994	241

（3）支持向量机模型构建

支持向量机（SVR）是一种有监督式的机器学习算法，通过在高维空间中构造一个或一组超平面来实现分类和回归，对于解决非线性问题具有优势，并能克服神经网络在处理非线性问题上的缺陷。对于回归问题，要使所有样本到构造的超平面距离最小，它是基于不同核函数将低维样本映射到高维，使其线性可分。本研究基于支持向量机回归算法，采用径向基核函数（radial）构建模型，内核系数 gamma 和惩罚系数 cost 对模型的精度有很大影响，因此利用交叉验证确定符合样本的最优参数（表 9-3），最后基于 R 平台 e1071 包构建不同时间尺度每月（1～12 月）的喀斯特支持向量机农业干旱监测模型（SVR-CDI）。

表 9-3　构建支持向量机模型 ntree 参数

		1	2	3	4	5	6	7	8	9	10	11	12
RF-CDI1	gamma	2	1	1	2	1	1	0.1	0.1	1	1	1	1
	cost	3	2	2	2	1	2	1	4	2	1	1	1
RF-CDI3	gamma	3	3	3	2	2	2	0.1	1	4	1	4	1
	cost	1	2	2	2	3	1	1	4	2	1	2	1
RF-CDI6	gamma	3	2	2	1	3	2	0.1	0.1	4	1	3	4
	cost	2	2	2	1	2	1	1	4	2	2	2	4
RF-CDI9	gamma	4	2	2	3	4	2	0.1	0.1	3	1	2	4
	cost	2	2	2	2	3	2	1	4	2	2	3	4
RF-CDI12	gamma	3	2	3	3	4	2	1	0.1	1	1	0.1	4
	cost	2	3	2	2	2	3	0.1	3	2	2	4	4

（4）评估模型方法

采用决定系数（R^2）、均方根误差（RMSE）、相关系数 R（Pearson、Kendall、Spearman）评估两种模型性能，从中确定更适合喀斯特地区的农业干旱监测模型。R^2、R 越高，RMSE 越小，则模型性能越好，表示越适合喀斯特农业干旱监测。

9.1.2.3 干旱预测

综合自回归移动平均（ARIMA）模型是常用的时间序列预测方法，预测精度较高，适用于非平稳时间序列的短期预测，通常记为 ARIMA（p，d，q）。对具有季节性的时间序列问题采用季节性差分自回归移动平均模型（SARIMA），即 SARIMA（p，d，q）（P，D，Q），其中（p，d，q）为非季节性部分，（P，D，Q）为季节性部分。

$$\Phi p(L)A_p(L^s)\Delta^d\Delta_s^D y_t = \Theta_q(L)B_Q(L^s)u_t \tag{9-4}$$

式中，y_t 为农业干旱模型模拟各时间尺度的时间序列在时间点 t 的干旱强度；p、d、q 分别为非季节性自回归阶次、非季节性时间序列转化为平稳时间序列差分次数、非季节性移动平均阶次；P、D、Q 分别为季节性自回归阶次、季节性差分次数、季节性移动平均阶次；s 为季节周期长度；Φ、A 分别为 p 阶自回归项、季节性自回归项的参数；Δ^d、Δ_s^D 分别为差分算子和季节性差分算子；Θ、B 分别为 q 阶移动平均项参数和 Q 阶季节性周期移动平均项参数；L 为滞后算子，为随机模型的噪声分量。

本节基于站点利用 SARIMA 模型预测不同时间尺度 2021～2025 年 1 月至 12 月干旱强度，构建流程如下：首先采用 ADF 检验（Augmented dickey-fuller test）识别各时间序列平稳性，并采用趋势差和季节差将非平稳数据转换成平稳数据，然后根据上述平稳时间序列的自相关函数（ACF）和偏自相关函数（PACF），结合赤池信息准则（AIC）选择 p、q、P 和 Q 的最优参数组及模型结构。

9.1.2.4 其他方法

1）采用非参数趋势度方法 Theil-Sen Median（Sen）趋势分析计算 2001～2020 年不同时间尺度喀斯特农业干旱变化趋势，并通过 Mann-Kendall 统计检验对变化趋势的显著性进行检验。Sen 趋势分析优点是样本不需要服从一定的分布，可以减少异常值的干扰，公式如下：

$$\beta = \text{Median}((x_j - x_i)/(j-i)), j>i \tag{9-5}$$

式中，β 为干旱变化趋势；x_i、x_j 为研究区特定时间 i、j 对应的干旱强度。$\beta>0$，农业干旱呈缓解趋势，反之呈加重趋势。本研究规定 Mann-Kendall 检验达到 0.01 显著水平即认为干旱发生极显著变化，达到 0.05 显著水平发生显著变化，达到 0.1 显著水平发生轻微显著变化。

2）RBEAST 是贝叶斯传统算法，使用先验信息来推断模型结构，可用于检测时间序列的季节性、趋势性、突变点及突变概率，该算法不依赖于单一模型来分解时间序列，而是基于集成算法将许多弱模型组合成一个更强的模型，同时将所有噪声视为是随机的。本研究基于 RBEAST 模型分析不同时间尺度 2021～2026 年 1 月至 12 月喀斯特农业干旱变化趋势，模型表达式如下：

$$Y(t) = T(\theta_t) + S(\theta_s) + \varepsilon \tag{9-6}$$

式中，Y（t）为时间序列；T、S 分别为趋势项和季节项；θ_t、θ_s 分别为趋势项变化点的数量和季节项变化点的位置，ε 为具有未知方差（ε^2）的高斯随机误差项 N（0，ε^2）。

9.2 喀斯特农业干旱监测模型性能评估

9.2.1 模型验证与评价

利用随机森林和支持向量机算法分别对1～12月建模，构建了1个月、3个月、6个月、9个月、12个月时间尺度共60个干旱模型，计算因变量（SSI）与模型拟合值（RF-CDI、SVR-CDI）的Pearson相关系数、均方根误差、标准差之比以及R^2（图9-1和图9-2）比较两类农业干旱模型性能。就相关系数而言，不同时间尺度1～12月共60个RF-CDI模拟值与SSI值的相关系数介于0.76～0.99，主要集中在0.9以上，其中有60个模型与SSI值的相关系数大于0.96。而SVR-CDI所有拟合结果与SSI值的相关系数介于0.38～0.96，波动范围大。两种算法各个时间尺度1～12月模型相关性均通过0.01显著性检验，RF-CDI模拟结果较优。以1个月时间尺度为例，RF-CDI 12月模型相关系数都较SVR-CDI模型高。除此之外，RF-CDI除9个月（0.768）和12个月时间尺度（0.788）6月模型相关性低于SVR-CDI（9：0.964、12：0.938）以外，其他时间尺度各月模型相关性与1个月时间尺度类似，RF-CDI的相关系数都较SVR-CDI高。从标准差之比来看，RF-CDI集中在0.3～0.4；而SVR-CDI虽然集中在0.4～0.6，但波动较大。因此，RF-CDI模拟效果较优。从模拟结果与SSI值的均方根误差结果来说，各个时间尺度RF-CDI除7月模型均方根误差较高以外（大于0.3），其他月份始终维持在0.19～0.29。SVR-CDI与RF-CDI相似，7月模型的均方根误差较其他月份高（>0.7），但其他月份波动较大，如2月模型均方根误差为0.318，7月均方根误差为0.933，同样是RF-CDI模拟效果较优。RF-CDI、SVR-CDI各时间尺度7月模型R^2与相同尺度其他月份模型相比较低（图9-2）。R^2与均方根误差规律类似，RF-CDI R^2除7月始终维持在一个较高水平（$R^2>0.900$），而SVR-CDI波动较大且都较RF-CDI低。综上，基于随机森林算法构建的喀斯特农业干旱模型性能较好，能更好地监测喀斯特农业干旱。

9.2.2 RF-CDI、SVR-CDI与SPI的相关性度量

本研究利用SPI指数来进一步评估RF-CDI（随机森林构建的模型）与SVR-CDI（支持向量机构建的模型）性能，将不同时间尺度RF-CDI与SVR-CDI与SPI进行相关分析（Pearson、Kendall、Spearman），结果见图9-3。对于Pearson相关分析（pRF-CDI、pSVR-CDI），以1个月时间尺度（RF-CDI-1）为例，SIP-9与RF-CDI相关系数为0.647，而与对应SVR-CDI的相关系数为0.436。此外，RF-CDI-12与SPI-1相关系数较小（0.162），但与SVR-CDI-12的更小（0.169）。不同时间尺度RF-CDI与SPI的Pearson相关系数都较对应时间尺度的SVR-CDI与SPI的大，且都通过了$p<0.01$显著性检验。对于Kendall相关分析，相关系数规律与Pearson相关分析类似，除6个月、9个月、12个月时间尺度RF-CDI与SPI-1的相关系数通过$p<0.1$显著性检验以外，其他时间尺度均通过$p<0.01$显著性

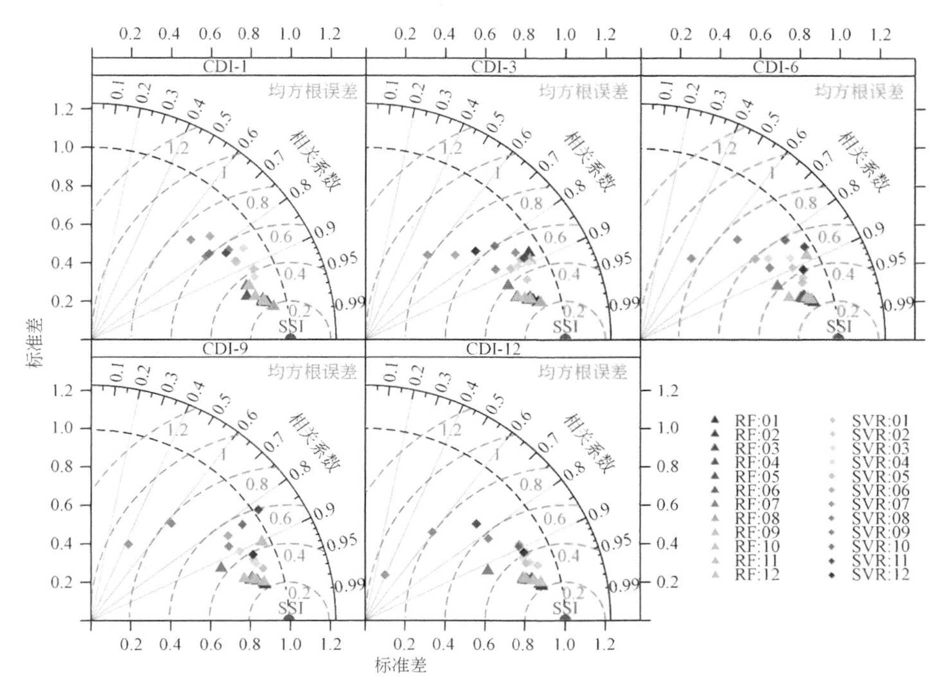

图 9-1　两种算法构建的不同时间尺度模型性能泰勒图

注：①散点为模型，横坐标为站点 SSI 标准差，纵坐标为模型预测值标准差，辐射线为相关系数，虚线为 RMSE；②RF：01 代表 RF 构建的 1 月干旱监测模型，其他模型类似

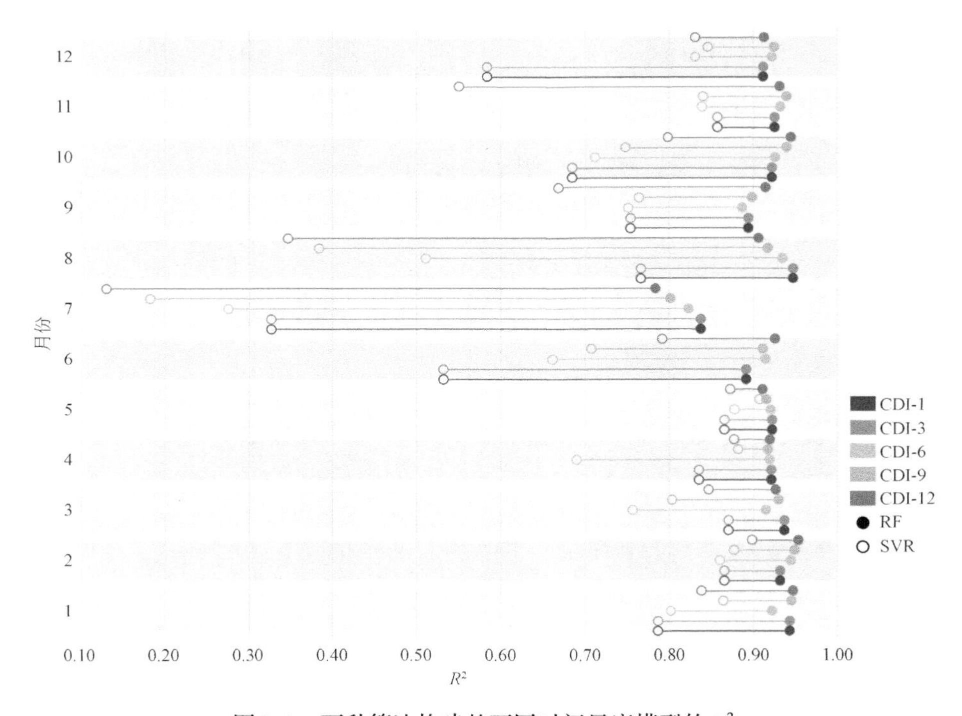

图 9-2　两种算法构建的不同时间尺度模型的 R^2

注：实心为随机森林算法构建的模型，空心为支持向量机算法构建的模型

检验。Spearman 相关分析与 Pearson 相关分析规律类似（图 9-3）。综上，进一步说明 RF-CDI 对于监测喀斯特地区农业干旱更具有优越性。

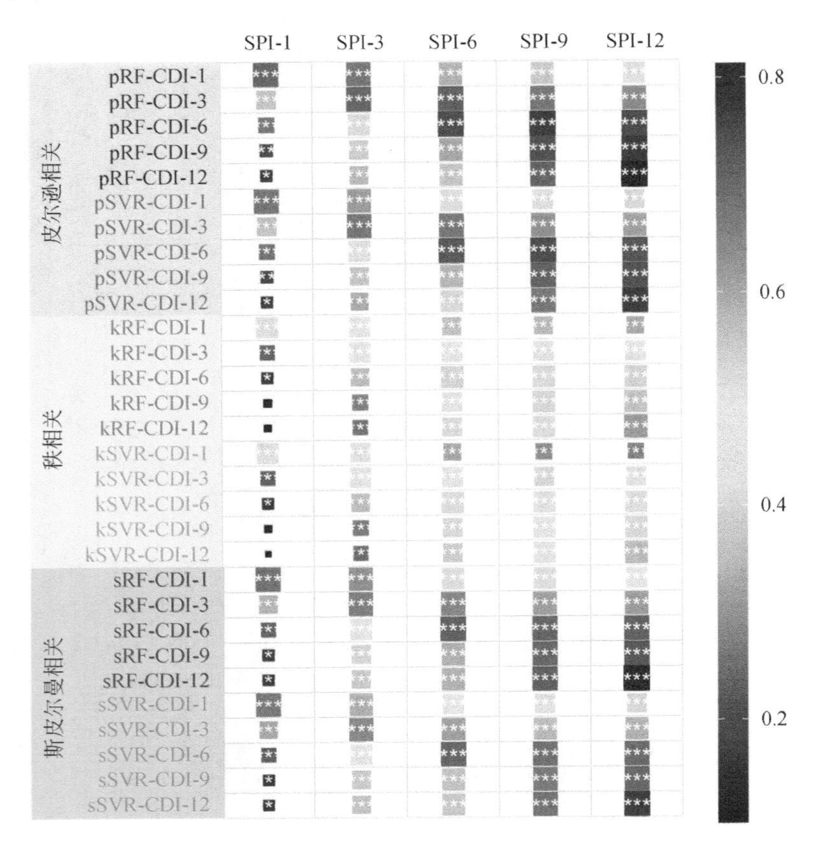

图 9-3　模型与 SPI 的相关性

注：pRF-CDI-1 中 p 为 pearson 相关系数，RF 为随机森林，1 为时间尺度；其他相关系数参考该表达方式

9.3　喀斯特农业干旱变化特征分析

9.3.1　时间变化特征

本研究基于 RF-CDI 表征 2001～2020 年贵州省不同时间尺度（1 个月、3 个月、6 个月、9 个月、12 个月）喀斯特农业干旱，并分析时间变化特征（图 9-4）。由图 9-4 可知不同时间尺度的干旱具有不同振荡频率、呈不同动态特征。对于 1 个月时间尺度（RF-CDI-1），干旱特征值呈波动上升趋势（倾斜率：0.014/10m），表明干旱强度整体呈减弱趋势，平均干旱强度为−0.044。以 2011 年为典型，4 月、7 月、8 月、9 月干旱等级为特旱；6 月（−1.737）为重旱。RF-CDI-3（0.020/10m）与 RF-CDI-1 波动趋势相似，干旱强度呈减弱趋势；同样 2011 年、2010 年为典型干旱年，2011 年夏秋两季发生特大干旱，6 月、9

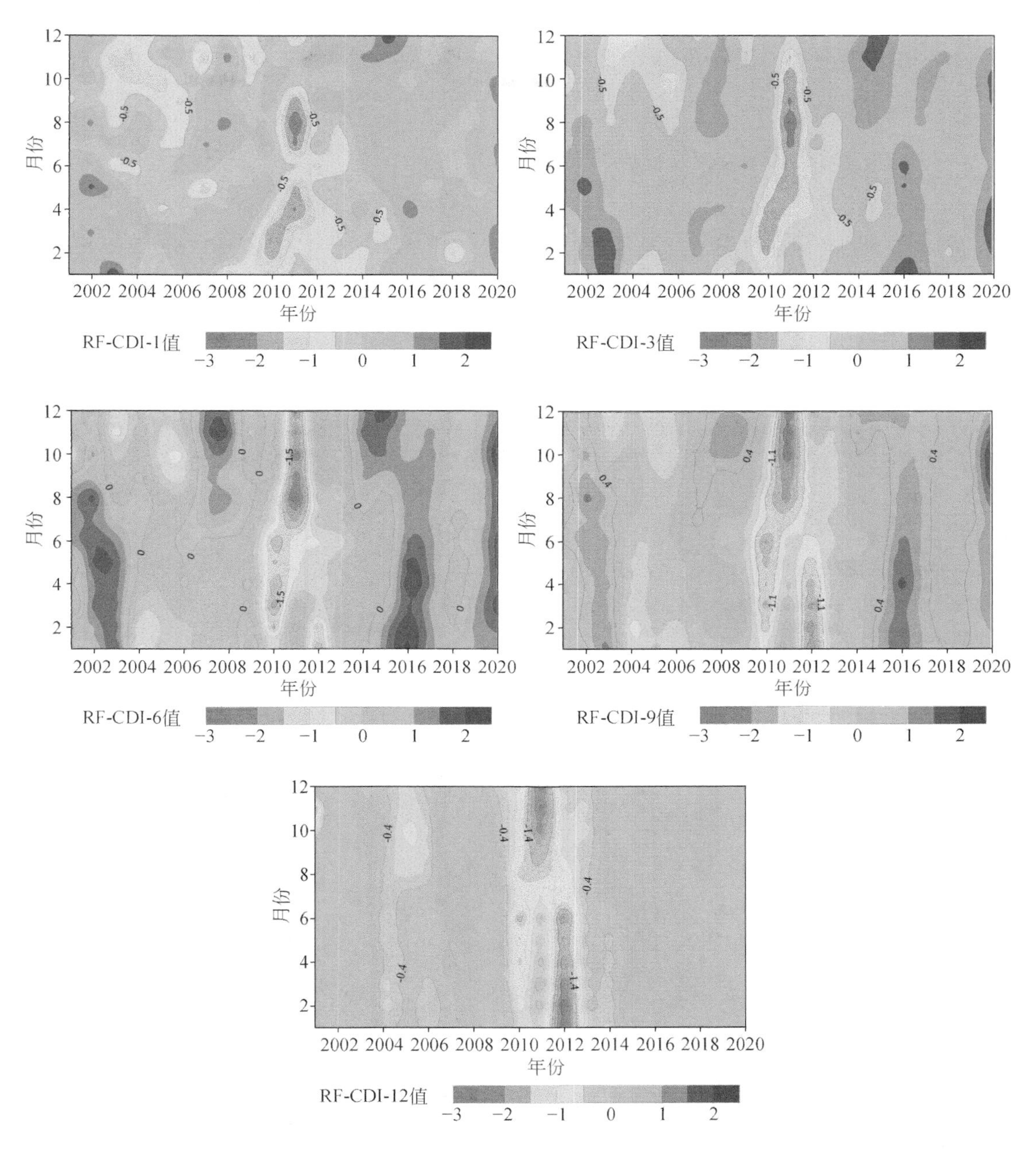

图9-4 2001～2020年1～12月不同时间尺度RF-CDI值

月、11月达重旱。2010年2月、3月、4月干旱较严重。RF-CDI-6也呈波动上升趋势（0.023/10m），与3个月时间尺度不同的是2011年发生干旱更严重，发生特旱的6个月中2011年占6个月，波及夏秋冬（8月、9月、10月、11月、12月）三个季节；相同的是2010年春季（3月、4月、6月）干旱也较严重，其中3月干旱强度达-2.026，为特旱。RF-CDI-9较前3个时间尺度波动趋势大，但总体也是上升趋势（0.026/10m），除2010年和2011年干旱严重以外，2012年2月、3月、4月干旱也较严重，分别为特旱、重旱、重旱。RF-CDI-12与RF-CDI-9的波动趋势类似（0.026/10m），2011年冬、2012年上半年干旱严重。

9.3.2 空间变化特征

为进一步探讨喀斯特农业干旱变化特征，本研究利用Theil-Sen Median方法分析2001～2020年不同时间尺度月RF-CDI变化趋势，并利用Mann-Kendall统计检验对变化趋势显著性进行检验（图9-5）。RF-CDI-1变化斜率为正的区域约占贵州省总面积96.606%（图9-5a），表明贵州省农业干旱变化趋势以缓解为主，最大值可达0.031/10m，但有30.962%站点为不显著上升（没通过显著性检验），主要分布在研究区西南区域（毕节市、六盘水市、黔西南州）。除此之外26%站点为极显著上升趋势，主要分布在中偏东区域（湄潭站、贵定站、麻江站、榕江站等）；显著上升趋势与轻微显著上升趋势站点分别占23.910%和19.048%。全省84个站点中只有盘县站为下降趋势，但没通过显著性检验。RF-CDI-3与RF-CDI-1变化趋势空间分布相似（图9-5b），全省农业干旱变化趋势以缓解为主（94.382%），没通过显著性站点集中在西南区域，最大值可达0.040/10m。相比前两个时间尺度，RF-CDI-6通过显著性站点数量增多（83.333%）（图9-5c），其中69.048%站点极显著上升、斜率为0.067/10m；不显著站点（上升：11.906%；下降：4.762%）同样集中在西南区域且干旱总体呈缓解趋势。RF-CDI-9变化趋势与RF-CDI-6相似，与之不同是东北区域松桃站为不显著上升。RF-CDI-12呈上升趋势区域占96.067%、斜率最大（0.069/10m）；与其他时间尺度相比，没通过显著性检验站点数（10个）明显减少，且大多为极显著上升（67个）。综上，2001～2020年不同时间尺度喀斯特农业干旱总体呈缓解趋势。

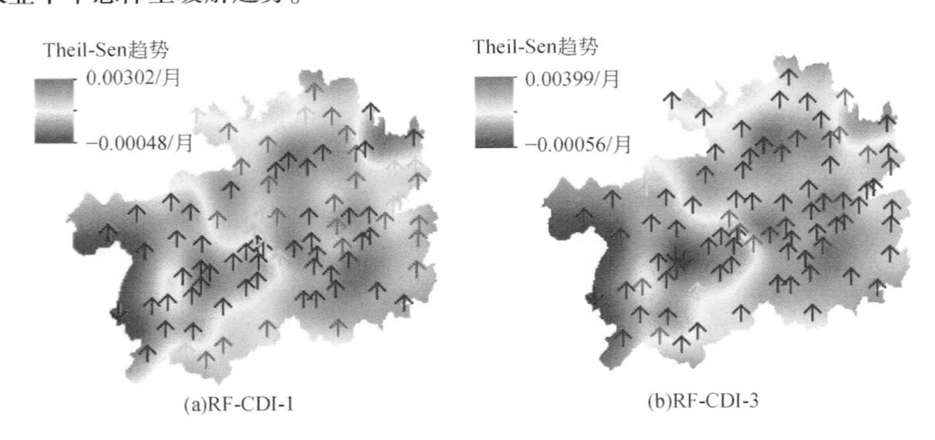

(a)RF-CDI-1　　(b)RF-CDI-3

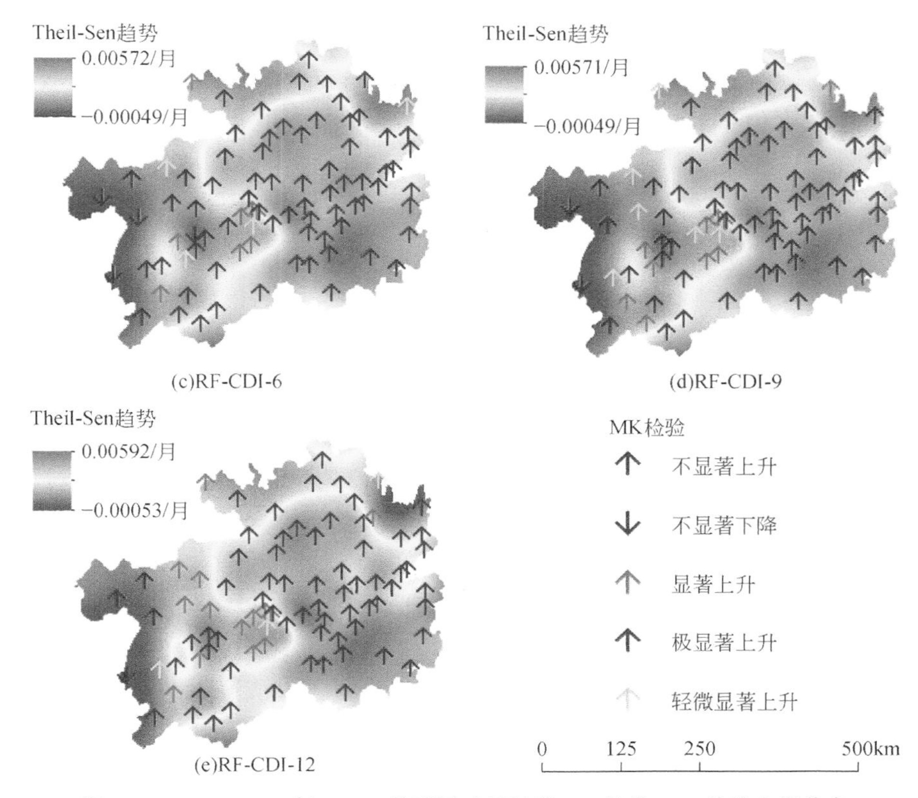

图9-5　2001～2020年1～12月不同时间尺度Sen趋势+MK检验空间分布

9.4　未来6年喀斯特农业干旱预测

9.4.1　未来6年喀斯特农业干旱空间分布特征

本研究利用SARIMA模型预测2021～2026年1月至12月不同时间尺度农业干旱，由于8月易发生干旱，因此绘制2021～2026年8月喀斯特农业干旱空间分布（图9-6）并进行分析。对于1个月时间尺度，未来6年贵州省8月干旱空间分布规律类似，干旱特征值整体呈西南低东高，意味着研究区西南区域干旱较同期其他区域严重，但最严重区域为铜仁东北部（沿河、印江、松桃），2021年8月干旱最严重为轻旱（-0.663）；2022年、2023年、2024年、2026年8月干旱特征值最低（-0.699），为轻旱。3个月时间尺度与1个月时间尺度具有类似空间分布规律：干旱强度西高东低，但局部有干旱中心。2021年8月干旱特征值最低达-0.748（威宁），干旱强度较同期1个月时间尺度严重，但之后的4年都没干旱区域。6个月时间尺度与前两个时间尺度相比，干旱强度整体呈西高东低分布，但局部干旱更严重。2021年8月局部（盘县、兴义）发生轻旱；2022年、2023年、2024年、2026年8月局部发生中旱，主要分布在道真、松桃。9个月时间尺度是局部干旱

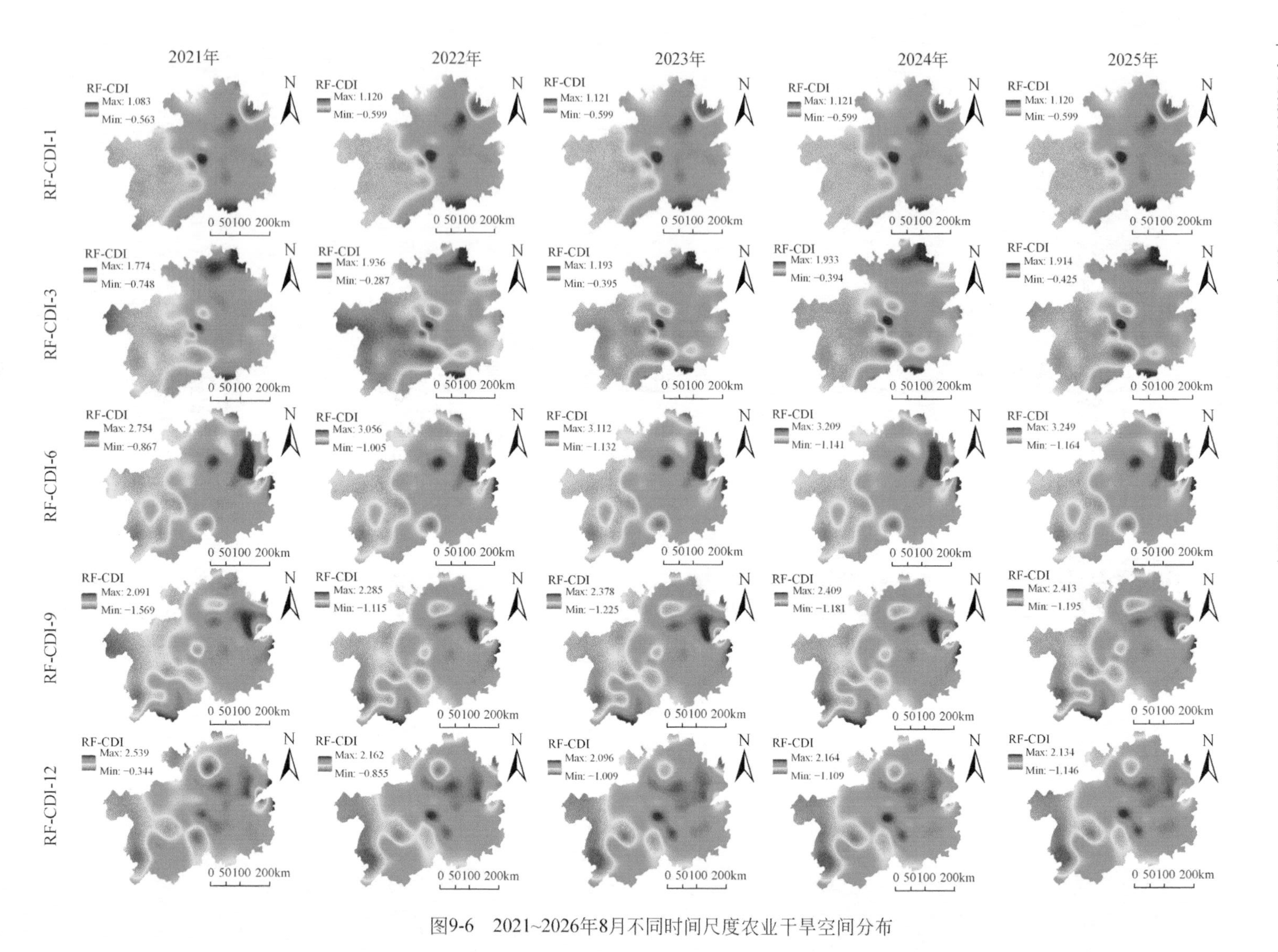

图9-6 2021~2026年8月不同时间尺度农业干旱空间分布

最严重时间尺度，除威宁干旱严重以外，2021 年 8 月松桃干旱强度达-1.669（重旱）；之后 4 年同 6 个月时间尺度类似，局部发生中旱。12 个月时间尺度同 9 个月时间尺度相比局部（贵阳）干旱得到缓解，2021 年 8 月研究区没发生干旱，干旱特征值 2022 年 8 月西南区域（盘县、兴义）最低达-0.866（轻旱），而 2023 年、2024 年、2026 年 8 月干旱越来越严重，最低分别达-1.009、-1.109、-1.146。综上，未来 6 年不同时间尺度农业干旱空间分布具有差异性，但干旱强度整体上呈西高东低分布。

9.4.2 未来 6 年喀斯特农业干旱时间变化特征

为进一步描述未来喀斯特农业干旱变化趋势，本研究利用 Rbeast 分析 2021 ~ 2026 年 1 月至 12 月不同时间尺度农业干旱季节性、趋势性，以及突变点和突变点概率。结果表明，未来 6 年 1 个月、3 个月时间尺度农业干旱呈缓解趋势，6 个月、9 个月、12 个月时间尺度呈加重趋势（图 9-7）。1 个月时间尺度干旱特征值（图 9-7a）季节性存在 2 个明显突变点（2021 年 10 月、2023 年 1 月），发生突变的概率分别为 100%、88.696%，2022 年 10 月也发生突变，但概率较低。对于趋势性，总的来说先增加后轻微降低再趋于平稳。首先 2021 年1 ~ 11 月农业干旱得到明显缓解，随后 2022 年 10 月农业干旱轻微加重，此后趋于平稳。这意味着趋势性也存在 2 个突变点，分别为 2021 年 11 月（概率：92.201%）和 2022 年 10 月（73.868%）。同样，从图 9-7a 中可以得到 2021 年 1 ~ 11 月农业干旱呈缓解趋势概率较大，随后 2022 年 10 月农业干旱呈加重趋势概率较大，再之后趋于平稳概率较大。3 个月时间尺度季节性较 1 个月时间尺度变化大，但总体农业干旱呈缓解趋势。季节性存在 2021 年 11 月（100%）、2022 年 8 月（86.476.676%）、2024 年 2 月（70.142%）3 个突变点。趋势性存在 2 个概率较高突变点（2021 年 11 月，89.013%；2024 年 1 月，63.671%），干旱呈先缓解再轻微加重趋势。6 个月时间尺度季节性存在 2021 年 7 月（100%）、2022 年 9 月（76.368%）2 个突变点。趋势性则与前 2 个时间尺度不同，2021 年 1 ~ 7 月干旱呈加重趋势；在 7 月（96.063%）发生突变，2022 年 11 月干旱得到缓解；2022 年 11 月（96.061%）再次发生突变，干旱加重，2024 年 3 月（79.481%）干旱呈缓

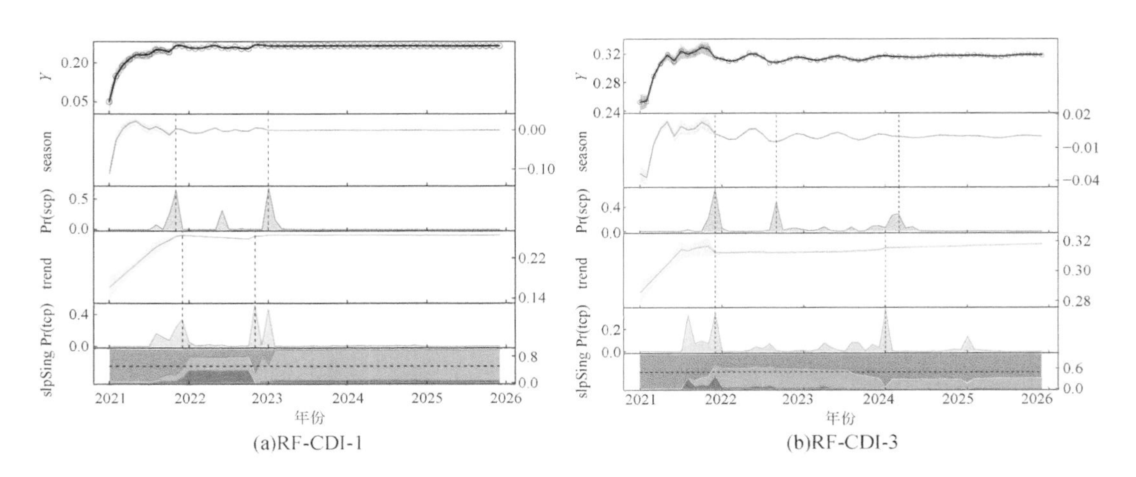

(a)RF-CDI-1 (b)RF-CDI-3

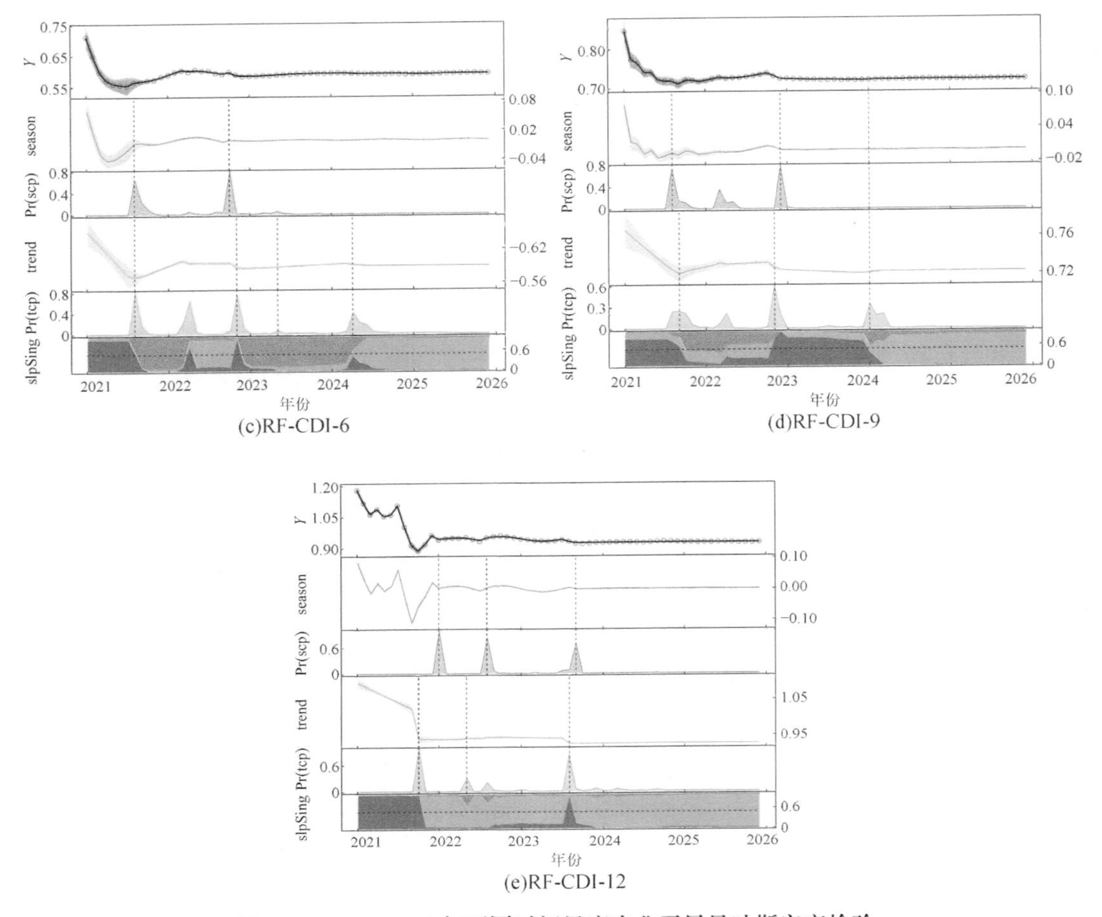

(c)RF-CDI-6

(d)RF-CDI-9

(e)RF-CDI-12

图 9-7　2021-2026 年不同时间尺度农业干旱贝叶斯突变检验

注：图中 Y 表示农业干旱强度；season 表示季节性，Pr（scp）表示季节性突变点以及概率；trend 表示趋势性，pr（tcp）表示趋势性突变点以及概率；slpSing 表示变化趋势：紫色代表缓解，红色代表加重，绿色代表不变化

解趋势之后趋于稳定。9 个月时间尺度与 6 个月时间尺度类似，干旱整体呈加重趋势。季节性 3 个突变点分别为 2021 年 7 月、2022 年 12 月、2023 年 12 月。对于趋势性 2021 年 1 ~ 8 月干旱呈加重趋势，其次 2021 年 8 月 ~ 2022 年 10 月呈缓解趋势，再次 2022 年 10 月 ~ 2024 年 1 月呈加重趋势之后趋于稳定。12 个月时间尺度季节性在 2022 年 1 月、2022 年 7 月、2023 年 8 月发生突变。干旱整体呈加重—轻微缓解—轻微加重—平稳趋势，突变点在 2021 年 9 月、2022 年 4 月、2023 年 7 月。

9.5 本章小结

1）本研究考虑降水、蒸散发、NDVI、海拔和岩溶发育强度等 6 个致旱因素，以 SSI 为因变量利用随机森林回归和支持向量机回归算法构建喀斯特半经验半机理农业干旱监测模型，从 Pearson 相关系数、RMSE、R^2 评估模型性能，并与 SPI 进行相关性分析

（Pearson、Kendall、Spearman）得到基于随机森林算法的干旱模型对于监测喀斯特农业干旱更具有优越性。

2）基于 RF-CDI 探讨区域 20 年间干旱时空演化特征。从时间变化上看，模型监测到不同时间尺度农业干旱整体呈缓解趋势，其中 2010 年、2011 年、2012 年干旱较严重，为典型干旱年。从空间变化上看，不同时间尺度农业干旱 Theil-Sen 趋势值为正的区域占研究区绝大部分，则说明绝大部分区域干旱呈缓解趋势；少部分区域呈加重趋势，主要分布在研究区西南区域（毕节市、六盘水市、黔西南州)，且绝大多数站点通过 $p<0.01$ 检验。

3）未来 6 年不同时间尺度农业干旱空间分布具有差异性，但干旱强度整体上呈西高东低分布。同时，预测到未来 6 年 1 个月、3 个月时间尺度农业干旱呈缓解趋势，6 个月、9 个月、12 个月时间尺度呈加重趋势；在 2021 年、2022 年、2024 年秋冬发生突变概率较高。

第 10 章　中国南方喀斯特流域结构的水文干旱特征

干旱是全球性普遍发生的一种自然现象，与大尺度的洪水、地震、火山爆发一样，是威胁着人类生命及财产安全的自然灾害。2009 年 7 月 ~2010 年 4 月，以云南、贵州为中心的 6 地（云南、贵州、广西、四川及重庆）遭受百年一遇的特大旱灾。据统计，有 3436.12 万人和 1037.17 万头大牲畜饮水困难，农作物受灾 4396.38 多万亩，因干旱导致直接经济损失超过 269.18 亿元，农业经济损失 61.86 亿元。因此，开展干旱监测、预测研究是势在必行的、当务之急，是保护人类生命及财产安全的重要途径。美国气象学会（AMS）在总结各种干旱定义的基础上将干旱划分为：气象干旱、水文干旱、农业干旱和社会经济干旱。水文干旱是气象干旱和农业干旱的延续和发展，是最终、最彻底的干旱，是由于降水和地表水或地下水收支不平衡造成河川径流低于其正常值的现象。因此，本章将以中国南方喀斯特流域为研究区，应用径流干旱指数（SDI）对研究区域进行水文干旱识别与量化，研究中国南方喀斯特流域水文干旱特征时空演变规律，为进一步研究喀斯特流域水文干旱机制奠定基础。

10.1　数据与方法

10.1.1　研究数据

水文干旱通常表现为地表水与地下水径流量减少或断流，湖泊、水库水位下降的现象，因此本节选用研究区 53 个（贵州 24 个、广西 18 个、云南 11 个）水文站点、1970 ~ 2013 年逐月径流量均值数据进行研究。数据来自水利部整编的水文资料，对于缺实测数据的，采用三次样条函数内插法对数据进行插补。考虑流域面积影响，本节对数据进行了标准化处理。

10.1.2　研究方法

水文干旱一般是指河川径流低于正常值的现象，即河川径流在一定时期内满足不了供水需求。根据水文干旱定义及喀斯特流域特征，本节选用径流干旱指数（SDI）来描述喀斯特流域水文干旱特征：

$$V_{i,j} = \sum_{j=1}^{3k} Q_{i,j}; i = 1,2,\cdots; j = 1,2,\cdots; k = 1,2,3,4 \tag{10-1}$$

式中，$Q_{i,j}$表示第 i 水文年第 j 月的累积径流量；$V_{i,j}$表示第 i 个水文年第 k 个参考期的累积径流量；$k=1$ 表示 10～12 月，$k=2$ 表示 10 月至次年 3 月，$k=3$ 表示 10 月至次年 6 月，$k=4$ 表示 10 月至次年 9 月。

SDI 通过第 i 个水文年、第 k 个参考期累积径流量 $V_{i,j}$进行计算，其公式可表达为

$$\mathrm{SDI}_{i,k}=\frac{V_{i,k}-\bar{V}_k}{S_k};i=1,2,\cdots;k=1,2,3,4 \tag{10-2}$$

式中，$\bar{V}_k$、S_k 分别表示第 k 个参考期累积径流量的均值和标准差；$\bar{V}_k$ 表示截距水平。

SDI 为正值，表示为湿润；SDI 为负值，表示为干旱，且绝对值越大，水文干旱程度越严重。根据 SDI 指标，水文干旱可划分为五个等级：0≤SDI 为非干旱，-1.0≤SDI<0 为轻度干旱，-1.6≤SDI<-1.0 为中度干旱，-2.0≤SDI<-1.6 为严重干旱，SDI<-2.0 为极端干旱。

10.2 水文干旱强度时空演变分析

水文干旱是指在某时段（旬、月、年）由于无降雨或降雨量偏少，致使流域储水不足或亏损，导致河流径流量（径流深）或地下水位小于或低于多年时段（旬、月、年）均值的现象。喀斯特流域由于具有可溶性的含水介质在可溶性水的差异溶蚀和侵蚀作用下形成大小不同的溶隙、溶孔和管道，以及地下溶洞、地下河、地下廊道等，为流域储水或地下水滞流提供空间和场所，增强流域的储水能力。因此，流域储水能力强弱关系着流域水文干旱的发生，本节选取 1970～2013 年径流时间序列数据，采用径流干旱指数（SDI）从不同时间尺度（3、6、9、12 个月）计算中国南方喀斯特流域水文干旱特征（SDI_3、SDI_6、SDI_9、SDI_12）（图 10-1）。总体上看，1970s～2010s 中国南方喀斯特流域水文干旱程度总体呈“先下降后上升”的变化趋势，主要表现为 1970s～1990s 水文干旱逐渐减轻，而 2000s～2010s 水文干旱逐渐加重。其中，1970s 和 2010s 水文干旱最严重，干旱面积占 90.71% 和 86.26%，其次是 1980s 和 2000s，而 1990s 水文干旱相对较轻，干旱面积占 3.22%。重度级以上的水文干旱，1970s 和 2010s 干旱面积最大（12.37%、19.88%），其次是 1980s 和 2000s，而 1990s 未发生中度级以上的水文干旱现象。从时间尺度（SDI_3、SDI_6、SDI_9、SDI_12）上看，中国南方喀斯特流域水文干旱整体较为严重，平均干旱面积占 61.26%；其中 SDI_3、SDI_6、SDI_9、SDI_12 的干旱面积分别占 49.88%、61.34%、60.39%、63.46%，说明随着时间尺度的增加，喀斯特流域水文干旱面积也在扩大。重度级以上的水文干旱，SDI_3、SDI_6、SDI_9、SDI_12 的水文干旱面积分别占 13.31%、8.98%、8.48% 和 9.64%，说明随着时间尺度的增加，重度级以上的水文干旱逐渐减小。

从空间分布上，除贵州省的盘江桥流域和云南省的西洋街流域，全流域均分布着不同等级的水文干旱。1970s～1990s 水文干旱从流域中心向四周逐渐减轻，2000s～2010s 水文干旱是从流域中心向四周逐渐加重。1970s 和 2010s 水文干旱最严重，1970s 重度级水文干旱区主要分布在云南省东南部、贵州中部及南部和广西西北部，2010s 主要分布云南省东

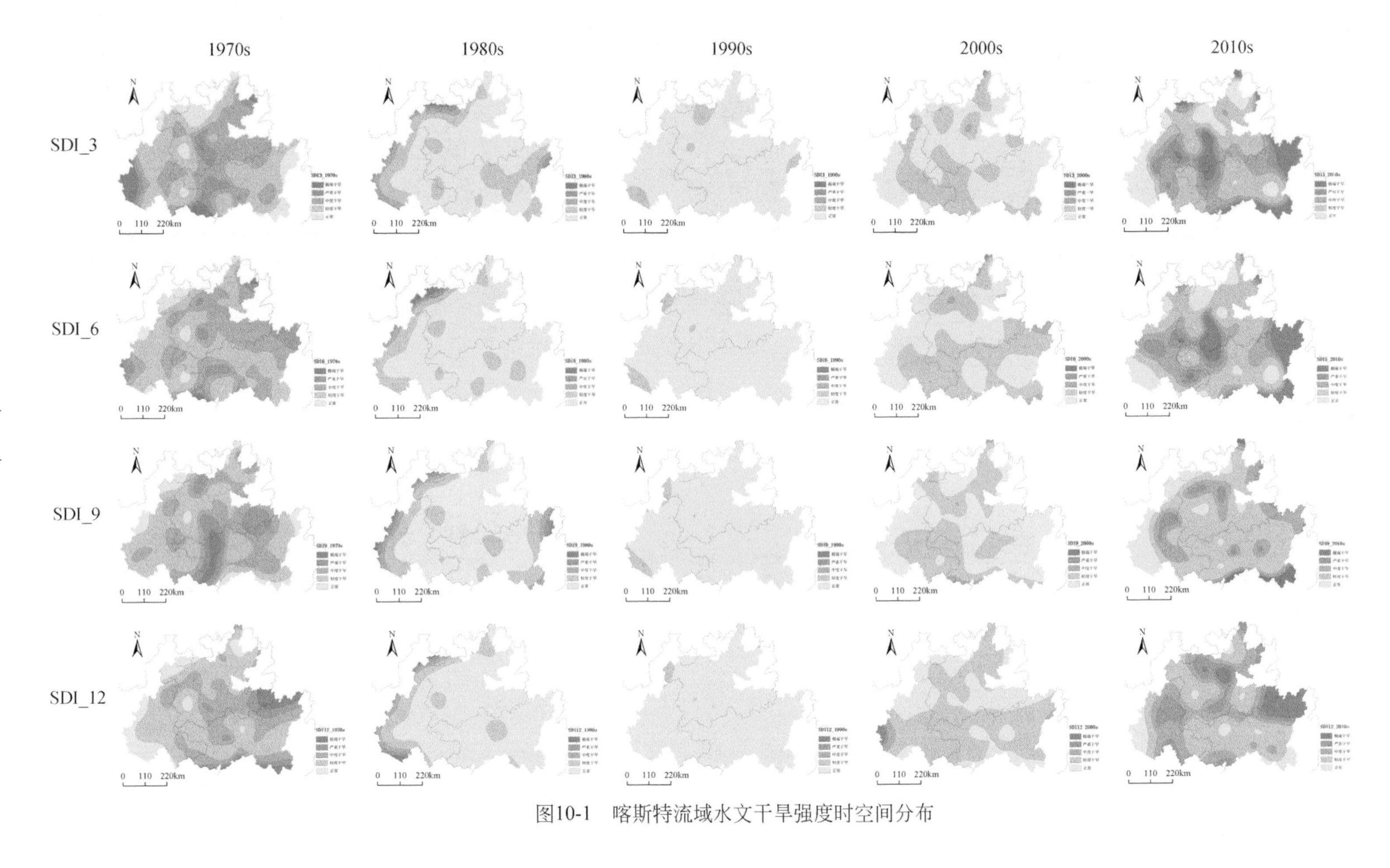

图10-1 喀斯特流域水文干旱强度时空分布

部、贵州中部和南部、广西西部和中部及东部，重度级水文干旱区总体表现出由西向东“转移”的趋势；1980s 中度级以上的水文干旱，沿着研究区西部边缘呈“条带状”分布和中部的“零星”分布；2000s 主要分布中度级水文干旱，呈东西向“条带状”分布；1990s 全流域处于非干旱状态。从 SDI_3～SDI_12 上看，SDI_3_1970s—SDI_6_1970s、SDI_9_1970s—SDI_12_1970s 重度级以上水文干旱由“南北向”转向“东西向”分布，因此 SDI_3_1970s—SDI_12_2010s 总体呈现“南北—东西—南北—东西”交替分布；2010s 重度级以上水文干旱空间分布较为复杂，SDI_3_2010s 主要表现为“东西向”分布，SDI_6_2010s 表现出一定的“南北向”，SDI_9_2010s 表现为“零星”分布，而 SDI_12_2010s 又表现为“东西向”分布；2000s 表现出中度级水文干旱，主要分布贵州的西南部、云南的东南部、广西的西北和北部及中部，总体呈现“南移”趋势；而 SDI_3_1980s—SDI_12_1980s、SDI_3_1990s—SDI_12_1990s 水文干旱空间分布未呈现变化。

受降水亏损影响，所有干旱类型均以气象干旱为起点。例如，持续的气象干旱将快速致使土壤水分短缺，导致农作物减产，即表现为“农业干旱”；长期的气象干旱将促使地表与地下径流量减少，河流断流，湖泊、水库水位降低，即形成“水文干旱”。水文干旱在一定程度上反映了流域的缺水程度，其流域缺水量的多少深受流域储水能力影响。因此水文干旱与其说是受降水亏损影响，不如说受流域储水影响（土壤、含水层、湖泊和河流）。在喀斯特流域虽具有地表与地下双重水系结构，但无论地表水还是地下水最终在流域出口断面流出（或部分地下水可能会在另一个流域出口断面流出），因此在流域出口断面监测的径流量在很大程度上反映了本流域的储水量（或干旱程度）。径流干旱指数是基于流域出口断面实测径流量而建立，因此，本节从不同时间尺度（3、6、9、12 个月）计算径流干旱指数（SDI）能很好地反映中国南方喀斯特流域水文干旱时空分布特征（图 10-1）。

10.3 水文干旱频率时空演变分析

为了便于描述和理解中国南方喀斯特流域水文干旱发生频率的时空演变特征，本节将对水文干旱发生频率划分为如下 6 个等级：0～20% 为极少发生、20%～40% 为较少发生、40%～60% 为经常发生、60%～80% 为频繁发生、80%～100% 为极频繁发生（图 10-2）。

从图 10-2 可以看出，研究区内水文干旱发生频率时空演变特征与水文干旱强度较为一致。1970s 和 2010s 水文干旱发生频率最高，除贵州省的盘江桥和云南省的西洋街外，整个流域水文干旱处于频繁发生与极频繁发生，且频繁发生以上平均面积占 84% 和 79.1%；其次是 1980s 和 2000s，而 1990s 水文干旱发生频率最低，整个流域处于极少发生。3 个月时间尺度（*f*_3）下，*f*_3_1970s 和 *f*_3_2010s 极频繁发生分别占整个流域面积 39.26%、43.63%，频繁发生分别占 44.13%、27.76%，经常发生分别占 11.34%、20.74%。*f*_3_1980s 和 *f*_3_2000s 经常发生、频繁发生和极频繁发生的面积总和分别占整个流域面积 8.74% 和 46%。与 *f*_3 相比，6 个月时间尺度（*f*_6）下的 *f*_6_1970s 极频繁发生和频繁发生所占面积百分比基本相等（40.31%、43.64%），*f*_6_2010s 有所增加（60.16%、29.81%），*f*_6_1980s 和 *f*_6_2000s 经常发生以上的面积百分比变化不大（7.86%、

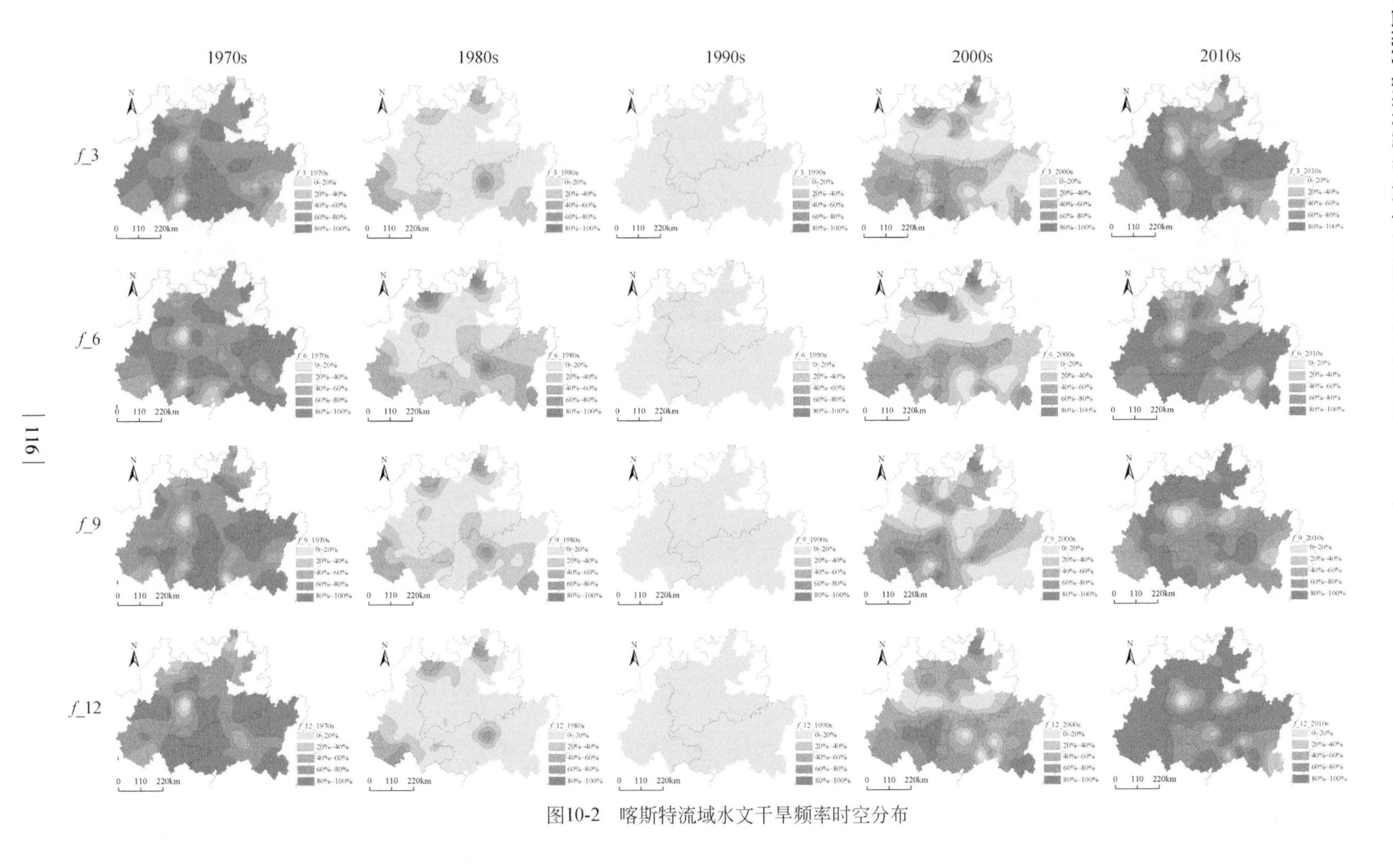

图10-2 喀斯特流域水文干旱频率时空分布

48.03%)。9个月时间尺度(f_9)下,f_6_1970s极频繁发生和频繁发生面积分别占39.91%和44.43%,f_6_2010s面积分别占36.63%和40.78%,f_6_1980s和f_6_2000s经常发生、频繁发生和极频繁发生面积变化较小。12个时间尺度(f_12)下,f_12_1970s和f_12_2010s极频繁发生面积显著增加(48.61%、66.84%),而频繁发生面积有所下降(36.99%、20.86%),f_12_2000s经常发生、频繁发生和极频繁发生面积百分比呈上升趋势(36.12%、31.31%、10.93%)。总之,从f_3~f_12上看,除1980s和1990s外,极频繁发生总体呈上升变化趋势,其中2010s和1970s最为显著,其次是2000s,而1980s和1990s未曾出现极频繁发生;频繁发生(图10-2),以1970s、2010s和2000s较为显著,而1980s有出现,1990s未曾出现频繁发生现象。

从空间分布上看,近40年中国南方喀斯特流域水文干旱发生频率呈现“南部高北部低、东部高西部低”的分布格局(图10-2)。1970s研究区内水文干旱频繁发生,极频繁发生主要分布在云南的东部及东南部、广西的西北部、贵州的南部及西北部地区;1980s水文干旱发生频率呈现下降趋势,极频繁发生和频繁发生零星分布在贵州旺草、贵州与云南交界的七星关北部地区、广西河口地区,此外整个流域以较少发生和极少发生为主;1990s水文干旱趋于消失,全流域处于极少发生状态;2000s水文干旱发生较为显著,整个流域处于经常发生或频繁发生;2010s整个流域水文干旱发生频繁或极为频繁。从时间尺度(f_3~f_12)上可以看出,f_3_1970s~f_12_1970s极频繁发生主要分布在贵州西部少部分地区、南部和东南部,云南东南部少部分地区、广西西北部和北部地区,呈现出“北往南移、西向东移”的分布格局;f_3_2010s~f_12_2010s则相反,极频繁发生呈现出“南往北移、东向西移”的分布格局;f_3_2000s~f_12_2000s频繁发生与极频繁发生主要分布在贵州西北部和北部、云南东南部,广西西北部和北部,呈现出显著的“东西向带状”分布格局。

10.4 水文干旱变率及各指标间相关性分析

从1970s~2010s中国南方喀斯特流域水文干旱变率(图10-3)可以看出:①针对非干旱类型、极少发生类型,不同时间尺度(3~12个月)水文干旱强度(图10-3a)与频率(图10-3b)的相对变率变化特征较为一致,即总体呈现递减变化趋势。其中,1970s~1980s水文干旱强度与频率的变率表现为正的最大,1990s~2000s呈现负的最大。②与非干旱类型、极少发生类型相比,轻度干旱与极频繁发生次之。轻度干旱变率总体呈“先递增后递减”,而极频繁发生变率总体呈递增趋势。其中,轻度干旱变率在1990s~2000s呈现正的最大,1970s~1980s呈现负的最大,而极频繁发生变率在2000s~2010s呈现正的最大,1970s~1980s呈现负的最大。③中度干旱变率总体呈递增趋势,经常发生变率呈“先递增后递减”趋势;中度干旱变率在2000s~2010s也呈现正的最大,1970s~1980s呈现负的最大,而经常发生变率在1990s~2000s呈现正的最大,2000s~2010s呈现负的最大。④重度与极端干旱变率较为一致,呈递增趋势,其中2000s~2010s呈现正的最大,1970s~1980s呈现负的最大;较少发生与频繁发生变率总体也呈“先递增后递减”趋势,1990s~2000s呈现正的最大,1970s~1980s呈现负的最大。

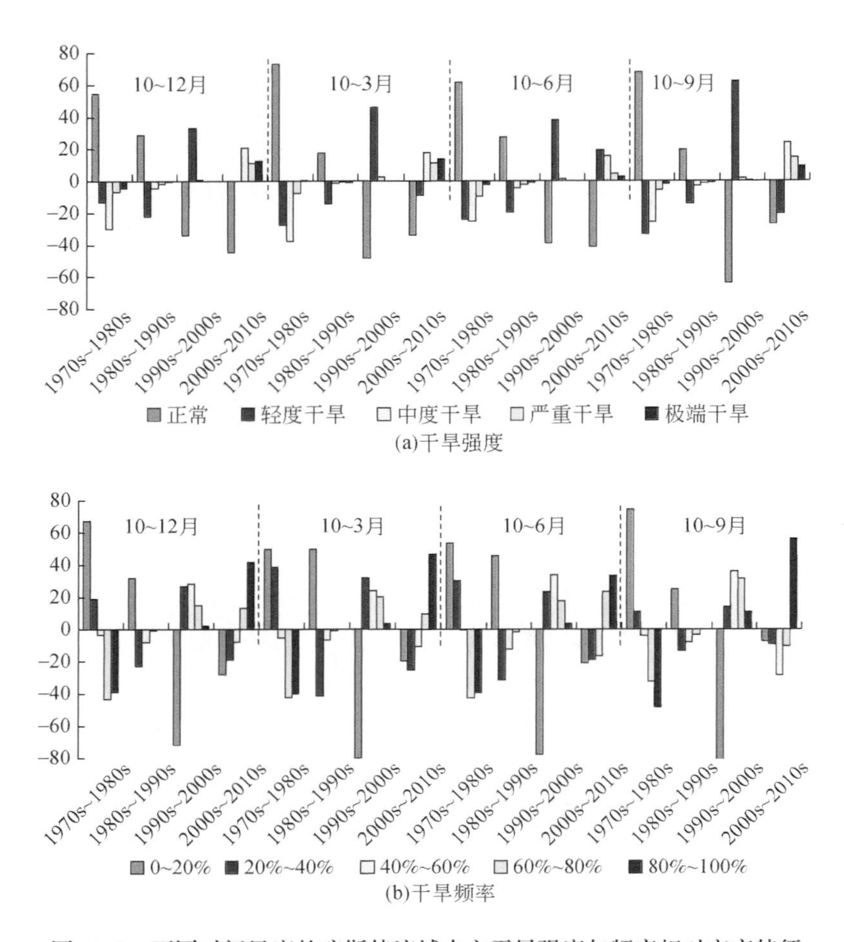

图 10-3 不同时间尺度的喀斯特流域水文干旱强度与频率相对变率特征

表 10-1 反映了水文干旱强度类型与频率（表 10-1 左）及不同时间尺度水文干旱强度与频率（表 10-1 右）的相关性。第一，总体上，水文干旱强度与发生频率相关性较高，除较少发生（f_2）与非干旱（SDI_1）、轻度干旱（SDI_2）、中度干旱（SDI_3）、重度干旱（SDI_4）和极端干旱（SDI_5）类型外，显著性概率 $p \leq 0.01$。第二，除极少发生（f_1）与轻度干旱（SDI_2）、中度干旱（SDI_3）、重度干旱（SDI_4）和极端干旱（SDI_5）的相关性外，非干旱（SDI_1）与较少发生（f_2）、经常发生（f_3）、频繁发生（f_4）、极频繁发生（f_5）的相关性呈现负相关，水文干旱强度与发生频率总体呈现正相关，说明喀斯特流域水文干旱强度受其发生频率影响较大。第三，从同等强度与频率的相关系数上看，相关系数均为正，除 f_2 与 SDI_2、f_3 与 SDI_3 显著性概率 $p > 0.06$，其余的相关性显著性概率 $p \leq 0.01$。针对不同时间尺度（3～12 个月），水文干旱强度与发生频率相关性也较高，且均呈现正相关，显著性概率 $p \leq 0.01$（表 10-1 右）。

总体上，水文干旱程度越严重，水文干旱强度变异系数越大，即从非干旱类型（SDI_1）至极端干旱类型（SDI_5），水文干旱变异系数呈递增变化趋势（表 10-2 左）；针对不同时间尺度（3～12 个月），水文干旱变异系数也呈现递增变化趋势（表 10-2 右）。

从水文干旱发生频率上看（表 10-2 左），极频繁发生（f_6）变异系数最大（1.17），其次是较少与极少发生（1.08、1.06），而经常发生（f_3）与频繁发生（f_4）的变异系数最小（0.79、0.9）。就时间尺度而言（表 10-2 右），f_12（12 个月）变异系数最大 1.32，其次是 f_3（3 个月），f_6（6 个月）与 f_9（9 个月）最小（1.19、1.17）。

表 10-1　水文干旱强度类型与频率类型（左）、不同时间尺度水文干旱强度与频率（右）的相关系数

	SDI_1	SDI_2	SDI_3	SDI_4	SDI_5
f_1	0.893 **	-0.769 **	-0.804 **	-0.837 **	-0.771 **
f_2	-0.036	0.241	0.048	0.107	0.137
f_3	-0.622 *	0.766 **	0.309	0.286	0.172
f_4	-0.934 **	0.836 **	0.848 **	0.768 **	0.626 **
f_5	-0.909 **	0.740 **	0.809 **	0.826 **	0.723 **

	SDI_3	SDI_6	SDI_9	SDI_12
f_3	0.692 **	0.692 **	0.643 **	0.697 **
f_6	0.638 **	0.626 **	0.686 **	0.638 **
f_9	0.601 **	0.692 **	0.641 *	0.600 **
f_12	0.660 **	0.683 **	0.626 *	0.692 **

* 表示 0.05 显著性水平；** 表示 0.01 显著性水平

表 10-2　水文干旱强度类型及频率类型（左）、不同时间尺度水文干旱强度及频率（右）的变异系数

C_v	SDI_1	SDI_2	SDI_3	SDI_4	SDI_5
	0.70	0.68	1.13	1.16	1.66
C_v	f_1	f_2	f_3	f_4	f_5
	1.08	1.06	0.79	0.90	1.17

C_v	SDI_3	SDI_6	SDI_9	SDI_12
	1.22	1.30	1.31	1.34
C_v	f_3	f_6	f_9	f_12
	1.22	1.19	1.17	1.32

10.5　本章小结

贵州、云南、广西是中国南方锥状喀斯特、剑状喀斯特和塔状喀斯特典型分布区；而喀斯特流域由于具有可溶性含水介质，在可溶性水的差异溶蚀和侵蚀作用下形成大小不同流域储水空间，致使流域具有一定的储水能力；喀斯特流域下垫面储水介质的空间结构组合结构及其空间分布较为复杂，流域储水能力在不同地区差异较大，导致喀斯特流域水文干旱时空演变极为复杂。因此，本章采用水文干旱径流系数（SDI）分析中国南方喀斯特流域水文干旱特征，得到以下几点结论：

1）1970s ~ 2010s 中国南方喀斯特流域水文干旱程度总体呈“先下降后上升”的变化趋势。主要表现为：1970s ~ 1990s 水文干旱逐渐减轻，2000s ~ 2010s 水文干旱逐渐加重，其中 1970s 和 2010s 水文干旱最为严重，其次是 2000s、1980s，而 1990s 处于非干旱期。从时间尺度（SDI_3、SDI_6、SDI_9、SDI_12）上看，中国南方喀斯特流域水文干旱整体较为严重，平均干旱面积占 60% 以上；而随着时间尺度的增加，喀斯特流域水文干旱面积在扩大，重度级以上的水文干旱面积在缩小且趋于集中。

2）中国南方喀斯特流域水文干旱发生频率的时空演变特征与水文干旱强度较为一致；其中 1970s 和 2010s 水文干旱发生频率最高，除个别站点控制的小流域，全流域水文干旱处于频繁发生与极频繁发生。从 f_3 ~ f_12 上看，除 1980s 和 1990s 外，极频繁发生总体呈上升趋势，其中 2010s 和 1970s 最为显著，其次是 2000s，而 1980s 和 1990s 未曾出现极频繁发生；频繁发生以 1970s、2010s 和 2000s 较为显著，而 1990s 未曾出现频繁发生现象。

3）1970s ~ 2010s 中国南方喀斯特流域水文干旱变率极为复杂，针对不同水文干旱强度类型及频率类型差异较大；除较少个别类型间的相关性，水文干旱强度与发生频率间的相关性较高，显著性概率 $p \leqslant 0.01$；同时，除较少个别类型间的相关性呈负相关，水文干旱强度与发生频率总体呈现正相关；从同等强度与频率的相关系数上看，相关系数均为正，除个别类型间显著性概率 $p>0.06$，其余显著性概率 $p \leqslant 0.01$；不同时间尺度（3 ~ 12 个月）下的水文干旱强度与发生频率相关性也较高，且呈现正相关，显著性概率 $p \leqslant 0.01$。

4）1970s ~ 2010s 中国南方喀斯特流域水文干旱程度越严重，水文干旱强度变异系数越大，即 SDI_1 < SDI_2 < SDI_3 < SDI_4 < SDI_5，且随着时间尺度的增加，变异系数呈现递增趋势：SDI_3 < SDI_6 < SDI_9 < SDI < 12。从水文干旱发生频率上看，极频繁发生（f_5）变异系数最大，其次是较少与极少发生，而经常发生（f_3）与频繁发生（f_4）的变异系数最小；就时间尺度而言，f_12（12 个月）变异系数最大，其次是 f_3（3 个月），f_6（6 个月）与 f_9（9 个月）最小。

第11章 中国南方喀斯特流域水系特征及水文干旱机制

众所周知，无论是从经济成本、社会问题，还是对生态环境影响，干旱是最具有破坏性的自然灾害之一。由于干旱起始与结束较为缓慢，人们通常很难识别与界定一场干旱的发生。干旱不仅影响水生和陆地生态系统，而且影响经济和社会诸多领域，如农业、交通、城市供水等。干旱具有时空分布动态性，并受人类活动影响，因此单纯对干旱进行定义与研究较为困难，所以干旱通常分为四种类型：气象干旱、农业干旱、水文干旱和社会经济干旱。受降水亏损影响，所有干旱类型均以气象干旱为起点。如持续气象干旱将快速致使土壤水分短缺，导致农作物减产，即表现为“农业干旱”，长期气象干旱将促使地表与地下径流量减少、河流断流，湖泊、水库水位降低，即形成“水文干旱”。因此，水文干旱与其说是受降水亏损影响，不如说受流域储水影响。流域储水是流域对大气降水的滞流作用，其流域滞留量（蓄水量）深受流域汇流与径流影响，关系着水文干旱发生，因此流域水系起到重要作用。同时，水文干旱主要发生在枯水季节，因此，从流域储水角度开展水文干旱机制研究显得很有必要。贵州、云南、广西为中心的中国南方是喀斯特地貌最典型、面积分布最广的区域，因此，本章将在中国南方喀斯特选取53个流域作为研究区，利用GIS技术自动提取流域平均高程、流域主河道长度、流域主河道长度纵比降等6个水系特征指标；采用Bp神经网络对大气降水的地表汇流与径流过程进行模拟，研究流域水系特征空间耦合对水文干旱的驱动机制，为喀斯特地区干旱监测与预测奠定理论基础。

11.1 数据与方法

11.1.1 研究数据

（1）水文数据

水文干旱通常表现为地表河与地下河径流量减少或断流，湖泊、水库水位下降的现象，因此本章采用研究区53个（贵州24个、广西18个、云南11个）水文站点1971～2013年逐月径流量均值数据进行研究。数据来自水利部整编的水文资料，对于缺实测数据的，采用三次样条函数内插对数据进行插补。考虑流域面积影响，本章对数据进行了标准化处理。

（2）水系特征数据

流域水系是喀斯特流域系统的一个有机组成部分，在空间上不同组合结构将影响流域系统的“储水、排水、导水”功能。为了很好地描述喀斯特流域水系特征，本章以30m

分辨率的 DEM 数据为基础，采用 ArcGIS Hydrology 模块自动提取流域水系特征指标（表11-1），并采用反距离权重法对 6 个指标进行空间插值。同时，为消除不同指标量纲的影响，本节对数据进行了标准化处理。

表 11-1　流域水系特征指标体系

指标	计算方法
流域平均高程（H）/m	流域内所有高程点空间插值的算术平均值
流域主河道长度（L）/km	河网水系起源点至出口断面点的河流总长度
流域主河道比降（R_l）/‰	流域最大与最小高程差与主河道长度的比值
流域河网密度（D_r）/km/km^2	河流总长度与流域总面积的比值
流域水系分维指数（F_r）	流域水系分支比除以河长比
流域形状指数（S_r）	流域周长与流域同圆面积周长的比值

11.1.2　研究方法

流域是一个巨系统，以降水量为系统输入、径流量为系统输出，流域水系对大气降水产生汇流与径流作用。因此根据流域水系对大气降水的作用，将流域系统划分为汇流子系统和径流子系统。本章引入 Bp 神经网络对汇流与径流过程进行模拟，其中降水量为汇流子系统的系统输入，流域水系特征为本系统模拟目标，即系统输出，要求流域水系特征的系统模拟输出值与测量值之差最小；针对径流子系统，汇流子系统的系统输出作为本系统的系统输入，3 个月、6 个月、9 个月、12 个月的水文干旱频率作为本系统的系统输出，同理要求水文干旱频率的系统模拟输出值与实测值之差最小。结合已提取的流域水系特征数据与流域水文干旱特征数据（SDI），按如下方法构建 BP 神经网络模型及其模型参数设置：

1）输入层节点数。网络输入层节点个数是由输入向量的维数来确定。本章是要讨论流域水系特征（流域平均高程、流域主河道长度、流域主河道纵比降、流域河网密度、流域水系分维指数、流域形状指数）对降水（3 个月、6 个月、9 个月、12 个月）汇流与径流过程作用，从而揭示对水文干旱的驱动机制。因此，汇流过程模拟输入层节点个数为 4，径流过程模拟输入层节点个数应为 6。

2）输出层节点数。本章是对喀斯特流域水文干旱频率（3 个月、6 个月、9 个月、12 个月）进行识别，而汇流过程系统输出是径流过程的系统输入。因此，汇流过程模拟的输出层节点个数为 6，径流过程模拟的输出层节点个数应为 4。

3）隐含层节点数。目前隐含层数及节点个数未有统一确定的标准，当输入层和输出层节点数确定后，可根据经验公式 $n=\sqrt{n_1+n_0}+\alpha$ 来确定。其中，n 为隐含层节点（神经元）个数，n_i为输入层节点（神经元）个数，n_0为输出层节点个数，α 一般取 1 ~ 100。因此，通过多次模拟及其参数调整，本章最终设 2 个隐含层，其中第一隐含层节点（神经元）个数为 20，第二隐含层节点（神经元）个数为 40，其模拟过程及结果如图 11-1

所示。

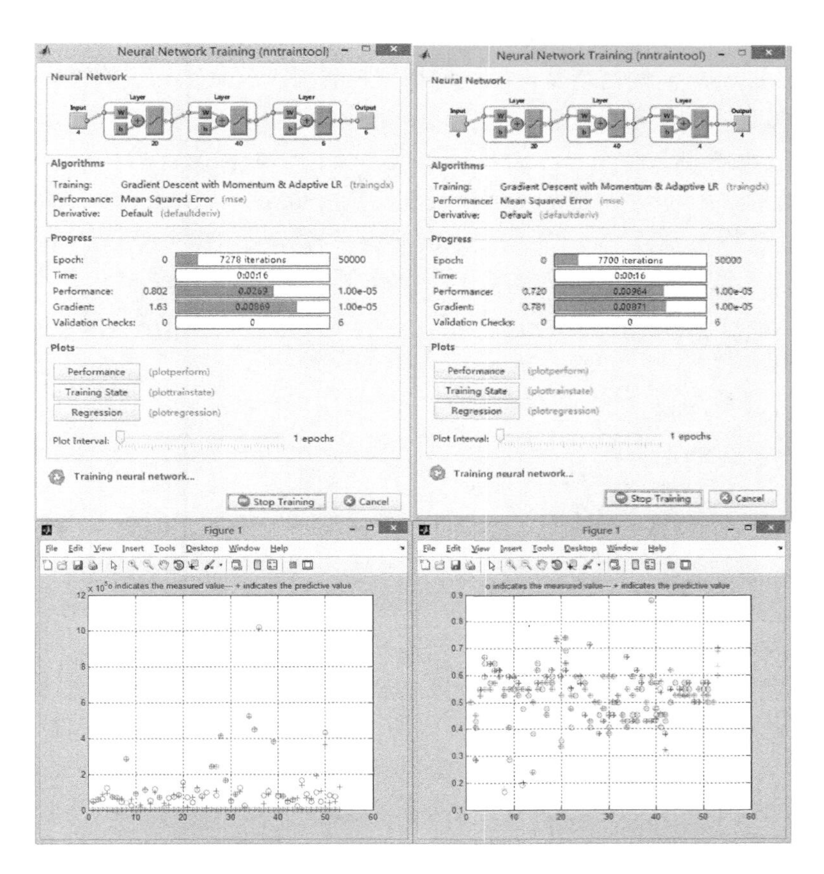

图 11-1　Bp 神经网络的流域汇流模拟过程（左上）及结果（左下）、流域径流模拟过程（右上）及结果（右下）

11.2　喀斯特流域水系对大气降水的响应机制

11.2.1　流域水系对大气降水的地表汇流过程模拟

流域水系是流域下垫面介质的重要组成要素，水系特征空间组合对大气降水的地表汇流与径流过程起到决定性作用。本章以 3 个月、6 个月、9 个月、12 个月降水量为系统输入，流域水系特征（流域平均高程、流域主河道长度、流域主河道纵比降、流域河网密度、流域水系分维指数、流域形状指数）为系统输出，采用 Bp 神经网络进行多次模拟及其参数调整，其模拟过程及结果如图 11-1 所示。

从图 11-1 可知，汇流过程模拟共有两个隐层，第一隐层有 20 个神经元，第二隐层有 40 个神经元，神经元间通过权重 $\omega_{i,j}$进行连接，权重绝对值越大表示流域水系对降水响应越大，值为正表示正响应，反之为负响应。从输出层与第二隐层连接权 $\omega_{i,j}^{3,2}$ 可知，流域形状指数、流域河网密度及流域主河道纵比降权重均值大于0，其余指数权重均值小0，说明流域形状指数、流域河网密度及流域主河道纵比降对大气降水为正响应，即有利于（促进）流域汇水过程，其余水系特征指标为负响应，即不利于（阻碍）流域汇水过程。其中，流域形状指数正响应最大（0.308），其次是流域河网密度（0.163），而流域主河道纵比降最小（0.002）；反之，流域主河道长度负响应最大（-0.118），其次是流域平均高程（-0.086），流域水系分维指数最小（-0.032）。神经元正响应百分比从小到大排序是：流域主河道长度（37.5%）<流域水系分维指数（42.5%）<流域平均高程（45%）<流域形状指数（55%）<流域主河道纵比降（57.5%）<流域河网密度（60%）。同理，从第一隐层与输入层连接权 $\omega_{i,j}^{1,1}$ 可知，除12个月外，其神经元对大气降水均为正响应，其权重均值从小到大排序为：12个月（-0.097）<6个月（0.043）<9个月（0.274）<3个月（0.389），说明第一隐层神经元对大气降水的响应3个月、9个月最大，其次是6个月，而12个月最小且为负响应；神经元对大气降水正响应百分比：12个月（60%）<6个月（66%）和9个月（66%）<3个月（66%）。在第二隐层与第一隐层连接权 $\omega_{i,j}^{2,1}$ 中，神经元负响应占61.76%，权重均值为-0.496；正响应占48.26%、权重均值为0.487。

总体上，从输出层、隐含层（第二隐层、第一隐层）至输入层，正响应神经元百分比呈递增趋势，即输出层对第二隐层响应（$\omega_{i,j}^{3,2}$）为49.68%、第二隐层对第一隐层响应（$\omega_{i,j}^{1,1}$）为48.26%、第一隐层对输入层响应（$\omega_{i,j}^{1,1}$）为66.26%，说明流域水系特征对大气降水响应从输入层至输出层是逐渐减小，即流域汇水能力逐渐减弱。从阈值 $b_{i,j}$ 上看，第一隐层阈值均值 $b_{i,j}^{1}\times100=-0.07$、第二隐层阈值均 $b_{i,j}^{2}=-0.118$、输出层阈值均值 $b_{i,j}^{3}=-0.078$，其中阈值小于0的神经元百分比：$b_{i,j}^{1}$（60%）<$b_{i,j}^{2}$（62.6%）<$b_{i,j}^{3}$（66%），说明从第一隐层至输出层神经元对大气降水响应均较为活跃或易受激发，且负响应神经元占很大比重。

第一隐层→输入层权重、阈值：

$$\omega_{i,j}^{1,1}=\begin{bmatrix}2.1350 & 1.0558 & \cdots & 1.7039\\ 1.4770 & -2.1623 & \cdots & -1.5202\\ \vdots & \vdots & & \vdots\\ 1.9285 & -1.9339 & \cdots & -1.003\end{bmatrix}_{20\times4},\quad b_{i,j}^{1}=\begin{bmatrix}-2.9619\\ -2.8718\\ \vdots\\ 2.9608\end{bmatrix}_{20\times1}$$

第二隐层→第一隐层权重、阈值：

$$\omega_{i,j}^{2,1}=\begin{bmatrix}-0.1731 & -0.5142 & \cdots & -0.4944\\ 0.3961 & 0.1558 & \cdots & 0.4431\\ \vdots & \vdots & & \vdots\\ -0.4272 & -0.2173 & \cdots & -0.0522\end{bmatrix}_{40\times20},\quad b_{i,j}^{2}=\begin{bmatrix}1.6940\\ -1.5710\\ \vdots\\ 1.3175\end{bmatrix}_{40\times1}$$

输出层→第二隐层权重、阈值：

$$\omega_{i,j}^{3,2}=\begin{bmatrix}-0.5982 & 0.4404 & \cdots & -0.2377\\ -0.5435 & 0.7298 & \cdots & -0.2006\\ \vdots & \vdots & & \vdots\\ 0.4474 & -1.4182 & \cdots & -1.4398\end{bmatrix}_{6\times40},\quad b_{i,j}^{3}=\begin{bmatrix}1.2013\\ 0.6217\\ \vdots\\ 0.8320\end{bmatrix}_{6\times1}$$

其中，a_1、a_2 表示第一隐层、第二隐层输出向量；$\omega_{i,j}^{1,1}$、$b_{i,j}^{1}$表示第一隐层与输入层连接权重和阈值；$\omega_{i,j}^{2,1}$、$b_{i,j}^{2}$表示第二隐层与第一隐层权重和阈值；$\omega_{i,j}^{3,2}$、$b_{i,j}^{3}$表示输出层与第二隐层权重和阈值。其权重表示神经元间的连接强度、阈值表示神经元的活跃程度，即阈值越小，神经元越活跃（下同）。

11.2.2 流域汇流过程的水系空间耦合主成分分析

输入层以63×4 的降水信息量输入，通过连接权 $\omega_{i,j}^{1,1}$及阈值 $b_{i,j}^{1}$作用，第一隐层产生63×20 的信息输出量 a_1，再通过 $\omega_{i,j}^{2,1}$及 $b_{i,j}^{2}$作用，第二隐层产生 63×40 的信息输出量 a_2。a_1、a_2 即表示 6 个流域水系特征分别在第一、第二隐层耦合生成新的特征向量，即神经元。为消除神经元间的相关性，分别对 a_1、a_2 进行主成分分析，结果如表 11-2 和表 11-3 所示。

表 11-2　第二隐含层总方差解释

因素	初始特征值			提取载荷平方和		
	总和	方差百分比	累积百分比	总和	方差百分比	累积百分比
1	26.083	62.708	62.708	26.083	62.708	62.708
2	7.833	19.683	82.290	7.833	19.683	82.290
3	6.696	14.237	96.627	6.696	14.237	96.627
4	1.389	3.473	100.000	1.389	3.473	100.000
⋮	⋮	⋮	⋮			
40	-2.067×10^{-16}	-6.142×10^{-16}	100.000			

表 11-3　第一隐含层总方差解释

因素	初始特征值			提取载荷平方和	
	总和	方差百分比	累积百分比	总和	方差百分比
1	12.682	63.411	63.411	12.682	63.411
2	3.920	19.601	83.012	3.920	19.601
3	2.608	12.638	96.660	2.608	12.638
4	0.890	4.460	100.000		
⋮	⋮	⋮	⋮		
20	-9.691×10^{-16}	-4.796×10^{-16}	100.000		

从表 11-2 可知，第二隐层共有 40 个神经元（主成分），第 1 ~ 第 4 主成分特征值均大于 1，累积方差解释达 100%，说明第 1、第 2、第 3、第 4 主成分已赋含了 6 个流域水系特征的全部信息量。其中，第 1 主成分（Z_1）赋含了 62.708% 的流域水系特征信息量，第 2 主成分（Z_2）赋含了 19.683% 的信息量的流域水系特征信息量，第 3 主成分（Z_3）赋含了 14.237% 的信息量，第 4 主成分（Z_4）赋含了 3.473% 的信息量。因此，主成分 Z_1、Z_2、Z_3、Z_4与 40 个神经元可用线性模型（11-1）表达。

同理，从表11-3可知，第一隐层共有20个神经元（主成分），第1、第2、第3主成分特征值大于1，累积方差解释为96.66%，说明第1、第2、第3主成分已赋含了96.66%的流域水系特征信息量。其中，第1主成分（Z_1）方差为63.411%，说明第1主成分赋含6个流域水系特征信息量的63.411%，第2主成分（Z_2）赋含19.601%信息量，第3主成分（Z_3）赋含12.638%信息量。因此，主成分Z_1、Z_2、Z_3与20个神经元可用线性模型（11-2）表达。

$$a_1=\begin{bmatrix}-0.3018 & 5.3413 & \cdots & -2.027\\ -1.1479 & 5.8276 & \cdots & -1.7740\\ \vdots & \vdots & & \vdots\\ -0.9260 & 5.5962 & \cdots & -1.8917\end{bmatrix}_{53\times 20}$$

$$a_2=\begin{bmatrix}-1.9301 & -11.3285 & \cdots & -4.4205\\ -1.5574 & -7.0461 & \cdots & -2.0136\\ \vdots & \vdots & & \vdots\\ -1.6472 & -6.7540 & \cdots & -2.1198\end{bmatrix}_{53\times 40}$$

提取方法：主成分分析

$$\begin{cases}Z_1=0.865x_1+0.413x_2+\cdots+0.816x_{40}\\ Z_2=0.441x_1-0.488x_2+\cdots-0.469x_{40}\\ Z_3=0.048x_1+0.769x_2+\cdots+0.302x_{40}\\ Z_4=0.232x_1+0.0x_2+\cdots-0.155x_{40}\end{cases}\tag{11-1}$$

$$\begin{cases}Z_1=0.966x_1-0.978x_2+\cdots-0.856x_{20}\\ Z_2=0.245x_1+0.193x_2+\cdots+0.481x_{20}\\ Z_3=-0.054x_1-0.006x_2+\cdots-0.157x_{20}\end{cases}\tag{11-2}$$

11.2.3 流域水系空间耦合对大气降水的响应机制

在汇流域模拟系统中，流域水系6个特征向量（输出层）对第二隐层40个神经元（4个主成分）进行响应，第二隐层与第一隐层通过连接权$\omega_{i,j}$进行信息传递，第一隐层20个神经元（3个主成分）对大气降水（3个月、6个月、9个月、12个月）直接响应。表11-4反映了流域水系特征（输出层）在第二隐层及第一隐层对大气降水（输入层）的响应机制。从表11-4可知，输出层（流域水系特征）对第二隐层（4个主成分）响应机制模型中，对第1主成分（Z_1）及第2主成分（Z_2）响应最为显著，显著性概率Sig. =0，统计量较大（$F_{Z_1}=10.02$、$F_{Z_2}=3.689$），模型拟合效果较好，拟合指数（R^2）分别为0.679和0.324；对第3主成分（Z_3）及第4主成分（Z_4）响应相对较弱，显著性概率Sig. >0.06，模型拟合效果相对较差，拟合指数（R^2）分别为0.086和0.129。而从第一隐层（3个主成分）对输入层（大气降水）响应机制模型中，流域水系特征对3个月、6个月、9个月、12个月的大气降水响应都特别显著（Sig. =0），模型拟合效果特别好（$R^2>0.9$），模型统计量$F>600$。

表 11-4 大气降水响应机制拟合模型

响应	模型	R^2	F	Sig.
输出层对第二隐层的响应	$Z_1=350.239+124.023x_1+7.295x_2-41.632x_3+25.274x_4+26.566x_5+15.759x_6$	0.672	10.02	0.0
	$Z_2=65.879-10.174x_1+14.141x_2-17.41x_3-1.051x_4-0.132x_5-1.121x_6$	0.324	3.689	0.0
	$Z_3=-102.732-0.771x_1+1.143x_2+10.267x_3+2.515x_4-2.54x_5-9.873x_6$	0.086	0.709	0.644
	$Z_4=1.914+0.076x_1-0.781x_2-3.571x_3+2.279x_4-0.284x_5+0.971x_6$	0.129	1.111	0.371
第一隐层对输入层的响应	$y_3=0.316+0.017Z_1+0.059Z_2+0.017Z_3$	0.987	1240.999	0.0
	$y_6=0.127+0.023Z_1-0.004Z_2+0.027Z_3$	0.977	687.019	0.0
	$y_9=0.103+0.024Z_1-0.01Z_2+0.037Z_3$	0.97	618.394	0.0
	$y_{12}=0.304+0.02Z_1-0.002Z_2-0.052Z_3$	0.987	1209.4	0.0

注：$x_1\sim x_6$表示流域水系特征值；$Z_1\sim Z_4$表示第一隐层或第二隐层主成分；$y_3\sim y_{12}$表示 3 个月、6 个月、9 个月、12 个月降水量

总体上，流域水系特征在第一隐层及第二隐层对大气降水响应机制逐渐减弱，模型拟合效果逐渐降低，这正如上述分析，从输入层、隐含层至输出层，流域汇水功能逐渐减弱相一致。

11.3 喀斯特流域水系对水文干旱的驱动机制

11.3.1 流域水系对大气降水的地表径流过程模拟

以汇流过程模拟的系统输出（流域水系特征）作为径流过程模拟的系统输入（输入层），以 4 种时间尺度下的水文干旱频率作为系统输出（输出层），即本系统模拟目标。从径流模拟过程及结果显示可知（图 11-1），本系统具有 2 个隐层、1 个输入层和 1 个输出层。其中，输入层有 6 个向量，输出层有 4 个向量，第一隐层有 20 个神经元，第二隐层有 40 个神经元。

$\omega_{i,j}^{1,1}$表示第一隐层与输入层连接权，权值越大表示流域水系特征对径流驱动作用越大，正值表示水系特征对径流正向驱动，反之，负向驱动。从$\omega_{i,j}^{1,1}$权重值分析得出，权重均值最大的是流域平均高程（0.429）、流域主河道纵比降（0.205），其次是流域形状指数（0.11），而流域水系分维指数（0.56）、流域主河道长度（0.047）和流域河网密度（0.043）的权重均值最小，说明流域水系特征在第一隐层对径流过程驱动均为正向驱动，其驱动作用从小到大排序为：流域河网密度<流域主河道长度<流域水系分维指数<流域形状指数<流域主河道纵比降<流域平均高程。流域水系特征对神经元（20 个）正向驱动作用百分比，流域水系分维指数（55%）最大，其次是流域平均高程（55%）、流域主河道纵比降（55%）和流域形状指数（50%），而流域主河道纵比降（45%）和流域河网密度（45%）最小。同理，从输出层与第二隐层$\omega_{i,j}^{3,2}$权重分析得出，第二隐层神经元（40 个）对 4 种时间尺度下的水文干旱频率均为负向驱动，其权重均值 12 个月负最大（-0.160），

其次是 9 个月（-0.148），6 个月（-0.066）和 3 个月负最小（-0.026），说明流域水系特征在第二隐层对水文干旱负向驱动作用从小到大排序为：3 个月<6 个月<9 个月<12 个月。第二隐层 40 个神经元负向驱动百分比：3 个月（45%）<9 个月（55%）<12 个月（62.5%）、6 个月（62.5%）。第一隐层神经元（20 个）与第二隐层神经元（40 个）是通过 $\omega_{i,j}^{2,1}$ 进行信息传递，其中负向驱动占 61.126%、权重均值为-0.420，正向驱动权重均值为 0.4。

$b_{i,j}^{1}$、$b_{i,j}^{2}$、$b_{i,j}^{3}$ 分别表示第一、二隐层及输出层阈值，即阈值绝对值越小，神经元越活跃或易激发。在 $b_{i,j}^{1}$ 中正向驱动占 66%，阈值均值为 0.003，说明第一隐层 20 个神经元总体上是比较活跃或易激发；$b_{i,j}^{2}$ 中 40 个神经元以负向驱动为主（67.6%），阈值均值为-0.193，说明与第一隐层相比，第二隐层神经元较难激发或较为不活跃；输出层 $b_{i,j}^{3}$ 中负向驱动占 76%、阈值均值达-0.638，说明输出层神经元最难激发或最为不活跃。

第一隐层→输入层权重、阈值：

$$\omega_{i,j}^{1,1} = \begin{bmatrix} 1.2758 & 0.1837 & \cdots & -1.4712 \\ 2.1038 & -1.8251 & \cdots & 2.4859 \\ \vdots & \vdots & \cdots & \vdots \\ 1.4438 & -1.4678 & \cdots & -0.1974 \end{bmatrix}_{20\times 6}, b_{i,j}^{1} = \begin{bmatrix} -2.2058 \\ -2.4211 \\ \vdots \\ 2.3119 \end{bmatrix}_{20\times 1}$$

第二隐层→第一隐层权重、阈值：

$$\omega_{i,j}^{2,1} = \begin{bmatrix} -0.4601 & 0.3674 & \cdots & -0.5140 \\ 0.3961 & -0.1441 & \cdots & -0.5331 \\ \vdots & \vdots & \cdots & \vdots \\ -0.3506 & 0.6268 & \cdots & 0.2841 \end{bmatrix}_{40\times 20}, b_{i,j}^{2} = \begin{bmatrix} 1.6688 \\ -1.6207 \\ \vdots \\ -1.7637 \end{bmatrix}_{40\times 1}$$

输出层→第二隐层权重、阈值：

$$\omega_{i,j}^{3,2} = \begin{bmatrix} 0.1094 & -0.0078 & \cdots & -0.3090 \\ -0.1023 & -0.2903 & \cdots & -0.6241 \\ -0.3196 & 0.1214 & \cdots & 0.5289 \\ 0.1687 & -0.1244 & \cdots & -0.597 \end{bmatrix}_{4\times 40}, b_{i,j}^{3} = \begin{bmatrix} -1.5506 \\ 0.7577 \\ -0.5618 \\ -1.1960 \end{bmatrix}_{4\times 1}$$

11.3.2 流域径流过程的水系空间耦合主成分分析

本系统输入层以 63×6 的流域水系特征信息量输入，通过连接权 $\omega_{i,j}^{1,1}$ 及阈值 $b_{i,j}^{1}$ 作用，第一隐层产生 63×20 的信息输出量 a_1，再通过 $\omega_{i,j}^{2,1}$、$b_{i,j}^{2}$ 作用，第二隐层产生 63×40 的信息输出量 a_2。a_1、a_2 即表示 6 个流域水系特征分别在第一、第二隐层耦合生成新的特征向量，即神经元。为更好地揭示流域水系特征对水文干旱驱动机制，则需消除变量（因素）过多或变量（因素）间相关性等问题，因此本章采用主成分分析法对第一、第二隐层输出量（a_1、a_2）进行主成分分析，结果如表 11-5 和表 11-6 所示。

表 11-5　第一隐含层总方差解释

因素	初始特征值			提取载荷平方和	
	总和	方差百分比	累积百分比	总和	方差百分比
1	9.639	47.696	47.696	9.639	47.696
2	4.786	23.931	71.626	4.786	23.931
3	2.624	12.619	84.246	2.624	12.619
4	1.691	7.966	92.202	1.691	7.966
⋮	⋮	⋮	⋮		
20	-1.063×10^{-16}	-6.316×10^{-16}	100.000		

表 11-6　第二隐含层总方差解释

因素	初始特征值			提取载荷平方和		
	总和	方差百分比	累积百分比	总和	方差百分比	累积百分比
1	16.297	38.243	38.243	16.297	38.243	38.243
2	12.479	31.198	69.441	12.479	31.198	69.441
3	6.820	17.060	86.491	6.820	17.060	86.491
4	3.197	7.993	94.484	3.197	7.993	94.484
6	1.660	4.149	98.633	1.660	4.149	98.633
⋮	⋮	⋮	⋮			
40	-1.416×10^{-16}	-3.640×10^{-16}	100.000			

从表 11-5 可知，第一隐层共有 20 个神经元（主成分），前 4 个主成分特征值均大于 1，累积方差解释达 92.202%，说明第 1、第 2、第 3、第 4 主成分赋含 6 个流域水系特征信息量的 92.202%。其中，第 1 主成分（Z_1）赋含流域水系特征信息量的 47.696%，第 2 主成分（Z_2）赋含流域水系特征信息量的 23.931%，第 3 主成分（Z_3）赋含 12.619%，第 4 主成分（Z_4）赋含 7.966%。因此，主成分 Z_1、Z_2、Z_3、Z_4与 20 个神经元可用线性模型（11-3）表达。

表 11-6 反映第二隐层 40 个神经元（主成分）的总方差解释。从表 11-6 可知，特征值大于 1 的主成分分别是第 1 主成分（Z_1）、第 2 主成分（Z_2）、第 3 主成分（Z_3）、第 4 主成分（Z_4）和第 6 主成分（Z_6），累积方差解释达 98.633%，同理说明前 6 个主成分（$Z_1 \sim Z_6$）赋含有流域水系特征 98.633% 的信息量。其中，Z_1赋含有 38.243% 的信息量，Z_2赋含有 31.198% 的信息量，Z_3赋含有 17.06% 的信息量，Z_4含有 7.993% 的信息量，Z_6含有 4.149% 的信息量。同理，主成分 Z_1、Z_2、Z_3、Z_4、Z_6与 40 个神经元可用线性模型（11-4）表达。

通过主成分分析，第一隐层 20 个神经元（主成分）缩减为 4 个主成分，第二隐层 40 神经元（主成分）缩减为 6 个主成分，因此达到减少变量（因素）个数，消除变量（因素）间相关性的目的，为下步建立水文干旱驱动机制奠定基础。

$$a_1=\begin{bmatrix}-1.8233 & -0.9124 & \cdots & 1.7495\\ -3.6945 & -1.0982 & \cdots & -0.9018\\ \vdots & \vdots & \cdots & \vdots\\ -3.1341 & -0.1256 & \cdots & 1.1553\end{bmatrix}_{53\times20}$$

$$a_2=\begin{bmatrix}7.1775 & 3.3293 & \cdots & 1.5453\\ 8.2925 & 0.5024 & \cdots & -5.8474\\ \vdots & \vdots & \cdots & \vdots\\ 11.2052 & 1.5494 & \cdots & -0.8208\end{bmatrix}_{53\times40}$$

提取方法：主成分分析

$$\begin{cases}Z_1=0.845x_1+0.892x_2+\cdots+0.886x_{20}\\ Z_2=0.401x_1-0.203x_2+\cdots+0.145x_{20}\\ Z_3=0.134x_1+0.195x_2+\cdots+0.225x_{20}\\ Z_4=0.236x_1-0.211x_2+\cdots-0.13x_{20}\end{cases}\tag{11-3}$$

$$\begin{cases}Z_1=0.409x_1+0.16x_2+\cdots+0.397x_{40}\\ Z_2=0.38x_1-0.395x_2+\cdots-0.748x_{40}\\ Z_3=0.645x_1-0.209x_2+\cdots+0.302x_{40}\\ Z_4=0.431x_1+0.178x_2+\cdots+0.201x_{40}\\ Z_6=-0.258x_1+0.854x_2+\cdots+0.285x_{40}\end{cases}\tag{11-4}$$

11.3.3 流域水系空间耦合对水文干旱驱动机制

在径流模拟系统中，流域水系 6 个特征向量（输入层）对第一隐层 20 个神经元（4 个主成分）产生驱动，第一隐层与第二隐层通过连接权 $\omega_{i,j}$进行信息传递，第二隐层 40 个神经元（6 个主成分）对水文干旱频率（输出层）直接驱动。表 11-7 反映了流域水系特征（输入层）在第一隐层及第二隐层对 3 个月、6 个月、9 个月、12 个月水文干旱频率（输出层）的驱动机制。

表 11-7　水文干旱驱动机制拟合模型

驱动	模型	R^2	F	Sig.
输入层对第一隐层的驱动	$Z_1=5.784+11.954x_1-9.38x_2+4.432x_3-7.127x_4+1.771x_5+12.408x_6$	0.982	921.86	0.0
	$Z_2=-1.101+9.372x_1-0.893x_2-1.607x_3+7.16x_4-0.563x_5-10.12x_6$	0.980	420.84	0.0
	$Z_3=0.657-0.363x_1-0.189x_2+3.461x_3-1.853x_4+6.518x_5-2.199x_6$	0.972	266.26	0.0
	$Z_4=-0.675+0.08x_1+4.171x_2+4.132x_3-1.71x_4-2.588x_5-1.236x_6$	0.969	238.31	0.0

续表

驱动	模型	R^2	F	Sig.
第二隐层对输出层的驱动	$y_3=-7.836+0.073Z_1-0.238Z_2-0.014Z_3-0.699x_4-0.177Z_4$	0.98	443.43	0.0
	$y_6=-3.681+0.062Z_1-0.153Z_2-0.109Z_3-0.409x_4+0.35Z_4$	0.986	641.668	0.0
	$y_9=4.816-0.022Z_1-0.059Z_2+0.075Z_3-0.428x_4-0.049Z_4$	0.966	260.717	0.0
	$y_{12}=-4.146-0.071Z_1-0.083Z_2+0.079Z_3-0.385x_4+0.848Z_4$	0.980	447.149	0.0

注：$x_1 \sim x_6$表示流域水系特征值；$Z_1 \sim Z_4$表示第一隐层或第二隐层主成分；$y_3 \sim y_{12}$表示 3 个月、6 个月、9 个月、12 个月水文干旱频率

从表 11-7 可知，输入层（流域水系特征）对第一隐层（主成分 $Z_1 \sim Z_4$）的驱动机制，无论是 Z_1、Z_2模型，还是 Z_3、Z_4模型，其模型统计量 F 较大、拟合指数 R^2较高、显著性较好（Sig. =0），说明流域水系特征在第一隐层对水文干旱频率驱动可用线性模型进行拟合，其模型拟合效果较好。第二隐层（主成分 Z_1–Z_6）对输出层（水文干旱频率）的驱动机制，其驱动模型 y_3、y_6、y_9、y_{12}统计量 F 较大、拟合指数 R^2较高、显著性较好，同理说明流域水系特征在第二隐层对水文干旱驱动可用线性模型进行拟合，且模型拟合效果很好（Sig. =0）。

总体上看，模型 $Z_1 \sim Z_4$及模型 y_9的拟合系数均值大于 0，模型 y_3、y_6、y_{12}的拟合系数均值小于 0，这说明流域水系特征在模型 $Z_1 \sim Z_4$及模型 y_9对水文干旱频率呈现正驱动机制，在模型 y_3、y_6、y_{12}呈现负驱动机制，这正如上述分析，流域水系特征在第一隐层对径流过程驱动均为正向驱动，在第二隐层均为负向驱动相一致。

11.4 本章小结

流域水系是流域下垫面介质的重要组成要素，水系特征空间耦合对大气降水的地表汇流与径流过程起到关键性作用，从而影响流域的储水能力，关系着流域水文干旱的发生。通过上述分析，喀斯特流域水系特征及其对水文干旱驱动机制可总结如下。

1）喀斯特流域水系分维指数 $1.0 \leqslant F_r \leqslant 2.0$、均值为 1.6，流域形状指数一般较小，平均值为 0.26；流域主河道长度及纵比降一般较短/小，流域主河道长度及纵比降的变化也较小。总体上，喀斯特流域形状指数、流域河网密度及流域主河道纵比降对大气降水为正响应，其余水系特征为负响应，流域水系特征对大气降水响应从输入层至输出层是逐渐减小，即流域汇水能力逐渐减弱。

2）流域水系特征在第二隐层对大气降水响应机制模型中，对第 1 主成分（Z_1）及第 2 主成分（Z_2）响应最为显著，显著性概率 Sig. =0，模型拟合效果较好；对第 3 主成分（Z_3）及第 4 主成分（Z_4）响应相对较弱，显著性概率 Sig. >0.06，模型拟合效果相对较差；而对 3 个月、6 个月、9 个月、12 个月（y_3、y_6、y_9、y_{12}）的大气降水响应都特别显著（Sig. =0），模型拟合效果特别好（R^2>0.9）。总体上，流域水系特征在第一隐层及第二隐层对大气降水响应机制逐渐减弱，模型拟合效果逐渐降低，这正如上述分析，从输入层、隐含层至输出层，流域汇水功能逐渐减弱相一致。

3）流域水系特征在第一隐层对径流过程均为正向驱动，其驱动作用从小到大排序为：流域河网密度<流域主河道长度<流域水系分维指数<流域形状指数<流域主河道纵比降<流域平均高程，神经元（20 个）正向驱动百分比，水系分维指数（55%）最大；其次是流域平均高程（55%）、流域主河道纵比降（55%）和流域形状指数（50%）；而流域主河道纵比降（45%）和流域河网密度（45%）最小。流域水系特征在第二隐层对水文干旱负向驱动作用从小到大排序为：3 个月<6 个月<9 个月<12 个月；神经元负向驱动百分比：3 个月（45%）<9 个月（55%）<12 个月（62.5%）、6 个月（62.5%）。

4）流域水系特征在第一隐层对水文干旱驱动机制模型中，无论是 Z_1、Z_2模型，还是 Z_3、Z_4模型，其统计量 F 较大，拟合指数 R^2 较高，显著性较好（Sig. =0）；在第二隐层，其驱动模型 y_3、y_6、y_9、y_{12}统计量 F 也较大，拟合指数 R^2 较高，显著性较好（Sig. =0）。总体上，流域水系特征在模型 Z_1 ~ Z_4 及模型 y_9 对水文干旱呈现正驱动机制，在模型 y_3、y_6、y_{12}呈现负驱动机制，这正如上述分析，流域水系特征在第一隐层对径流过程驱动均为正向驱动、在第二隐层均为负向驱动相一致。

第12章 中国南方喀斯特流域地貌分布及水文干旱机制

干旱与大尺度的洪水、地震、火山暴发等灾害一样，是威胁着人类生命及财产安全的自然灾害（EU）。干旱实质是流域缺水，流域补给来源主要是大气降水，其次是邻近流域径流补给（针对喀斯特流域）；流域补给量深受降雨量影响，而流域地貌对大气降水的初次分配影响也不容低估，尤其是地貌类型及其形态特征、地貌类型空间组合特征等对流域补给量/入渗量起到关键性作用。干旱现象十分复杂，具有时空分布的动态性，以及受人类活动影响，因此单纯对干旱定义及研究较为困难，所以干旱通常分为四种类型，即气象干旱、农业干旱、水文干旱和社会经济干旱。水文干旱是气象干旱和农业干旱的延续和发展，是最终、最彻底的干旱，是由于降水和地表水或地下水收支不平衡造成河川径流低于其正常值的现象。本章以贵州省为研究区，以2006年遥感影像为基础，应用面向对象技术提取贵州省地貌类型，分析贵州地貌空间分布格局；利用径流干旱程度指数对研究区域进行水文干旱识别与量化，研究枯水期降雨、地貌类型及分布对水文干旱影响，揭示喀斯特流域水文干旱驱动机制。

12.1 数据与方法

12.1.1 研究数据

（1）水文数据

考虑到研究区的典型性、代表性和水文资料的连续性、均一性；本章选取贵州省内40个水文站逐月实测径流量、降雨量。资料来自贵州省水文总站整编的《贵州省历年各月平均流量统计资料》，并参考贵州省水文水资源局整编的《贵州省水资源公报》，时间范围自2000年1月至2010年12月的每年最小月平均径流量及当月平均降水量。

（2）遥感数据

考虑到地貌形态的演变是个慢长的地质过程，因此，2000~2010年内的地貌类型及形态基本不变。本章综合考虑，选用2006年最小月平均径流量所对应月份的LS6_TM影像为基准［时间：2006年1月~12月；条带号与行号：126~129，040~043；波段为1~7（BSQ）；产品格式与级别：geotiff，L4］，提取地貌信息。数字高程模型（DEM）是采用美国地质调查局提供的数据（类型与格式：栅格、grid；坐标系：WGS_84；分辨率：30m）。

12.1.2 研究方法

(1) 水文干旱识别

水文干旱通常是用河道径流量、水库蓄水量和地下水位值等来定义。一般是指河川径流低于正常值的现象，即河川径流在一定时期内满足不了供水的需求。水文干旱的识别主要是采用游程理论（图 12-1），对一个径流时间系列 $X(t)$，用截断水平 $X_0(t)$ 就可以判断出明显的干旱期 $X(t)<X_0(t)$。负的游程长度 $D[X(t)<X_0(t)]$ 为干旱历时 L；负的游程总量为干旱的总缺水量 S；负的游程强度为干旱强度 M，它表示干旱期内的平均缺水量：$M=S/L$。

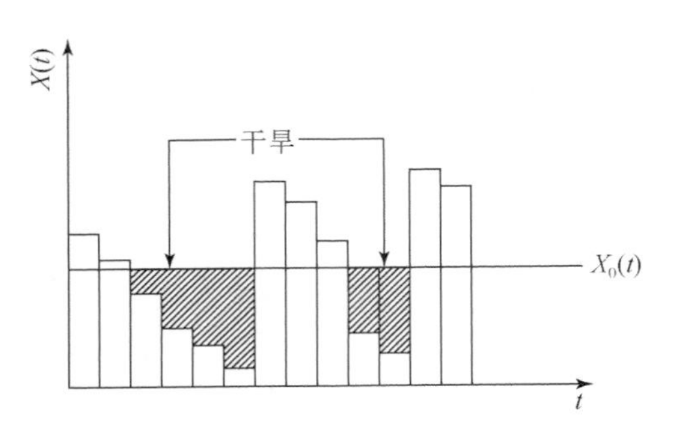

图 12-1　水文干旱的识别

对于喀斯特流域水文干旱识别，以 2000～2010 年的多年逐月径流量均值为截断水平，以研究区最小月径流量均值为 y 轴、样区系列为 x 轴，进行流域水文干旱识别。而水文干旱程度主要取决于缺水量的大小，以及干旱历时的长短，因此本章引用下式作为径流干旱程度指数（RDSI）：

$$\mathrm{RDSI}=\mathrm{LD}\times\mathrm{DI} \tag{12-1}$$

式中，LD 为一年内的相对干旱历时（取 1/12）；DI 为干旱相对缺水量。

为了消除径流量单位的影响，采用下式进行无量纲处理：

$$\mathrm{DI}=\frac{X_i-X_{均值}}{X_{均值}} \tag{12-2}$$

式中，X_i 表示第 i 个研究样区的最小月径流量；$X_{均值}$表示多年径流量均值，即截断水平。

RDSI 为负值，且绝对值越大，干旱程度越严重。

(2) 地貌形态指数

选用 2006 年水文测站最小月平均径流深所对应时段的遥感数据为基础，对遥感数据进行光谱辐射亮度及表观反射率处理，提取水文断面控制的研究区；根据地貌类型指标（表 12-1）、地貌形态指数（表 12-2），并参考贵州师范大学编制的《贵州省综合地貌图》（内部资料），利用面向对象分类技术，提取地貌类型及地貌形态指数。

表 12-1　地貌类型指标

一级地貌分类	一级分类指标 坡度 S； 地表切割深度 D/m	二级地貌分类	二级分类指标 绝对高度 H/m	三级地貌分类	三级分类指标 地表切割深度 D/m
盆地	$S<9°$	洼地	盆底坡度<6°且面积<1km^2		
		低盆地	$H<900$		
	$D<100$	中盆地	$900 \leqslant H<1900$		
		高盆地	$H \geqslant 1900$		
丘陵	$9° \leqslant S<14°$	低丘	$H<900$	浅低丘	$D<200$
				深低丘	$D \geqslant 200$
		中丘	$900 \leqslant H<1900$	浅中丘	$D<200$
				深中丘	$D \geqslant 200$
		高丘	$1900 \leqslant H$	浅高丘	$D<200$
				深高丘	$D \geqslant 200$
丘陵	$9° \leqslant S<14°$	低山	$H<900$		
		中山	$900 \leqslant H$	低中山	$900 \leqslant H<1400$
				中中山	$1400 \leqslant H<1900$
				高中山	$H \geqslant 1900$

表 12-2　地貌形态指数

名称	公式	范围	描述
对称性	$\dfrac{2\sqrt{\frac{1}{4}(\mathrm{Var}X+\mathrm{Var}Y)^2+(\mathrm{Var}XY)^2-\mathrm{Var}X\mathrm{Var}Y}}{\mathrm{Var}X+\mathrm{Var}Y}$	[0，1]	Var$X$：X 方向的方差； Var$Y$：Y 方向的方差； 特征值随对称性的增大而增大
方形拟合指数（或密度指数）	$\dfrac{\sqrt{\#P_v}}{1+\sqrt{\mathrm{Var}X+\mathrm{Var}Y}}$	[0，取决于影像对象形状]	$\sqrt{\#P_v}$：含有$\#P_v$ 象元的方形对象直径； $\sqrt{\mathrm{Var}X+\mathrm{Var}Y}$：椭圆直径； P_v：影像对象 V 的象元表示影像对象形状越接近方形，其特征值越大
矩形适合指数	$\dfrac{\#\{(x,y)\in P_v: \rho_v(x,y)\leqslant 1\}}{\#P_v}-1$	[0，1]．1 表示完全拟合，而 0 表示 0% 的象元拟合在矩形内	ρ_v（x，y）：在象元点（x，y）的矩形距离
椭圆拟合指数	$2\cdot\dfrac{\#\{(x,y)\in P_v: \varepsilon_v(x,y)\leqslant 1\}}{\#P_v}-1$	[0，1]．1 表示完全拟合，而 0 表示仅有 60%或更少的象元拟合在椭圆形内	ε_v（x，y）：在象元点（x，y）的椭圆距离； P_v：影像对象 V 的象元表示； $\#P_v$：影像对象 V 的总体象元数

注：本指标参考 *Definiens Developer7 Reference Book*

12.2 贵州地貌空间分布格局

12.2.1 贵州地貌类型特征

贵州地貌是以山地分布为主，其次是丘陵和盆地。山地是以低中山和中中山为主，占贵州总面积的27.37%和16.94%，其次是低山（面积占比为10.96%）和高中山（面积占比为4.93%）；丘陵是以低丘为主，面积占比为22.06%，其次是中丘（面积占比为9%）和高丘（面积占比为3.09%）；盆地是以低盆（面积占比为4.86%）分布为主，其次是中盆（面积占比为0.61%）和高盆（面积占比为0.26%），以及少量的洼地（面积占比为0.012%）。贵州是多山省份，山地遍布全省，仅有少部分地区山地分布较少，如六盘水和安顺地区；丘陵分布占比很大，且贵州山地与丘陵呈“对称性”分布；丘陵地貌在全省均有分布，尤其西南地区呈“低谷”、遵义地区出现“断裂”的现象；盆地在全省分布较少，且西南地区、六盘水、安顺及遵义的部分地区出现“断裂”的现象（图12-2a）。

12.2.2 贵州地貌起伏特征

贵州山地和丘陵地貌起伏度变化趋势基本一致，其中山地地貌起伏度最大分布于水城大渡口（相对高差1898m）、盘县（相对高差1886m）及兴义岔江（相对高差1842m），丘陵地貌最大相对高差分布于平坝麦翁（1618m）、开阳禾丰（896.4m）及贵定下湾（870.28m）（图12-2b）。

12.2.3 贵州地貌形态特征

从地貌形态特征分析，三种地貌类型对称指数大约为0.6，说明山地地貌、丘陵地貌和盆地地貌形态呈现一定的“对称性”（图12-2c），且山地地貌对称指数是0.4～0.8、丘陵地貌是0.2～0.9、盆地是0.4～1；山地、丘陵和盆地的方形拟合指数（密度指数）大约为1.6，说明山地、丘陵和盆地地貌形态呈现一定“方形”分布。总体上，丘陵地貌方形拟合指数（密度指数）大于山地，说明丘陵地貌形态比山地地貌形态更接近“方形”（图12-2d）；丘陵地貌矩形拟合指数总体大于山地，山地地貌矩形拟合指数为0.4～0.7（图12-2e）；同理，丘陵地貌椭圆拟合指数总体大于山地，丘陵和盆地的椭圆拟合指数波动很大，分别为0～0.6和0～0.7，且部分地区出现“断裂”现象（图12-2f）。综合上述，三种地貌类型的四种形态特征：盆地>丘陵>山地。

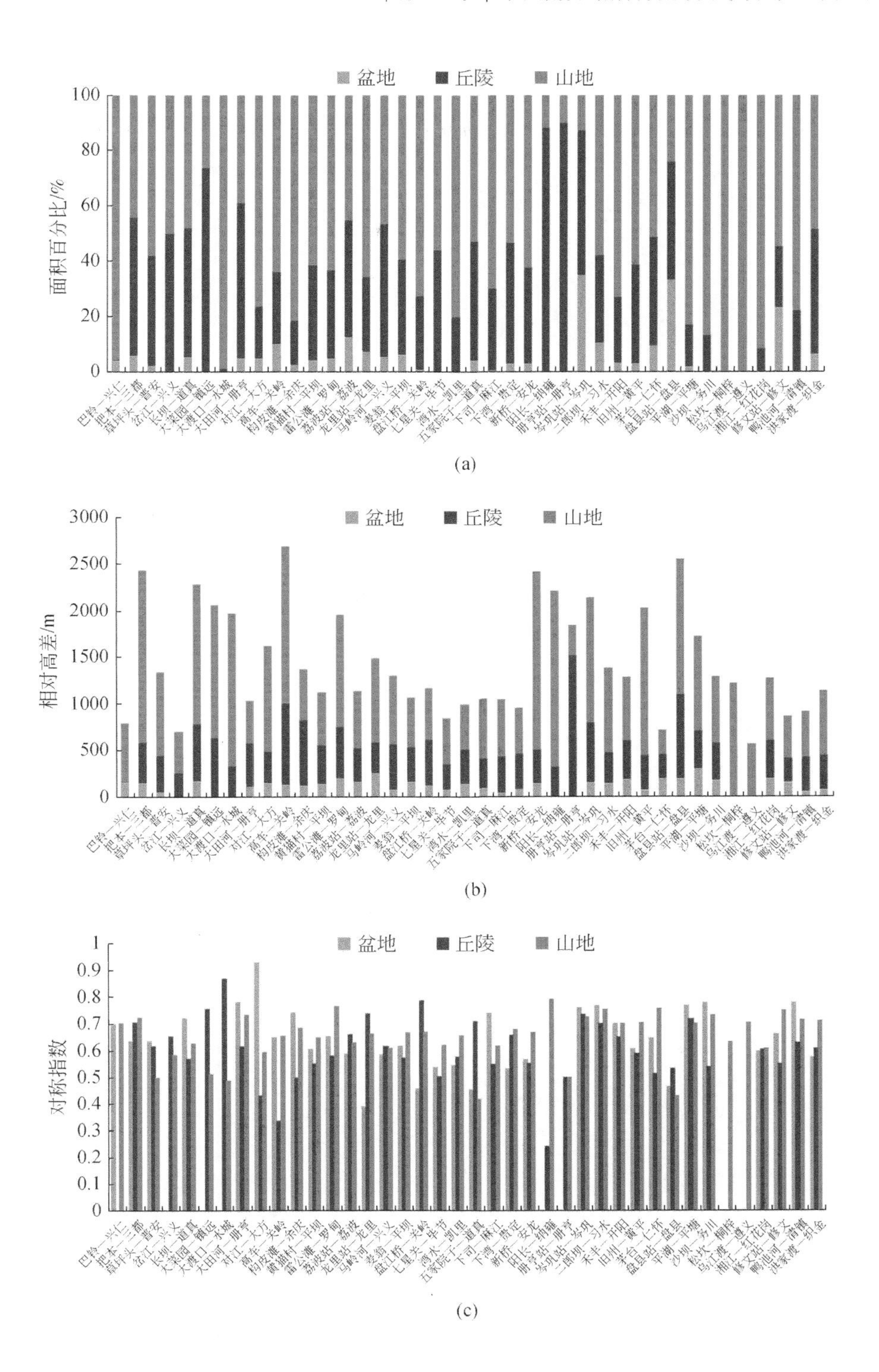
盆地
丘陵
山地
面积百分比/%
0
20
40
60
80
100
相对高差/m
0
500
1000
1500
2000
2500
3000
对称指数
0
0.1
0.2
0.3
0.4
0.5
0.6
0.7
0.8
0.9
1

(a)

(b)

(c)

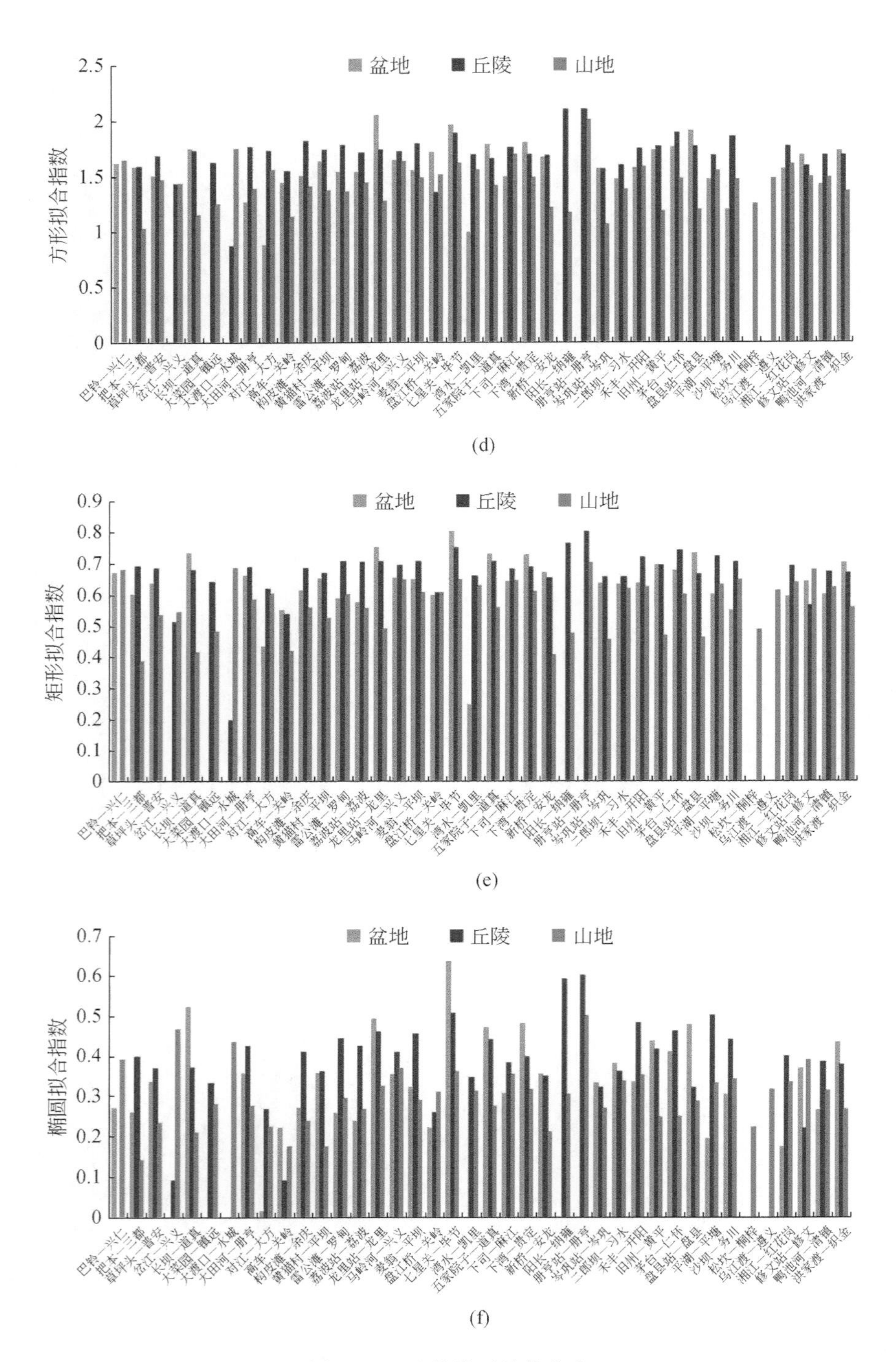

图 12-2 地貌类型总体分布

12.3 贵州水文干旱特征

12.3.1 水文干旱年际变化特征

2000 ~ 2010 年，贵州水文干旱“逐年加重”，最严重出现于 2010 年（RDSI = −0.634），其次是 2006 年（RDSI = −0.691）和 2009 年（RDSI = −0.666），干旱程度相对较轻是 2000 年（RDSI = −0.628）。2000 ~ 2010 年，贵州水文干旱年际变化具有明显的阶段性特征，总体可划分为“三个阶段、四个时期”，即 2000 ~ 2001 年为第一过渡阶段（年相对变率为 10.13%）、2004 ~ 2006 年为第二过渡阶段（年相对变率为 11.09%）、2009 ~ 2010 年为第三过渡阶段（年相对变率为 18.76%），2000 年为干旱第一时期、2001 ~ 2004 年为干旱第二时期、2006 ~ 2009 年为干旱第三时期、2010 年为干旱第四时期（图 12-3a）。

2000 ~ 2010 年，贵州水文干旱 C_V值具有明显的年际变化特征，总体呈现“逐年减小”趋势。水文干旱年内变化最大是 2000 年（C_V = −0.686）和 2004 年（C_V = −0.66），相对较小是 2010 年（C_V = −0.386）和 2001 年（C_V = −0.487）。水文干旱 C_V值区域特征的年际差异显著，年相对变率高达 66.11%（2000 ~ 2001 年），其次是 2009 ~ 2010 年（年相对变率为 61.04%），而 2004 ~ 2006 年的年相对变率为 30.94%。水文干旱 RDSI 与 C_V值相反，即 RDSI 值越大，C_V值越小（2010 年）；反之，RDSI 值越小；C_V值越大（2000 年）（图 12-3a）。

12.3.2 水文干旱空间变化特征

贵州水文干旱区域分布是“南部重北部轻、西部重东部轻”格局（图 12-3b），水文干旱最严重区域出现于黔西南地区，水文干旱相对较轻的区域出现于遵义地区；水文干旱 C_V值的区域变化分成两段，即前半段呈“曲线型”、后半段呈“W 型”，表现为贵州南部水文干旱 C_V值区域变化小，其他地区水文干旱 C_V值变化很大，如六盘水地区水文干旱 C_V值达极大值（C_V = −1.696），遵义地区水文干旱 C_V值达极小值（C_V = 0.207）。东北—西南向（图 12-3c）流域水文干旱“逐渐加重”、并呈微弱的“波浪型”震荡，水文干旱区域变化（C_v值）呈“N 型”分布；流域水文干旱 RDSI 值在西北—东南（图 12-3d）、南北（图 12-3e）及西部（图 12-3f）均大于−0.44，干旱程度“逐渐加重”，并呈“线性”分布；流域水文干旱 RDSI 值均大于−0.44，干旱程度“逐渐加重”，呈“线性”分布，线性拟合指数分别为 R^2 = 0.996、R^2 = 0.9978 和 R^2 = 0.3794，水文干旱 C_V值区域变化很大，呈“V 型”分布；南部分布（图 12-3g），流域水文干旱程度“逐渐减轻”，呈“线性”分布（R^2 = 0.9633），水文干旱 C_V值区域变化小。

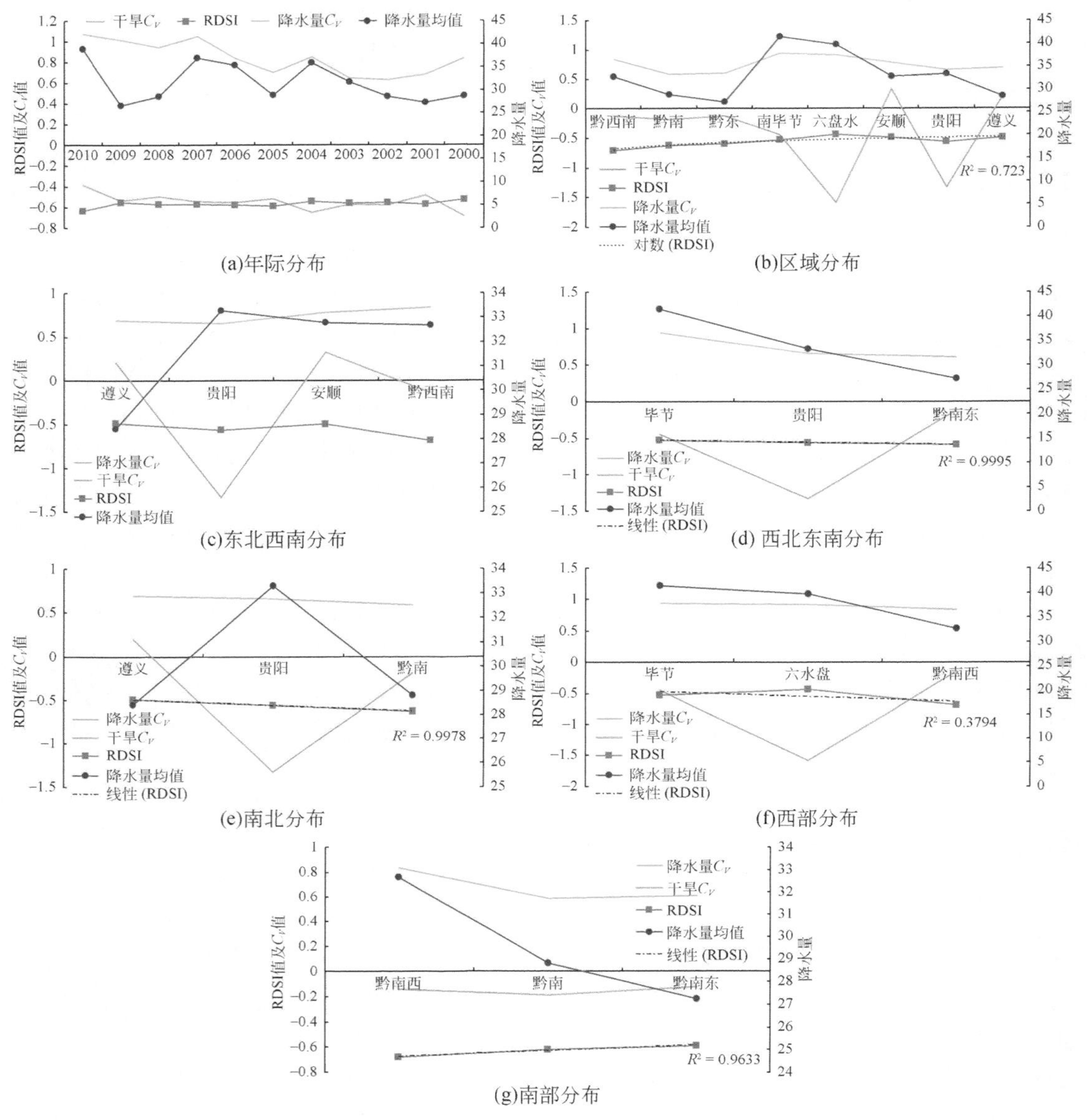

图 12-3　流域水文干旱时空分布及降雨因素影响

12.4　流域水文干旱驱动机制

12.4.1　降水因素对水文干旱驱动机制

(1) 降水因素年际变化驱动

流域水文干旱是指降水量偏低（或定值）时，由于流域下垫面因素，而产生不同程度水分短缺的现象。冯平研究指出，枯水期的径流量主要来源于汛末滞留于流域内的蓄水量和枯水期降水量，且前者占相当大的比例，而汛期末流域蓄水量主要由汛期降水量和流域下垫面因素决定，且后者占相当大的比例。由图12-3a可知，2000～2010年，最枯月降水量均值是“逐年增加”，而流域水文干旱是“逐年加重”，说明干旱期降水对水文干旱影响很小，且降水量均值与RDSI的相关系数 $R=-0.468$ （$p=0.147$）。其中，2010年，最枯月降水量均值为38.949mm、干旱程度RDSI=-0.634；2000年，降水量均值为28.661mm、RDSI=-0.628；2001～2004年与2006～2009年，最枯月降水量均值差异很大，但干旱程度差异却很小；2000～2010年，最枯月降水量均值的变差系数 C_V 值年际变化很大，且呈“递增”趋势（图12-3a），而水文干旱的 C_V 值年际变化相对较小，且呈“递减”趋势，说明干旱期降水量变化对水文干旱程度变化影响很小，且皮尔逊相关系数 $R=0.323$ （$p=0.332$）。同理，2010年，最枯月降水量均值 $C_V=1.076$，干旱指数 $C_V=-0.386$；2000年，降水量均值 $C_V=0.843$，干旱指数 $C_V=-0.686$；2006～2008年，最枯月降水量；均值变差系数 C_V 值年际变化很大，但干旱程度变差系数 C_V 值年际变化很小。

（2）降水因素区域变化驱动

贵州最枯月降水量均值空间分布变化很大，且呈“驼峰型”（图12-3b），水文干旱RDSI空间分布变化很小，且呈“对数型”分布，对数拟合指数为 $R^2=0.723$，说明最枯月降水量空间分布对干旱程度RDSI空间分布影响很小，且皮尔逊相关系数 $R=0.4$，显著性概率 $p=0.326$，降水量 C_V 值对水文干旱 C_V 值影响很小（$R=-0.27$，$p=0.618$）。从空间分布看：①东北—西南分布（图12-3c）与南北分布（图12-3e），最枯月降水量空间分布变化很大，且呈“单峰型”，降水量对流域水文干旱影响小，其相关系数及显著性分别为 $R=-0.464$、$p=0.646$ 和 $R=-0.122$、$p=0.922$；降水量 C_V 值空间变化小，对水文干旱 C_V 值影响也很小，其相关系数及显著性分别为 $R=-0.66$、$p=0.46$ 和 $R=0.87$、$p=0.946$。②西部分布（图12-3f），降水量空间变化小，且呈“递减”趋势，降水量对流域水文干旱影响不显著（$R=0.841$、$p=0.364$），降水量 C_V 值与水文干旱 C_V 值不存在线性相关（$R=-0.478$、$p=0.683$）。③西北—东南分布（图12-3d）与南部分布（图12-3g），降水量急剧“下降”，降水量对水文干旱影响显著，其相关系数及显著性分别为 $R=0.998$、$p=0.041$ 和 $R=-0.999$、$p=0.028$，但降水量 C_V 值对水文干旱 C_V 值影响不显著，其相关系数及显著性分别为 $R=0.136$、$p=0.913$ 和 $R=0.302$、$p=0.806$。

12.4.2 地貌形态特征对水文干旱驱动机制

（1）地貌类型驱动

在干旱期喀斯特流域由于无降水或降水量极少，流域径流补给主要来源于汛期末降水量，以及邻近流域补给（非闭合流域），则地貌类型对流域的降水补给起到重要作用。针对不同地貌类型，由于地貌形态、地表起伏度、地表切割深度等差异很大，从而影响降水在地表的测向流和地下的垂向流，影响降水在流域的二次分配，关系到流域水文干旱的发生。从总体上看贵州地貌类型，山地、丘陵和盆地的面积分布与RDSI存在一定的相关性，相关系数分别为 $R_{盆地}=-0.399$、$R_{丘陵}=-0.212$、$R_{山地}=0.209$，但盆地除外，丘陵和山地未通过显著性检验（$p>0.06$）。从单一地貌类型与 RDSI 的相关关系（图 12-4a），其相关性可划分为三段：盆地段呈“V 型”，丘陵段和山地段呈“增长型”。其中，盆地段：低盆地与 RDSI 相关性最小（$R=-0.291$，$p=0.069$），高盆地最大（$R=0.478$，$p=0.002$）；丘陵段：浅低丘与 RDSI 相关性最小（$R=-0.241$，$p=0.134$），深高丘最大（$R=0.623$，$p=0.001$），其次是深中丘（$R=0.177$，$p=0.273$）；山地段：高中山与 RDSI 相关性最大（$R=0.414$，$p=0.008$），低山最小（$R=-0.073$，$p=0.663$）。水文干旱 RDSI 值为负，即负越大，水文干旱越严重。因此，地貌类型与 RDSI 的相关系数 R 正越大，地貌类型对水文干旱影响越显著，水文干旱就越轻；反之，地貌类型与 RDSI 的相关系数 R 负越大，地貌类型对水文干旱影响越显著，水文干旱就越严重。因此，高中山、深高丘和高盆地的相关系数 R 均大于 0，且通过显著性检验（$p<0.01$），说明高中山、深高丘和高盆地是流域水文干旱相对较轻的区域，而低盆地、浅低丘及低山与 RDSI 的相关系数 R 为负，说明低盆地、浅低丘和低山是流域水文干旱相对严重的区域。在盆地、丘陵和山地区，随着海拔的上升，地貌类型与 RDSI 的相关系数由“负转为正、再增大”的趋势。

(2) 地表切割深度驱动

降水在地表侧向流深受地貌类型影响，更受地表起伏度或地表切割深度影响。例如，地表切割深度越深，地表起伏度也越大（$R_{盆地}=0.842$，$R_{丘陵}=0.982$，$R_{山地}=0.362$），降水在地表汇流时间越长，降水入渗量就越多，水文干旱就越轻。从地表切割程度上看（图 12-4a），地表切割深度与 RDSI 的相关性可划分为三段，即盆地段和山地段呈“V 型”，丘陵段呈“W 型”；同理，高盆地、深高丘、高中山的地表切割深度对流域水文干旱影响最大，其相关性及显著性分别是：$R=0.636$（$p<0.001$）、$R=0.668$（$p<0.001$）、$R=0.667$（$p<0.001$），低盆地、浅低丘、低中山的地表切割深度对流域水文干旱影响最小，相关性（显著性）分别是：$R=0.148$（$p=0.361$）、$R=-0.092$（$p=0.672$）、$R=-0.104$（$p=0.622$），说明高盆地、深高丘、高中山是流域水文干旱相对较轻的区域，而低盆地、深低丘、低中山是流域水文干旱相对较严重区域。

(3) 地貌形态驱动

地貌类型的另一个重要特征——形态指数，如对称指数、方形拟合指数（密度指数）、矩形拟合指数、椭圆拟合指数，是从不同角度反映地貌形态特征及地貌分布的复杂性程度，以及地表与地下水系的发育程度。图 12-4b 反映了地貌形态的四个指数与 RDSI 的相关系性，同理划分为三段：盆地段和丘陵段的四个指数呈现“增长”型，山地段的四个指数近似“V”型。总体上，四种形态指数与 RDSI 的相关系数（R）均值：盆地段（0.399）>丘陵段（0.389）>山地段（0.263）。从洼地到高中山，四种形态指数与 RDSI 的相关系数 R 均为正（低中山椭圆拟合指数除外），尤其是从洼地到深高丘段，相关系数 R 比较大，说明地貌类型的形态分布对流域水文干旱存在不同程度的影响；高盆地、深高丘及高中山的四种形态指数与 RDSI 的相关系数 R 达最大值（$p<0.001$），说明高盆地、深高丘及高中山地貌形态分布对流域水文干旱影响特别显著，即高盆地、深高丘及高中山是水文干旱相对较轻的区域；中中山的四个形态指数与 RDSI 相关系数 R 较小，尤其是低中山的椭圆拟合指数与 RDSI 的相关系数 R 达极小值，这说明低中山和中中山是水文干旱相对较严重的区域。

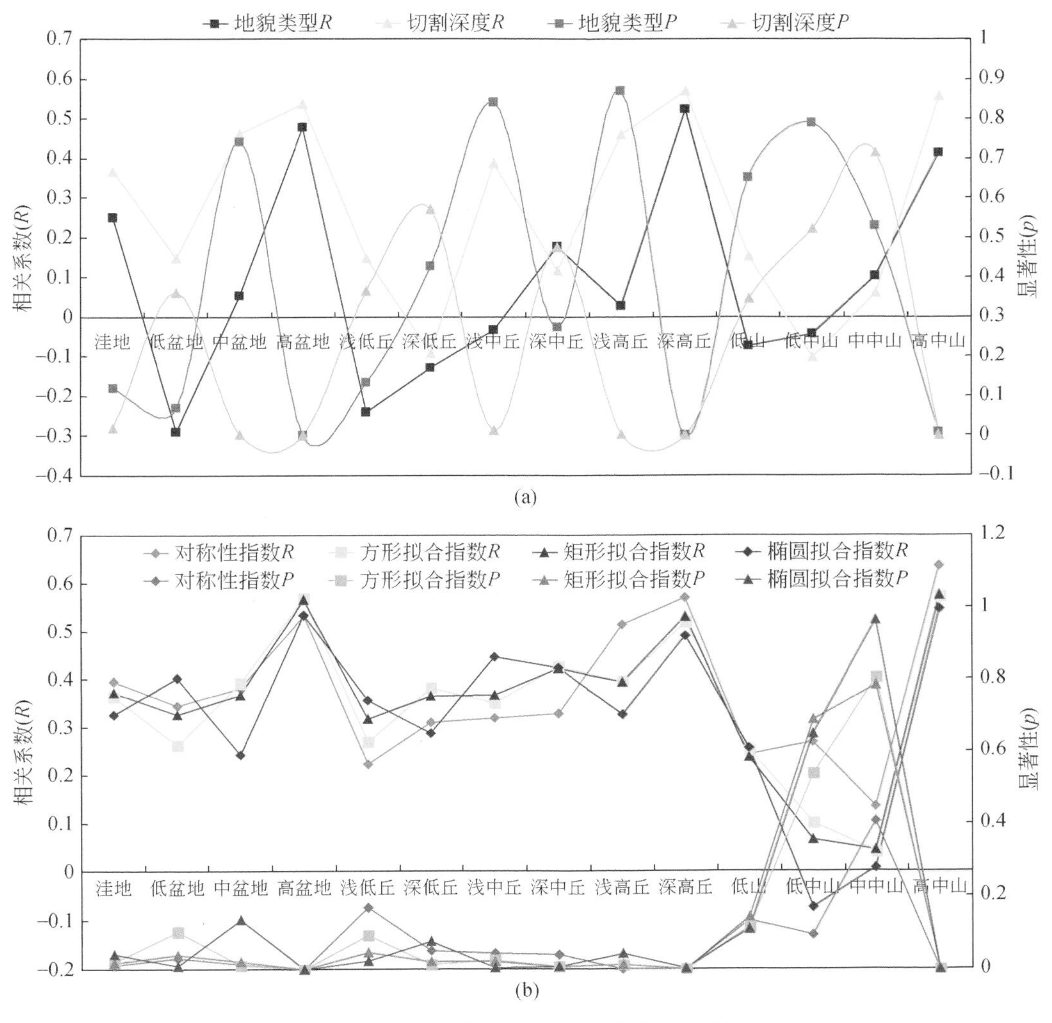

图 12-4　地貌类型与水文干旱的相关系性

12.4.3　水文干旱变率驱动机制

(1) 水文干旱年际变化驱动

水文干旱是气象干旱和农业干旱的延续和发展，是最终、最彻底的干旱。水文干旱发生则说明：①降水已异常偏少；②流域水分亏损，地下水位下降；③灌溉已不再可能。水文干旱发生会对流域生态环境造成毁灭性的破坏，表现为土壤含水量或土壤持水量急剧下降甚至达到枯萎系数水平，植物生理需水难以得到补充，导致大面积农作物、植被干枯、死亡，植被覆盖率下降；流域土壤岩石裸露暴晒将导致风沙四起尘土飞扬，以及温室效应加剧。流域储水介质受到严重的破坏将导致流域储水能力的降低，是导致流域水文干旱发生的重要因素。本研究针对 2000 ~ 2010 年的 RDSI 进行了相关分析，其

相关系数 R 均大于 0.601（$p<0.001$），这说明 2000～2010 年间的流域水文干旱年际相互影响特别显著。

（2）水文干旱区域性差异驱动

喀斯特流域具有二元介质和双重水系的“二元三维空间结构”，杨明德教授根据地表水系与地下水系闭合程度，将喀斯特流域划分为盈水流域、平衡流域、亏水流域。一方面，在喀斯特流域，枯水期流域储水量是流域径流补给的主要来源，因此，流域储水能力的强弱影响着枯水期径流量的大小，直接关系流域水文干旱的发生。另一方面，喀斯特流域储水能力深受流域储水介质及其水系的影响；流域储水介质影响着流域储水空间类型、储水空间大小、储水空间多少，从而影响流域蓄水量的高低；水系是流域能量流和信息的通道，是降水在地表二次分配的体现，是流域水量平衡的关键性因素；在喀斯特地区，干旱期降水对地表径流量影响很小，径流补给主要来源于本流域蓄水量或邻近流域蓄水量，因此，在干旱期，邻近流域水文干旱的相互影响显著。例如，毕节地区与贵阳市（$R=0.832$，$p<0.001$）、毕节地区与安顺地区（$R=0.816$，$p=0.014$）、安顺地区与贵阳市（$R=0.763$，$p=0.031$），而从行政区划上它们彼此属于邻近区，可能是地表水系与地下水系非闭合，导致地下水相互交换；如果地下水未发生交换，地表水未曾流失，即使是邻近区域，流域水文干旱相互影响很小或互不影响，如黔西南地区与安顺地区（$R=-0.199$，$p=0.637$）。

12.5 本章小结

流域地貌是流域介质的重要组成因素之一，其地貌类型及其空间分布格局影响着降水在地表与地下的二次分配，从而影响流域储水能力，关系着水文干旱的发生。本节通过研究得出以下几点结论。

1）贵州地貌是以山地分布为主，其次是丘陵和盆地。其中，山地是以低中山和中中山分布为主，其次是低山和高中山；丘陵是以低丘为主，其次是中丘和高丘；盆地是以低盆分布为主，其次是中盆、高盆。贵州地形起伏较大，呈现“中部大东部小、西南大东北小”的空间分布格局。贵州地貌类型多样、形态复杂，地貌形态指数从大到小排序为：盆地>丘陵>山地。

2）在无降水或降水量稀少的枯水季节，降水量及其变化对水文干旱及其变化影响较小。例如，贵州省 2000～2010 年最枯月降水量均值是“逐年增加”，而流域水文干旱是“逐年加重”，最枯月降水量 C_v 值年际变化很大，呈“递增”趋势，而水文干旱 C_v 值年际变化相对较小，呈“递减”趋势；贵州水文干旱区域分布呈现“南部重北部轻、西部重东部轻”格局。因此，降水亏损只是干旱发生的必要非充分条件。

3）由于流域地貌对降水的二次分配起着决定性作用，因此地貌类型、流域高程、地表切割度/地表起伏度、地貌形态特征是流域水文干旱的控制性因素。例如，随着海拔升高、地表深切，以及地表起伏度增大，流域地表至侵蚀基准面/溶蚀基准面的垂直距离增大，流域储水空间较多、储水能力较强，则流域水文干旱较轻；反之，流域水文干旱较严重。同时，水文干旱的年际变化及区域差异也是重要的驱动因素之一。

第13章 中国南方喀斯特流域植被覆盖结构及水文干旱机制

水文干旱是表征地表水或地下水的收支不平衡造成枯季河川径流量低于其正常值，导致河流径流量减少、断流，或地下水位急剧下降的现象。在“自然与人类”耦合下的喀斯特流域水循环系统内，对于枯季地表水而言，其水分收入项一部分来自于枯季降水，另一部分来自本流域蓄水量或邻近流域的径流补给，而其水分支出项包括人类消耗、向流域外调水、流域蒸发与植物蒸腾，以及对土壤水和地下水的入渗补给等。对于枯季地下水而言，其水分收入项主要来源于降水入渗补给及地表水和流域蓄水的入渗补给，而其水分支出项则包括人工开采、潜水蒸发和排泄。这些相互联系的过程使地表水和地下水的状态处于动态变化之中，当其中某一环节受到异常干扰时，地表水和地下水的状态则会发生异常，当其异常偏少时，则发生水文干旱。因此，影响这些过程的因素或甚至某些过程本身就是水文干旱形成的主要驱动因素。植被影响水文过程、促进降水再分配、影响土壤水分运动，是喀斯特流域系统的有机组成部分。在流域中，各种植被类型形成多个子系统，组合在一起构成了植被结构，植被结构和该系统中的其他要素耦合在一起构成流域。在喀斯特地区，由于地形多样、地表起伏大、坡度差异等的影响，植被对水文过程的影响也较大，植被结构表现出了与流域赋水更为密切的关系。

13.1 研究数据

13.1.1 植被指数遥感信息识别与提取

为了反映流域植被覆盖率的空间分布特征及时间变化特征，本章在贵州省选取40个流域作为样区，根据表13-1，利用面向对象分类技术，首先提取2010年最小月枯水径流对应时段的流域归一化植被指数（NDVI），并统计NDVI值所对应植被分布面积百分比（表13-2）；其次提取平塘平湖流域及仁怀茅台流域2000～2010年逐月NDVI值，绘制NDVI时间变化分布图（图13-1）。

表13-1 NDVI取值范围

NDVI范围	-1～0	0	0～0.1	0.1～0.2	0.2～0.3
植被覆盖类型	水体，湿地或其他	裸地，岩石或其他	弱植被覆盖	稀疏植被覆盖	低植被覆盖
NDVI范围	0.3～0.4	0.4～0.5	0.5～0.6	0.6～1	
植被覆盖类型	中植被覆盖	中高植被覆盖	高植被覆盖	密集植被覆盖	

表 13-2　流域植被分布面积百分比（%）

覆盖类型 样区	-1 ~0	0	0 ~0.1	0.1 ~0.2	0.2 ~0.3	0.3 ~0.4	0.4 ~0.5	0.5 ~0.6	0.6 ~1
	水体	裸地	弱植被覆盖	稀疏植被覆盖	低植被覆盖	中植被覆盖	中高植被覆盖	高植被覆盖	密集植被覆盖
巴铃—兴仁	0.0	6.33	10.13	7.98	6.41	10.44	6.11	8.26	46.36
把本—三都	0.0	0.31	3	7.69	18.26	40.8	27	2.94	0.0
草坪头—普安	0.0	41.16	36.78	17.14	6.48	0.32	0.14	0.0	0.0
岔江—兴义	0.17	42.41	19.28	12.7	8.22	6.16	3.69	3.08	6.4
长坝—道真	0.01	1.67	14.12	11.63	9.29	6.76	4.28	2.76	49.49
大菜园—镇远	0.0	36.2	16.99	13.09	12.49	9.28	7.21	4.67	2.08
大渡口—水城	0.27	38.2	14.49	13.47	12.02	9.18	6.7	3.71	2.96
大田河—册亨	0.4	61.92	24.37	14.4	6.19	1.89	0.49	0.26	0.08
对江—大方	0.0	8.64	7.12	10.47	17.43	9.84	16.42	18.66	11.62
高车—关岭	0.04	10.76	7.01	8.2	8.6	8.38	9.4	9.08	38.63
构皮滩—余庆	0.0	23.03	19.66	18.64	16.72	12.86	7.09	2.68	0.46
黄猫村—平坝	0.0	0	12.66	10.37	6.11	1.81	0.11	0.0	69.96
雷公滩—罗甸	0.0	36.7	22.61	21.23	14.27	6.63	0.64	0.02	0.0
荔波站—荔波	0.0	44.42	24.3	18.46	10.39	2.21	0.21	0.0	0.0
龙里站—龙里	0.0	13.6	6.38	10.93	17.31	20.7	20.49	10.06	1.64
马岭河—兴义	0.02	3.41	12.36	10.3	9.84	8.23	8.33	6.68	40.93
麦翁—平坝	0.0	0.0	18.76	10.66	8.41	0.31	0.0	0.0	61.87
盘江桥—关岭	0.29	9.99	10.06	9.67	8.99	8.34	8.01	7	37.64
七星关—毕节	0.01	14.31	11.9	17.44	19.23	6.6	10.81	17.68	3.12
湾水—凯里	0.22	24.02	20.07	16.61	16.68	12.48	6.93	2.44	0.66
五家院子—道真	0.0	3.93	6.7	17.9	19.13	12.07	16.77	17.34	6.17
下司—麻江	0.0	24.68	18.69	18.61	17.7	13.26	6.16	1.46	0.66
下湾—贵定	0.0	14.96	7.18	8.61	14.86	21.01	16.02	7.71	9.76
新桥—安龙	0.0	38.86	16.97	13.67	10.04	7.86	7.86	2.93	1.91
阳长—纳雍	0.02	46.96	21.76	13.76	8.62	4.66	2.28	1.13	0.94
册亨站—册亨	0.0	38.09	22.62	22.21	10.64	6.66	0.89	0.09	0.0
岑巩—岑巩	0.0	26.1	29.41	23.66	14.33	6.23	0.27	0.0	0.0
二郎坝—习水	0.0	22.69	13.63	14.7	13.49	12.4	10.97	7.66	4.66
禾丰—开阳	0.0	36.47	21.08	19.64	16.28	7.03	0.6	0.0	0.0
旧州—黄平	0.0	30.66	22.66	18.34	14.89	10.18	3.36	0.06	0.0
茅台—仁怀	0.0	29.38	19.7	16.6	12.74	10.09	6.36	3.16	2.09
盘县站—盘县	0.0	63.69	30.24	9.2	6.16	0.73	0.3	0.78	0.0
平湖—平塘	0.0	21.04	32.64	26.69	16.17	4.86	0.78	0.02	0.0

续表

覆盖类型 样区	-1～0	0	0～0.1	0.1～0.2	0.2～0.3	0.3～0.4	0.4～0.5	0.5～0.6	0.6～1
	水体	裸地	弱植被覆盖	稀疏植被覆盖	低植被覆盖	中植被覆盖	中高植被覆盖	高植被覆盖	密集植被覆盖
沙坝—务川	0.0	23.66	29.87	26.13	6.78	9.66	3.93	1.11	0.0
松坎—桐梓	0.0	4.21	6.88	12.78	17.46	13.64	18.91	20.66	6.68
乌江渡—遵义	0.26	31.66	21.02	17.33	12.86	8.46	4.74	2.36	1.34
湘江—红花岗	0.11	33.16	16.94	14.66	13.67	12.26	7.34	1.89	0.08
修文站—修文	0.0	49.72	17.17	19.48	10.84	2.79	0.0	0.0	0.0
鸭池河—清镇	0.26	31.6	22.11	18	12.62	7.82	4.13	2.14	1.62
洪家渡—织金	0.63	27.13	13.16	14.66	14.63	11.64	8.76	6.62	3.99

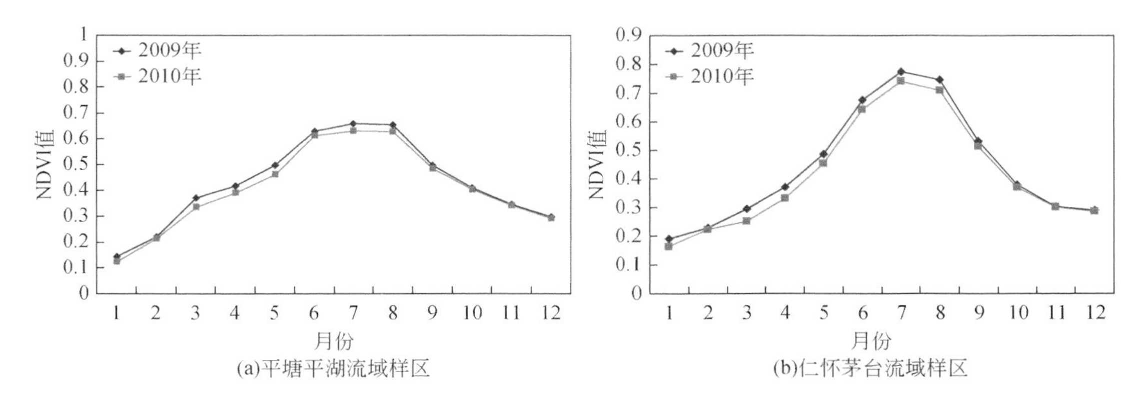

图 13-1　平塘平湖流域样区与仁怀茅台流域样区植被指数时间变化特征

13.1.2　流域植被分布特征

喀斯特流域深受喀斯特作用的影响，流域成土年轻、土层薄、肥力低，植被生长困难，流域植被主要以弱植被覆盖（占总面积的 23.27%）和稀疏植被覆盖（20.13%）分布为主，因此导致流域对降水的截流作用相对较弱。

（1）时间变化特征

图 13-1 反映了在不同月份流域植被指数（NDVI）的大小及其变化。$-1\leqslant NDVI\leqslant 1$，负值表示地面覆盖为云、水、雪等，0 表示有岩石或裸土等，正值表示有植被覆盖，且随覆盖度增大而增大。如图 13-1 所示，2009～2010 年贵州省平塘平湖流域与仁怀茅台流域的 NDVI 时间分布曲线，其时间变化特征基本一致，且呈单峰型分布。从图 13-1 可知，两种流域植被时间变化特征基本一。11～2 月气温最低，各种植被群落枝叶枯萎，NDVI 值也最低，整个流域处于稀疏植被覆盖或低植被覆盖状态；3～6 月气温逐渐回升，降水量也逐步增多，NDVI 值逐渐增大，流域多数处于中植被覆盖或中高植被覆盖状态；6～8 月

是一年中气温相对最高、降水相对最大的时期，因此 NDVI 也增大到最大值，即整个流域处于高植被覆盖或密集植被覆盖状态；9～11 月，由于气温逐渐降低、降水的减少，NDVI 值也逐步减小，流域处于中高植被覆盖或中植被覆盖状态。2009 年与 2010 年相比，2009 年流域植被覆盖度总体上大于 2010 年。

（2）空间分布特征

图 13-2 反映了 2010 年枯季流域植被指数（NDVI）的空间分布。由图 13-2 可知，在枯季，由于降水稀少，甚至数月无降水，流域植被基本处于枯萎状态，NDVI 值达到最小，致使贵州全省流域地表的岩石、土壤裸露，流域植被覆盖度处于最低状态，其中以弱植被覆盖分布为主，其次是稀疏植被覆盖，密集型植被覆盖最少；同时，受地形地貌的影响，在贵州省的不同地区，枯季流域植被覆盖程度差异很大，植被覆盖面积百分比相对最大的是黔东南地区，面积百分比为 74.4%，黔南地区的面积百分比为 74.26%，毕节地区的面积百分比为 70.13%，其次是遵义地区（68.17%）和安顺地区（60.31%），而流域植被覆盖面积百分比相对最小的是黔西南地区（66.6%）；即使是同一地区，不同植被覆盖面积差异也很大，如贵阳地区和黔东南地区，弱植被覆盖面积百分比为最大，密集植被覆盖面积百分比为最小，其差值达 20.86%，而安顺地区植被覆盖面积百分比相对最小，其差值也最小（3.04%）。

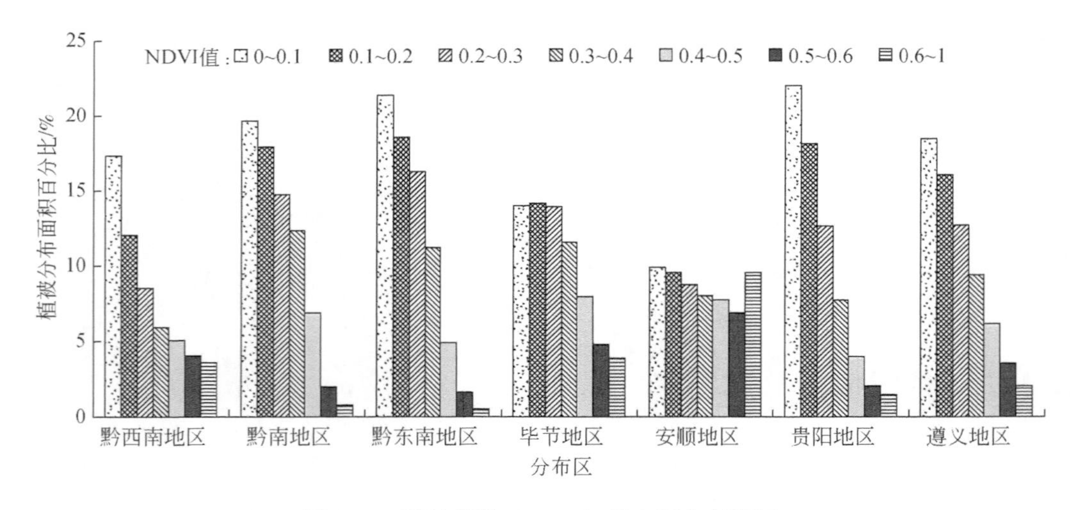

图 13-2　植被指数（NDVI）的空间分布特征

13.1.3　流域植被结构特征

从图 13-2 可知，无论是哪种植被分布区，都不存在单一的植被覆盖类型。因此，利用聚类分析法，以 NDVI 为分类指标，对流域植被覆盖结构进行分析，并按标刻距离等于 9，将流域植被覆盖划分为 5 类（图 13-3）。

Ⅰ（c3，c4，c6，c7，c8，c11，c13，c14，c20，c22，c24，c26，c26，c28，c29，c30，c31，c32，c36，c37，c38，c39，c40）：覆盖面积相对最大的是无植被，即岩石、裸

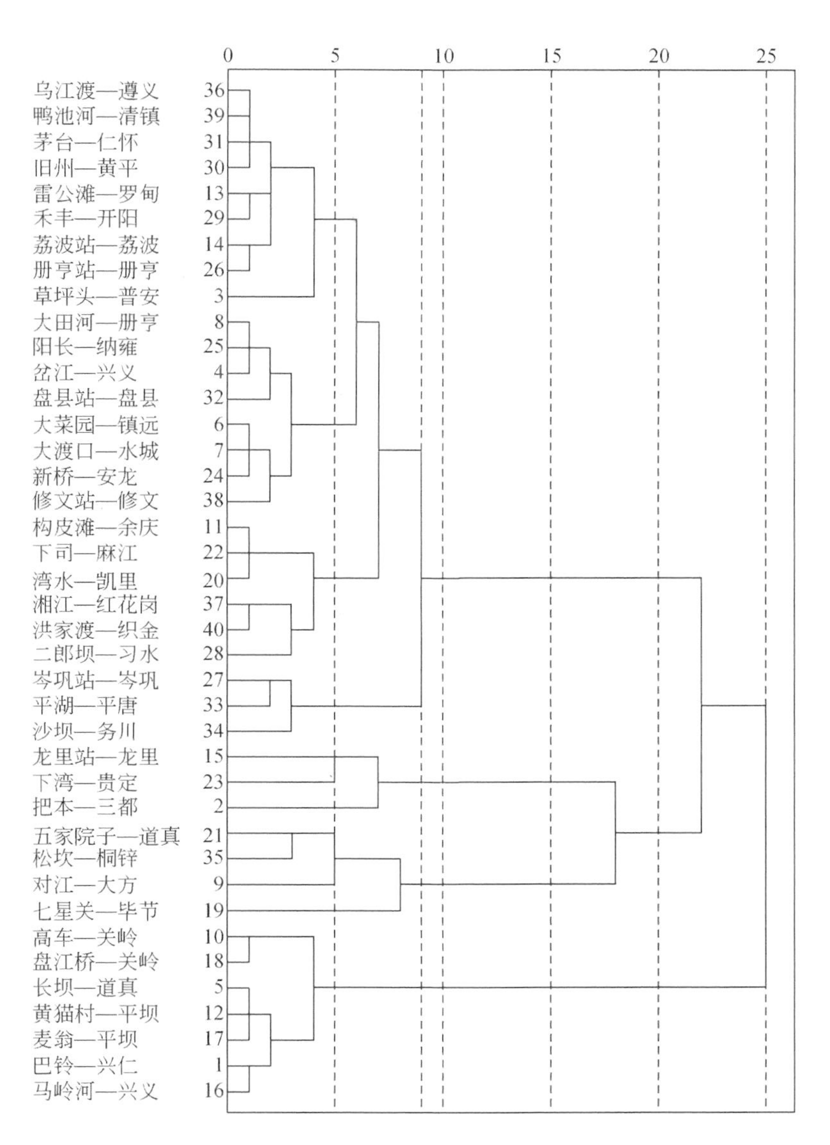

图 13-3 植被分布结构谱系图

土或其他，面积约占 36.1%；其次是弱植被覆盖，面积约占 16.36%；覆盖面积相对最小的是密集型植被覆盖（1.24%），将其暂称为无植被覆盖型流域。

Ⅱ（c27，c33，c34）：弱植被覆盖型面积约占 30.61%，其次是稀疏植被覆盖，面积约占 24.79%，而密集型植被覆盖最小（0），将其暂称为弱植被覆盖型流域。

Ⅲ（c2，c16，c23）：中植被覆盖面积最大（27.6%），其次是中高植被覆盖（21.17%），最小的是密集植被覆盖（3.8%），将其暂称为中植被覆盖型流域。

Ⅳ（c9，c19，c21，c36）：高植被覆盖面积最大，面积约占 18.66%；其次是低植被覆盖，面积约占 18.31%；植被覆盖面积最小的是密集型植被（6.6%），将其暂称为高植被覆盖型流域。

Ⅴ（c1，c6，c10，c12，c16，c17，c18）：密集植被覆盖面积最大，约占流域总面积的49.11%；其次是弱植被覆盖（12.16%）；无植被，即水体、湿地或其他，覆盖面积约占0.06%，将其暂称为密集植被覆盖型流域。

13.2 流域植被分布对径流的影响

流域是流域介质的载体，流域结构是流域介质空间耦合的综合表现。不同介质空间耦合表现出不同的流域结构特征，形成不同的流域功能，对流域径流驱动产生较大的差异。

13.2.1 植被因子组合驱动

(1) 时间变化

在流域水循环过程中，流域植被对大气降水具有截流作用，其截流量的多少直接影响着流域径流量的高低，但截流量与流域植被类型及其覆盖度紧密相关，因此流域植被覆盖对流域径流的影响不容低估。

图13-4反映了贵州仁怀茅台与平塘平湖流域样区径流系数，其中平塘平湖流域径流系数小于1，仁怀茅台流域径流系数大于1，说明平塘平湖是闭合流域，而仁怀茅台是非闭合流域。图13-6反映了2000～2010年（共132个月）的贵州平塘平湖流域植被覆盖（左上）与非植被覆盖（右上）、仁怀茅台流域植被覆盖（左下）与非植被覆盖（右下）对流域径流的滞后效应影响。从图13-5可知，流域植被或非植被对径流影响都存在一定的滞后性，且闭合流域滞后期长度为2期（2个月），非闭合流域滞后期长度为1期（1个月）；但是，流域植被覆盖对径流影响表现为正向滞后效应，而非植被覆盖则是负向滞后效应。

根据分布滞后模型原理，利用图13-1的数据探讨2000～2010年（共132个月）贵州仁怀茅台与平塘平湖流域植被覆盖、非植被覆盖对流域径流深的影响（表13-3）。从表13-3可知，针对闭合流域或是非闭合流域，虽然单独研究流域植被覆盖度变量及其滞后变量，或非植被覆盖度变量及其滞后变量对径流深影响，其影响效果都较为显著（$p=0.00$）；但基于从流域介质结构（因植被与非植被均为流域介质的重要组成要素）角度，本研究还是综合考虑流域植被覆盖与非植被覆盖对径流深的影响，其闭合流域的模型拟合指数$R^2=0.8$，显著性概率$p=0.00$，非闭合流域的模型拟合指数$R^2=0.83$、显著性概率$p=0.00$，说明无论是闭合流域或是非闭合流域，其流域介质因素对径流深影响都特别显著。因此，闭合流域与非闭合流域的流域介质因素对径流影响的分布滞后效应模型可分别表达为

$$y=362.85-1.99x_1+1.06x_1(-1)-0.31x_1(-2)-6.39x_2-1.05x_2(-1)+0.29x_2(-2) \tag{13-1}$$

$$y=-1031.65+5.53x_1+6.24x_1(-1)+3.41x_2+6.49x_2(-1) \tag{13-2}$$

式中，y表示为流域径流深（mm）；x_1表示为流域植被覆盖面积百分比变量，x_1（−1）表示为x_1的滞后1期变量，x_1（−2）表示为x_1的滞后2期变量；x_2表示为流域非植被覆盖面

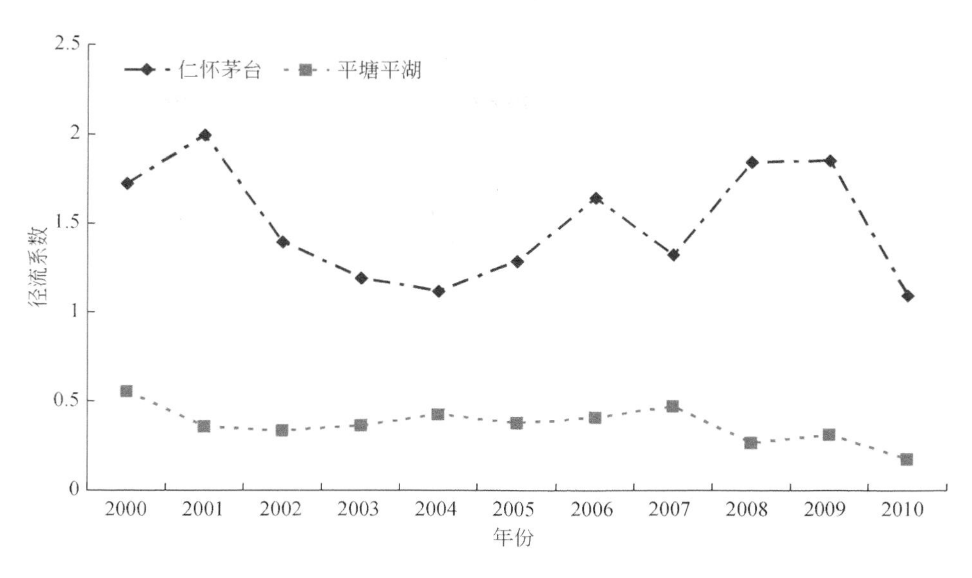

图 13-4　贵州仁怀茅台、平塘平湖流域样区径流系数

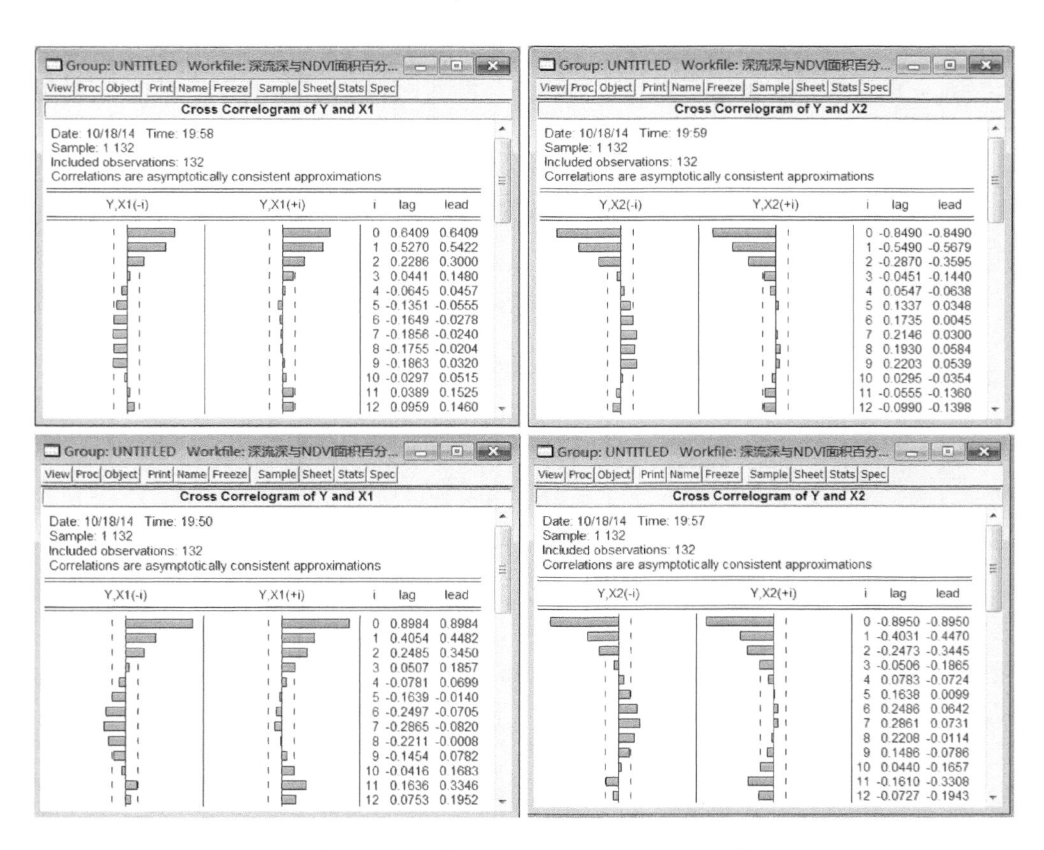

i	lag	lead
0	0.6409	0.6409
1	0.5270	0.5422
2	0.2286	0.3000
3	0.0441	0.1480
4	-0.0645	0.0457
5	-0.1351	-0.0555
6	-0.1649	-0.0278
7	-0.1856	-0.0240
8	-0.1755	-0.0204
9	-0.1863	0.0320
10	-0.0297	0.0515
11	0.0389	0.1525
12	0.0959	0.1460

i	lag	lead
0	-0.8490	-0.8490
1	-0.5490	-0.5679
2	-0.2870	-0.3595
3	-0.0451	-0.1440
4	0.0547	-0.0638
5	0.1337	0.0348
6	0.1735	0.0045
7	0.2146	0.0300
8	0.1930	0.0584
9	0.2203	0.0539
10	0.0295	-0.0354
11	-0.0555	-0.1360
12	-0.0990	-0.1398

i	lag	lead
0	0.8984	0.8984
1	0.4054	0.4482
2	0.2485	0.3450
3	0.0507	0.1857
4	-0.0781	0.0699
5	-0.1639	-0.0140
6	-0.2497	-0.0705
7	-0.2865	-0.0820
8	-0.2211	-0.0008
9	-0.1454	0.0782
10	-0.0416	0.1683
11	0.1636	0.3346
12	0.0753	0.1952

i	lag	lead
0	-0.8950	-0.8950
1	-0.4031	-0.4470
2	-0.2473	-0.3445
3	-0.0506	-0.1865
4	0.0783	-0.0724
5	0.1638	0.0099
6	0.2486	0.0642
7	0.2861	0.0731
8	0.2208	-0.0114
9	0.1486	-0.0786
10	0.0440	-0.1657
11	-0.1610	-0.3308
12	-0.0727	-0.1943

图 13-5　流域植被覆盖（左）或非植被覆盖（右）对径流的滞后效应（系统界面）

积百分比变量，x_2（−1）表示为x_2的滞后1期变量，x_2（−2）表示为x_2的滞后2期变量。

表 13-3　分布滞后模型系数

模型		b_0	x_1	x_1（−1）	x_1（−2）	x_2	x_2（−1）	x_2（−2）	R^2	F	p
闭合流域	1	−297.21	3.22	2.4	−0.49				0.46	36.12	0.00
	2	246.96				−4.96	−1.66	0.46	0.77	138.11	0.00
	3	362.86	−1.99	1.06	−0.31	−6.39	−1.06	0.29	0.8	83.62	0.00
非闭合流域	1	−41.46	2.08	−0.27					0.81	277.69	0.00
	2	138.44				−2.07	0.27		0.81	268.29	0.00
	3	−1031.66	6.63	6.24		3.41	6.49		0.83	164.36	0.00

（2）空间变化

图13-6反映了流域植被分布结构及其植被覆盖因子对枯季径流深的贡献率。由图13-6可知：①流域植被覆盖因子组合的不同，导致不同植被分布结构对径流深贡献率正负的差异，其中第Ⅰ、第Ⅱ结构类型表现为负的贡献，第Ⅲ、第Ⅳ、第Ⅴ结构类型表现为正的贡献。②流域植被分布结构对径流深正负驱动，与流域植被指数（NDVI）紧密相关，即当NDVI≥0.3时，流域植被分布结构对径流深影响表现为正的驱动；当NDVI<0.3时，流域植被分布结构、非植被分布结构对径流深影响表现为负的驱动。③无论是植被覆盖，或是非植被覆盖对径流深影响驱动，与其植被覆盖面积百分比紧密相关，即植被覆盖面积百分比越大，对径流深正（负）驱动越大，反之，越小。例如第Ⅰ结构类型流域，岩石和裸土等面积百分比占36.1%，其对径流深的贡献率为−77.01%，而密集型植被覆盖面积百分比占1.24%，其对径流深的贡献率为0.63%。

13.2.2　流域植被覆盖因素驱动

植被是流域系统最重要的内部因素，植被的垂直分层和水平分布对大气降水具有截流作用。主要表现为：①流域高大的乔木、低矮的灌木及草甸等，对大气降水分层截流，削弱雨滴对流域地表的冲击势能，保持了地表入渗通道的连通性，增强大气降水的入渗率；分层树叶对降水的分层“托附”，延长了雨滴的滞留时间，有利于地表的入渗补给。②植被在流域地表的水平分布，加大流域地表的粗糙度，削减大气降水的地表侧向流速，增加大气降水的地表入渗量。流域植被覆盖具有保护地表、调节气候的作用。例如，对于无植被覆盖的裸露型流域，其流域比热容相对较小，有植被覆盖的覆盖型流域，其流域比热容相对较大，且处于相同纬度带的不同流域将获取相同的太阳辐射能，根据热力学定律可判断，裸露型流域的温度变化将大于覆盖型流域，即在吸收相同热量条件下，覆盖型流域气温较裸露型流域低，大气饱和温度也相对较低，导致大气相对湿度较高，大气水汽易于凝结、降雨，调节气候，有利于流域径流补给。无植被覆盖的裸露型流域，长期直接受太阳

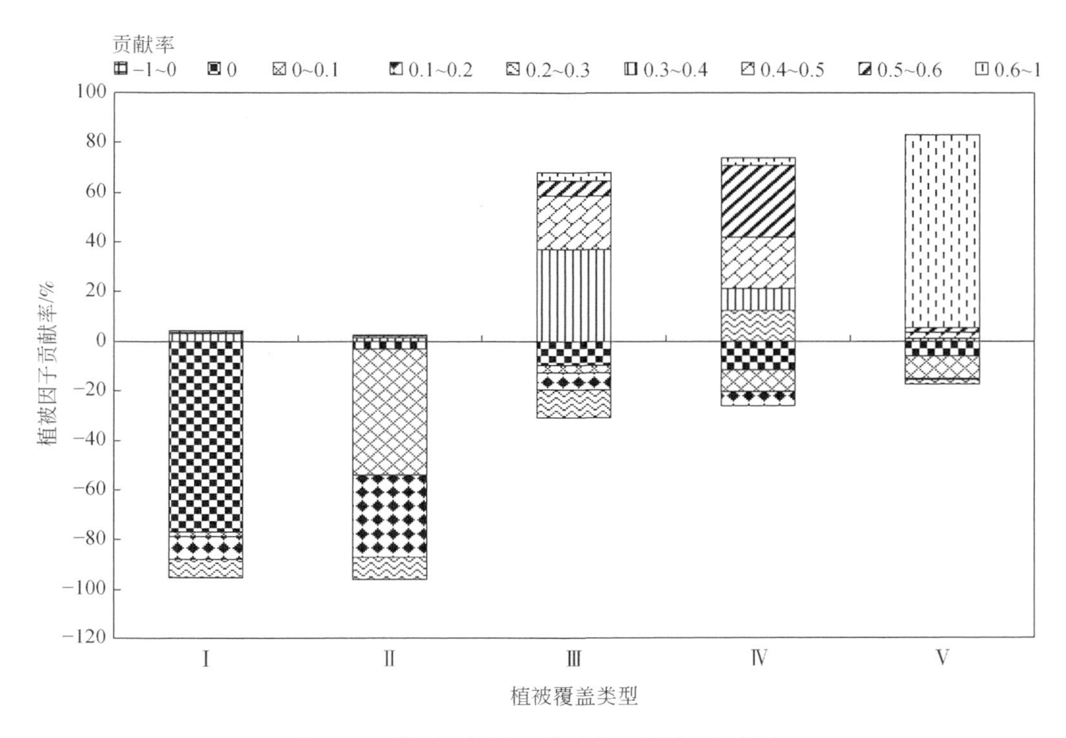

图 13-6　降雨与植被覆盖因素（因子）贡献率

辐射、暴晒，流域地表易于风化、疏松，在降雨或暴雨的作用，流域易于发生泥石流、滑坡等山洪灾害，对流域地表将造成严重的破坏，进一步影响流域径流补给。因此，流域植被覆盖对径流补给起到非常重要的作用，尤其是在整个流域系统对枯季径流的驱动就显得特别显著（$p=0.0$），对枯季径流深的贡献率将达到最大（46.43%）。

13.3　植被分布结构对水文干旱驱动机制

13.3.1　流域植被覆盖类型对水文干旱驱动机制

图 13-7 反映了 NDVI 的植被覆盖类型及其主成分与 RDSI 的关联度，其值大小是反映流域植被覆盖对水文干旱的影响程度，即关联度值越大，流域植被覆盖对水文干旱影响越显著，反之，则影响越小。从图 13-7 左可知：①从植被覆盖类型上看，植被覆盖类型的 NDVI 与 RDSI 的关联度值较大，且值在 0.4 ~0.9 波动，说明植被覆盖对流域径流调节作用已产生了显著影响，从而影响流域储水能力，促进或延缓流域水文干旱发生；②流域中的水体分布（NDVI：-1 ~0）与 RDSI 关联度值较小，即对水文干旱影响较小，可能是在枯水季节，由于流域水体面积分布小、水量少，对水文干旱影响也较小；③从植被分布结构上看，弱植被覆盖（NDVI：0 ~0.1）与 RDSI 关联度差值最大，其差值为0.36，而低植

被覆盖（NDVI：0.2～0.3）差值最小，是因为弱植被覆盖类型在不同植被分布结构类型中的面积分布百分比相差最大（26.42%），而低植被覆盖类型的面积分布相差最小（10.36%）的缘故，即说明了不但植被覆盖面积对水文干旱存在影响，其面积分布差异对水文干旱也存在较大的影响；但当NDVI>0.4时，不同植被覆盖类型NDVI与RDSI关联度差值较小，说明植被覆盖类型差异（NDVI>0.4）对水文干旱影响差异不显著。

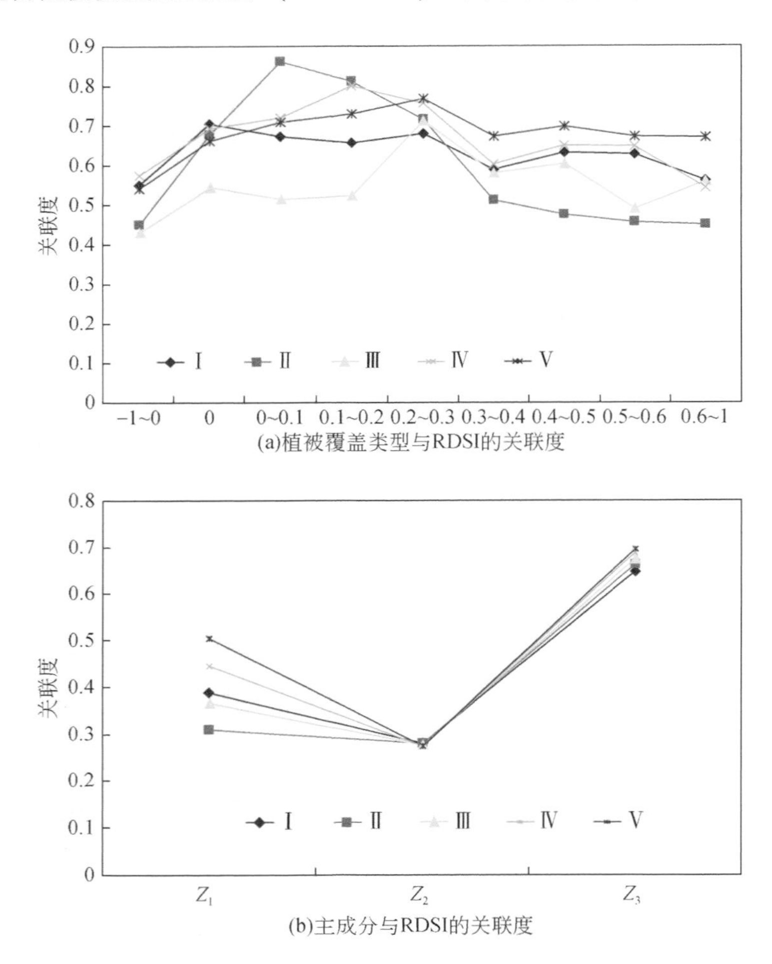

图13-7　植被覆盖类型及其主成分与RDSI的关联度

13.3.2　流域植被覆盖类型主成分因素对水文干旱驱动机制

表13-4反映了流域植被覆盖类型方差，且提取的特征值大于1的3个主成分因素，共代表了原始信息量的81.668%；表13-5反映了3个主成分因素的得分矩阵，其值大小说明原始因素与主成分因素的相关性，或表示原始因素在主成分因素中的贡献，其值越大，说明原始因素对主成分因素影响或贡献越大。

表 13-4　方差分析表

因素	初始特征值			提取载荷平方和		
	总和	方差百分比	累积百分比	总和	方差百分比	累积百分比
1	4.116	46.736	46.736	4.116	46.736	46.736
2	2.098	23.312	69.046	2.098	23.312	69.046
3	1.127	12.622	81.668	1.127	12.622	81.668
4	0.721	8.014	89.682			
5	0.693	6.690	96.173			
6	0.211	2.346	98.619			
7	0.116	1.283	99.801			
8	0.018	0.199	100.000			
9	0.000	0.000	100.000			

表 13-5　主成分得分矩阵

	因素		
	1	2	3
水体	-0.027	0.003	0.803
裸地	-0.186	0.166	0.287
弱植被覆盖	-0.223	0.076	-0.127
稀疏植被覆盖	-0.142	0.279	-0.304
低植被覆盖	0.129	0.347	-0.126
中植被覆盖	0.179	0.186	0.096
中高植被覆盖	0.226	0.127	0.080
高植被覆盖	0.186	0.033	-0.039
密集植被覆盖	0.068	-0.440	-0.140

图 13-7b 表示植被覆盖类型主成分 Z 与 RDSI 的关联度。从图可知：①总体上看，3 个主成分因素（Z）与 RDSI 的关联度值从大到小排序是：$Z_3>Z_1>Z_2$，说明第三主成分因素（Z_3）对水文干旱影响最大，其次是第一主成分（Z_1），对水文干旱影响相对最小的是第二主成分因素（Z_2）；②3 个主成分因素（Z）的不同植被覆盖类型与 RDSI 的关联度，Z_1与 RDSI 的关联度差值最大，其次是 Z_3，关联度差值相对最小的是 Z_2，即是 $Z_1>Z_3>Z_2$，说明 Z_1的不同植被覆盖类型对水文干旱影响差异最大，其次是 Z_3，对水文干旱影响差异最小的是 Z_2。

13.3.3　流域植被分布结构对水文干旱驱动机制

图 13-8 可知：①6 种植被分布结构的 NDVI 与 RDSI 的关联度均大于 0.6，说明了流域

植被分布的 6 种结构对水文干旱均产生显著影响；②第Ⅴ类植被分布结构对水文干旱影响最大，其关联度值为 0.68，其次是第Ⅳ类分布结构（0.67），则对水文干旱影响相对最小的是第Ⅲ类植被分布结构（0.66）；③总体上看，对水文干旱影响从大到小排序为：Ⅴ、Ⅳ>Ⅰ、Ⅱ>Ⅲ，即密集植被、高植被分布结构>无植被、弱植被分布结构>中植被分布结构，这可能是密集植被、高植被分布结构对水文干旱表现为正影响，即正影响越大，水文干旱程度越轻，无植被、弱植被分布结构对水文干旱表现为负影响，即负影响越大，水文干旱程度越严重，而中植被分布结构对水文干旱为过渡型影响，即表现为对水文干旱影响不显著。

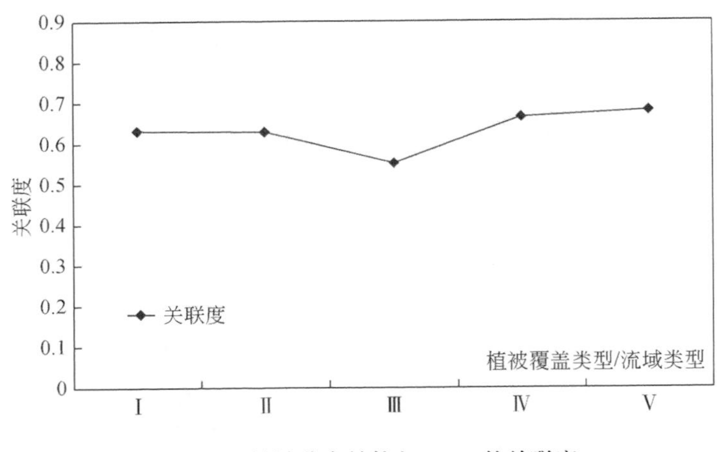

图 13-8　植被分布结构与 RDSI 的关联度

13.4　植被分布结构对水文干旱驱动机制模型

表 13-6 表示植被分布结构的水文干旱驱动机制模型系数，其系数大小反映自变量（Z）对因素变量（RDSI）的影响程度。从表可知：①从主成分因素表上看，植被覆盖类型的主成分因素（Z）对水文干旱（RDSI）影响特别显著，且显著性概率 $p<0.06$，其中第一主成分（Z_1）对水文干旱影响为正，第二、第三主成分因素（Z_2、Z_3）对水文干旱影响为负，说明 Z_1 比例越大，水文干旱程度越轻，反之，Z_2、Z_3 比例越大，水文干旱越严重；②从植被分布结构上看，无植被覆盖型的流域（Ⅰ）对水文干旱影响为负，其余植被覆盖型的流域对水文干旱影响均为正，且显著性概率 $p<0.06$，说明流域植被分布对水文干旱影响特别显著，且随着植被覆盖率的增加，植被分布结构对水文干旱影响越显著水文干旱程度越轻；③从模型拟合效果上看，其模型拟合指数 $R^2=0.89$、$F=36.36$，且 $p=0.0$，说明流域植被分布结构对水文干旱影响特别显著，且可以用线性模型进行拟合，其模型表达式为：

$$
\begin{aligned}
&y=-0.818+0.014Z_1-0.028Z_2-0.019Z_3+\cdots+0.496D_4+0.843D_5\\
&\vdots\\
&D_5=\begin{cases}1,\text{第 5 植被分布结构}\\0,\text{其他}\end{cases}
\end{aligned}
\tag{13-3}
$$

式中，y 表示水文干旱指数 RDSI，即是因变量；Z 表示植被覆盖主成分因素，即是自变量；D 表示植被分布结构因素，即是虚拟变量。

表 13-6　模型系数表

变量	系数	t 值	显著性	R	R^2	F	显著性
C	-0.818	-8.968	0.000	0.84	0.89	36.36	0.00
Z_1	0.014	2.834	0.008				
Z_2	-0.028	-3.899	0.000				
Z_3	-0.019	-2.411	0.022				
D_1	-0.392	6.142	0.000				
D_2	0.692	3.033	0.006				
D_3	0.461	2.237	0.032				
D_4	0.496	2.691	0.011				
D_6	0.843	4.039	0.000				

第14章 中国南方喀斯特流域土壤系统结构及水文干旱机制

水文干旱是气象干旱和农业干旱的延续和发展，是最终、最彻底的干旱。水文干旱一旦发生，通常表现为河流径流量（径流深）减小、河流断流，地下水位下降，有时也将其狭义地理解为径流干旱。枯水期径流量来源主要是汛期末滞留于流域内的蓄水量和枯水期降水量，且前者占相当大的比例，而汛期末流域蓄水量主要是由汛期径流量和流域介质决定的。已有研究表明，水文干旱与流域下垫面因素紧密相关，如当降水量相同时下垫面因素不同其产流相差很大。土壤是流域下垫面重要组成因素，对流域水文干旱影响起到重要的作用。土壤因素包括土壤类型、土层覆盖度、土壤颗粒组成、土壤孔隙度及土壤结构等，都会影响产流量的大小，如砂性土壤质地粗、孔隙大、渗透能力强，在相同降水条件下地表产流则小，反之，黏性土壤，渗透能力弱产流则多。总之，下垫面因素不同将直接影响径流的数量，从而导致不同程度的水文干旱。例如，土壤分选差、颗粒大，土壤颗粒间空隙大（即土壤空间大），土壤颗粒对大气降水的吸附能力弱、土壤持水量少，表现出土壤储水空间少，流域储水能力弱。土壤储水空间是指能吸附、容纳大气降水的土壤颗粒空间。土壤储水空间是流域储水的最小单元或场所，是流域储水能力的综合体现。因此，从土壤储水空间的角度去研究流域储水能力，能更好地反映流域储水规律、揭示流域水文干旱的成因机理。因此，本章根据地物光谱特征，构建土壤相对覆盖度指数（SRC）、土壤相对粗糙度指数（SRR）、土壤水体指数（SWBI）、土壤相对湿度指数（SRH），利用面向对象分类技术，提取相应的遥感信息；利用数学方法，分析土壤因素不同因子的空间耦合关系，建立土壤耦合因素（或因子）与径流深的拟合模型，研究不同土壤因素耦合下的喀斯特流域水文干旱成因机理。

14.1 数据与方法

14.1.1 研究数据

水文数据是根据贵州省水文水资源局及贵州省水文总站整编的水文资源，选其中都处于相同气候带的40个流域水文断面观测的水文数据，时间从2001年1月~2010年12月，流域面积一般以中小流域为主，目的是保证流域下垫面的条件能尽可能相同或相近，计算研究样区的最小月平均径流深、并进行极差标准化处理。

14.1.2 研究方法

14.1.2.1 遥感信息处理与提取

遥感数据选用 TM 影像，成像时间为 2001 年 1 月 ~ 2010 年 12 月，选用研究样区最枯月平均径流深所对应月份的遥感数据，并对遥感数据进行处理，提取水文断面控制流域研究样区遥感数据。

（1）土壤类型信息提取

以 1 : 60 万贵州省土壤类型分布图为基础，首先进行相关的几何校正和投影校正、提取研究样区；其次利用面向对象提取技术，针对不同研究样区、提取土壤类型信息；然后统计土壤类型的面积、计算面积百分比，并进行极差标准化处理。

（2）土壤相对覆盖度信息提取

首先，利用刘培君提出的“光学植被覆盖度”概念和构建的裸土光谱信息模型，提取喀斯特裸土信息；

$$R_4=\frac{0.6969\mathrm{TM}_2+0.5228\mathrm{TM}_3-0.2237\mathrm{TM}_4+18.76}{1.089-0.00579\mathrm{TM}_4+0.003308\mathrm{TM}_2+0.002482\mathrm{TM}_3}-42.05 \tag{14-1}$$

式中，R_4为裸土壤在 TM_4波段的平均光谱反射率，下同；TM_2，TM_3，TM_4分别是 LandSat TM 影像的绿光波段、红光波段、近红外波段；下同。

其次，构建裸土相对覆盖度（soil relative coverage，SRC）公式（14-2），根据喀斯特地区实际土壤覆盖情况，划分土壤相对覆盖度等级，即水体、土壤相对覆盖度 1（<10%）、土壤相对覆盖度 2（10%~26%）、土壤相对覆盖度 3（26%~60%）、土壤相对覆盖度 4（60%~80%）、土壤相对覆盖度 6（>80%）；利用面向对象分类技术，提取土壤相对覆盖度遥感信息。

$$\mathrm{SRC}=\frac{R_{4,i}-R_{4,\min}}{R_{4,\max}-R_{4,\min}}\times 100\% \tag{14-2}$$

式中，$R_{4,i}$表示第 i 象元的裸土在 TM_4波段的平均光谱反射率；$R_{4,\min}$表示裸土在 TM_4波段的平均光谱反射率最小值；$R_{4,\max}$表示裸土在 TM_4波段的平均光谱反射率最大值；SRC 表示土壤相对覆盖度，值越大，土壤相对覆盖度越高。

最后，统计土壤相对覆盖度的面积，计算面积百分比，并进行极差标准化处理。

（3）土壤相对粗糙度信息提取

利用刘培君构建的裸土光谱信息模型，首先提取喀斯特裸土的光谱信息，利用公式（14-3），去除水体对裸土光谱信息的影响，然后构建土壤粗糙度指数（SRI），即公式（14-4）。

$$S=R_4-\mathrm{TM}_5 \tag{14-3}$$

$$\mathrm{SRI}=\sqrt{\frac{1}{n-1}\sum_{i=1}^{n}(S_i-\bar{S})^2} \tag{14-4}$$

式中，S 为去除水体影响的裸土壤在 TM_4波段的平均光谱反射率；TM_5 是 LandSat TM 影像的短波红外波段；S_i表示第 i 象元的裸土在 TM_4波段的平均光谱反射率；$\bar{S}$ 表示裸土在 TM_4 波段的平均光谱反射率均值；SRI 表示土壤粗糙度指数，值越大，土壤粗糙度越大。

其次，构建土壤相对粗糙度（SRR），即公式（14-5）。根据喀斯特地区实际土壤颗粒粒径大小的情况，划分土壤相对粗糙度等级，即极细粒（<6%）、细粒（6%~10%）、中粒（10%~30%）、粗粒（30%~60%）、极粗粒（>60%）。利用公式（14-5）提取土壤相对粗糙度遥感信息。

$$\mathrm{SRR}=\frac{\mathrm{SRI}_i-\mathrm{SRI}_{\min}}{\mathrm{SRI}_{\max}-\mathrm{SRI}_{\min}}\times 100\% \tag{14-5}$$

式中，SRI_i表示第 i 象元的土壤粗糙度值；$\mathrm{SRI}_{\min}$表示土壤粗糙度最小值；$\mathrm{SRI}_{\max}$表示土壤粗糙度最大值；SRR 表示土壤相对粗糙度。值越大，土壤粒径越大、土壤颗粒越粗。

最后，统计土壤相对粗糙度面积，计算面积百分比，并进行极差标准化处理。

（4）土壤相对湿度信息提取

首先，对研究样区遥感数据进行光谱辐射亮度及表观反射率进行处理；然后构建土壤水体指数（SWBI）：

$$\mathrm{SWBI}=\frac{\mathrm{TM}_4}{\mathrm{TM}_1+\mathrm{TM}_2+\mathrm{TM}_3+\mathrm{TM}_4} \tag{14-6}$$

式中，TM_1，TM_2，TM_3，TM_4分别是 LandSat TM 影像的蓝光波段、绿光波段、红光波段、近红外波段；SWBI 表示土壤水体指数，值越小，土壤持水量越高。

其次，构建土壤相对湿度（SRH），见公式（14-7）。根据喀斯特土壤实际含水情况，划分土壤相对湿度等级：重旱<10%、中旱为 10%~26%、轻旱为 26%~60%、湿润为60%~70%、潮湿为 70%~86%、过度潮湿>86%；利用公式（14-7）提取土壤相对湿度遥感信息。

$$\mathrm{SRH}=\left(1-\frac{\mathrm{SWBI}}{\mathrm{SWBI}_{\max}-\mathrm{SWBI}_{\min}}\right)\times 100\% \tag{14-7}$$

式中，SRH 表示土壤相对湿度指数，值越小，土壤含水量越低，流域越干旱。

最后，统计土壤相对湿度面积，计算面积百分比，并进行极差标准化处理。

14.1.2.2 土壤因素耦合分析

土壤因子耦合成土壤因素，土壤因素耦合成土壤系统，不同土壤系统具有不同土壤系统结构，不同土壤系统结构表现不同土壤系统功能。因此，水文干旱分析即是水文干旱发生的因素耦合分析。

（1）因素耦合的向量表达

假设流域介质是由 m 种因素组合，即 X_1，X_2，…，X_m；而每种因素包含 n 个因子，即 x_1，x_2，…，x_n，则可表达为

$$\begin{bmatrix} X_1 & X_2 & \cdots & X_m \\ x_{11} & x_{12} & \cdots & x_{1m} \\ \vdots & \vdots & & \vdots \\ x_{n1} & x_{n2} & \cdots & x_{nm} \end{bmatrix} \tag{14-8}$$

假设每种因素可看成一个向量，即

$$\begin{cases}\alpha_1 = X_1(x_{11}, x_{21}, \cdots, x_{n1}) \\ \alpha_2 = X_2(x_{12}, x_{22}, \cdots, x_{n2}) \\ \qquad \vdots \\ \alpha_m = X_m(x_{1m}, x_{2m}, \cdots, x_{nm})\end{cases} \tag{14-9}$$

(2) 因素耦合向量的正交化处理

设 α_1，α_2，…，α_m 是向量空间 V 的一个基。先将向量组正交化：

令

$$\beta_1 = \alpha_1, \beta_2 = \alpha_2 + \lambda\beta_1 \tag{14-10}$$

选取 λ 使 $(\beta_1, \beta_2) = 0$，即 $\lambda = -\frac{(\beta_1, \alpha_2)}{(\beta_1, \beta_1)}$，于是 $\beta_2 = \alpha_2 - \frac{(\beta_1, \alpha_2)}{(\beta_1, \beta_1)}\beta_1$；

再令

$$\beta_3 = \alpha_3 + k_1\beta_1 + k_2\beta_2 \tag{14-11}$$

并选取 k_1，k_2，使 $(\beta_1, \beta_3) = 0$，$(\beta_2, \beta_3) = 0$，由此得到两个方程

$$\begin{cases}(\beta_1, \alpha_3) + k_1(\beta_1, \beta_1) + k_2(\beta_1, \beta_2) = 0 \\ (\beta_2, \alpha_3) + k_1(\beta_2, \beta_1) + k_2(\beta_2, \beta_2) = 0\end{cases}$$

解出：

$$k_1 = -\frac{(\beta_1, \alpha_3)}{(\beta_1, \beta_1)}, \quad k_2 = -\frac{(\beta_2, \alpha_3)}{(\beta_2, \beta_2)}$$

代入（14-11），则得

$$\beta_3 = \alpha_3 - \frac{(\beta_1, \alpha_3)}{(\beta_1, \beta_1)}\beta_1 - \frac{(\beta_2, \beta_3)}{(\beta_2, \beta_2)}\beta_2$$

继续求下去，最后得

$$\beta_m = \alpha_m - \frac{(\beta_1, \alpha_m)}{(\beta_1, \beta_1)}\beta_1 - \frac{(\beta_2, \beta_m)}{(\beta_2, \beta_2)}\beta_2 - \cdots - \frac{(\beta_{m-1}, \beta_m)}{(\beta_{m-1}, \beta_{m-1})}\beta_{m-1} \tag{14-12}$$

于是得到一组正交向量组 β_1，β_2，…，β_m。

(3) 求两正交向量的向量积

根据两向量的向量积“运算法则”，分别计算 $\beta_1 \times \beta_2$，$\beta_1 \times \beta_3$，…，$\beta_1 \times \beta_m$；$\beta_2 \times \beta_3$，$\beta_2 \times \beta_4$，…，$\beta_2 \times \beta_m$；…，$\beta_{m-1} \times \beta_m$，即表示两正交向量的耦合，生成新的向量。对原始向量进行正交化处理，目的是消除两向量间的相互影响，减小两向量间的相关性。

14.2 土壤系统结构对水文干旱驱动机制

14.2.1 土壤单因素单因子对水文干旱驱动

(1) 土壤类型单因子分析

土壤类型是流域储水空间类型的度量。不同土壤类型，其土壤的成分、土壤颗粒、土壤结构不同，则土壤储水空间类型不同，流域储水能力差异很大，流域水文干旱程度差异明显。表 14-1 是土壤类型单因子与径流深的模型拟合，其中红壤、黄壤、石灰土、水稻

土与径流深的模型拟合效果特别显著，且显著性概率 p 均小于0.01，说明红壤、黄壤、石灰土、水稻土对流域水文干旱影响特别显著，且对水文干旱影响可用线性模型拟合，拟合指数分别是 $R^2_{红壤}=0.216$、$R^2_{黄壤}=0.299$、$R^2_{石灰土}=0.207$、$R^2_{水稻土}=0.367$；其余土壤类型对径流深影响不明显，或其余土壤类型对流域水文干旱影响不存在线性模型拟合。总体上说，不同土壤类型，其土壤结构、土壤储水空间差异很大，表现流域储水能力对径流深影响显著，从而影响流域水文干旱发生及其分布。

表 14-1　土壤类型单因子与径流深拟合模型

因子	R	R^2	模型	F	Sig.	因子	R	R^2	模型	F	Sig.
①：红壤	0.464	0.216	$W_{RD}=0.021+0.359S$	10.426	0.003	⑥：石灰土	0.466	0.207	$W_{RD}=-0.052+0.285S$	9.942	0.003
②：黄壤	0.647	0.299	$W_{RD}=-0.132+0.358S$	16.22	0.00	⑦：石质土	0.001	0	$W_{RD}=0.045+0.001S$	0	0.996
③：黄棕壤	0.174	0.03	$W_{RD}=0.063-0.116S$	1.183	0.284	⑧：粗骨土	0.087	0.008	$W_{RD}=0.051-0.06S$	0.293	0.692
④：棕壤	0.047	0.002	$W_{RD}=0.046-0.048S$	0.086	0.772	⑨：水稻土	0.698	0.367	$W_{RD}=-0.029+0.334S$	21.141	0.00
⑤：紫色泥土	0.16	0.023	$W_{RD}=0.058-0.101S$	0.88	0.364						

注：W_{RD}表示径流深，即极差标准化值，下同；$S_{红壤}$表示红壤遥感信息，即面积百分比极差标准化值，其他意义相同

（2）土壤相对覆盖度单因子分析

土壤覆盖度是流域储水空间多少的度量。土壤覆盖度越高，土壤空间越多、能储水的土壤空间就越多（即土壤储水空间越多），流域储水能力越强，流域对径流深影响越显著。表14-2说明，当土壤相对覆盖度大于60%时，土壤相对覆盖度与径流深的模型拟合效果特别显著（$p=0.00$），且随着土壤相对覆盖度的增大，土壤覆盖度对径流深影响越显著，说明高覆盖度土壤对流域水文干旱影响特别显著；反之，当土壤相对覆盖度小于26%时，土壤相对覆盖度与径流深的模型拟合效果不明显或不存在线性拟合关系，说明低覆盖度土壤对水文干旱影响不可用线性模型加以拟合。同时，流域内其他类型水体，对径流深影响特别显著（$p=0.00$），且对流域水文干旱影响存在很强的线性关系。

表 14-2　土壤相对覆盖度单因子与径流深拟合模型

因子	R	R^2	模型	F	Sig.
①：水体	0.660	0.314	$W_{RD}=-0.025+0.296S$	17.391	0.000
②：土壤相对覆盖度1	0.1630	0.027	$W_{RD}=0.061-0.078S_1$	1.038	0.316
③：土壤相对覆盖度2	0.267	0.066	$W_{RD}=0.86-0.151S_{度2}$	2.681	0.110
④：土壤相对覆盖度3	0.132	0.017	$W_{RD}=0.019+0.066S_3$	0.673	0.417
⑤：土壤相对覆盖度4	0.679	0.336	$W_{RD}=-0.031+313S_4$	19.186	0.000
⑥：土壤相对覆盖度6	0.766	0.670	$W_{RD}=-0.019+0.503S_5$	60.276	0.000

（3）土壤相对粗糙度单因子分析

土壤粗糙度是流域储水空间大小的度量。土壤粗糙度越小（大），土壤颗粒越细（粗），土壤储水空间越小（大），土壤颗粒对大气降水的吸附能力越强（弱），土壤持水

量越多（少），流域储水能力越强（弱）；极细粒、细粒和粗粒土壤与径流深的关系最显著（p=0.00）（表 14-3），说明极细粒、细粒和粗粒土壤对水文干旱影响存在很强的线性相关，且能用线性模型加以拟合，模型拟合指数分别是 $R^2_{极细粒}=0.937$、$R^2_{细粒}=0.392$、$R^2_{粗粒}=0.239$；中粒、极粗粒土壤与径流深关系不显著，说明中粒、极粗粒土壤对流域水文干旱影响不明显或不存在线性拟合关系。

表 14-3　土壤相对粗糙度单因子与径流深拟合模型

因子	R	R^2	模型	F	Sig.	因子	R	R^2	模型	F	Sig.
①：极细粒	0.968	0.937	$W_{RD}=0.017+0.981S$	666.361	0.00	④：粗粒	0.489	0.239	$W_{RD}=0.301-0.341S$	11.96	0.001
②：细粒	0.626	0.392	$W_{RD}=-0.009+0.464S$	24.621	0.00	⑤：极粗粒	0.163	0.027	$W_{RD}=0.066-0.100S$	1.041	0.314
③：中粒	0.00	0.00	$W_{RD}=0.045+0.00007S$	0.00	0.99						

（4）土壤相对湿度单因子分析

土壤湿度是流域储水能力的度量，也是流域蓄水量的体现。土壤湿度越大（小）、土壤持水量越多（少），流域蓄水量越多（少），表现出流域储水能力越强（弱）。潮湿、过度潮湿土壤及其他类型水体对径流深影响特别显著（p=0.00）（表 14-4），说明随着土壤持水量增加，土壤湿度与径流深存在很强的线性相关性，土壤湿度对流域水文干旱影响可用线性模型加以拟合，且拟合指数分别是 $R^2_{潮湿}=0.423$、$R^2_{过度潮湿}=0.683$、$R^2_{水体}=0.312$；随着土壤持水量减少，土壤湿度对径流深影响不明显，或土壤湿度对流域水文干旱影响不存在线性关系。

表 14-4　土壤相对湿度单因子与径流深拟合模型

因子	R	R^2	模型	F	Sig.	因子	R	R^2	模型	F	Sig.
①：水体	0.668	0.312	$W_{RD}=-0.024+0.293S$	17.197	0.00	⑤：湿润	0.140	0.02	$W_{RD}=0.69-0.06S$	0.764	0.388
②：重旱	0.161	0.230	$W_{RD}=0.059-127S$	0.890	0.361	⑥：潮湿	0.660	0.423	$W_{RD}=-0.006+0.356S$	27.846	0.000
③：中旱	0.126	0.016	$W_{RD}=0.054-0.083S$	0.612	0.439	⑦：过度潮湿	0.827	0.683	$W_{RD}=-0.019+0.684S$	81.967	0.000
④：轻旱	0.148	0.022	$W_{RD}=0.021+0.065S$	0.864	0.361						

14.2.2　土壤单因素双因子耦合对水文干旱驱动

（1）土壤类型双因子耦合分析

土壤类型双因子耦合是土壤类型双因子在二维空间上的正交耦合，即土壤储水空间类型（方式）的耦合。从上述单因子分析可知，红壤、黄壤、石灰土、水稻土与径流深的模型拟合效果特别显著，因此，红壤、黄壤、石灰土、水稻土分别依次与其后土壤类型在二维空间正交耦合生成新的土壤类型因子，继承了原单因子的性质，其新生因子与径流径的模型拟合效果特别显著（p=0.00），且 $0.207\leqslant R^2\leqslant 0.299$，$9.942\leqslant F\leqslant 16.222$（表 14-5），说明耦合生成新因子对流域水文干旱影响也特别显著，且可用线性模型加以拟合；黄棕壤、棕壤、紫色泥土、石质土、粗骨土分别依次与其后土壤类型在二维空间正交耦合生成新的土壤类型因子，与径流深的模型拟合不显著，且 $0 \leqslant R^2 \leqslant 0.03$，$0 \leqslant F \leqslant 1.183$，说明耦合生成新的因子对流域水文干旱影响不显著，或不存在线性相关关系。另外，双因子在二维空间正交耦合不满足交换律，如黄壤×棕壤≠棕壤×黄壤。

表 14-5　土壤类型双因子耦合与径流深拟合模型

因子	R	R^2	模型	F	Sig.	因子	R	R^2	模型	F	Sig.
12	0.464	0.216	$W_{RD}=0.021+0.726S_{12}$	10.426	0.003	37	0.174	0.030	$W_{RD}=0.063-2.234S_{37}$	1.183	0.284
13	0.464	0.216	$W_{RD}=0.021+2.336S_{13}$	10.424	0.003	38	0.174	0.030	$W_{RD}=0.063-1.189S_{38}$	1.183	0.284
14	0.464	0.216	$W_{RD}=0.021+13.843S_{14}$	10.426	0.003	39	0.174	0.030	$W_{RD}=0.063-0.522S_{39}$	1.183	0.284
15	0.464	0.216	$W_{RD}=0.021+2.764S_{15}$	10.426	0.003	45	0.047	0.002	$W_{RD}=0.046-0.368S_{45}$	0.086	0.772
16	0.464	0.216	$W_{RD}=0.021+1.057S_{16}$	10.426	0.003	46	0.047	0.002	$W_{RD}=0.046-0.141S_{46}$	0.086	0.772
17	0.464	0.216	$W_{RD}=0.021+6.931S_{17}$	10.426	0.003	47	0.047	0.002	$W_{RD}=0.046-0.924S_{47}$	0.086	0.772
18	0.464	0.216	$W_{RD}=0.021+3.688S_{18}$	10.426	0.003	48	0.047	0.002	$W_{RD}=0.046-0.491S_{48}$	0.086	0.772
19	0.464	0.216	$W_{RD}=0.021+1.619S_{19}$	10.424	0.003	49	0.047	0.002	$W_{RD}=0.046-0.216S_{49}$	0.086	0.772
23	0.647	0.299	$W_{RD}=-0.132+2.331S_{23}$	16.22	0.00	56	0.16	0.023	$W_{RD}=0.058-0.298S_{56}$	0.88	0.364
24	0.647	0.299	$W_{RD}=-0.132+13.815S_{24}$	10.426	0.00	57	0.16	0.023	$W_{RD}=0.058-1.956S_{57}$	0.88	0.364
25	0.647	0.299	$W_{RD}=-0.132+2.759S_{25}$	16.22	0.00	58	0.16	0.023	$W_{RD}=0.058-1.041S_{58}$	0.88	0.364
26	0.647	0.299	$W_{RD}=-0.132+1.055S_{26}$	16.219	0.00	59	0.16	0.023	$W_{RD}=0.058-0.457S_{59}$	0.88	0.364
27	0.647	0.299	$W_{RD}=-0.132+6.917S_{27}$	16.22	0.00	67	0.466	0.207	$W_{RD}=-0.052+5.504S_{67}$	9.942	0.003
28	0.647	0.299	$W_{RD}=-0.132+3.681S_{28}$	16.222	0.00	68	0.466	0.207	$W_{RD}=-0.052+2.929S_{68}$	9.942	0.003
29	0.647	0.299	$W_{RD}=-0.132+1.615S_{29}$	16.219	0.00	69	0.466	0.207	$W_{RD}=-0.052+1.285S_{69}$	9.942	0.003
34	0.174	0.030	$W_{RD}=0.063-4.463S_{34}$	1.183	0.284	78	0.001	0.00	$W_{RD}=0.045+0.008S_{78}$	0.00	0.996
35	0.174	0.030	$W_{RD}=0.063-0.891S_{35}$	1.183	0.284	79	0.001	0.00	$W_{RD}=0.045+0.003S_{79}$	0.00	0.996
36	0.174	0.030	$W_{RD}=0.063-0.341S_{36}$	1.183	0.284	89	0.087	0.008	$W_{RD}=0.051-0.27S_{89}$	0.293	0.692

注：12=①×②，表示红壤因子与黄壤因子的交，即是红壤因子向量与黄壤因子向量的向量积；其他意义相同

（2）土壤相对覆盖度双因子耦合分析

土壤相对覆盖度双因子耦合即是流域储水空间在二维空间上的正交耦合。表现为储水空间多（少）的高（低）覆盖度土壤间的耦合，生成更多（少）储水空间的土壤，其新生因子与径流深的模型拟合效果特别显著，对水文干旱影响也特别显著、且可用线性模型量化；同理，水体、土壤相对覆盖度 4、土壤相对覆盖度 6 分别依次与其后土壤相对覆盖度在二维空间正交耦合生成新的土壤相对覆盖度因子，与径流深的模型拟合效果特别显著（$p=0.00$）（表 14-6），且 $0.314 \leqslant R^2 \leqslant 0.336$，$16.161 \leqslant F \leqslant 17.391$，说明耦合生成新因子对流域水文干旱影响特别显著，且可用线性模型拟合。储水空间多（少）的高（低）覆盖度土壤与储水空间少（多）的低（高）覆盖度土壤间的耦合，生成储水空间趋于综合，耦合生成新的储水空间对流域储水能力影响也趋于综合、对水文干旱影响不存在线性相关

关系；土壤相对覆盖度 1、土壤相对覆盖度 2、土壤相对覆盖度 3 分别依次与其后土壤相对覆盖度在二维空间正交耦合生成新的土壤相对覆盖度因子，与径流深模型拟合效果不显著，说明耦合生成新因子对流域水文干旱影响不显著，且线性模型拟合不存在。

表 14-6 土壤相对覆盖度双因子耦合与径流深拟合模型

因子	R	R^2	模型	F	Sig.	因子	R	R^2	模型	F	Sig.
12	0.66	0.314	$W_{RD}=-0.025+1.475S_{12}$	17.391	0.00	26	0.172	0.029	$W_{RD}=0.065-0.653S_{26}$	1.062	0.310
13	0.66	0.314	$W_{RD}=-0.025+1.103S_{13}$	17.391	0.00	34	0.236	0.066	$W_{RD}=0.079-0.356S_{34}$	2.189	0.147
14	0.66	0.314	$W_{RD}=-0.025+0.757S_{14}$	17.391	0.00	35	0.226	0.061	$W_{RD}=0.077-0.556S_{35}$	1.94	0.172
15	0.66	0.314	$W_{RD}=-0.025+1.2235S_{15}$	17.391	0.00	36	0.226	0.061	$W_{RD}=0.077-1.058S_{36}$	1.94	0.172
16	0.66	0.314	$W_{RD}=-0.025+2.325S_{16}$	17.391	0.00	45	0.132	0.017	$W_{RD}=0.019+271S_{45}$	0.673	0.417
23	0.168	0.028	$W_{RD}=0.063-0.303S_{23}$	1.061	0.312	46	0.12	0.014	$W_{RD}=0.022-0.49S_{46}$	0.629	0.472
24	0.168	0.028	$W_{RD}=0.063-0.208S_{24}$	1.061	0.312	56	0.679	0.336	$W_{RD}=-0.042+2.611S_{56}$	16.161	0.00
25	0.168	0.028	$W_{RD}=0.063-0.335S_{25}$	1.061	0.312						

注：12=①×②，表示水体因子与土壤相对覆盖度 1 的交，即水体因子向量与土壤相对覆盖度 1 向量的向量积；其他意义相同

(3) 土壤相对粗糙度双因子耦合分析

土壤粗糙度双因子耦合即是土壤储水空间在二维空间上的正交耦合。大（小）储水空间土壤耦合，生成更大（小）的土壤储水空间耦合因子，其耦合因子对流域水文过程产生显著影响；极细粒、细粒、粗粒土壤分别依次与其后土壤粗糙度在二维空间正交耦合生成新的土壤粗糙度因子，与径流深模型拟合效果特别显著（$p=0.00$）（表 14-7），且 $0.239\leqslant R^2\leqslant 0.937$，$11.96\leqslant F\leqslant 661.743$，说明耦合生成新的土壤粗糙度因子对流域水文干旱影响特别显著，且可用线性模型加以拟合。大（小）储水空间土壤与小（大）储水空间土壤的耦合，其耦合因子的储水空间趋于综合，对流域水文过程影响趋于综合，其耦合因子储水空间对水文干旱影响不显著；中粒、极粗粒土壤分别依次与其后土壤粗糙度在二维空间正交耦合生成新的土壤粗糙度因子，对流域水文干旱影响不显著，或不存在线性相关模型（$R^2=0$，$F=0$）。

表 14-7 土壤相对粗糙度双因子耦合与径流深拟合模型

因子	R	R^2	模型	F	Sig.	因子	R	R^2	模型	F	Sig.
12	0.968	0.937	$W_{RD}=0.018+8.441S_{12}$	622.122	0.00	24	0.626	0.392	$W_{RD}=-0.009+0.617S_{24}$	24.621	0.00
13	0.968	0.937	$W_{RD}=0.017+2.509S_{13}$	661.743	0.00	25	0.626	0.392	$W_{RD}=-0.009+2.19S_{25}$	24.621	0.00
14	0.968	0.937	$W_{RD}=0.017+1.304S_{14}$	661.742	0.00	34	0.00	0.00	$W_{RD}=0.045+0.0000918S_{34}$	0.00	0.99
15	0.968	0.937	$W_{RD}=0.018+4.622S_{15}$	622.121	0.00	35	0.00	0.00	$W_{RD}=0.045+0S_{35}$	0.00	0.99
23	0.626	0.392	$W_{RD}=-0.009+1.188S_{23}$	24.621	0.00	46	0.489	0.239	$W_{RD}=0.301-1.607S_{46}$	11.96	0.001

注：12=①×②，表示极细粒因子与细粒因子的交，即是极细粒因子向量与细粒因子向量的向量积；其他意义相同

(4) 土壤相对湿度双因子耦合分析

土壤相对湿度双因子耦合即是流域土壤蓄水量在二维空间上的正交耦合。高（低）湿度土壤耦合，生成更高（低）湿度土壤耦合因子，对流域储水能力产生特别显著影响，对流域水文干旱影响特别显著；高（低）湿度与低（高）湿度土壤耦合，生成新的土壤耦合因子，其土壤湿度趋于综合，对水文干旱影响不显著。同理，水体、潮湿、过度潮湿土壤分别依次与其后土壤湿度在二维空间正交耦合生成新的土壤湿度因子，与径流深模型拟合效果特别显著（p=0.00）（表 14-8），且 $0.312 \leqslant R^2 \leqslant 0.419$，$11.092 \leqslant F \leqslant 24.496$，说明耦合生成新的土壤湿度因子对流域水文干旱影响特别显著，且可用线性模型加以拟合；重旱、中旱、轻旱、湿润土壤分别依次与其后土壤湿度在二维空间正交耦合生成新的土壤湿度因子，与径流深模型拟合效果不显著，说明耦合生成新的土壤湿度因子与流域水文干旱不存在线性拟合模型。

表 14-8 土壤相对湿度双因子耦合与径流深拟合模型

因子	R	R^2	模型	F	Sig.	因子	R	R^2	模型	F	Sig.
12	0.668	0.312	$W_{RD}=-0.024+2.777S_{12}$	17.196	0.00	34	0.126	0.016	$W_{RD}=0.054-0.222S_{34}$	0.612	0.439
13	0.668	0.312	$W_{RD}=-0.024+2.644S_{13}$	17.197	0.00	35	0.126	0.016	$W_{RD}=0.054-0.205S_{35}$	0.612	0.439
14	0.668	0.312	$W_{RD}=-0.024+0.786S_{14}$	17.197	0.00	36	0.292	0.086	$W_{RD}=0.015-0.144S_{36}$	3.269	0.079
15	0.668	0.312	$W_{RD}=-0.024+0.726S_{15}$	17.197	0.00	37	0.496	0.246	$W_{RD}=0.012-0.168S_{37}$	11.092	0.072
16	0.668	0.312	$W_{RD}=-0.024+2.024S_{16}$	17.196	0.00	45	0.148	0.022	$W_{RD}=0.021+0.16S_{45}$	0.861	0.362
17	0.668	0.312	$W_{RD}=-0.024+3.116S_{17}$	17.197	0.00	46	0.148	0.022	$W_{RD}=0.021+0.446S_{46}$	0.861	0.362
23	0.128	0.016	$W_{RD}=0.05-0.967S_{23}$	0.662	0.468	47	0.148	0.022	$W_{RD}=0.021+0.687S_{47}$	0.861	0.362
24	0.161	0.023	$W_{RD}=0.059-0.342S_{24}$	0.89	0.361	56	0.146	0.021	$W_{RD}=0.072-0.433S_{56}$	0.802	0.376
25	0.161	0.023	$W_{RD}=0.059-0.315S_{25}$	0.89	0.361	57	0.166	0.024	$W_{RD}=0.076-0.723S_{57}$	0.891	0.362
26	0.126	0.016	$W_{RD}=0.049-0.728S_{26}$	0.666	0.467	67	0.647	0.419	$W_{RD}=-0.008+3.8S_{67}$	24.496	0.00
27	0.128	0.016	$W_{RD}=0.05-1.139S_{27}$	0.662	0.468						

注：12=①×②，表示水体因子与重旱因子的交，即是水体因子向量与重旱因子向量的向量积；其他意义相同

14.2.3 土壤单因素及双因素耦合对水文干旱驱动

(1) 土壤单因素分析

因素是由全因子在高维空间按一定的方式耦合而成，因素性质是全因子性质的综合、因素作用是通过全因子对水文过程作用的综合体现，因素储水空间是全因子储水空间的耦合。因此，土壤类型因素、土壤相对覆盖度因素、土壤相对粗糙度因素以及土壤相对湿度因素对水文干旱影响即是因素储水空间对水文过程的响应，流域储水能力大小即是四因素储水空间的表现；土壤相对粗糙度越大（小）、流域储水空间越少（多），土壤相对覆盖度越高（低）、流域储水空间越多（少），土壤相对湿度越大（小）、流域储水量越多（少），土壤类型越多（少）、流域储水空间类型越多（少）。如表 14-9 所示，土壤四因素

与径流深模型拟合效果特别显著（$p=0.00$），且 $0.216 \leqslant R^2 \leqslant 0.937$，$10.424 \leqslant F \leqslant 664.747$，说明土壤四因素对流域水文干旱影响特别显著，且可用线性模型加以拟合。其土壤四因素对流域水文干旱影响从大到小排序：土壤相对粗糙度（$R=0.968$）>土壤相对覆盖度（$R=0.56$）>土壤相对湿度（$R=0.558$）>土壤类型（$R=0.464$）；土壤四因素对流域储水能力影响的综合体现，可概括为："流域能否储水、流域水储哪里、流域储了多少水、流域用什么储水"。

表 14-9 土壤单因素与径流深拟合模型

因素	R	R^2	模型	F	Sig.
①：土壤类型	0.464	0.216	$W_{RD}=0.021+0.368S$	10.424	0.003
②：土壤相对覆盖度	0.560	0.314	$W_{RD}=-0.025+0.457S$	17.389	0.000
③：土壤相对粗糙度	0.968	0.937	$W_{RD}=0.019+136.003S_{粗糙度}$	664.747	0.000
④：土壤相对湿度	0.558	0.312	$W_{RD}=-0.024+1.218S$	17.196	0.000

（2）土壤多因素耦合分析

多因素耦合即是流域不同储水空间的耦合。耦合又可分为储水空间性质的耦合、储水空间数量的耦合、储水空间形状的耦合三种类型。如土壤粗糙度与土壤湿度耦合即是土壤储水空间大小与土壤储水量多少的耦合，表现为土壤粗糙度越小（大）、土壤湿度越大（小），因此，它们的耦合，其耦合因素与径流深模型拟合效果特别显著，对流域储水能力起到重要的作用，对水文干旱影响可用线性模型量化。土壤相对覆盖度与土壤相对湿度耦合即是土壤储水空间多少与土壤储水量多少的耦合，一方面表现为储水空间多（少）的高（低）覆盖度土壤与储水量多（少）的高（低）湿度土壤间的耦合，使流域储水能力强的增强、弱的减弱，其耦合因素与径流深模型拟合效果显著，对水文干旱影响存在特别显著的线性相关关系；另一方面表现为储水空间多（少）的高（低）覆盖度土壤与储水量少（多）的低（高）湿度土壤间的耦合，使流域储水能力强的减弱、弱的略增强或弱的减弱，对水文干旱影响趋于综合。同理，无论是双因素耦合，还是三因素、四因素耦合，如是强—强耦合、弱—弱耦合，将增强（或减弱）流域储水能力，对水文干旱影响特别显著；如是强—弱耦合、弱—强耦合，将使流域储水能力强减弱、弱的略增强或弱的减弱，对流域水文干旱影响趋于综合。

因此，从表 14-10 可知，无论是双因素耦合，还是三因素、四因素耦合，其耦合因素与径流深模型拟合效果都特别显著（$p=0.00$），且 $0.208 \leqslant R^2 \leqslant 0.940$，$6.733 \leqslant F \leqslant 694.011$，说明多因素耦合生成新的因素对流域水文干旱影响特别显著，且可用线性模型加以拟合。从双因素耦合看，模型拟合效果最好的是土壤相对粗糙度与土壤相对湿度耦合，其模型拟合指数高达 0.94、模型复相关系数高达 0.969；其次，土壤相对覆盖度与土壤相对湿度耦合，其模型拟合指数为 0.313、模型复相关系数为 0.66；再次，土壤类型与土壤相对覆盖度、土壤类型与土壤相对湿度耦合，而模型拟合效果相对较弱的是土壤类型与土壤相对粗糙度耦合，其模型拟合指数为 0.131、模型复相关系数为 0.362。从三因素耦合看，土壤类型、土壤相对覆盖度及土壤相对湿度耦合，其耦合因素与径流深模型拟合效果最显著，即模型拟合指数高达0.461、模型复相关系数高达0.672；第二是土壤相对覆盖度、土壤相对粗糙度、土壤相对湿度耦合，土壤类型、土壤相对粗糙度、土壤相对湿度耦合；第三是土壤类型、土壤相对覆盖度、土壤相对粗糙度耦合，其模型拟合指数为0.208、模型复相关系数为0.466。四因素耦合，其拟合模型效果也特别显著，其模型拟合指数为0.216、模型复相关系数为0.464。

表14-10　土壤双因素、三因素、四因素耦合与径流深模型

因子	R	R^2	模型	F	Sig.	因子	R	R^2	模型	F	Sig.
12	0.464	0.216	$W_{RD}=0.021+2.411S_{12}$	10.431	0.003	123	0.466	0.208	$W_{RD}=0.022+114.95S_{123}$	9.961	0.003
13	0.362	0.131	$W_{RD}=0.03+1526.11S_{13}$	6.733	0.022	124	0.672	0.461	$W_{RD}=0.021+4861.1651S_{124}$	31.262	0.00
14	0.464	0.216	$W_{RD}=0.021+6.451S_{14}$	10.439	0.003	134	0.633	0.284	$W_{RD}=0.21+3191.926S_{134}$	16.086	0.00
23	0.441	0.196	$W_{RD}=0.008+1665.71S_{23}$	9.176	0.004	234	0.660	0.314	$W_{RD}=-0.025+0.388S_{234}$	17.389	0.00
24	0.66	0.313	$W_{RD}=-0.025+7.997S_{24}$	17.346	0.00	1234	0.464	0.216	$W_{RD}=0.021+2.163S_{1234}$	10.428	0.003
34	0.969	0.940	$W_{RD}=0.021+2448.338S_{34}$	694.011	0.00						

注：123=①×②×③，表示土壤类型因素向量与土壤相对覆盖度因素向量的向量积，再与土壤相对粗糙度因素向量的向量积；其他意义相同

14.3　本章小结

已有研究表明，枯水期径流量主要来源汛期末滞留于流域内的蓄水量和枯水期降水量，且前者占相当大的比例，而汛期末流域蓄水量主要是由汛期径流量和流域介质决定的。流域土壤是流域下垫面介质的重要组成要素，土壤储水空间是流域土壤结构的反映，是流域储水的最小单元或场所，是流域储水能力的综合体现，而流域储水能力是流域水文干旱发生与否的重要性因素。通过本章分析，土壤因素对流域水文干旱的影响总结如下。

1）土壤储水空间是流域储水能力的综合体现，且深受土壤类型、土壤覆盖度、土壤粗糙度、土壤湿度影响，表现为：①土壤类型是流域储水空间类型的度量，不同土壤类型，土壤储水空间差异明显，对流域水文干旱影响模型拟合显著性差异很大。②土壤覆盖度是流域储水空间多少的度量，当土壤相对覆盖度大于60%时，土壤覆盖度对流域水文干旱影响特别显著；反之，当土壤相对覆盖度小于26%时，土壤覆盖度对流域水文干旱影响不明显或不存在线性拟合关系。③土壤粗糙度是流域储水空间大小的度量，极细粒、细粒和粗粒土壤对水文干旱影响存在很强的线性相关，且能用线性模型拟合，中粒、极粗粒土壤对流域水文干旱影响不明显或不存在线性拟合关系。④土壤湿度是流域储水能力的度量，也是流域蓄水量的体现。

2）对流域水文干旱影响显著的土壤单因素单因子，分别依次与其后土壤因子在二维空间正交耦合生成新的土壤因子，对流域水文干旱影响特别显著，且可用线性模型拟合；反之，对流域水文干旱影响不显著的土壤单因素单因子，分别依次与其后土壤因子在二维空间正交耦合生成新的土壤因子，对流域水文干旱影响不存在线性拟合模型。同时，双因子在二维空间正交耦合不满足交换律，如黄壤×棕壤≠棕壤×黄壤。

3）土壤四因素对流域水文干旱影响从大到小排序：土壤相对粗糙度（$R=0.968$）>土壤相对覆盖度（$R=0.56$）>土壤相对湿度（$R=0.558$）>土壤类型（$R=0.464$）。土壤四因素对流域储水能力影响的综合体现，可概括为“流域能否储水、流域水储哪里、流域储了多少水、流域用什么储水”。

4）无论是双因素耦合，还是三因素、四因素耦合，其耦合因素与径流深模型拟合效果都特别显著（$p=0.00$），且 $0.208\leqslant R^2\leqslant 0.940$，$6.733\leqslant F\leqslant 694.011$，说明多因素耦合生成新的土壤因素对流域水文干旱影响特别显著，且可用线性模型拟合。

第 15 章　中国南方喀斯特流域岩性组合结构及水文干旱机制

水文干旱已成为全球气候变化背景下典型的自然现象，是气象干旱和农业干旱的延续和发展，是最终、最彻底的干旱。人们常说“十干九旱”，但针对特殊的、脆弱的喀斯特生态环境，干旱则不能简单归因于“气候异常、降水量减少”，更重要的是流域下垫面储水介质的储水能力。流域下垫面介质主要表现为岩性、地貌、土壤、植被等诸方面。而岩性作为非常重要的流域介质因素之一，其作用表现在：第一，岩性不同，流域地貌类型的发育则不同，将导致不同的地表及地下径流特征，影响流域的储水能力；第二，岩性不同，抗风化能力则不同，形成的风化壳厚度也不同，从而生成不同的土壤结构和植被类型，影响降水的下渗及径流，导致不同的流域储水能力；第三，岩性不同，其力学性质则不同，其基岩裂隙的发育程度和规模就不同，喀斯特流域将表现出不同的排水通道、形成不同的流域储水空间，影响流域储水能力。因此，本章将以中国南方喀斯特流域为研究区，应用标准化降水指数（SPI）对研究区域进行水文干旱识别与量化，研究中国南方喀斯特流域水文干旱特征及驱动机制，以推动喀斯特水文地貌学的发展。

15.1　数据与方法

15.1.1　研究数据

（1）水文数据

水文干旱通常表现为地表/地下河径流量减少或断流，湖泊、水库水位下降的现象，因此本章选用研究区 66 个（贵州 26 个、广西 19 个、云南 11 个）水文站点 1970 ~ 2013 年逐月径流量均值数据进行研究，数据来自水利部整编的水文资料，并对水文数据进行三性分析（可靠性、一致性和代表性）；针对连续缺损 3 个月以上径流数据的年份直接移除，3 个月及以下的年份采用三次样条函数内插法对数据进行插补。考虑流域面积影响，对数据进行了标准化处理。

（2）岩性数据

首先，考虑到地质岩性的形成及其演变是个漫长的地质过程，因此，2001 ~ 2010 年内的地质岩性类型及其结构基本不变。首先，选用 2006 年最小月平均径流量所对应月份的 TM 影像为基准（时间：2006 年 1 ~ 12 月），并对遥感影像进行预处理，提取 66 个水文断面控制遥感影像研究样区；其次，对 1 : 60 万贵州省综合地质图进行几何校正和投影校正，提取流域研究样区，与 TM 影像融合处理；再次，以贵州省综合地质图为基础，利用面向对象分类技术提取流域岩性类型遥感信息；最后，统计流域岩性类型的面积，并计算面积百分比。

15.1.2 研究方法

(1) 水文干旱识别

根据水文干旱定义及喀斯特流域特征，本章引用标准化降水指数（SPI）来描述喀斯特流域水文干旱特征。标准化降水指数（SPI）可表达如下：

$$\mathrm{SPI}_{i,k}=-\left(t-\frac{c_0+c_1t+c_2t^2}{1+d_1t+d_2t^2+d_3t^3}\right),\text{当 }0<H_{i,k}(x)\leqslant 0.5 \tag{15-1}$$

$$\mathrm{SPI}_{i,k}=\left(t-\frac{c_0+c_1t+c_2t^2}{1+d_1t+d_2t^2+d_3t^3}\right),\text{当 }0.5<H_{i,k}(x)\leqslant 1.0 \tag{15-2}$$

其中，

$$t=\sqrt{\ln\left(\frac{1}{(H_{i,k}(X)^2)}\right)},\text{当 }0<H_{i,k}(x)\leqslant 0.5$$

$$t=\sqrt{\ln\left(\frac{1}{1.0-(H_{i,k}(X)^2)}\right)},\text{当 }0.5<H_{i,k}(x)\leqslant 1.0$$

$$c_0=2.616617,c_1=0.802863,c_2=0.010328,d_1=1.432788,d_2=0.189269,d_3=0.001308$$

$$H_{i,k}(x)=q_{i,k}+(1-q_{i,k})F_{i,k}(x) \tag{15-3}$$

q 为降水为 0 的概率，$F_{i,k}(x)$ 伽玛分布累积概率。

$$F_{i,k}(x)=\int_0^x f(x_{i,j})dx_{i,j} \tag{15-4}$$

$$f(x_{i,j})=\frac{1}{\beta_{i,k}^{\gamma_{i,k}}\Gamma(\gamma_{i,k})}x_{i,j}^{\gamma_{i,k}-1}e^{-\frac{x_{i,j}}{\beta_{i,k}}},\text{for}>0 \tag{15-5}$$

$\gamma_{i,k}$，$\beta_{i,k}$分别为形状和尺度参数，$\Gamma(\gamma_{i,k})$ 为伽玛函数。

$$\gamma_{i,k}=\frac{1}{4A_{i,k}}\left(1+\sqrt{1+\frac{4A_{i,k}}{3}}\right);\beta_{i,k}=\frac{\bar{x}_{i,j}}{\gamma_{i,k}}$$

$$A_{i,k}=\ln(\bar{x}_{i,j})-\frac{\sum\ln(x_{i,j})}{N_{i,k}}$$

$$X_{i,j}=\sum_{j=1}^{3k}Q_{i,j};i=1,2,\cdots,j=1,2,\cdots,k=1,2,3,4 \tag{15-6}$$

式中，$Q_{i,j}$表示第 i 水文年第 j 月的累积径流量；$X_{i,j}$表示第 i 个水文年第 k 个参考期的累积径流量；$k=1$ 表示 10 ~ 12 月，$k=2$ 表示 10 ~ 3 月，$k=3$ 表示 10 ~ 6 月，$k=4$ 表示 10 ~ 9 月。

SPI 为正值，表示为湿润，SPI 为负值，表示为干旱，且绝对值越大，水文干旱程度越严重。根据 SPI 指标，水文干旱可划分为五个等级：1.0≤SPI≤3.0 为非干旱，−0.99≤SPI≤0.99 为轻度干旱，−1.49≤SPI≤−1.0 为中度干旱，−1.99≤SPI≤−1.6 为重度干旱，−3.0≤SPI≤−2.0 为极端干旱（表 15-1）。

表 15-1　基于 SPI 的干旱类型及响应概率

干旱等级	干旱类型	SPI 值	累积概率
1	无旱/正常	1.0～3.0	0.8413～0.9986
2	轻度干旱	-0.99～0.99	0.1687～0.8413
3	中度干旱	-1.49～-1.0	0.0668～0.1687
4	严重干旱	-1.99～-1.6	0.0228～0.0668
6	极端干旱	-3.0～-2.0	0.0014～0.0228

(2) 水文干旱机制分析

根据概率论贝叶斯公式的定义：如果事件组 B_1，B_2，…，B_n 满足 $B_i \cap B_j = \Phi$ $(i \neq j)$（Φ 为不可能事件）且 $P(\bigcup_{i=1}^{n}) = 1$，$P(B_i) > 0$，$(i=1, 2, \cdots, n)$，则对于任意 A（$P(A) > 0$），有

$$P(B_k \mid A) = \frac{P(B_k)P(A \mid B_k)}{\sum_{k=1}^{c} P(B_k)P(A \mid B_k)} \tag{15-7}$$

式中，$P(B_k)$ 为试验前的假设概率；$P(B_k \mid A)$ 为试验后的假设概率。本章令研究区岩性类型信息矩阵为 $X = (x_{ij})_{m \times n}$，水文干旱等级矩阵为 $Y = (y_i)_{m \times 1}$，其中 x_{ij} 表示水文干旱第 i 等级、第 j 类岩性的面积百分比，y_i 表示水文干旱第 i 等级的面积百分比，$i=1, 2, \cdots, m$；$j=1, 2, \cdots, n$。

设 B_i 表示水文干旱 y_i 受第 j 类岩性 x_{ij} 影响的事件，则水文干旱发生的不确定性可由条件概率 $P(y_i \mid x_{ij})$ 来描述，即表示在第 j 类岩性条件下所发生的水文干旱第 i 等级概率。则条件概率 $P(y_i \mid x_{ij})$ 表达为

$$P(y_i \mid x_{ij}) = \frac{P(y_i)P(x_{ij} \mid y_i)}{\sum_{i=1}^{5} P(y_i)P(x_{ij} \mid y_i)} \tag{15-8}$$

在一个最大似然分类中，如果 $P(B_i \mid x_{ij}) > P(B_r \mid x_{ij})$，对于所有 $i \neq r$，则 $\{P(y_i \mid x_{ij}), i=1, 2, \cdots, 5\}$ 中的最大值将被选中，即该水文干旱属于类别 B_i。在最大似然分类中，每一个岩性类型指标对水文干旱事件等级影响的所有概率值 $P(B_i \mid x_{ij})$ 称之为概率矢量，将被用作描述岩性类型指标属性的不确定性。

15.2　流域岩性组合结构分析

从表 15-2 可知，流域岩性很少具有单一类型，均以两种以上岩性类型混合为主，因此，根据流域岩性组合结构特征，利用系统聚类法及 Spss 软件对流域样区进行分类，绘出聚类谱系图（图 15-1）。

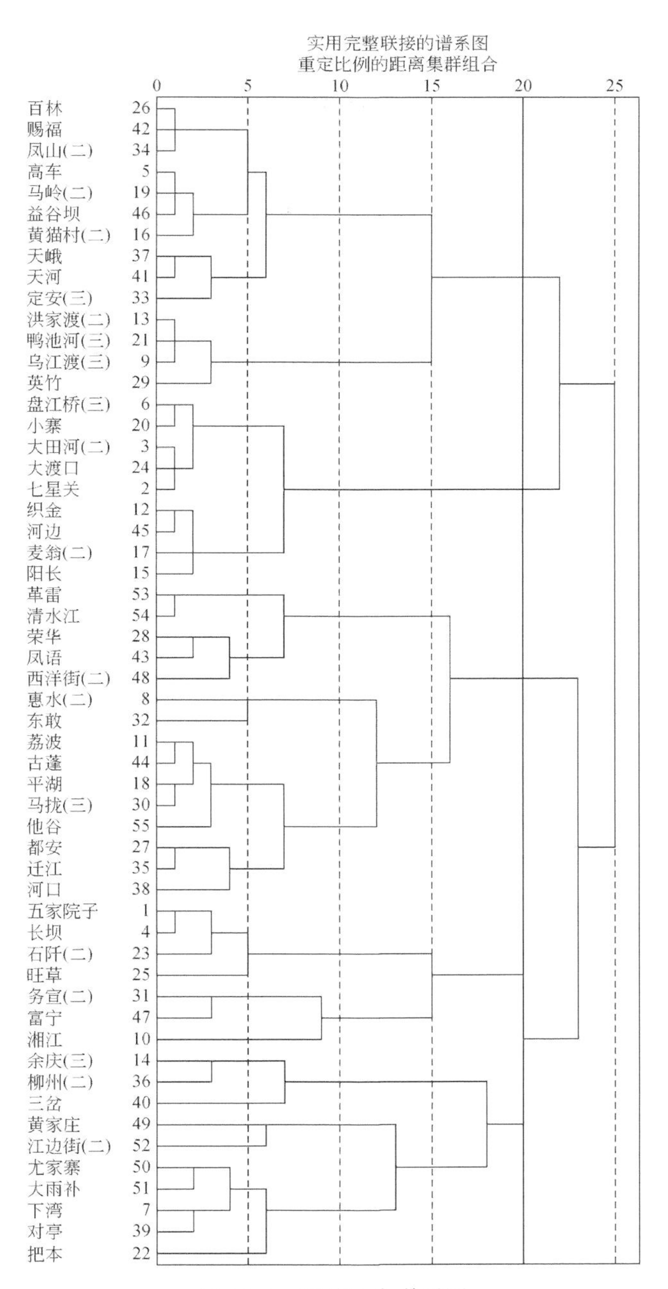

图 15-1　流域聚类谱系图

表 15-2　流域岩性类型面积百分比（%）

序号	站点	岩性河流	C	D	ε	J	K	O	P	Pt	S	T	Z	经度（E）	纬度（N）	高程/m	面积/km²
c1	五家院子	梅江	21.41	0	9.34	0.69	0	23.89	0	0	16.69	28.18	0	107°41′	28°64′	814.86	1230
c2	七星关	六冲河	8.63	0.62	0.28	1.08	0	0.33	68.38	0	0.31	30.49	0	104°67′	27°09′	1718.36	2999
c3	大田河（二）	大田河	10.98	6.01	0	0.83	0	0	60.28	0	0.09	21.81	0	106°40′	26°17′	1262.02	1391
c4	长坝	芙蓉江	6.91	0	23.03	0.64	0	31.62	9.33	0	22.97	6.49	0	107°41′	28°48′	788.76	6464
c5	高车	打邦河	4.67	0	0	0.21	0.26	0	17.17	0	0	77.71	0	106°42′	26°60′	1184.9	2264
c6	盘江桥（三）	北盘江	16.66	2.91	0.11	0.96	0.02	0	64.66	0	0	26.88	0	106°23′	26°61′	1671.1	14360
c7	下湾	独木河	14.71	62.1	0.33	0	0	3.06	19.7	0	4.29	6.81	0	107°10′	26°32′	1123.19	1433
c8	惠水（二）	涟江	20.88	21.1	0	0.46	2.36	0	28.64	0	0	26.67	0	106°36′	26°07′	1107.43	908
c9	乌江渡（三）	乌江	3.86	0.06	7.93	1.61	0.21	0.74	30.12	0.17	0	64.79	0.62	106°47′	27°18′	1266.16	27838
c10	湘江	湘江	0	0	44.76	0.73	0	8.3	7.62	0	1.67	21.98	16.03	106°66′	27°41′	930.1	669
c11	荔波	樟江	68.36	1.34	0	0	0	0	28.62	0	0	11.79	0	107°63′	26°24′	776.2	1213
c12	织金	织金河	0	0	0	0	0	0	100	0	0	0	0	106°46′	26°40′	1397.79	66.4
c13	洪家渡（二）	六冲河	1.64	0	2.38	3.37	0	1.16	36.6	0	0	66.36	0.69	106°62′	26°62′	1439.46	9666
c14	余庆（三）	余庆河	0	0	34.86	0	16.26	0.13	1.76	28.77	0	0.17	19.06	107°64′	27°14′	769.36	610
c15	阳长	三岔河	16.66	1.43	0	0	0.16	0	63.11	0	0.06	18.61	0	106°11′	26°39′	1881.46	2696
c16	黄猫村（二）	羊场河	1.13	0.46	0	0.26	3.41	0	16.18	0	0	79.68	0	106°20′	26°23′	1301.62	793
c17	麦翁（二）	桃花源河	0	0	0	0	0	0	70.49	0	0	29.61	0	106°19′	26°32′	1276.36	62
c18	平湖	六硐河	47.39	20.24	0	0	0	0	18.03	0	0	14.33	0	107°19′	26°60′	928.79	1441
c19	马岭（二）	马别河	3.26	0	0	0	0	0	19.88	0	0	76.87	0	104°66′	26°12′	1602.93	2277
c20	小寨	可渡河	21.21	0.32	0	1.01	0	0	60.7	0	0	26.76	0	104°32′	26°36′	1948.11	2082

续表

序号	站点	岩性河流	C	D	ε	J	K	O	P	Pt	S	T	Z	经度(E)	纬度(N)	高程/m	面积/km²
c21	鸭池河（三）	乌江	3.97	0.09	2.16	1.6	0.19	0.67	39.91	0	0	61.2	0.32	106°09′	26°61′	1369.64	18180
c22	把本	都柳河	7.1	64.62	3.98	0	0	9.98	1.68	0	12.67	0.29	0	107°62′	26°00′	713.64	1439
c23	石阡（二）	石阡河	0	0	32.4	0	0	23.41	6.31	1.46	31.24	4.1	1.09	108°14′	27°32′	742.34	723
c24	大渡口	北盘江	10.72	6.08	0	0.86	0	0	69.98	0	0.09	22.28	0	104°48′	26°19′	1903.61	8464
c25	旺草	芙蓉江	6.33	0	14.64	0	0	22.09	12.78	0	4.91	40.34	0	107°16′	28°06′	831.9	413
c26	百林	灵奇河	16.24	8.1	0	0	0.66	0	20.87	0	0	64.13	0	107°22′	23°66′	641.73	1714
c27	都安	红水河	36.88	10.31	0	0.73	0.93	0	20.36	0	0	31.81	0	108°11′	26°36′	393.21	119246
c28	荣华	鉴河	24.64	21.46	0.94	0	0	0	11.71	0	0	41.36	0	106°63′	23°20′	726.87	1880
c29	英竹	英竹河	6.31	11.6	1.12	3.76	0	0.11	7.67	2.71	0	66.82	0	107°19′	23°27′	601.88	26936
c30	马拢（三）	刁江	62.48	12.42	0	0.43	0	0	22.97	0	0	11.7	0	108°19′	24°14′	362.31	2814
c31	武宣（二）	黔江	24.19	36.66	37.82	0	0	0	2.43	0	0	0	0	109°39′	23°36′	108.04	1722
c32	东敢	东敢河	34.79	14.42	1.03	0.4	7.16	8.27	23.24	0	0	10.69	0	108°30′	23°33′	123.69	3829
c33	定安（三）	沱娘河	10.16	6.88	1.77	0	0	0	0	6.2	0	76	0	106°42′	24°18′	900.46	4424
c34	凤山（二）	盘阳河	18.26	11.02	0	0	0	0	12.34	0	0	68.38	0	107°02′	24°32′	670.26	370
c35	迁江	红水河	38.82	10.61	0.16	0.42	1.39	1.16	24.06	0	0	23.49	0	108°28′	23°37′	316.27	128166
c36	柳州（二）	榕江	18.47	9.67	8.42	0.13	8.16	1.08	3.76	24.07	0.62	0.84	24.9	109°24′	24°20′	366.41	46786
c37	天峨	红水河	11.44	6.13	1.6	0.36	0.18	0.01	20.26	7.41	0.7	61.89	0.13	107°09′	26°00′	1343.36	106830
c38	河口	刁江	44.71	24.46	0	1.18	0	0	10.63	0	0	19.02	0	107°60′	24°33′	463.63	1046
c39	对亭	洛清河	17.26	76.66	6.6	0	0.68	0	0	0	0	0	0	109°41′	24°26′	182.89	6706
c40	三岔	龙江	9.68	6.37	12.06	0.2	0.22	0.98	0.42	36.3	0	0	34.78	108°67′	24°28′	369.33	16870

续表

序号	站点	岩性河流	C	D	ε	J	K	O	P	Pt	S	T	Z	经度（E）	纬度（N）	高程/m	面积/km²
c41	天河	东小江	12.67	7.21	1.66	0.29	0.1	0.01	19.9	7.26	0.68	60.34	0.08	108°41′	24°47′	380.6	736
c42	赐福	盘阳河	16.36	7.48	0	0	0.61	0	20.9	0	0	66.66	0	107°19′	24°08′	380.6	2262
c43	凤语	平治河	37.96	24.76	0	0	0	0	7	0	0	30.3	0	107°42′	23°43′	324.01	894
c44	古蓬	古蓬河	48.69	4.66	0	0	0	0	36.1	0	0	10.76	0	108°36′	23°61′	320	316
c45	河边	块泽河	0.82	13.47	0	0	0	0	76.22	0	0	10.49	0	104°21′	26°28′	1636	1973.87
c46	益谷坝	银洪河	0	0	0	0	0	0	0	0	0	100	0	103°49′	24°38′	264	1864.68
c47	富宁	普厅河	11.01	46.68	23.08	0	0	6.78	6.92	0.66	0	6.88	0	106°37′	23°37′	3972	1200.66
c48	西洋街（二）	西阳河	26.2	21.67	6.2	0	0	0	0	2.61	0	44.42	0	106°20′	23°63′	2649	1334.1
c49	黄家庄	巴江	17.69	20.27	16.32	0	0	0	30.14	9.82	6.86	0	0	103°13′	24°41′	440	1864.8
c50	尤家寨	滇西河	7.71	61.81	0	0	0	0	16.1	6.47	0	16.14	2.77	103°26′	24°23′	1866	1771.13
c51	大雨补	白马河	10.62	66.66	0	0	0	0	6.41	16.42	0	0	0	103°31′	24°30′	424	1961
c52	江边街（二）	南盘江	6.7	26.24	11.16	0.6	0.03	0	16.93	30.67	4.89	3.26	0.62	103°37′	24°01′	26116	1701.62
c53	革雷	清水江	33.16	4.37	0.19	0	0	0	1.24	2.3	0	68.74	0	104°31′	24°06′	3186	1630.37
c54	清水江	清水江	29.18	3.79	0.16	0	0	0	2.69	3.66	0	60.64	0	104°31′	24°16′	4166	1476.6
c55	他谷	喜旧溪河	34.38	6.8	0	0	0	0	23.96	0.96	0	33.91	0	104°08′	24°64′	1910	1924.47

注：C 代表石灰岩夹白云质灰岩；D 代表炭质页岩夹砂岩；ε 代表流域上部为灰岩、白云岩，下部为白云岩，底为石英砂岩；J 代表灰岩夹泥灰岩、页岩；K 代表厚层块状砂岩夹泥岩；O 代表厚层灰岩夹白云岩；P 代表中厚层石灰岩夹角砾状白云岩、硅质灰岩；Pt 代表流域上部为绢云母板岩夹粉砂岩，下部为粉砂岩夹绢云母板岩；S 代表流域上部为灰黄绿色页岩、砂质页岩夹砂岩、石英砂岩，下部为紫色页岩、砂质页岩；T 代表白云岩、泥质白云岩夹泥岩；Z 代表流域上部为白云岩夹硅质条带白云岩，下部为泥质白云岩

从整个流域岩性类型聚类谱系图上可以看出各流域的相似性，按标刻距离等于 20，流域岩性类型可划分为 6 类组合结构：

Ⅰ（c26，c42，c34，c5，c19，c46，c16，c37，c41，c33，c13，c21，c9，c29）类：面积百分比相对最大的是白云岩、泥质白云岩夹泥岩（T），面积占 66%；其次是中厚层石灰岩夹角砾状白云岩、硅质灰岩（P），其面积占 19%；面积百分比相对最小的是灰岩夹泥灰岩、页岩（J）及上部为灰岩、白云岩，下部为白云岩，底为石英砂岩（ε)(1%）。称此类岩性组合结构的流域为白云岩型喀斯特流域。

Ⅱ（c6，c20，c3，c24，c2，c12，c45，c17，c15）类：面积百分比相对最大的是中厚层石灰岩夹角砾状白云岩、硅质灰岩（P），其面积占 66%；其次是白云岩、泥质白云岩夹泥岩（T），面积占 21%；面积百分比相对最小的是灰岩夹泥灰岩、页岩（J，1%），以及炭质页岩夹砂岩（D）（3%）。称此类岩性组合结构的流域为石灰岩型半喀斯特流域。

Ⅲ（c53，c54，c28，c43，c48，c8，c32，c11，c44，c18，c30，c55，c27，c35，c38）类：面积百分比相对最大的是石灰岩夹白云质灰岩（C），面积占 38%；其次是白云岩、泥质白云岩夹泥岩（T），面积占 29%；面积百分比相对最小的是厚层块状砂岩夹泥岩（K，1%）。称此类岩性组合结构的流域为石灰岩型喀斯特流域。

Ⅳ（c1，c4，c23，c25，c31，c47，c10）：面积百分比相对最大的是上部是灰岩和白云岩，下部白云岩，底为石英砂岩（ε），其面积占 26%；其次是厚层灰岩夹白云岩（O），面积占 16%；最小是流域上部白云岩夹硅质条带白云岩、下部含藻白云岩（Z，2%）。称此类岩性组合结构的流域为白云岩型半喀斯特流域。

Ⅴ（c14，c36，c40，c49，c52，c50，c51，c7，c39，c22）：面积百分比相对最大的是炭质页岩夹砂岩（D），面积占 27.86%；其次是上部是云母板岩夹粉砂岩、下部是粉砂岩夹云母板岩（Pt），其面积占 16%；最小是厚层灰岩夹白云岩（O，2%）。称此类岩性组合结构的流域为非喀斯特流域。

15.3 流域水文干旱特征分析

15.3.1 不同时间尺度的水文干旱特征分析

选取 1970 ~2013 年逐月径流量均值数据为基础，采用标准化降水指数（SPI）从不同时间尺度（3 个月、6 个月、9 个月、12 个月）计算中国南方喀斯特流域水文干旱特征（SPI_3、SPI_6、SPI_9、SPI_12）（图 15-2）。

从时间分布上看：①中国南方喀斯特流域水文干旱面积分布较广、干旱程度呈“逐渐递减”的变化趋势。其中，SPI_3、SPI_6、SPI_9 水文干旱相对较严重，干旱面积分别占 98.99%、99.63%、98.46%，而 SPI_12 水文干旱相对较轻，干旱面积仅占 77.43%，说明随着时间尺度的增加，喀斯特流域水文干旱面积在减小。②针对 SPI_3、SPI_6，中度级水文干旱面积分布最大（43.23%、62.26%），其次是轻度级水文干旱（27.74%、20.12%），无旱面积分布最小；这说明时间尺度越小，喀斯特流域对径流调节功能越弱或不显著。而 SPI_9、SPI_12，轻度级水文干旱面积分布最大（62.19%、66.21%），其次是 SPI_9 的中度级水文干旱（27.32%）、SPI_12 的无旱（22.67%），面积分布最小是 SPI_9 的无旱、SPI_12 的重度级水文干旱。③重度级以上的水文干旱，SPI_3、SPI_6 干旱面积最大（26.04%、27.28%），其次是 SPI_9（8.97%），而 SPI_12 干旱面积最小（6.67%），说明随着时间尺度的增加，重度级以上的水文干旱面积也逐渐减小。这进一步证明了随着时间尺度的增加，喀斯特流域的径流调节作用或储水功能越显著，水文干旱程度越轻。

从空间分布上看：①中国南方喀斯特流域水文干旱程度从西到东“逐渐加重”，且呈“南北条带”分布，且 SPI_3 和 SPI_6 南北条带分布现象最为显著。②针对 SPI_3、SPI_6，轻度、中度和重度级以上水文干旱主要分布在西部、中部和东部地区，干旱面积分别占 28.76%、46.23%、26.04%，以及 20.61%、62.23%、27.28%；而 SPI_9 轻度、中度和重度级以上水文干旱主要分布中部大部分地区、西南地区和东南部地区，SPI_12 主要分布轻度级水文干旱。③贵州织金流域、云南益谷坝流域、广西天峨流域和都安流域无论是 3 个月（SPI_3）、6 个月（SPI_6）时间尺度，还是 9 个月（SPI_9）、12 个月（SPI_12）时间尺度均处于重度级以上水文干旱，而贵州盘江桥流域、广西凤梧流域均处于轻度级以下水文干旱。

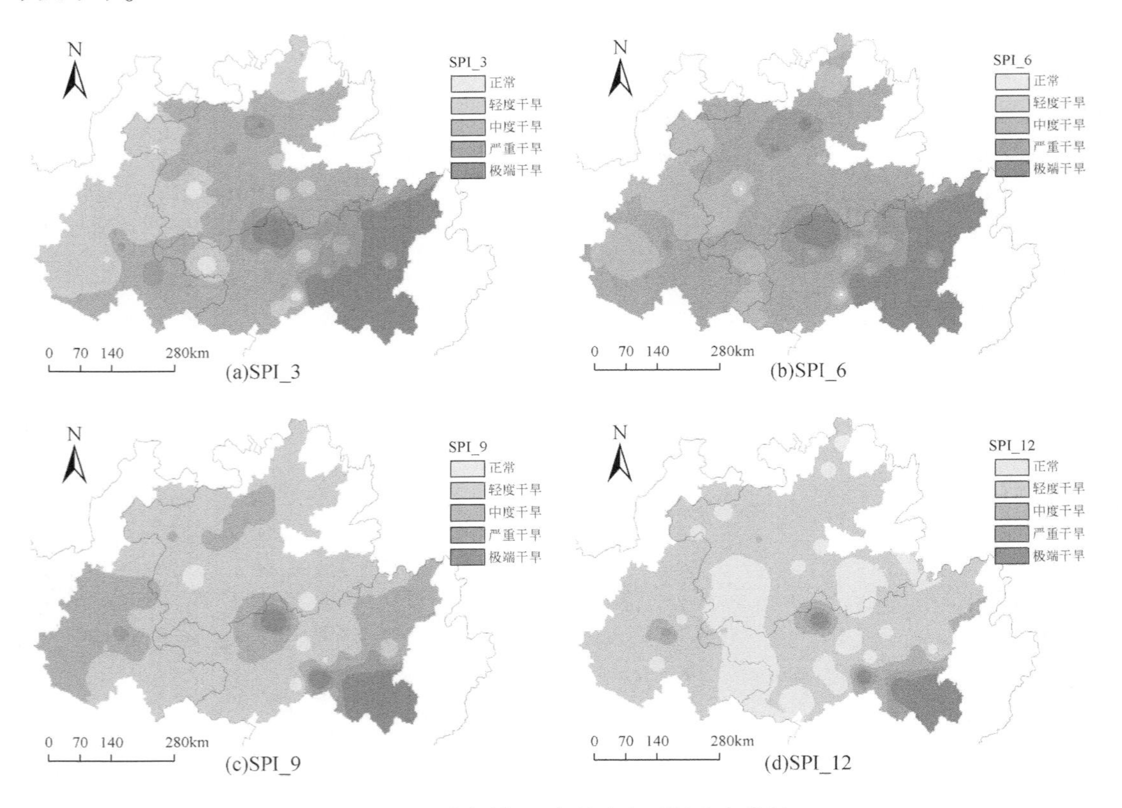

图 15-2　不同时间尺度的水文干旱分布特征

15.3.2 不同岩性组合结构的水文干旱特征分析

从图 15-3 可以看出：①4 个时间尺度的水文干旱（SPI_3、SPI_6、SPI_9、SPI_12）在第Ⅰ类流域到第Ⅴ类流域主要分布中度级以下（-1.6<SPI）干旱；随着时间尺度的增加，重度级以上水文干旱（SPI<-1.6）分布逐渐减少，尤其是重度水文干旱（-2.0<SPI<-1.6）呈平行分布、快速递减。②3 个月时间尺度（SPI_3）（图 15-3a），第Ⅰ类、第Ⅳ类、第Ⅴ类流域的轻度和极端水文干旱呈现“高峰”，而第Ⅱ类流域的极端水文干旱和第Ⅲ类流域的轻度水文干旱呈现“低谷”；第Ⅰ类到第Ⅴ类流域的中度水文干旱（-1.6<SPI<-1.0）区域分布呈“先增大后减小”趋势。③6 个月时间尺度（SPI_6）（图 15-3b），轻度水文干旱峰值呈现“北移”、极端水文干旱峰值呈现“南移”现象；第Ⅰ类到第Ⅴ类流域的中度水文干旱（-1.6<SPI<-1.0）区域分布呈“逐渐减小”，且在第Ⅲ类流域突现“高峰”现象；第Ⅰ类到第Ⅴ类流域，中度级以下水文干旱（-1.6<SPI）密度小、密度梯度变化慢，重度级以上水文干旱（SPI<-1.6）密度大、密度梯度变化快等特征。④9 个月时间尺度（SPI_9）（图 15-3c），第Ⅰ类到第Ⅴ类流域，轻度水文干旱（-1.0<SPI<0）区域分布“显著增大”，“峰—谷”交替现象更加明显，重度级以上水文干旱（SPI<-1.6）区域分布“迅速减小”，中度水文干旱（-1.6<SPI<-1.0）呈现平行分布；轻度水文干旱（-1.0<SPI<0），在第Ⅰ类流域呈现“两峰一谷”、第Ⅴ类流域呈现“单峰”分布、而第Ⅲ类流域呈现“峰值坦化”现象；重度级以上水文干旱（SPI<-1.6），在第Ⅰ类、第Ⅲ类和第Ⅳ类流域呈现高峰、而在第Ⅱ类和第Ⅴ类流域表现“低谷”；第Ⅰ类到第Ⅴ类流域的重度级以上水文干旱密度大、密度梯度变化“迅猛”。⑤12 个月时间尺度（SPI_12）（图 15-3d），第Ⅰ类到第Ⅴ类流域的轻度水文干旱占很大比例，尤其是第Ⅴ类流域重度级以上水文干旱（SPI<-1.6）已“消失”；第Ⅰ类流域的轻度水文干旱仍呈现“两峰一谷”，重度级以上水文干旱呈“单峰”分布，而第Ⅱ类流域的重度级以上水文干旱仍出现“低谷”现象；第Ⅱ类到第Ⅴ类流域的水文干旱总体呈现“梯度”分布，且中度级以下水文干旱梯度变化较为“缓慢”，重度级以上水文干旱梯度变化相对“陡峻”等特征。

综上所述，从流域水文干旱发生等级上分析，干旱面积百分比从小到大排序是：极端水文干旱（6.28%）<重度水文干旱（6.62%）<正常（7.16%）<中度水文干旱（32.8%）<轻度水文干旱（47.26%）。从流域岩性组合结构上分析，非喀斯特流域（Ⅴ）干旱程度最严重，干旱面积占 96.94%；其次是白云岩型半喀斯特流域（Ⅳ）、石灰岩型喀斯特流域（Ⅲ）和白云岩型喀斯特流域（Ⅰ），干旱面积分别占 94.41%、92.26% 和 91.96%；石灰岩型半喀斯特流域（Ⅱ）干旱程度相对较轻（90.96%）。从流域岩性组合类型上分析，石灰岩型喀斯特流域（Ⅱ、Ⅲ，91.79%）<白云岩型喀斯特流域（Ⅰ、Ⅳ，92.16%）<非喀斯特流域（Ⅴ，96.94%）。从流域喀斯特性上分析，喀斯特流域（Ⅰ、Ⅲ，90%）<半喀斯特流域（Ⅱ、Ⅳ，92.2%）<非喀斯特流域（Ⅴ，96.94%）。

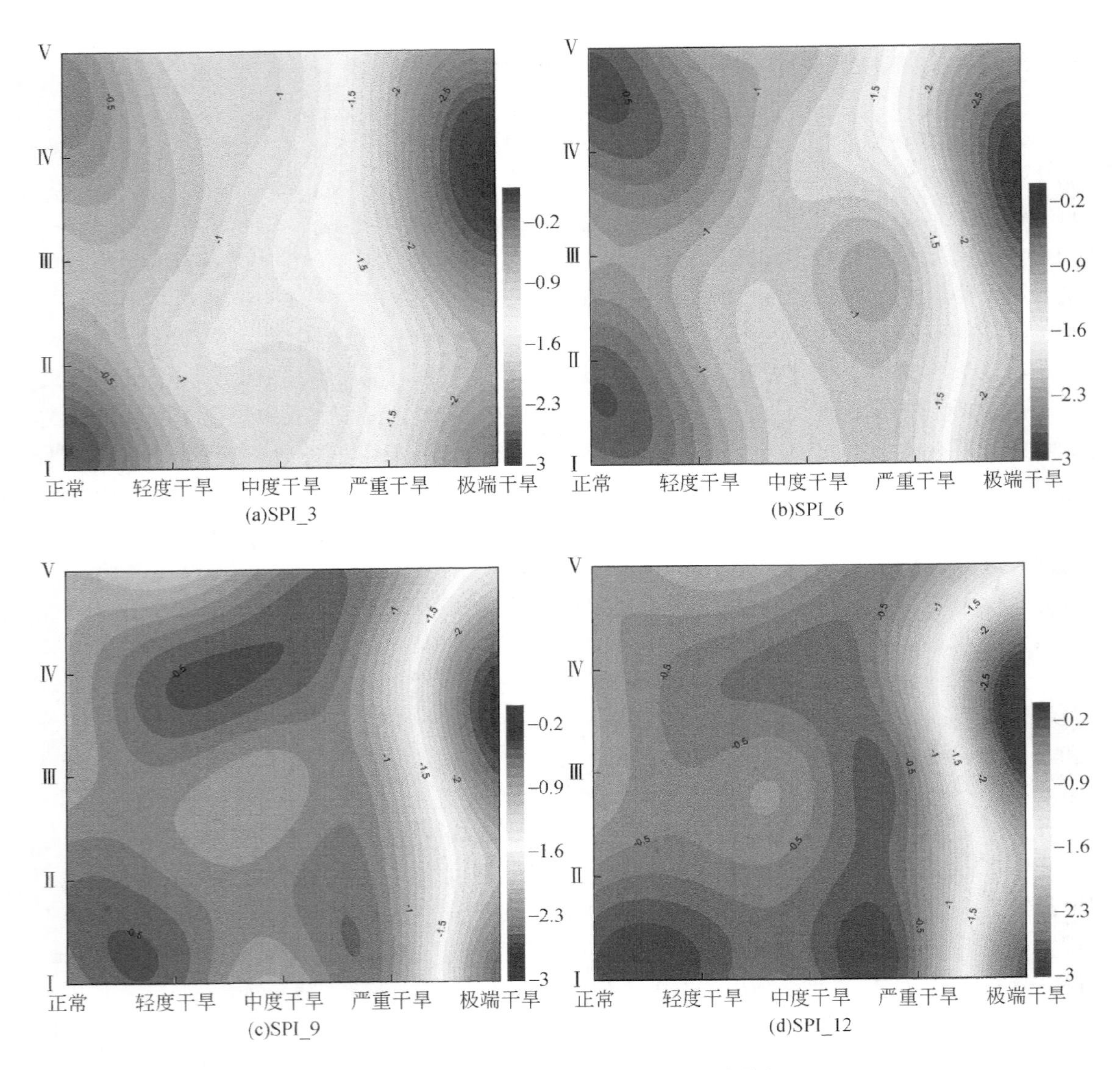

图 15-3　五种流域类型的水文干旱分布特征

15.4　流域水文干旱驱动机制分析

15.4.1　单一岩性类型对水文干旱驱动机制分析

由图 15-4 可知：①11 种岩性对水文干旱均产生影响，SPI_3 和 SPI_6 影响主要集中在轻度、中度和重度水文干旱，SPI_9 和 SPI_12 影响主要集中在中度级以下水文干旱。②针对 3 个月时间尺度（SPI_3）（图 15-4a），Pt 到 K 类岩性分布区主要发生轻度和中度水文干旱，尤其是 C、P、T 类岩性分布区发生概率最高（0.5 ~0.6），其次是 Z、ε、O、J、K 类岩性分布区，发生概率为 0.35 ~0.45，而在 Pt、S、D 类岩性分布区发生概率相对最小（0.2 ~0.3）。针对重度和极端水文干旱，在 Pt 类岩性分布区发生概率最高（0.76），其次是 S、D、J 类岩性分布区（0.16 ~0.36）。③6 个月时间尺度（SPI_6）（图 15-4b）主要集中发生中度水文干旱，尤其是 C、P、T、K 类岩性分布区发生概率最高（0.6 ~0.66），其次是 Z、ε、O、S、D、J 类岩性分布区（0.36 ~0.4），而 Pt 类岩性分布区发生概率最小（0.2）；针对重度和极端水文干旱 Pt 类岩性发生概率最高（0.76），其余类型岩性分布区发生概率均较小（0.1 ~0.2）。④针对 9 个月、12 个月时间尺度（SPI_9、SPI_12）（图 15-4c、图 15-4d），Pt 到 K 类岩性分布区主要集中发生轻度水文干旱，其中，C 到 K 类岩性及 SPI_12 的 Z 类岩性发生概率最高（0.66 ~0.8），其次是 Z 到 O 类岩性（0.3 ~0.6），S、D 及 Pt 类岩性分布区发生概率最小（0.2 ~0.3）；针对 C 到 K 类岩性，轻度到中度水文干旱呈现 SPI_9 变化慢、梯度小，SPI_12 变化快、梯度大等特征，以及重度和极端水文干旱基本不发生的现象；而 S、D 类岩性的轻度到中度水文干旱总体变化最慢、梯度最小，重度和极端水文干旱有所发生（0.16）；Pt 到 O 类岩性的轻度到中度水文干旱总体变化较慢、梯度较小，重度和极端水文干旱出现 0 概率现象，但 Pt 类岩性发生极端水文干旱较高（0.66）。

众所周知，由于流域岩性的不同，抗风化能力则不同，在可溶性水的差异溶蚀或侵蚀作用下，形成不同类型的流域储水空间，影响流域储水能力，将有力促进或抑制水文干旱的发生。

从水文干旱发生概率角度，概率从小到大排序是：正常(0.06)<重度水文干旱(0.1)<极端水文干旱(0.16)<中度水文干旱(0.3)<轻度水文干旱(0.4)。

从单一岩性对水文干旱驱动角度，轻度水文干旱发生概率从小到大排序：Pt(0.16)<J、D、S(0.3)<T、O、ε(0.4)<K(0.45)<P、Z(0.5)<C(0.6)；中度水文干旱：Pt(0.15)<ε(0.2)<Z(0.25)<J、D、S、O、P、C(0.3)<T(0.35)<K(0.4)；重度水文干旱：C(0)<Pt、P、T(0.05)<Z、O、K(0.1)<ε<D(0.15)<J、S(0.2)；极端水文干旱：C(0)<O、K、ε(0.05)<P、T、Z(0.1)<J、S(0.15)<D(0.2)<Pt(0.6)。

从单一岩性对水文干旱总体驱动角度，干旱发生概率从小到大排序是：O、C、T(0.16)<Pt、Z、ε、D、P(0.2)<S、J、K(0.26)。这可能与岩性的可溶性有关，如 O、C、T 主要以含可溶性的方解石为主，S、J、K 以含不可溶性的石英、长石和高岭石为主，因此 O、C、T 在可溶性水的差异溶蚀或侵蚀作用下易形成大小不同的储水空间，在一定程度上增强了流域储水能力，抑制水文干旱的发生；反之，S、J、K 在可溶性水的差异溶蚀或侵蚀作用下很难形成储水空间，在一定程度上削弱了流域储水能力，促进水文干旱的发生。

15.4.2 岩性组合结构对水文干旱驱动机制分析

从岩性组合结构可知（图 15-5）：①五种岩性组合结构对水文干旱均产生影响，SPI_3 和 SPI_6 影响主要集中在轻度和中度水文干旱，SPI_9 和 SPI_12 影响主要集中在轻度级以

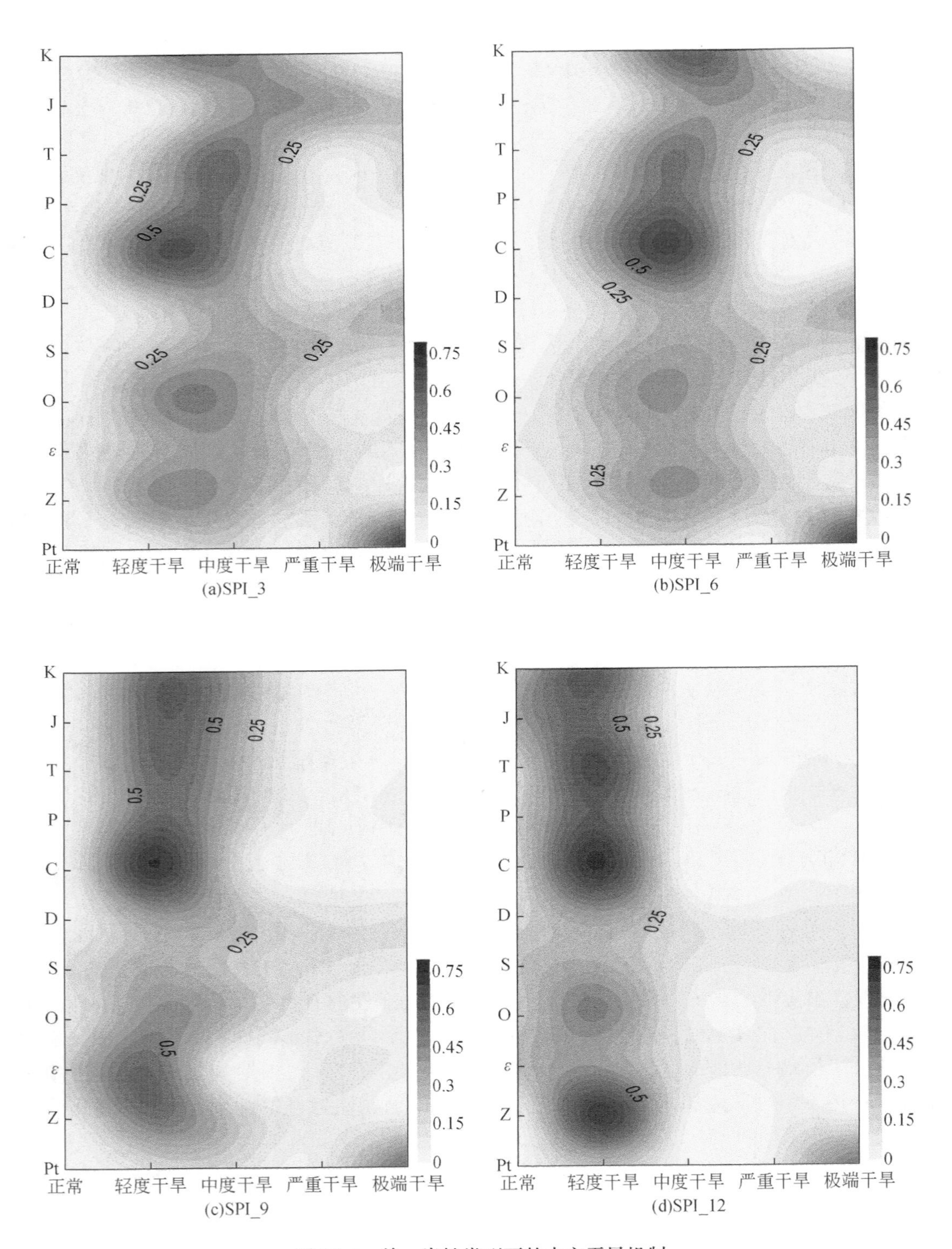

图 15-4 单一岩性类型下的水文干旱机制

下水文干旱。这说明流域对大气降水具有一定的“滞后效应”，且流域岩性的不同组合将对流域滞后效应产生不同影响，并随着时间尺度的增加、流域滞后效应越来越显著。②针对 3 个月时间尺度（SPI_3）（图 15-5a），第Ⅰ类到第Ⅴ类流域主要发生轻度和中度水文干旱，尤其是第Ⅱ类流域发生概率最高（0.6），其次是第Ⅰ类、第Ⅳ类流域，发生概率 0.6，而第Ⅲ类流域基本不发生轻度水文干旱（0），但会发生中度水文干旱（0.4）；针对重度和极端水文干旱在第Ⅰ类、第Ⅱ类、第Ⅳ类流域基本不发生，而第Ⅲ类和第Ⅳ类流域表现出一定的发生概率（0.2～0.3）；轻度到极端水文干旱在第Ⅰ类、第Ⅱ类流域呈现梯度大、变化快，第Ⅳ类、第Ⅴ类流域梯度小、变化慢，而第Ⅲ类流域呈现一定的“波动性”等特征。③6 个月时间尺度（SPI_6）（图 15-5b），第Ⅰ类、第Ⅱ类、第Ⅳ类流域主要集中发生轻度水文干旱（0.5～0.6），第Ⅲ类、第Ⅴ类流域主要发生中度水文干旱（0.35～0.4）；与 SPI_3 类似，SPI_6 的重度和极端水文干旱在第Ⅰ类、第Ⅱ类、第Ⅳ类流域基本不发生、第Ⅲ类和第Ⅳ类流域表现出一定的发生概率（0.05～0.2）；SPI_6 的轻度到极端水文干旱在第Ⅰ类、第Ⅱ类流域也呈现梯度大、变化快，第Ⅳ类、第Ⅴ类流域梯度小、变化慢，第Ⅲ类流域呈现一定的“波动性”等特征；以及呈现出第Ⅴ类流域轻度水文干旱发生概率减小、中度水文干旱发生概率增加等特征；④与 SPI_3、SPI_6 相比，SPI_9、SPI_12 更能集中反映轻度水文干旱的发生（图 15-5c，图 15-5d），尤其是第Ⅴ类流域发生概率最高（0.45～0.9），其次是第Ⅰ类、第Ⅱ类、第Ⅳ类流域（0.6～0.75），第Ⅲ类流域发生概率相对较低（0.4～0.45）；第Ⅰ到第Ⅴ类类流域，轻度到极端水文干旱 SPI_9 变化较慢、梯度较小，SPI_12 变化较快、梯度较大；SPI_9 重度级以上水文干旱基本不发生，而 SPI_12 中度级以上水文干旱都不发生；第Ⅰ到第Ⅳ类流域，SPI_9 发生轻度水文干旱范围大、概率高，SPI_12 范围小、概率低，尤其是第Ⅴ类流域，由轻度和中度水文干旱（SPI_9）集中表现为轻度水文干旱（SPI_12）。

岩性是流域的重要组成物质，是控制地貌发育、土壤形成的物质基础。不同的流域岩性类型，其岩性成分、颗粒大小以及组合结构等差异很大，使岩性具有不同的抗阻能力。在可溶性水的差异溶蚀或侵蚀作用下，流域下垫面将形成不同的储水空间、发育不同的水系结构，使流域表现出不同的储水能力。

从水文干旱发生概率角度，干旱发生概率从小到大排序是：正常（0.02）<重度水文干旱（0.04）<极端水文干旱（0.06）<中度水文干旱（0.21）<轻度水文干旱（0.6）；2）从流域岩性组合结构对水文干旱驱动角度，石灰岩型半喀斯特流域（Ⅱ，0.15）<石灰岩型喀斯流域（Ⅲ，0.19）<白云岩型半喀斯特流域（Ⅳ，0.2）<白云岩型喀斯特流域（Ⅰ，0.22）<非喀斯特流域（Ⅴ，0.25）；3）从流域岩性组合类型对水文干旱的驱动角度，石灰岩型喀斯流域（Ⅱ、Ⅲ，0.17）<白云岩型喀斯特流域（Ⅰ、Ⅳ，0.22）<非喀斯特流域（Ⅴ，0.25）；4）从流域喀斯特性对水文干旱的驱动角度，喀斯特流域（Ⅰ、Ⅲ，0.18）<半喀斯特流域（Ⅱ、Ⅳ，0.2）<非喀斯特流域（Ⅴ，0.25）。因此，这说明在可溶性水的差异溶蚀和侵蚀作用下，喀斯特流域形成的储水空间最多，其次是半喀斯特流域，非喀斯特流域最少，进而说明流域储水能力从弱到强是：非喀斯特流域<半喀斯特流域<喀斯特流域。

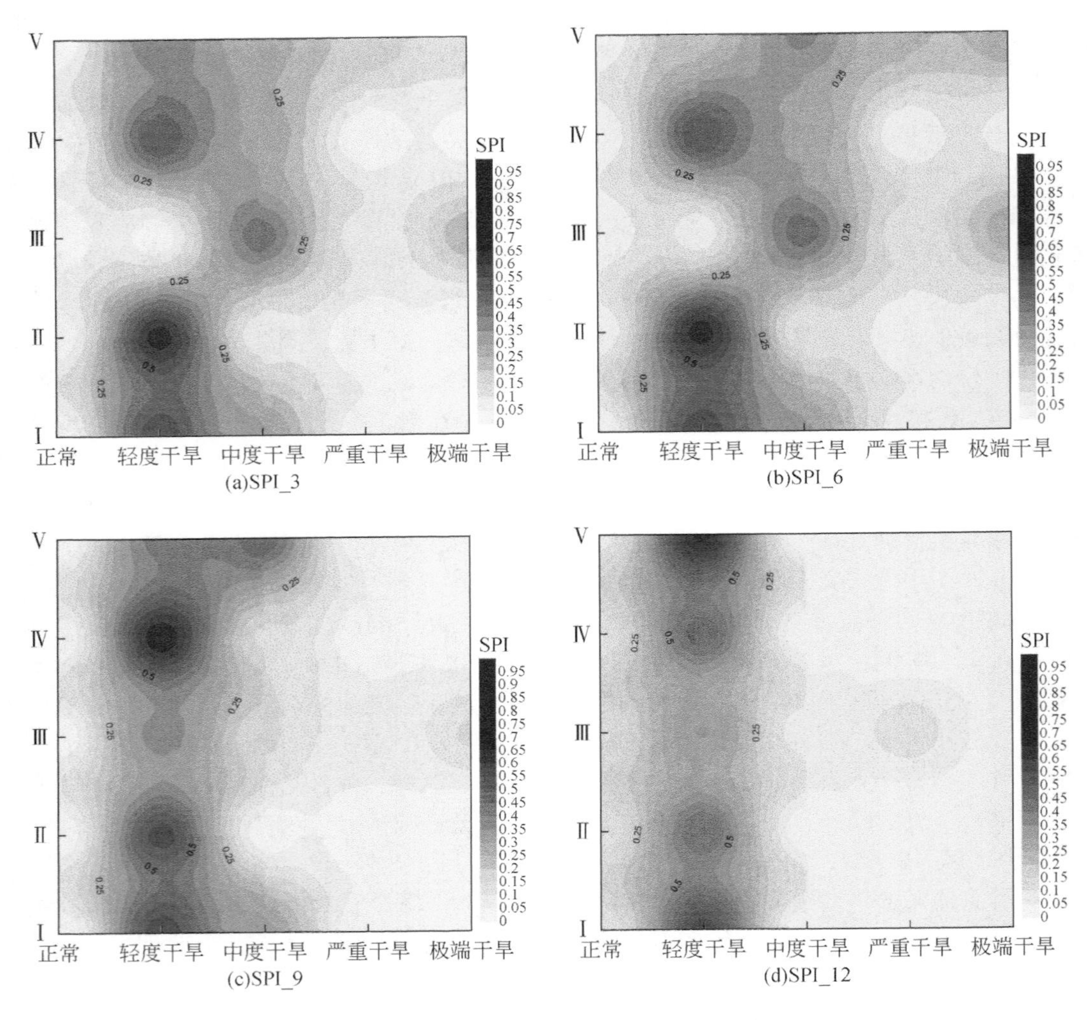

图 15-5 岩性组合结构下的水文干旱机制

15.5 本章小结

流域岩性是流域下垫面的重要组成物质，其岩性类型及结构控制着地貌及水系的发育，促进流域储水空间的形成，影响流域的储水能力，关系到流域水文干旱的发生。通过本章分析，喀斯特岩性及其组合结构对水文干旱驱动机制可总结如下。

1）流域岩性很少具有单一类型，均以两种以上岩性类型混合为主。根据流域岩性组合结构特征，流域可划分为五种类型：白云岩型喀斯特流域（Ⅰ）、石灰岩型半喀斯特流域（Ⅱ）、石灰岩型喀斯特流域（Ⅲ）、白云岩型半喀斯特流域（Ⅳ）、非喀斯特流域（Ⅴ）。

2）中国南方喀斯特流域水文干旱面积分布较广，且随着时间尺度增加干旱程度“逐渐递减”。其中，SPI_3、SPI_6、SPI_9 水文干旱相对较严重，而 SPI_12 水文干旱相对较轻。这说明随着时间尺度的增加，喀斯特流域对径流调节作用越显著，水文干旱程度越轻；同时，水文干旱从西到东“逐渐加重”，呈“南北条带”分布，且 SPI_3 和 SPI_6 南北条带分布现象最为显著。

3）流域对水文干旱驱动与岩性的可溶性有很大关联，因此从水文干旱发生概率角度，O、C、T（0.15）<Pt、Z、ε、D、P（0.2）<S、J、K（0.25）。流域岩性类型不同、空间耦合结构的差异，促使不同类型流域对水文干旱驱动差异显著。其中，SPI_3 和 SPI_6 主要集中发生轻度和中度水文干旱，SPI_9 和 SPI_12 主要发生轻度级以下水文干旱。从流域类型对水文干旱驱动角度（发生概率），石灰岩型半喀斯特流域（Ⅱ，0.15）<石灰岩型喀斯流域（Ⅲ，0.19）<白云岩型半喀斯特流域（Ⅳ，0.2）<白云岩型喀斯特流域（Ⅰ，0.22）<非喀斯特流域（Ⅴ，0.25）；从流域岩性组合结构对水文干旱驱动角度（发生概率），石灰岩型喀斯流域（Ⅱ、Ⅲ，0.17）<白云岩型喀斯特流域（Ⅰ、Ⅳ，0.22）<非喀斯特流域（Ⅴ，0.25）；从流域的喀斯特性对水文干旱驱动角度（发生概率），喀斯特流域（Ⅰ、Ⅲ，0.18）<半喀斯特流域（Ⅱ、Ⅳ，0.2）<非喀斯特流域（Ⅴ，0.25）。

第16章 中国南方喀斯特流域土地利用结构及水文干旱机制

贵州喀斯特地区人口众多、人类活动频繁，人类对土地资源的利用类型多样，已表现出不同的土地利用空间格局，从而影响流域的储水能力，导致或促进流域水文干旱的发生。目前，对于水文干旱的研究，国外最先利用游程理论对水文干旱进行识别，但研究较多的是水文干旱发生的概率问题、水文干旱的特征问题，以及水文干旱的重现期计算等问题。因此，本章拟从系统论角度，根据地物光谱特征，利用面向对象分类技术自动提取土地利用类型；借用景观指数计算软件（如Fragstats4.0），计算土地利用类型的景观密度指数（PD）、最大斑块指数（LPI）、景观形状指数（SI）、景观分维指数（FDI），分析喀斯特土地利用空间格局，揭示流域储水规律；根据灰色理论原理，计算土地利用类型的4种景观指数与水文干旱指标（RDSI）的关联度值，研究在人类活动下的喀斯特土地利用空间格局及其对水文干旱的影响机制。

16.1 数据与方法

16.1.1 研究数据

(1) 水文数据

水文数据是依据贵州省水文总站整编的贵州省历年各月平均流量统计资料及贵州省水文水资源局整编的《贵州省水资源公报》，选其中都处于相同气候带的40个水文断面的2006～2010年每年最小月平均径流量，流域面积一般以中小流域为主，目的是保证流域下垫面的地质地貌、气候、降水等条件能尽可能相同或相近，计算研究样区最枯月的6年平均径流深，并进行极差标准化处理。

(2) 遥感数据

遥感数据选用TM影像，成像时间为2006～2010年，选用研究样区每年最枯月平均径流深所对应时段的遥感数据，并对遥感影像进行预处理，提取40个水文断面控制的研究样区遥感影像。

16.1.2 研究方法

首先，对40个研究样区遥感数据进行光谱辐射亮度及表观反射率处理。其次，构建土壤水体指数（SWBI）：

$$SWBI=\frac{TM_4}{TM_1+TM_2+TM_3+TM_4} \tag{16-1}$$

式中，TM_1 为 LandSat TM 的蓝光波段；TM_2 为 LandSat TM 的绿光波段；TM_3 为 LandSat TM 的红光波段；TM_4 为 LandSat TM 的近红外波段。再次，根据地物光谱特征，利用面向对象分类技术划分土地利用类型、提取遥感信息（详见技术流程框图 16-1 及参数表 16-1）。

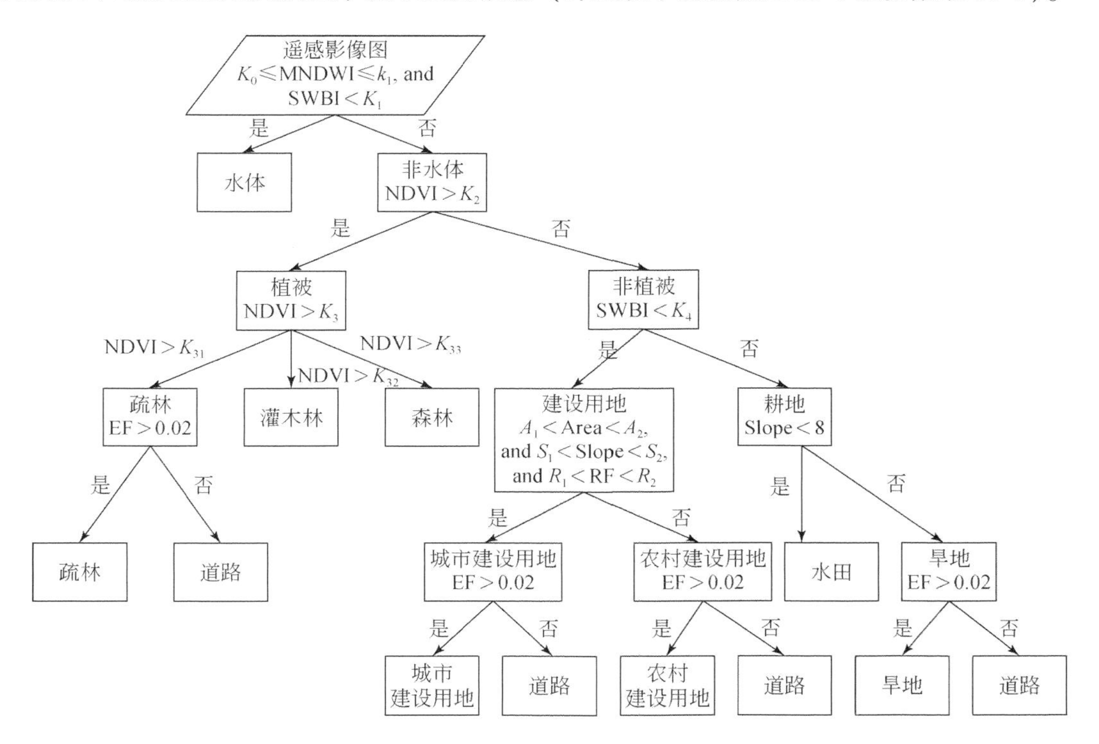

图 16-1　土地利用类型遥感信息提取流程图

表 16-1　流程框图参数表

参数	名称	描述
SWBI	土壤水体指数	公式：同公式(16-1)
MNDWI	改进后归一化水体指数	公式：$(TM_2-TM_5)/(TM_2+TM_5)$，TM 波段同上
NDVI	归一化植被指数	公式：$(TM_4-TM_3)/(TM_4+TM_3)$，TM 波段同上
EF	Elliptic Fit(椭圆拟合度)	公式：$2\cdot\frac{\#\{(x,\ y)\in P_v:\ \varepsilon_v(x,\ y)\leqslant 1\}}{\#P_v}-1$；取值范围：0≤EF≤1，当 EF=1 时，完全椭圆；当 EF=0 时，非椭圆；$\varepsilon_v(x,\ y)$：表示在象元点 $(x,\ y)$ 的椭圆距离；P_v：表示影像对象 V 的象元表示；$\#P_v$：表示影像对象 V 的象元总数

续表

参数	名称	描述
RF	Rectangular Fit(矩形拟合度)	公式：$\frac{\#\{(x,\ y)\in P_v:\ \rho_v(x,\ y)\leqslant 1\}}{\#P_v}-1$；取值范围：0≤RF≤1，当 RF =1 时，完全矩形；当 RF=0 时，非矩形；$\rho_v(x,\ y)$：表示在象元点$(x,\ y)$的矩形距离.
Area、Slope	面积、坡度	根据分类对象设值
K、A、S、R	临界值	下标表示上、下限，根据分类对象设值

16.2 水文干旱时空变化分析

以 2006 ~ 2010 年的 40 个研究样区最小月平均径流深水文数据为基础计算样区的 RDSI 值，并分类统计（图 16-2）。

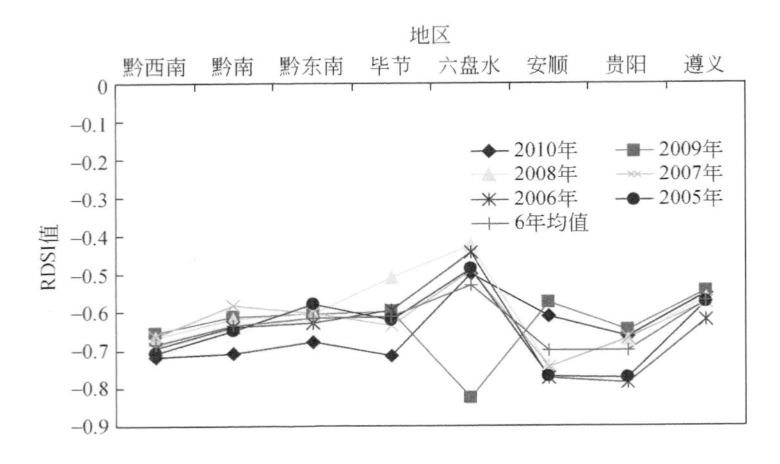

图 16-2　水文干旱的时空分布

由图 16-2 可知：①2006 ~ 2010 年，研究样区 RDSI 均为负，说明贵州全省发生了不同程度的水文干旱。②2010 年，黔西南、黔南、黔东南、毕节等地区的 RDSI 绝对值相对较大，说明水文干旱最严重；而安顺、贵阳、遵义等地的 RDSI 绝对值相对较小，六盘水最小，说明安顺、贵阳、遵义和六盘水的水文干旱相对较轻，这与 2010 年西南特大旱灾的贵州省旱情基本相符。③2006 ~ 2010 年，六盘水的水文干旱差异最大，主要是 2009 年的 RDSI 达最小值（−0. 8273），可能是 2009 年降水量极端偏少的缘故；其次是安顺和贵阳，水文干旱程度差异较大，且呈现逐年减轻的趋势，可能是贵阳和安顺是贵州省经济相对发达地区，因采用有效的节水技术而减缓水文干旱的发生；遵义地区多年水文干旱程度最小，且多年差异也最小。④2006 ~ 2010 年不同年份水文干旱空间分布曲线变化方向基本一致或曲线基本平行（除 2009 年的六盘水外），说明不同地区的水文干旱影响因素具有一定的相似性。

16.3 土地利用空间格局分析

在地理信息系统软件 ArcGIS9.3 支持下，以 40 个样区土地利用类型遥感数据为基础计算 2006～2010 年的土地利用类型斑块密度指数（PD）、最大斑块指数（LPI）、斑块形状指数（SI）、景观分维指数（FDI），并计算 4 种景观指数 6 年均值（图 16-3）。

（1）土地利用类型的斑块密度指数分析

从图 16-3（a）可知：①疏林、旱地和灌木林的斑块密度指数相对较大，且斑块密度指数空间分布曲线变化也较大，说明疏林、旱地和灌木林的空间分布相对集中、破碎，且斑块密度空间分布差异也较大；②水体和城镇的斑块密度指数最小，且斑块密度指数空间分布曲线变化也很小，说明水体和城镇的分布相对分散，而且斑块密度空间分布差异也很小；③水体与城镇的斑块密度指数差值很小，其余土地利用类型斑块密度指数差值很大，说明水体与城镇在同一地区集中分布程度基本相同，而其余土地利用类型在同一地区集中分布程度差异很大。

（2）土地利用类型的最大斑块指数分析

从图 16-2（b）可知：①疏林、旱地和森林的最大斑块指数相对较大，最大斑块指数的空间分布曲线变化最大，其次是灌木林和水田；最大斑块指数相对较小的是水体、城镇、道路及农村，且空间分布曲线变化小。②黔西南、黔南、黔东南及贵阳的不同土地利用类型最大斑块指数差值最大；而遵义、毕节、六盘水、安顺的不同土地利用类型最大斑块指数差值相对较小。

（3）土地利用类型的形状指数分析

从图 16-3（c）可知：①所有土地利用类型的形状指数均大于 1，反映了喀斯特土地利用类型的边缘圆度差或呈锯齿状、边界复杂。②贵阳和毕节的城镇形状指数相对较大，黔东南和安顺的水体形状指数也是相对较大，说明贵阳和毕节城镇的边界分布最复杂以及黔东南和安顺水体的边界分布也是最复杂的；而六盘水的水体和城镇形状指数最小，说明六盘水的水体和城镇边界分布相对简单。③水体和城镇的形状指数空间分布曲线变化最大，说明水体和城镇的边缘分布空间差异很大、边界分布复杂；但贵州省其余土地利用类型的形状指数空间分布曲线变化小，说明其余土地利用类型的边缘分布空间差异很小、边界分布相对简单。

（4）土地利用类型的分维指数分析

从图 16-3（d）可知：①六盘水的水体分维指数为 0.61，其余土地利用类型的分维指数均大于 0.8，说明贵州土地利用类型的形状分布复杂。②道路和旱地的分维指数大于 1，且分维指数空间分布变化很小，说明道路和旱地形状分布最复杂，且形状空间分布变化也很小；灌木林、疏林的分维指数在黔西南地区略小于 1，而在贵州省其余地区均大于 1，说明灌木林、疏林形状分布很复杂；城镇的分维指数在黔东南地区略小于 1，在贵州省其余地区也均大于 1，说明城镇的形状分布也很复杂。③水体、森林、农村和水田分维指数空间分布变化相对较大，说明水体、森林、农村和水田形状分布空间差异相对明显。

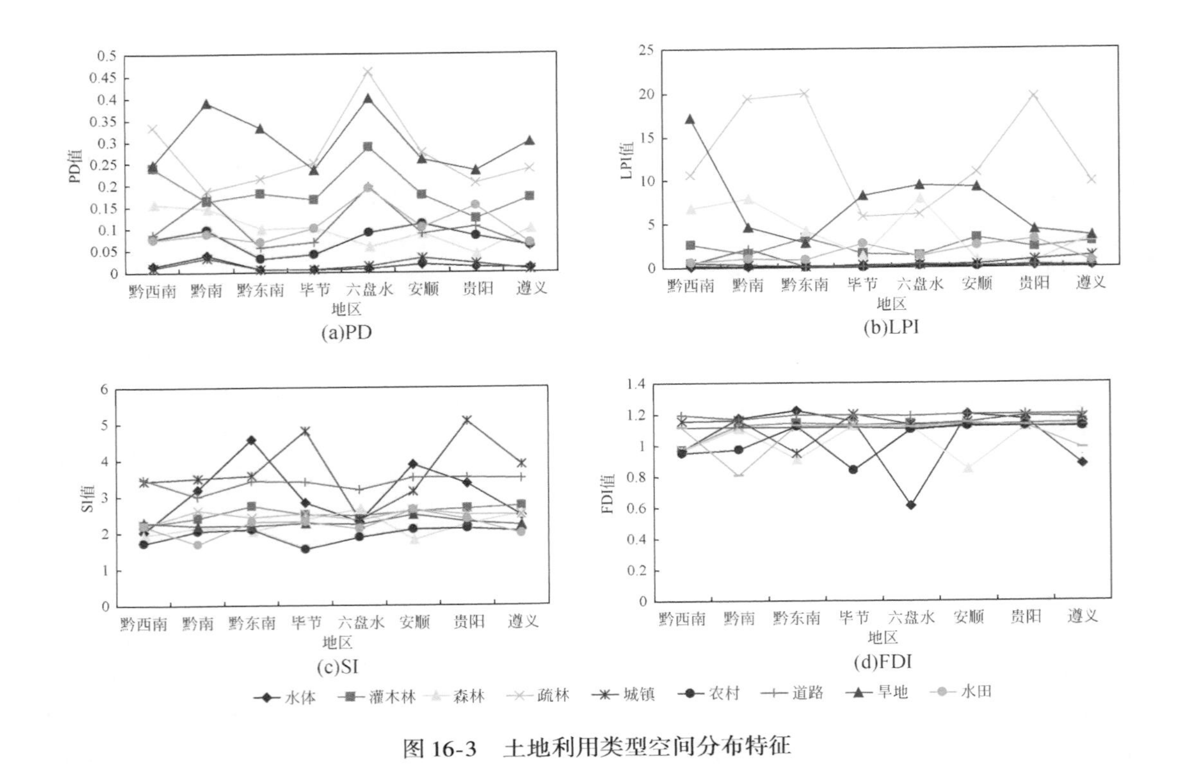

图 16-3　土地利用类型空间分布特征

16.4　土地利用空间格局对水文干旱影响分析

以 40 个样区的 9 种土地利用类型、4 种景观指数的 6 年均值及 40 个样区 RDSI 的 6 年均值为基础，根据灰色理论原理计算土地利用类型的 4 种景观指数与 RDSI 的关联度，并进行分类统计，如图 16-4 所示。

(1) 土地利用类型 PD 与 RDSI 的关联度分析

从图 16-4（a）可知：①六盘水部分土地利用类型的 PD 与 RDSI 的关联度值小于 0.6，其余土地利用类型的 PD 与 RDSI 的关联度值均大于 0.6，说明土地利用类型的斑块密度分布对水文干旱产生影响。②水体和城镇的 PD 与 RDSI 的关联度值相对较大，说明水体和城镇的斑块密度分布对水文干旱影响较大，但对水文干旱空间分布变化的影响较小；其余土地利用类型的斑块密度分布对水文干旱的影响相对较小，但对水文干旱空间分布变化的影响相对较大。③不同土地利用类型的 PD 与 RDSI 的关联度值空间分布曲线基本平行，说明不同土地利用类型的斑块密度对水文干旱空间变化的影响趋势基本一致。④六盘水地区是部分土地利用类型（农村、道路、旱地、水田、灌木林、疏林）的 PD 与 RDSI 的关联度的值点最小，说明六盘水地区的部分土地利用类型斑块分布对水文干旱影响最小。

从土地利用类型的斑块密度空间分布可知，如受人类活动影响较大的地区，斑块密度指数相对较大，自然景观相对破碎，流域储水能力相对较弱，则对流域水文干旱影响不显著；如土地利用类型的斑块密度空间分布变化越大，受人类活动影响的空间差异性也越大，流域储水空间的空间分布变化越大，流域储水能力空间差异明显，则斑块密度分布对水文干旱影响的空间分布变化大。

（2）土地利用类型 LPI 与 RDSI 的关联度分析

从图 16-4（b）可知：①所有土地利用类型的 LPI 与 RDSI 的关联度值均大于 0.6，说明土地利用类型的最大斑块分布对水文干旱产生影响。②道路和城镇的 LPI 与 RDSI 的关联度值相对较大，说明道路和城镇对水文干旱影响最大，且对水文干旱影响的空间分布变化小；其余土地利用类型的最大斑块分布对水文干旱影响的空间分布变化较大。③黔南、黔东南、六盘水、安顺、贵阳等地区，不同土地利用类型的最大斑块指数对水文干旱影响差异较大，而其余地区差异相对较小。

对比分析土地利用类型的最大斑块指数空间分布曲线与其对水文干旱影响的空间分布曲线可知：其两条曲线形状恰好相反，即波峰与波谷相反、曲线变化方向相反，说明土地利用类型最大斑块指数越大，其对水文干旱影响越小；土地利用类型的最大斑块指数空间分布变化越大，其对水文干旱影响的空间分布变化越大。

（3）土地利用类型 SI 与 RDSI 的关联度分析

从图 16-4（c）可知：①六盘水地区的水体、旱地和城镇，黔西南地区水体及黔东南地区城镇的 SI 与 RDSI 的关联度值大于 0.6，其余土地利用类型的 SI 与 RDSI 的关联度值均小于 0.6，说明土地利用类型的边界分布对水文干旱影响较小。②水体、旱地、森林、城镇、农村的形状指数对水文干旱影响的空间分布变化很大；水田和道路的形状指数在黔南地区对水文干旱影响相对较大，在贵州省其余地区影响相对较小，且对水文干旱影响空间变化小；而疏林和灌木林在黔西南地区对水文干旱影响相对较大，在贵州省其余地区影响相对较小，且对水文干旱影响空间变化小。③六盘水地区是水体和旱地的 SI 与 RDSI 的关联度值的最大值点。

通过对比分析土地利用类型形状指数空间分布曲线与其对水文干旱影响的空间分布曲线可知：其两条曲线形状恰好相反，即波峰与波谷相反、曲线变化方向及变化趋势相反，说明土地利用类型的边界分布越复杂，其对水文干旱影响越小；土地利用类型形状指数空间分布变化越大，流域储水空间的连续性差异很大、流域地表储水能力的空间分布变化也越大，则对水文干旱影响的空间分布变化越大，如水体和城镇最为典型。

（4）土地利用类型 FDI 与 RDSI 的关联度分析

从图 16-4（d）可知：①六盘水地区的水体和旱地的 FDI 与 RDSI 的关联度值大于 0.6，其余土地利用类型的 FDI 与 RDSI 的关联度值均小于 0.6，说明土地利用类型的形状分布对水文干旱影响较小。②水体、森林、旱地和农村的分维指数对水文干旱影响的空间分布变化较大；在黔西南地区，灌木林和疏林的分维指数对水文干旱影响较大，而在贵州省的其余地区相对较小，且空间分布基本没变化或变化很小；同理，在黔南地区，道路和水田的分维指数对水文干旱影响较大，而在贵州省的其余地区相对较小，且空间分布基本没变化或变化很小。

对比分析土地利用类型分维指数空间分布曲线与其对水文干旱影响的空间分布曲线可知，其两条曲线形状恰好相反，即波峰与波谷相反、曲线变化方向及变化趋势相反，说明土地利用类型的分维指数越大、土地利用类型对水文干旱影响程度越小；土地利用类型的

分维指数空间分布变化越大，则土地利用类型对水文干旱影响的空间差异性也越大。

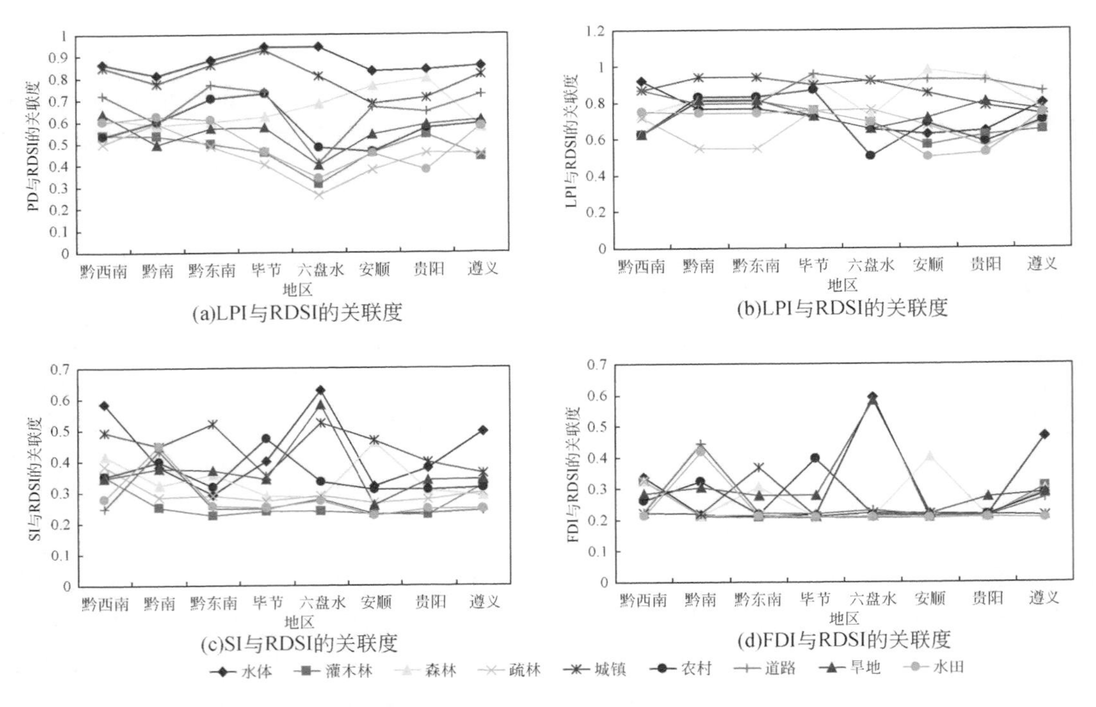

图 16-4 土地利用类型景观指数与水文干旱指标（RDSI）的关联度

16.5 本章小结

土地利用是人类活动对流域介质作用方式，土地利用空间格局是人类活动对流域介质作用的结果，而景观指数是其作用结果的定量描述。人类活动对流域介质作用结果，主要表现为改变流域介质及其空间结构、影响或破坏流域储水空间，从而影响流域储水能力，导致或促进流域水文干旱的发生。因此，通过上述分析，喀斯特土地利用空间格局及其对水文干旱影响可总结如下。

1）疏林、旱地和灌木林分布相对集中、空间分布变化较大，水体和城镇分布相对分散、空间分布变化较小；疏林、旱地和森林的最大斑块分布较大且空间变化大，水体、城镇、道路及农村的最大斑块分布相对较小且空间变化小；所有土地利用类型的边界分布复杂、边缘圆度差，其中水体和城镇的边界分布最复杂、空间分布变化最大；所有土地利用类型的形状分布复杂，其中道路和旱地形状分布最复杂，且道路、旱地的空间分布变化很小。

2）土地利用类型的斑块密度分布及最大斑块分布对流域水文干旱均产生影响，其中水体和城镇的斑块密度分布、道路和城镇的最大斑块分布影响较大，且对水文干旱影响的空间分布都相对较小；土地利用类型的边界分布及形状分布对流域水文干旱影响较小，其中水体、旱地、森林和农村的边界分布及形状分布对流域水文干旱影响空间差异很大。

3）土地利用类型的斑块密度指数越小，土地利用类型对流域水文干旱影响越显著；土地利用类型的斑块密度空间分布变化越大，土地利用类型对水文干旱影响的空间分布变化越大。土地利用类型最大斑块指数越大，土地利用类型对流域水文干旱影响越小；土地利用类型最大斑块指数空间分布变化越大，土地利用类型对水文干旱影响的空间分布变化大。

4）土地利用类型的形状指数越大，土地利用类型对水文干旱影响不显著；土地利用类型形状指数空间分布变化越大，土地利用类型对水文干旱影响的空间分布变化越大；土地利用类型的分维指数越大，土地利用类型对水文干旱影响不显著；土地利用类型的分维指数空间分布变化越大，土地利用类型对水文干旱影响的空间差异也越大。

第17章　中国南方喀斯特流域气象-水文干旱传播机制研究

干旱现象十分复杂，干旱一直被认为是最复杂、人们认识最少的、影响又最大的自然灾害，具有发生频率大、持续时间长及波及范围广等特点。即便是在相同区域的同一时段内，由于区域下垫面条件不同等因素，导致干旱现象也有很大差异，具有特殊的时空演变特征。干旱导致水资源急剧短缺，尤其湖泊河流的生物多样性衰减、生物脆弱性增强，及时把控区域水量变化及规律，做好干旱灾害预报预警，有利于降低干旱带来的各项损失。干旱发生不仅仅与降水的丰亏有关，还与下垫面条件关联。虽然贵州降水丰沛但其具有特殊的喀斯特地貌，碳酸盐岩石出露占全省总面积的61.9%。一方面，碳酸盐岩在可溶性水的作用下，溶蚀形成纵横交错的地下管道，造成地表水渗漏严重、地表径流锐减，地表严重缺水；另一方面，石灰岩等裸露区土壤温度总体较高，对大气降水的蒸散作用较强，从而促使干旱发生。因此，本章主要内容包括：①喀斯特流域气象-水文干旱传播/响应特征识别；②干旱传播方式/类型及传播强度表征；③自然环境因子与人类扰动因素对干旱传播过程影响的主次驱动力分析

17.1　数据与方法

17.1.1　研究数据

(1) 气象水文数据

气象数据来源于中国气象数据共享网，选取1980～2020年17个气象站逐月降水数据；水文数据来源于WheatA数据库，选取30个水文控制站点逐月径流数据，时间为1980～2020年，空间分辨率为0.1°×0.1°。

(2) 地表形态/切割数据

以1∶60万贵州省综合地貌图为基础，利用Arcview软件提取贵州省地表形态数据/地表切割数据；根据综合地貌图分类及研究需要将地表形态大致分为洼地、台地、丘陵、低山和中山等五大类，将地表切割深度划分为六个等级，即无切割、浅切割（<200m）、中等切割（200～600m）、深切割（600～700m）、极深切割（700～1000m）及最深切割（>1000m）；生成专题信息图集。

(3) 岩溶发育强度数据

根据《贵州省水文地质志》贵州省岩溶发育强度分区图，利用ArcGIS软件对分区图进行几何校正与投影校正，提取岩溶发育强度分区数据，并将其依次划分为非岩溶区、弱

发育区、中等发育区、较强发育区及强烈发育区。

(4) 土壤含沙量数据

数据来源于联合国粮农组织（FAO）、维也纳国际应用系统研究所（IIASA）、荷兰、中国科学院南京土壤研究所、欧洲委员会联合研究中心共同构建的世界土壤数据库；其中，中国境内数据源为第二次全国土地调查南京土壤研究所提供的 1 : 100 万土壤数据。研究中使用的土壤数据为下层土壤（30 ~ 100m），土壤含沙量具体分级详见表 17-1。

(5) 土地利用类型数据

土地利用数据以 2020 年中国土地利用遥感监测数据为主，数据来源于中国科学院提供的全球地理信息公共产品，空间分辨率均为 30m，其中包括美国陆地资源卫星（Landsat）的 TM6、ETM+、OLI 多光谱影像和中国环境减灾卫星（HJ-1）多光谱影像；结合 16 米分辨率高分一号（GF-1）多光谱影像，在 2016 年土地利用遥感监测数据基础上，通过人工目视解译提取人类活动干扰强度影响因素（表 17-1）。

表 17-1　干旱传播特征及其影响因子等级划分标准

等级	DPI	Rr/%	地表切割深度	岩溶发育强度	土壤含沙量/%	地表形态	人类活动干扰强度
1	(–∞, 1.0)	[0, 20)	浅切割	非岩溶区	[0, 20)	盆地	未利用地
2	[1.0, 1.1)	[20, 40)	中等切割	弱发育区	[20, 40)	台地	林地
3	[1.1, 1.2)	[40, 60)	深度切割	中等发育区	[40, 60)	丘陵	水域
4	[1.2, 1.3)	[60, 80)	极深切割	较强发育区	[60, 80)	低山	耕地
5	[1.3, +∞)	[80, 100]	最深切割	强烈发育区	[80, 100]	中山	草地
6	—	—	—	—	—	—	城镇建设用地

17.1.2　研究方法

17.1.2.1　气象/水文干旱识别

本节主要采用国际通用的标准化降水指数（SPI）、标准化径流指数（SDI）两个指标对气象、水文干旱进行识别，并按照国际干旱等级划分标准，将气象干旱、水文干旱依次划分为无旱（SPI/SDI>–0.6）、轻旱（–0.6≥SPI/SDI>–1）、中旱（–1≥SPI/SDI>–1.6）、重旱（–1.6≥SPI/SDI>–2）以及极旱（–2≥SPI/SDI）五个等级。SPI/SDI 计算过程如下：

假设某时期降水量为随机变量 χ，则其 Γ 分布概率密度函数为：

$$f(x)=\frac{1}{\beta^{\gamma}\Gamma(x)}x^{\gamma-1}e^{-x/\beta},x>0 \tag{17-1}$$

式中，β 和 γ 分别为尺度和形状参数，$\beta>0$，$\gamma>0$；x 为累计降水量。在确定概率密度函数参数后，对于某一年降水量 X_0 可求出随机变量 x 小于 X_0 事件的概率为：

$$F(x < x_0)=\int_0^{x_0}f(x)dx \tag{17-2}$$

根据公式（17-1）、公式（17-2）计算事件发生概率的近似估计值；降水量为0时的事件概率估计如下：

$$F(x=0)=\frac{m}{n} \tag{17-3}$$

式中，m 为降水量为 0 的样本数；n 为样本总数；对 Γ 分布函数进行标准化正态处理，即：

$$F(x < x_0)=\frac{1}{\sqrt{2\pi}}\int_0^{x_0}e^{-x^2/2}dx \tag{17-4}$$

对式（17-4）进行近似求解可得：

$$\mathrm{SPI}=S\frac{t-(c_1+c_2t)t+c_0}{[d_1+(d_2+d_3t)t]+1} \tag{17-5}$$

式中，SPI 为标准化降水指数。F 为降水概率，当 $F>0.6$ 时，$S=1$；当 $F\leqslant0.6$ 时，$S=-1$。常数项：$c_0=2.616617$，$c_1=0.802863$，$c_2=0.010329$，$d_1=1.432788$，$d_2=0.189269$，$d_3=0.001308$。

17.1.2.2 干旱滞后性计算

对于干旱传播过程研究，目前主要采用交叉小波分析（CWT）和相干小波分析（WTC）。交叉小波分析通常用于揭示两个时间序列之间的整体高能范围和相应的相位关系，相干小波分析既能够获取大气降水、地表径流在能量波谱中的信号振幅和相位信息，又能够衡量两时间系列相干性随时间变化的规律。

（1）交叉小波分析

在 x（t）和 y（t）时序上的定义如式（17-6）所示：

$$R^2(\alpha,\tau)=\frac{\{S*[\alpha^{-1}*W_{XY}(\alpha,\tau)]\}^2}{\{S*[\alpha^{-1}*W_X(\alpha,\tau)]*S[\alpha^{-1}*W_Y(\alpha,\tau)]\}} \tag{17-6}$$

式中，S 为平滑算子；W_{XY}为 $X(t)$和 $Y(t)$小波相关系数；$W_X(a,\ \tau)$和 $W_Y(\alpha,\ \tau)$分别为 $X(t)$和 $Y(t)$两个时间序列的连续小波变化，通过平滑后的系数反映 $X(t)$和 $Y(t)$的相干程度。$X(t)$和 $Y(t)$分别为研究时段内的 SPI、SDI。

（2）相干小波分析

其模型原理是通过对两个时间序列采用交叉小波变化方法进行连续小波变换，以揭示这两个时间序列共同的高能量区，X 序列和 Y 时间序列的小波相干谱函数为：

$$R_n^2(s)=\frac{|S(s^{-1}W_n^{XY}(s))|^2}{S(s^{-1}|W_n^X(s)|^2)\times S(s^{-1}|W_n^Y(s)|^2)} \tag{17-7}$$

式中，S 是平滑器；s 为伸缩尺度；W_n^X、W_n^Y 分别为 X、Y 的小波变换；W_n^{XY}（s）为交叉小波谱。X 和 Y 分别为研究时段内的 SPI、SDI。

17.1.2.3 干旱传播特征

（1）传播强度

气象干旱至水文干旱传播过程主要利用干旱传播强度指数（DPI）来定量表达。当

DPI>1，即水文干旱强度大于气象干旱，或气象干旱向水文干旱传播强度较强；当 DPI<1，即水文干旱强度小于气象干旱，或气象干旱向水文干旱的传播强度较弱。其计算公式如下：

$$\mathrm{DPI}=\frac{\mathrm{HA}}{\mathrm{MA}},\mathrm{MA}\neq 0 \tag{17-8}$$

式中，DPI 为干旱传播强度指数，HA 为 1980 ~ 2020 年的水文干旱强度，MA 为 1980 ~ 2020 年的气象干旱强度。干旱强度是指在研究时段内干旱发生年份的 SPI/SRI 均值。

(2) 响应程度

水文干旱对气象干旱响应过程主要利用响应率（Rr）即干旱响应程度来衡量。若两种干旱类型间响应程度越高，则表明水文干旱对气象干旱发生越敏感，两者联系较为密切，反之较低的响应程度则表明水文干旱受气象干旱影响较弱。响应率数学表达式如下：

$$\mathrm{Rr}=\frac{N}{M}\times 100 \tag{17-9}$$

式中，Rr 是响应率（百分比），N 是响应气象干旱事件的水文干旱事件数，M 是 1980 ~ 2020 年的气象干旱事件数。

17. 1. 2. 4　干旱概率特征

(1) 时变 COPULA 模型

Copula 函数是一种多变量分析方法，能对干旱问题的多变量进行多元拟合，分析条件概论和重现期等；时变 Copula 模型主要是指参数随时间变化的 Copula 函数模型。

1）联合概率分布是指事件 A（水文干旱）与事件 B（气象干旱）同时发生的概率分布；利用 Copula 模型对水文干旱边缘概率与气象干旱边缘概率进行联合概率计算，以此得到干旱联合概率的经验分布与概率密度函数，具体计算过程如下：

$$P(\mathrm{AB})=P(\mathrm{A}\mid \mathrm{B})*P(\mathrm{B}) \tag{17-10}$$

式中，$P(\mathrm{A})$为水文干旱事件的边缘概率，$P(\mathrm{B})$为气象干旱事件的边缘概率，$P(\mathrm{A}\mid \mathrm{B})$为条件概率，即表示在气象干旱发生条件下的水文干旱发生概率；$P(\mathrm{AB})$即为气象与水文干旱事件交的概率（联合概率）。

2）边缘概率。定义：设 $F(x, y)$为 X，Y 的联合分布函数，则 $F_x(x)=F(x, +\infty)$，$F_y(y)=F(+\infty, y)$分别称为二维随机变量(X, Y)关于 X 和关于 Y 的边缘分布函数。

已知 $P(X=x_i, Y=y_i)=P_{ij}$为(X, Y)的联合分布律，则离散型边缘分布函数：

$$F_X(x)=F(x, +\infty)=\sum_{x_i\leqslant x}\sum_{j=1}^{\infty}p_{ij} \tag{17-11}$$

$$F_Y(y)=F(+\infty, y)=\sum_{y_i\leqslant y}\sum_{j=1}^{\infty}p_{ij} \tag{17-12}$$

已知连续型随机变量(X, Y)的联合概率密度$f(x, y)$以及联合分布函数 $F(x, y)$，则连续型边缘分布函数：

$$F_X(x)=F(x, +\infty)=\int_{-\infty}^{x}\left(\int_{-\infty}^{+\infty}f(x,y)dy\right)dx \tag{17-13}$$

$$F_Y(y) = F(+\infty, y) = \int_{-\infty}^{y} \left(\int_{-\infty}^{+\infty} f(x,y)\,dx\right) dy \tag{17-14}$$

(2) 状态转移概率矩阵

某一现象在某一时刻 t 所出现的结果，称之为在 t 时刻所处的“状态”。一般情况下，把随机系统里的随机变量 X_t 在 t 时所处的状态 i 表示为：

$$X_t = i, (i=1,2,\cdots,n; t=1,2,\cdots,i) \tag{17-15}$$

由于状态是随机的，因此用概率来描述状态间转移的可能性大小，这个概率称为“状态转移概率”，即对于某事件由状态 E_i 转移到 E_j 的概率，称为从 i 到 j 的转移概率。记为：

$$P_{ij} = P(E_j | E_i) = P(E_i \to E_j) = P(x_{n+1} = j | x_n = i) \tag{17-16}$$

设某事件有 E_1、E_2、…、E_n 种状态，而且每次只发生于一种状态中，则每一个状态都具有 n 个转向（含转向本身），即第 i 种状态 E_i 可以是 E_iE_1，E_iE_2，…，E_iE_n，其中 $P(E_iE_j) = P(E_i | E_j) = P_{ij}$，共有 n 个转移概率：P_{i1}，P_{i2}，…，P_{in}。当把 P_{ij} 作为第 i 行，则 n 个状态（$j=1, 2, \cdots, n$），所以有 n 行，其状态转移概率矩阵为：

$$\boldsymbol{R} = \begin{bmatrix} P_{11} & P_{12} & P_{13} & \cdots & P_{1n} \\ P_{21} & P_{22} & P_{23} & \cdots & P_{2n} \\ \vdots & \vdots & \vdots & & \vdots \\ P_{n1} & P_{n2} & P_{n3} & \cdots & p_{nn} \end{bmatrix} \tag{17-17}$$

式中，$0 \leqslant P_{ij} \leqslant 1$，$(i, j=1, 2, \cdots, n)$；$\sum_{j=1}^{n} P_{ij} = 1$，$(i=1, 2, \cdots, n)$。

17.2 贵州省气象-水文干旱演变特征

17.2.1 气象干旱、水文干旱演变特征

17.2.1.1 SPI/SDI 演变特征

(1) 时间演化特征

分析 1980 ~ 2020 年贵州省逐月 SPI/SDI 发现：贵州省降水充沛、地表径流量较大，从年际变化上看，多年绝大部分月尺度 SPI/SDI 值高于-0.6；在季尺度上，SPI/SDI 分布具有较高的相似性，降水量变化与地表径流量间存在明显的关联性，40 多年区域在各时段降水和径流量仍有较大差异性。

根据 SPI/SDI 在年尺度滑动趋势表明降水与径流存在明显关联性（图 17-1），其中在 20 世纪 80 年代区域降水量与地表径流量均呈现“先增后降”变化趋势，说明在 80 年代初期区域降水丰富、水资源储量较多，因此径流量 SDI 值滑动平均位于 SPI 之上，但在 80 年代末期大气降水持续性减少，并由此导致区域地表水资源缩减、河流出水量减少；1990 ~ 1999 年区域降水变化呈现较大的波动性，即 SPI<-0.6 时区域内有轻微的气象干旱发生；21 世纪贵州省降水出现了较为明显的变化，径流随降水变化而表现出部分时段的

短缺，尤其21世纪初期区域出现长时期的降水不足，地表径流SDI值明显低于–0.6且趋近于–1，即全省水文干旱表现为轻度，但有转中度的可能。21世纪10年代初期区域内干旱灾害频发，气象、水文干旱接连发生，因大气降水长期短缺，区域地表水得不到及时补给，持续高温天气加重了水文干旱程度。总之，从1980年至今区域降水丰富，地表径流量补充及时，干旱虽时有发生，但程度较低。

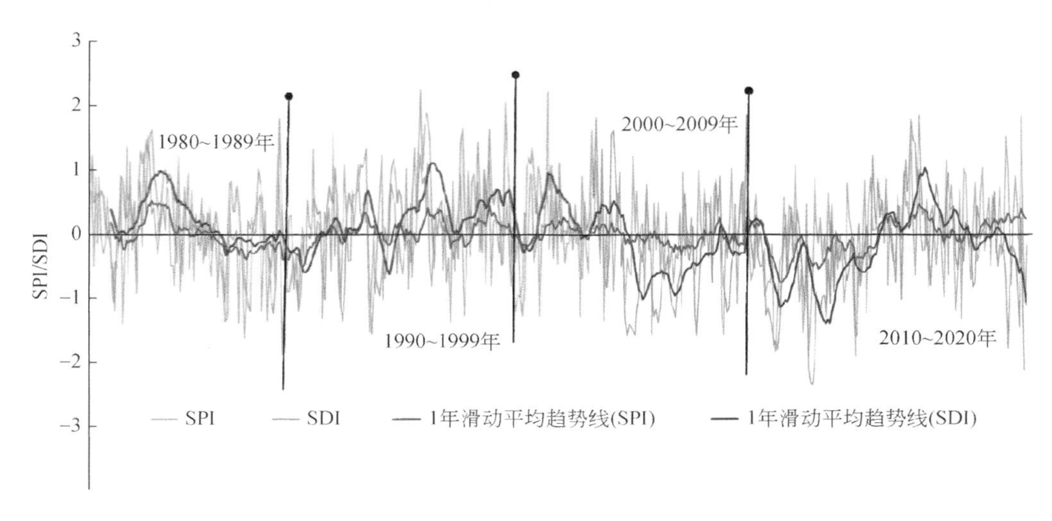

图 17-1　SPI、SDI 的年度演变特征

SPI/SDI在区域的季节分布上看（图17-2），1980～2020年的SPI在季节性呈现相似的波动性，尤其80年代初期和90年代为降水丰富期，且降水相对集中，而20世纪80年代中期为降水稀少期。另外，四季降水空间分布差异也较大，夏季区域降水普遍较高，其次秋季，冬季降水较为集中但月降水差值较为明显。与降水相比，区域地表径流季节变化更具有可辨性，波动变化极为明显（图17-2b）；80年代早期和90年代为地表径流量较高时段，尤其90年代流量偏高且相对集中；2000年以后区域季节性径流短缺，主要表现2010年3月、4月，2012年2月（春季），2011年和2013年的7月和8月（夏季）较为突出，而秋季与冬季（2010年、2011年和2020年）径流量相对较低。

综上所述，区域大气降水与地表径流整体相关性较强，即在时间上丰枯较为一致。20世纪90年代降水丰沛，地表水资源丰富，SPI/SDI滑动平均趋势线呈现多峰值，特别此时段地表径流量波峰明显多于其余时段；21世纪后降水量与径流量均出现明显的低谷，区域内出现中度水文干旱以及轻度气象干旱，干旱程度有逐渐加重趋势。季节分布上，SPI/SDI表现明显的波动性，夏季降水时间相对集中，导致地表径流在相同时段内也相对集中。另外，气象与水文干旱分布较为相似，其中SPI/SDI在80年代、90年代的春夏季及2000后的秋冬季出现降水量短缺，导致大气降水与地表径流关系密切。

（2）空间分布特征

如图17-3所示，总体上全省降水量丰富，降水呈现明显的季节性变化，局部地区存在空间分布异质性，区域旱情总体较轻；与降水分布相比，径流区域分布差异性较大。从

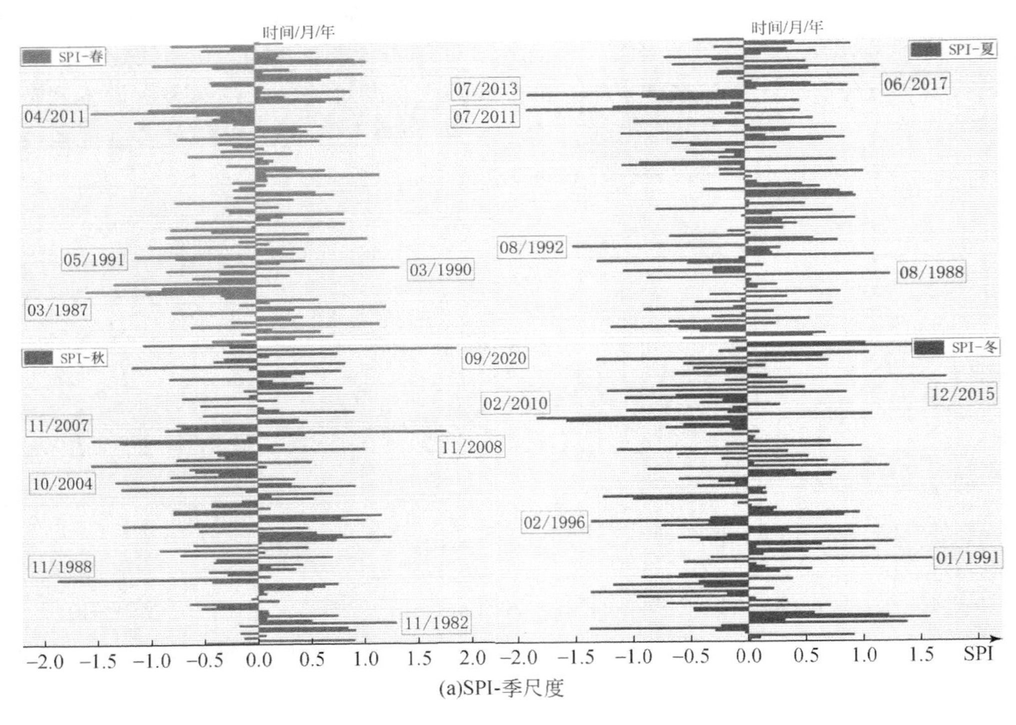

(a)SPI-季尺度

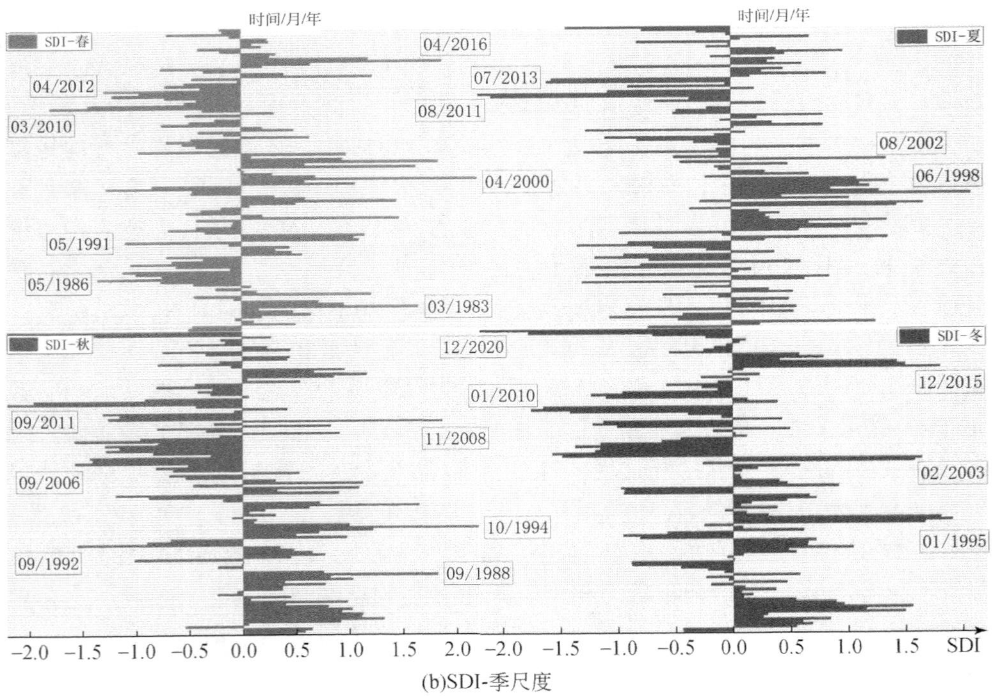

(b)SDI-季尺度

图 17-2　SPI、SDI 的季节性演变特征

贵州省降水空间分布上，夏季降水量远远高于其余季节，SPI 月均波动 [-0.027，0.066]；其次春季，SPI 高达 0.064，秋冬季最小，SPI 分别为 0.042 和 0.03；区域降水量为：夏季>春季>秋季>冬季。秋冬降水空间分布较为相似，除毕节的小部分区域外，全省降水量空间分布差异较小；在春夏季，毕节市降水空间分布西部偏低、整体呈由西向东“低—高—低”的趋势，全省其余地区空间分布差异不明显。总之，贵州西北部降水量略低于其余区域，夏秋相对集中、但空间分布恰好相反；年尺度贵州东部为降水集中区域。

区域地表径流与大气降水密切相关，地表径流量多少受到大气降水直接影响。从季节性标准化径流指数（SDI）空间分布上看（图 17-4），全省水文干旱发生可能性较低，SDI 月均在 0 值上下波动，其中夏季地表径流量最大、SDI 月均值最高（0.027），春季地表径流量最小（SDI=0.002），秋冬季地表径流量相当（SDI=0.017）；季节性地表径流为：夏季>春季>秋季>冬季，这与降水量季节性分布较为一致。空间上径流量与降水量分布相差甚远，全省地表径流量以黔西南州、六盘水市偏少，其余区域呈零星、散状分布；秋冬为径流量最低季节，面积占比约为全省的五分之二，尤其秋季径流偏低主要分布于贵州省东部，以铜仁市、黔东南州为主，以及遵义市、贵阳市、黔南州部分地区，SDI 为-0.011；总体上，全省径流量由东向西逐渐递减，低径流区除东部区外还有西部局部区域，呈现“中间低、两边高”空间分布格局。

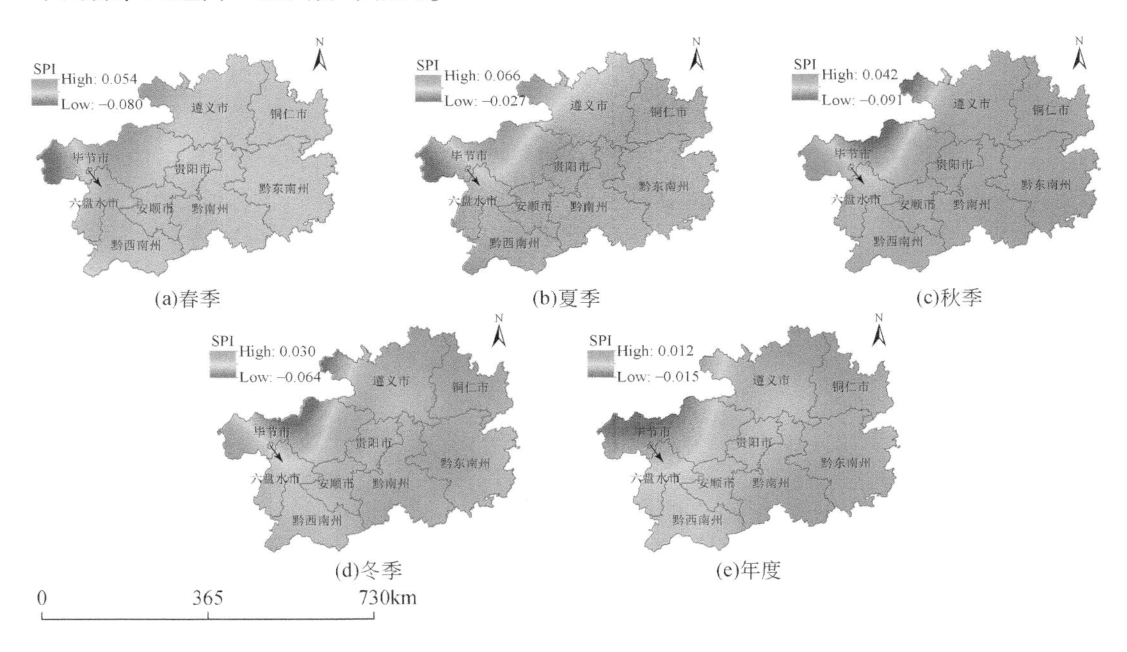

图 17-3 SPI 时空演变特征

综上研究表明，贵州全省降水量偏多，尤以夏季降水为主，春季次之，但空间上降水分布不均，主要是贵州毕节地区降水量偏低、其余区域降水充沛；地表径流季节性分布与大气降水相一致，主要表现：夏季>春季>秋季>冬季，地表径流量大小与大气降水多少有着直接的联系。降水与径流季节性空间分布二者略有不同，其中 SPI 空间分布夏季呈南北递减、其余季节呈西北东南递增，空间分布差异显著；SDI 空间分布呈多元化分布格局，其中年尺度和春夏季呈东西递减，秋冬季以贵州东部径流量偏低，尤其黔东南州和铜仁市季节性径流变化空间差异明显。

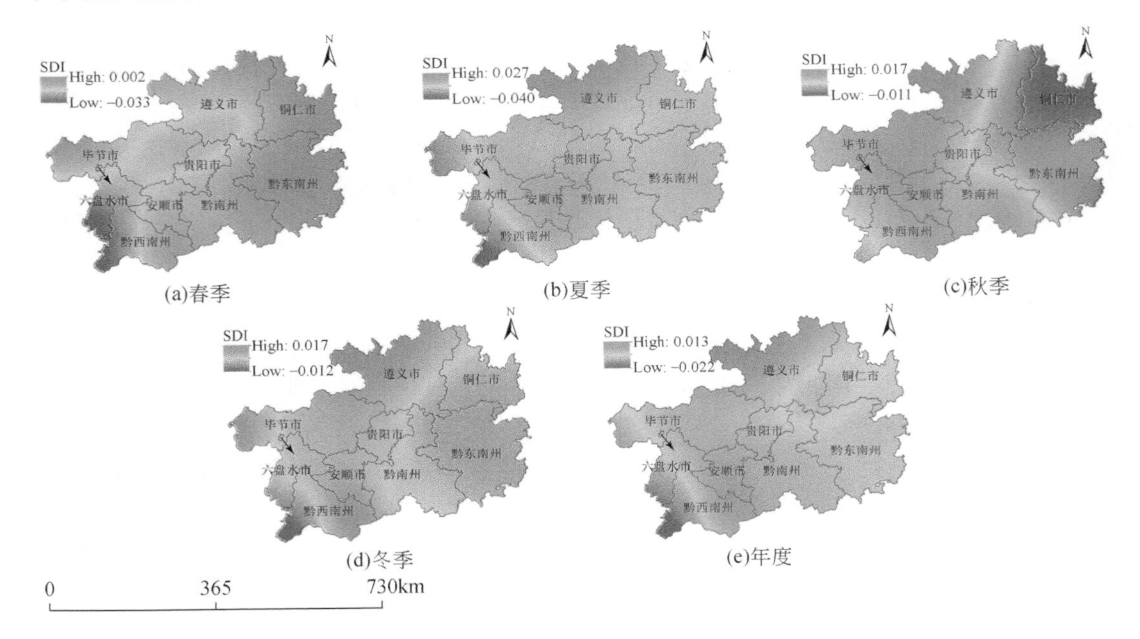

图 17-4　SDI 时空演变特征

17.2.1.2　干旱程度演变特征

（1）气象干旱程度特征

1980 年以来贵州省气象干旱程度较低，以无旱和轻旱为主，不同干旱等级呈现显著的季节性差异。由图 17-5 可知，四季气象干旱未发生月份远高于发生月份，即无旱面积占据主要地位，表明区域气象干旱发生概率较低，降水充足；其次是轻度干旱，是贵州省主要气象干旱类型，表明区域内长时段降雨充足，气象干旱对社会经济发展影响较小；但严重和极端气象干旱在贵州境内时有发生，且不同干旱程度呈现季节分布差异明显。针对轻度气象干旱四季发生次数相差较小，在 1980～2020 年的 41 年里，贵州省轻度气象干旱在春夏冬季共发生 16 场（图 17-5a、图 17-5b、图 17-5d），秋季发生 20 场（图 17-5c），表明轻度干旱集中于秋季；春夏季轻度气象干旱时间变化不明显，秋冬季呈现一定的集中性，主要表现在 20 世纪80～90 年代、21 世纪初期及 2011 年秋季（图 17-5c、图 17-5d）。中度气象干旱在春夏冬季各发生 6 场，秋季发生明显高于其余季节（11 场），表明秋季是贵州省气象干旱较为多发的季节。重度及以上等级气象干旱在冬季的空间分布相对均匀，呈现“多时段，高集中”特点（图 17-5d）；夏秋季干旱发生次数略高于春冬，即夏秋是区域气象干旱高发期；春夏秋季重度及以上等级气象干旱具有明显的相似性，呈现“双时段”分布特征，即表现在 1986 年、2010 年春季，1992 年、21 世纪 10 年代的夏季，以及 1988 年、21 世纪秋季，21 世纪 00 年代冬季。

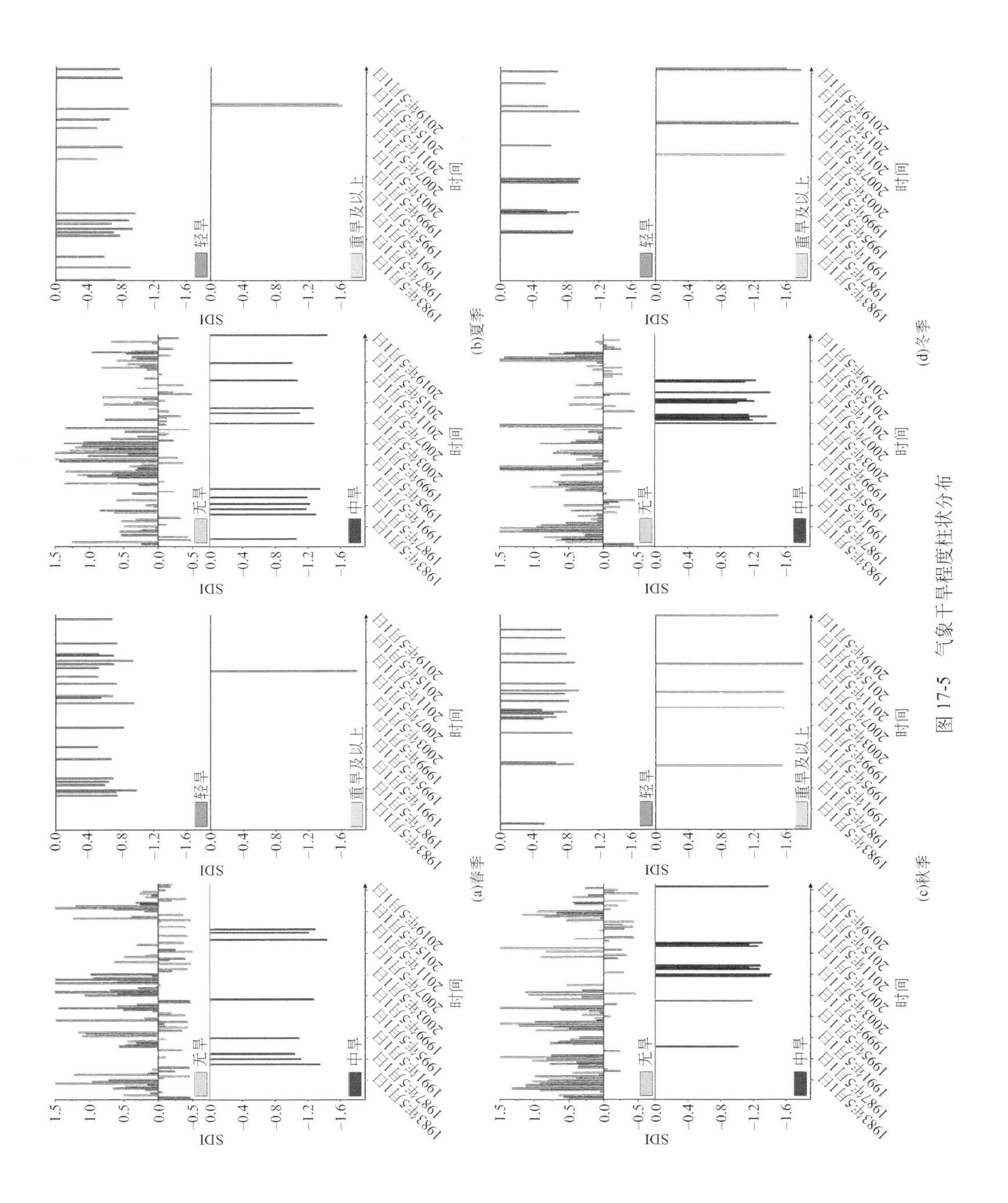

图 17-5 气象干旱程度柱状分布

(2) 水文干旱强度特征

贵州降水虽然丰富，但区域水文干旱时有发生，具有明显的季节性差异。1980～2020年，区域水文干旱仍以无旱和轻旱为主，这归因于大气降水是地表水资源的主要补给来源，水文干旱在一定程度上直接受降水影响，因此水文干旱季节性变化与气象干旱相似，但由于流域下垫面条件特征及区域差异性，区域水文干旱又具有自己独有的特征。轻度水文干旱在春季无明显变化，41年共发生21场（图17-6a）；20世纪80年代夏季区域水文干旱虽发生频率较低，轻度干旱16场，但较春季集中（图17-6b）；秋季发生轻度干旱约为17场，干旱频率与夏季相同，主要集中于2000年以后（图17-6c）；冬季轻度水文干旱相对集中，主要表现在20世纪80年代末、90年代初期及末期的冬季及21世纪后期，干旱频率略低于其余季节（约为13场）（图17-6d）；中度水文干旱在春季主要集中于20世纪80年代和2011年，共发生8场；80年代夏季区域水文干旱相对集中，中度干旱12场；2000年后的秋冬季区域水文干旱相对集中，尤其冬季中度干旱集中性十分明显，分别发生11、10场；重度及以上干旱春夏季发生较少（1～2场），秋冬季干旱频率相对较高（共6场）。总体上，2000年后贵州水文干旱主要表现为重度等级，即21世纪后区域水文干旱程度加重，干旱趋势加剧。

17.2.2 气象干旱、水文干旱概率特征

17.2.2.1 干旱边缘分布特征

(1) 季尺度特征

为了全面掌握区域气象与水文干旱特征，深入分析干旱在季节尺度下的边缘分布（图17-7），结果发现21世纪后两者变化及差异尤其明显。气象干旱边缘分布特征值范围为[0.76，1]（图17-7a），主要集中于1980～1994年、2004～2014年，这两段时间边缘分布波动性大而集中，这表明气象干旱越严重干旱持续时间越长则干旱边缘分布越明显，边缘分布概率值越高。总体上，气象干旱边缘概率值春季为[0.80，1]、夏季为[0.79，1]、秋冬季为[0.76，1]和[0.76，1]，表现为：春季>夏季>秋季>冬季。区域水文干旱边缘分布在时间变化和季节差异都非常明显（图17-7b），时间变化主要表现在20世纪80年代～90年代及21世纪之后，呈显著的“低—高—低”分布；2002年将全省水文干旱边缘分布划分为两个时段，即2002年前水文干旱边缘分布在季尺度下限值为0.76，2002年后下限值明显降低（0.73）；2002年后冬季边缘分布值有所上升，由2002年前0.76提升至0.77，其余季尺度则略有降低；2002年前后时段边缘概率分布在春季由0.8下降至0.73、夏季由0.79降低为0.72、秋季由0.76下降至0.71。季尺度上同样以2002年为界将区域水文干旱边缘分布划分两个时段：2002年前冬季边缘分布概率值较高，为[0.8，1]，其次是夏季，为[0.79，1]，秋冬季边缘分布范围为[0.76，1]和[0.76，1]，总体呈现：春季>夏季>秋季>冬季；2002年后季尺度边缘概率分布变化很大，边缘概率值冬季为[0.77，1]，其次是春季，为[0.73，1]，夏秋季为[0.72，1]和[0.71，1]，边缘概率特征依次为：冬季>春季>夏季>秋季。

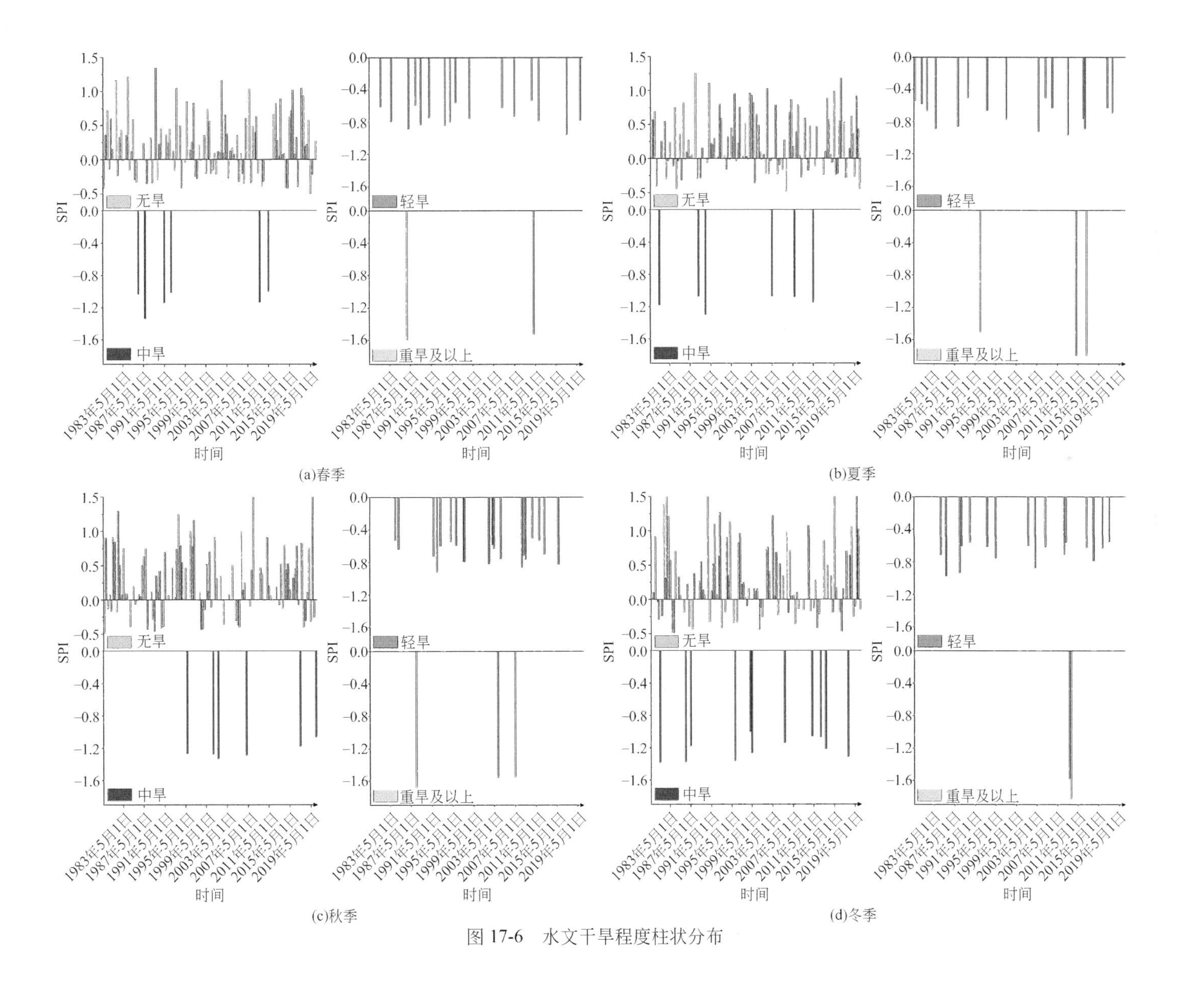

图 17-6　水文干旱程度柱状分布

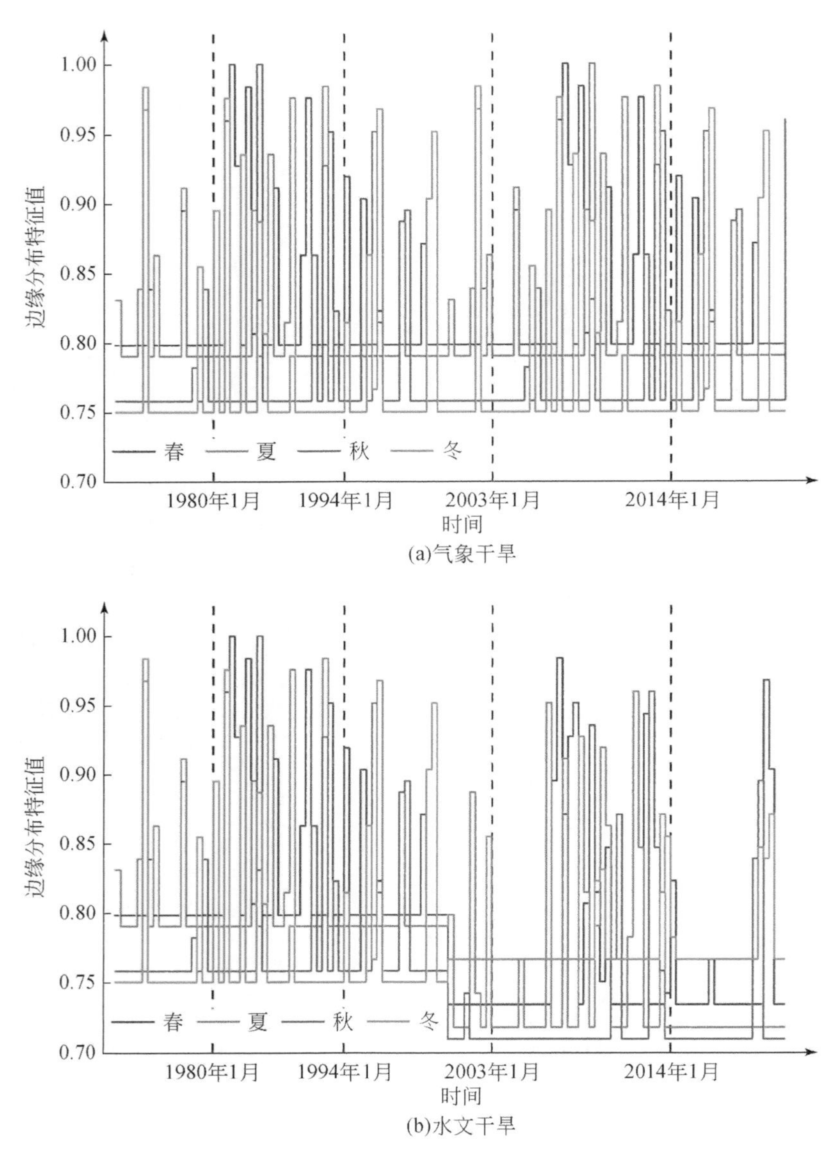

图 17-7　气象、水文干旱季尺度边缘分布特征

(2) 年尺度特征

从年尺度上剖析贵州省气象与水文干旱边缘分布特征值发现（图 17-8a），气象干旱特征值总体上高于 0.77，时间上呈现“高—低”交替分布格局；20 世纪 80 年代中后期区域气象干旱边缘分布相对集中且值较大，90 年代有所缓和，90 年代末期出现连续几个月零值现象；2000 年后区域气象干旱频发，干旱程度逐渐加剧，大部分区域概率值高于 0.9，2014 年后概率值呈现低谷。水文干旱边缘概率分布较为稀疏，总体低于气象干旱，特征值在［0.72，1］（图 17-8b）；水文干旱边缘分布主要集中于 1986 ~ 1992 年和 2003 ~ 2013 年，特征值大部分高于 0.9 且分布相对集中；1986 年前、1993 ~ 2002 年及 2014 年后区域

水文干旱边缘概率值相对较低（<0.86），说明水文干旱在这几个时段内较轻、持续进间较短，总体呈现“低—高”交替分布。总之，1980 年后区域气象与水文干旱边缘分布在年尺度上具有显著特征，水文干旱边缘分布特征值明显低于气象干旱，两者之差为 0.06；41 年间气象干旱边缘分布集中性和密集性高于水文干旱，但两者均呈现明显的波峰期；20 世纪 80 年代和 21 世纪的 2003 ~ 2014 年是气象与水文干旱边缘分布相对集中且高特征值时段，说明干旱程度较为严重。

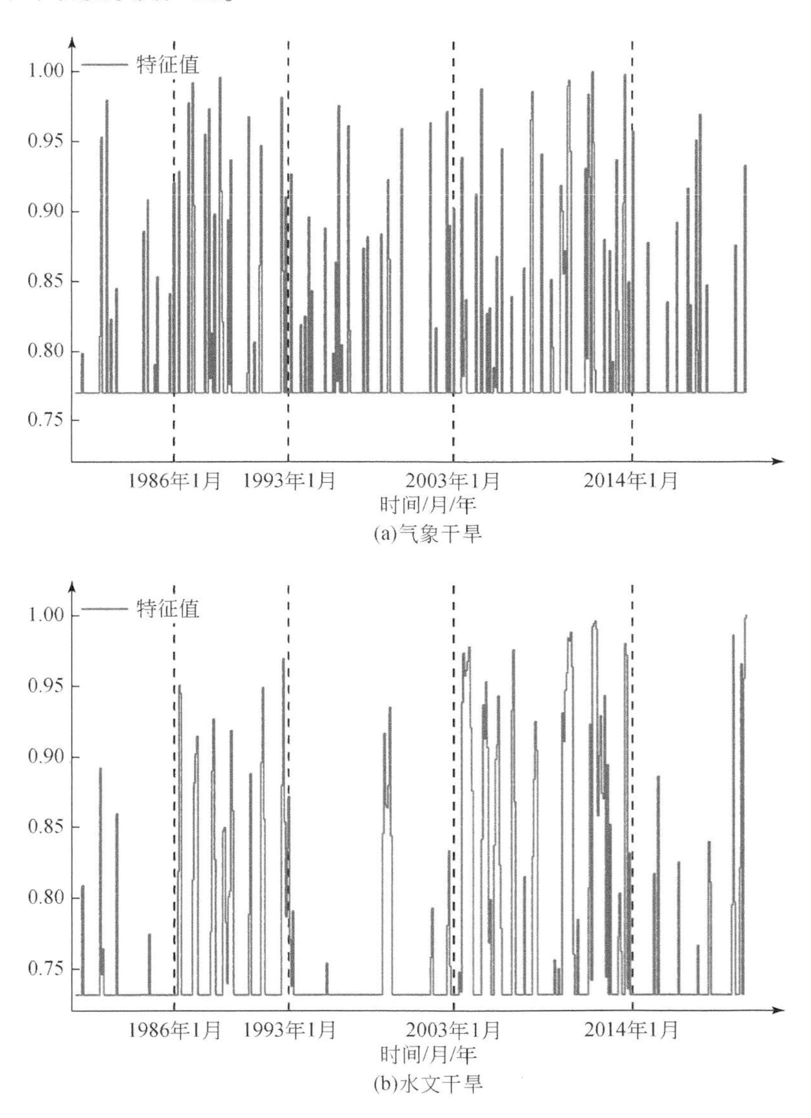

图 17-8　气象、水文干旱年尺度边缘分布特征

17.2.2.2　干旱条件分布特征

上述研究表明，区域气象与水文干旱联系紧密，即水文干旱发生主要归因于大气降水

长期不足或降水稀少导致区域蒸散量增加而得不到及时补给，但区域在一定时期无降水或降水不足却不一定导致水文干旱发生，表明并非每一场气象干旱均会导致水文干旱，因此以气象干旱发生为条件，探究其导致水文干旱发生的可能性。

首先，从不同时间尺度上看（图 17-9a），水文干旱对气象干旱变化最为敏感时段主要是 1980～1994 年和 2003～2014 年，这两个时段内区域发生气象干旱引发水文干旱的概率极高（>0.70），表明区域内气象干旱发生引发水文干旱可能性偏高。其中，春季气象干旱引发春季水文干旱概率大于 0.76，夏季引发秋季干旱大于 0.73，秋冬季引发冬春季干旱分别大于 0.77 和 0.78。总之，冬季气象干旱引发春季水文干旱概率高于其余季节，而夏季引发秋季干旱概率最低。

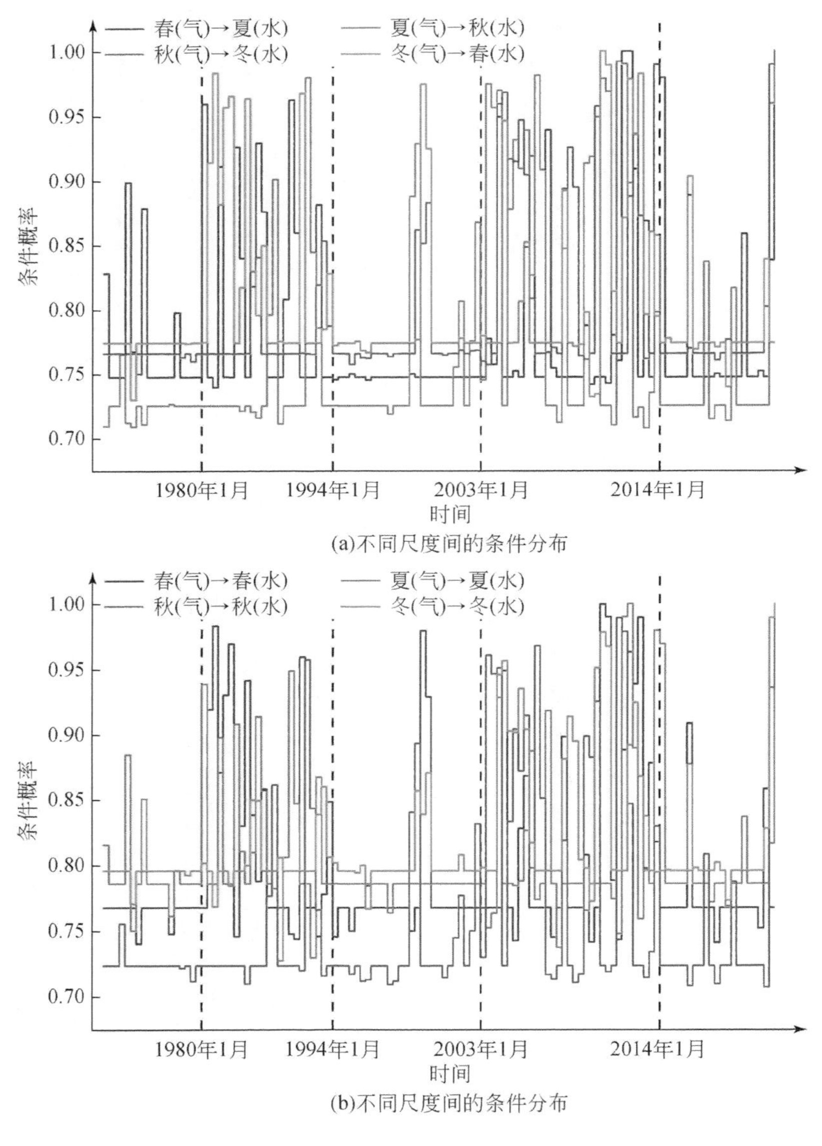

(a)不同尺度间的条件分布

(b)不同尺度间的条件分布

图 17-9　干旱条件分布季尺度特征

其次，从气象干旱引发相同尺度水文干旱上看（图 17-9b），主要发生于 1980 ~ 2014 年，2003 ~ 2014 年呈现水文干旱高值期，这与气象和水文干旱重合期突出时段相一致。另外，各季节尺度下条件概率低值差异也非常显著，如春季较低值大于 0.77，夏季大于 0.79，而秋季条件概率最低（>0.73），冬季最高（>0.8）。根据季尺度水文干旱发生概率可知，当区域气象干旱发生，由于降水不足将导致区域水文干旱发生，而水文干旱在季尺度上发生概率有所差异，其中冬季概率偏高，其次春夏季，秋季偏低。这可能是秋季气象干旱发生，虽大气降水补给有所短缺，但流域储水缓冲了水文干旱发生，导致秋季水文干旱对气象干旱响应相对较弱；而冬季本就处于枯水季节，江河湖泊蓄水量较低，气象干旱发生后区域大气温度上升，地表水消散速度增快，区域对气象干旱变化十分敏感。

最后，贵州省水文干旱对气象干旱响应在年尺度整体呈上升趋势（图 17-10），表明区域干旱程度逐渐加重，干旱发生越来越频繁，水文干旱对气象干旱越来越敏感。区域水文干旱主要集中于 1986 ~ 1993 年和 2003 ~ 2014 年，这两时段干旱概率均大于 0.9；1986 年前、1993 ~ 2003 年及 2014 年后区域水文干旱对气象干旱响应较为缓慢，水文干旱发生概率偏低（0.74）。

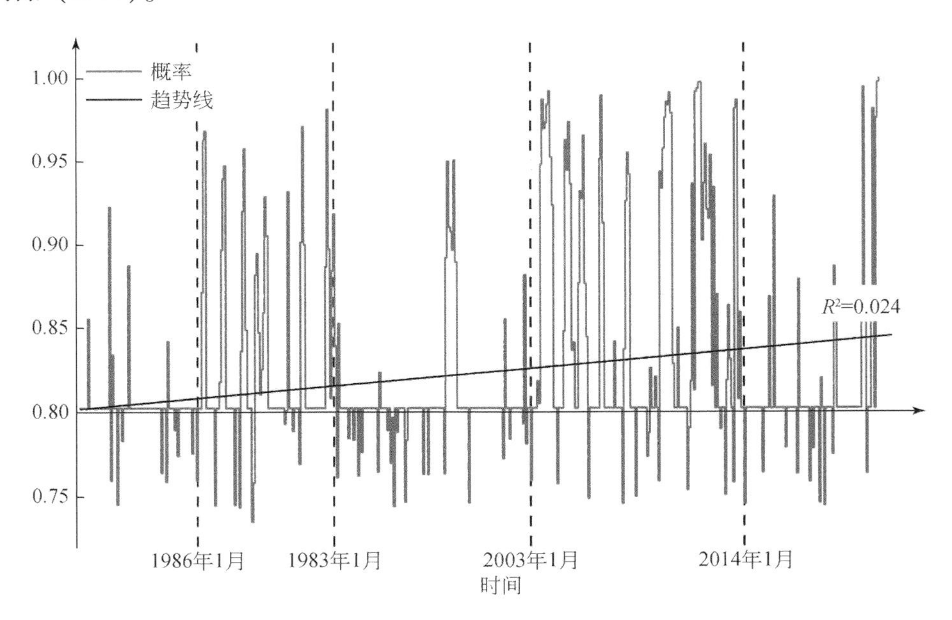

图 17-10　干旱条件分布年尺度特征

综合所述，20 世纪 80 ~ 90 年代及 21 世纪区域气象干旱引发水文干旱概率偏高，即水文干旱对气象干旱响应非常敏感；冬季气象干旱引发冬春季水文干旱概率偏高，这主要是冬季处于枯水期流域蓄水量少，气象干旱发生将快速导致区域水资源补给不足，江河湖泊枯竭引发生水文干旱；夏秋季气象干旱虽有发生，但导致水文干旱概率却较低，这归因于流域储水的调节作用。总之，区域气象干旱发生水文干旱逐年递增，区域干旱程度越来越严重。

17.2.2.3 干旱联合分布特征

针对气象与水文干旱边缘分布进行拟合，得到两者联合概率，分析两种干旱类型之间的联系（图 17-11）。总体上，区域气象与水文干旱在各季尺度中概率密度略有不同。其中，秋季联合概率密度分布不显著，其余季节较为显著，尤其年尺度区域气象与水文干旱联系密切，联合概率密度双尾特征十分明显。季尺度中联合概率密度范围存在显著差异，其中春季密度范围为［0.6，1.6］（图 17-11a）、夏季为［0.7，1.4］（图 17-11b），而秋季联合概率密度变化相对较小，密度值趋近于 1 并在其上下波动（图 17-11c），冬季相对较高，为［0.8，1.3］（图 17-11d），这表明气象与水文干旱联合概率在秋季较为稳定，密度值波动性较小，秋季为联合概率最佳尺度。在年尺度上气象与水文干旱联合概率密度特征最为显著，密度值范围为［0，2.3］（图 17-11e），年尺度与季尺度密度值极差为 0.8，这表明年尺度联合概率密度虽波动性较高，但与季尺度相比却是最佳尺度。从密度分布函数尾部分布上看，春季尾部相关程度最高，表明气象与水文干旱在春季相关性最高，秋季相关性最弱、双尾特征并不明显。总体上，季尺度尾部相关远不及年尺度，气象与水文干旱联合概率密度函数双尾特征在年尺度极其明显，密度低尾值为 0，高尾值为 2.3，高低尾差值明显，表明气象干旱与水文干旱在年尺度上的相关程度最高。

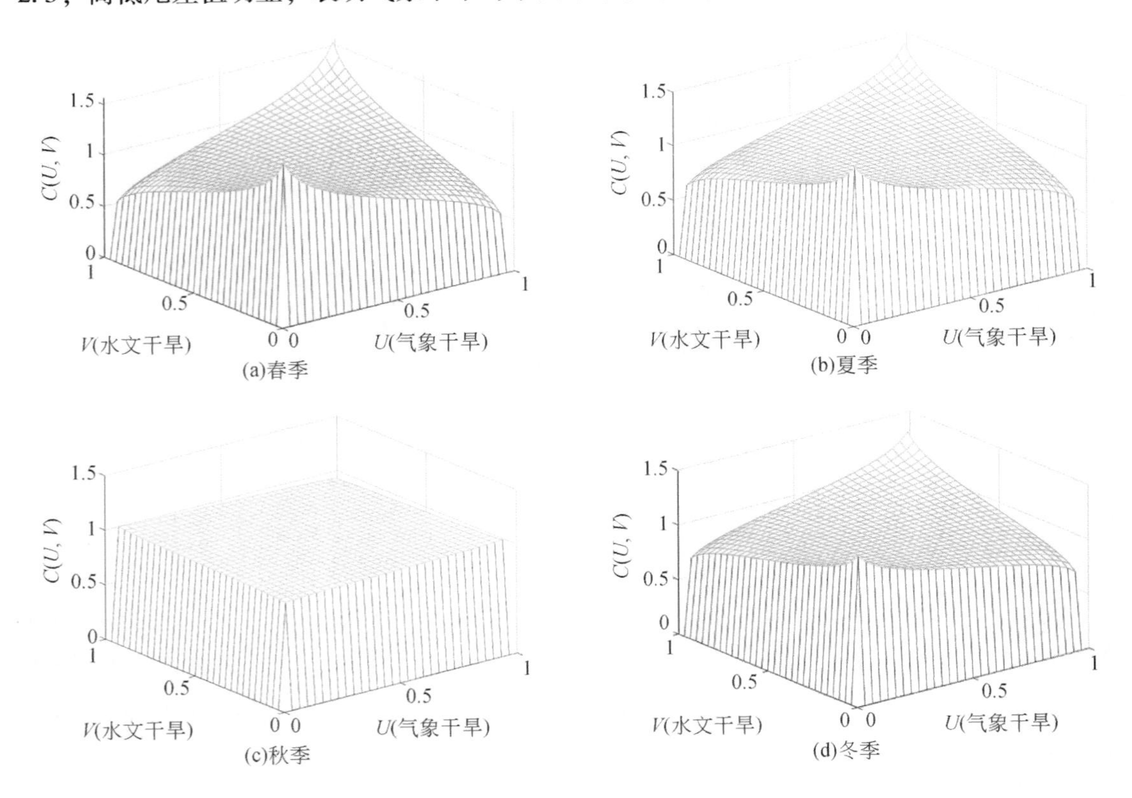

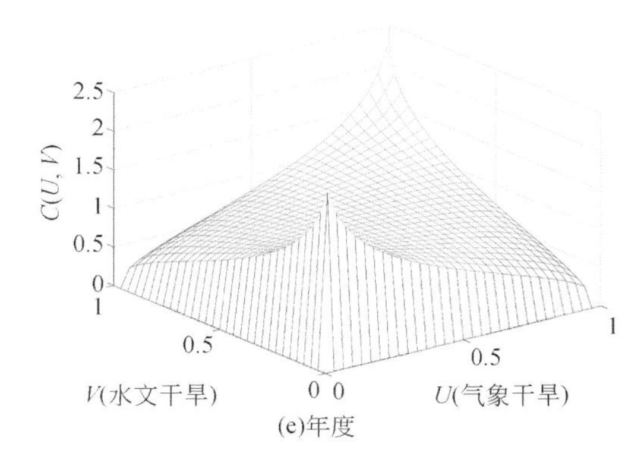

图 17-11　气象、水文干旱联合密度特征

根据气象与水文干旱联合分布参数特征可知（表 17-2），气象干旱在夏季偏度最大、偏度值为 2. 26，冬季偏度最低（1. 77）；水文干旱在冬季和年尺度偏度值较大，偏度值分别为 2. 193 和 2. 016，在春夏季偏度值最小，整体上气象与水文干旱偏度均为正，这表明气象与水文干旱两个时间序列在坐标轴上均值左侧离散程度比右边弱，呈正偏态分布；气象干旱在夏季整体向左偏移程度最高，波形曲线在右侧具有明显的长尾，在冬季向左偏程度最低；水文干旱则是在冬季和年尺度上整体向左偏移程度最高，时间序列波形具有明显的右侧长尾特征，在春夏季整体向左偏移程度低于其余尺度。气象与水文干旱峰度值均大于 3（正态分布的峰度等于 3），表明气象与水文干旱时间序列曲线峰值高于正态分布；与正态分布波形曲线相比，两种干旱类型的时间序列曲线具有明显的尖峰特征；气象与水文干旱的 Copula 经验与理论函数差值（欧式平方距离）在夏季最小，表明在夏季气象与水文干旱拟合程度最好，气象干旱与水文干旱在夏季联系较为密切。

表 17-2　气象、水文干旱联合分布特征参数表

尺度	偏度		峰度		平方欧氏距离 $/dt^2$
	气象干旱/U	水文干旱/V	气象干旱/U	水文干旱/V	
春季	1. 978	1. 712	6. 809	4. 966	0. 998
夏季	2. 260	1. 744	7. 489	6. 340	0. 684
秋季	1. 919	1. 961	6. 863	6. 968	1. 660
冬季	1. 770	2. 193	4. 960	8. 287	1. 268
年度	1. 968	2. 016	6. 946	7. 278	2. 788

17.3 贵州省气象-水文干旱传播过程特征

17.3.1 气象干旱、水文干旱传播演化特征

17.3.1.1 干旱间传播滞后特征

(1) 整体滞后特征

为了揭示气象与水文干旱之间的内在联系，本节采用交叉小波讨论气象与水文干旱在时频域的共振周期，小波相干分析两者相位差，探究水文干旱对气象干旱响应程度（图17-12）。图17-12a显示气象与水文干旱在1980～2020年存在相关性极其显著的高能量区，主要集中于20世纪80～90年代及2000年后。其中，1984～1988年存在4.6～14个月共振周期、1990～1996年存在7～20个月共振周期、1996～2000年存在28～36个月共振周期，而2000年后，区域气象与水文干旱主要出现了两个共振周期，即2006～2012年（80～100个月）和2007～2016年（16～28个月）。另外，在以上周期小波能量谱（XWT）相位角均向右偏转且度约为46°，表明在这几个时段区域气象与水文干旱呈显著的正相关关系，水文干旱滞后气象干旱1.6个月。在小波相干能量谱（WTC）中，气象干旱与水文干旱小波能量强度通过显著性检验且维持时间较长（图17-12b），说明1980～2020年贵州省气象干旱与水文干旱变化趋势相一致的波段遍布整个小波相干能量波谱，即气象与水文干旱相关程度偏高、联系密切；41年间区域气象与水文干旱相关程度具体表现为：1984～1996年存在6～24个月共振周期的相干关系，且周期内相位角方向向下，说明气象干旱超前于水文干旱发生；1984～2013年存在共振周期为28～112个月的气象干旱与水文干旱相关，图中相位角向右表明两时间序列在该周期内呈同相位变化，两者相关显著，滞后期约为1～3个月（相位角角度为30°～90°）；21世纪区域两种干旱在2006～2017年和2013～2016年具有相致的变化趋势，周期分别为14～30个月和2～12个月。整体上，区域气象干旱与水文干旱相关程度偏高时段主要集中于1984～1996年及2004～2017年两个时段。

综上所述，1980～2020年贵州省气象与水文干旱呈现显著正相关性，气象干旱超前水文干旱1.6个月，说明在气象干旱发生后由于喀斯特地区特有的地下储水结构导致径流枯竭缓慢，从而使水文干旱滞后1.6个月发生；41年间两种干旱类型在同一周期相位变化相同，气象与水文干旱变化趋势整体相一致。

(2) 局部滞后特征

上述分析可知区域气象水文干旱传播时间约1.6个月，但由于区域内自然环境差异性导致局部地区干旱滞后响应存在空间异质性。

从贵州省气象干旱、水文干旱局部滞后时间的空间分布上看（图17-13），以黔东南地区干旱滞后时间较长，大部分地区高于1.4个月，明显高于其余地区，可能由于黔东南地区位于非岩溶发育区，地表土层较厚，岩石裸露率低，植被生长状态良好，地表水资源下渗率偏低，植被涵养水源能力较强，与其他地区相比黔东南州区域蓄水能力较强，滞后

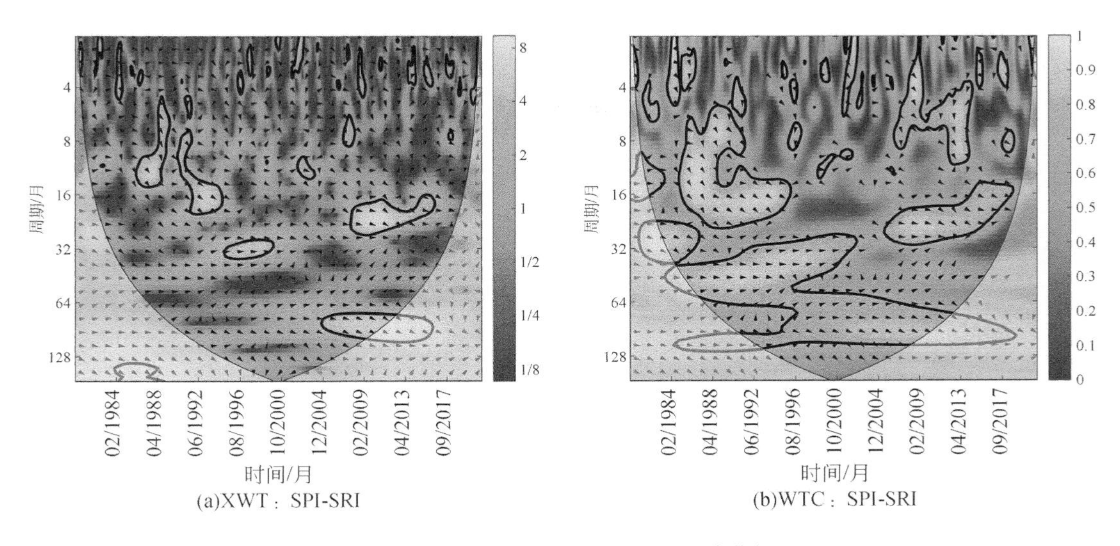

图 17-12　交叉小波分析与相干小波分析

效应较强。干旱滞后效应较弱的地区主要为遵义、铜仁、安顺、黔西南、贵阳等地，滞后时间低于 1.3 个月，这些地区岩溶发育强烈，地表水极易下渗至地下暗河，地表水流失较快，对大气降水变化响应敏感，当气象干旱发生后水文干旱滞后时间相对较短，干旱传播较快。根据站点干旱滞后时间分布（图 17-14）可知，各研究站点平均滞后时间为 1.3 个月，其中滞后时间高于 1.3 个月站点数 13 个，滞后时间最长是榕江站（1.7 个月），滞后时间最短分别是安顺、贵阳、兴义、余庆站等（1 个月左右）。整体上，区域干旱滞后时间西北向东南向呈“高—低—高”分布格局。

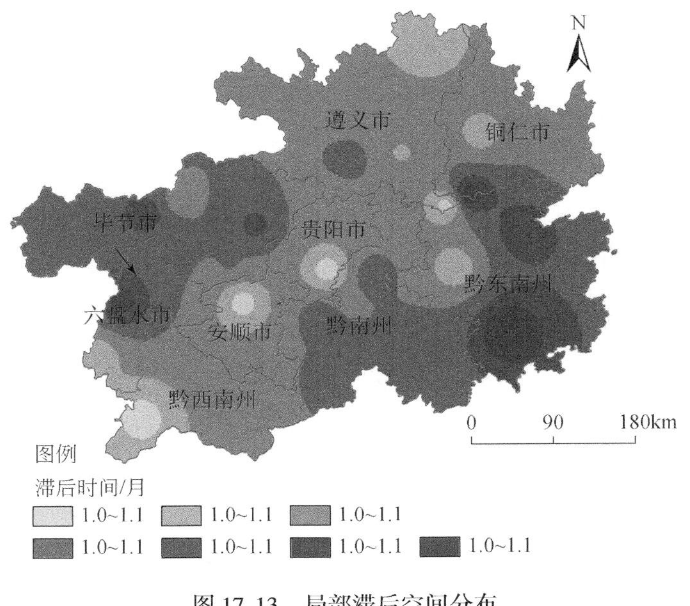

图 17-13　局部滞后空间分布

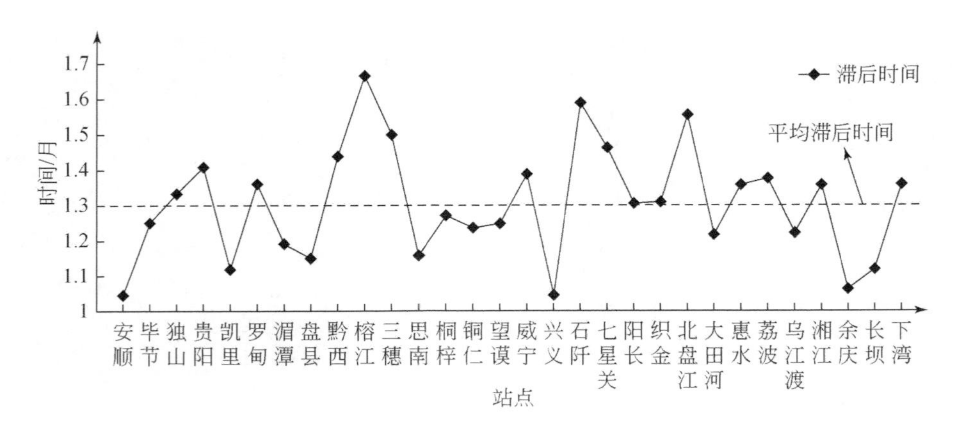

图 17-14　各站点干旱平均滞后时间分布

17.3.1.2　干旱间传播强度特征

大气降水是地表水资源及人类生产生活用水的直接来源，降水长期短缺极易造成地表水或地下水收支不平衡，区域水资源不能满足蒸散量耗损，使得江河流量、湖泊水位、水库蓄水等减少并引发水文干旱，所以水文干旱发生主要与偶然性或周期性降水减少有关。气象干旱是其他干旱发生起点，掌握气象干旱向水文干旱传播强度特征，有助于全面了解区域干旱规律。

据干旱传播强度分布图可知（图 17-15），贵州省干旱传播强度季尺度较强（DPI>1），在贵州省特殊的喀斯特环境下当气象干旱发生后水文干旱发生强度较高，即气象干旱导致水文干旱可能性较大。其中，在春季，贵州省大部分区域 DPI=1（图 17-15a），表明气象与水文干旱存在对等传播，而西部毕节和东部黔东南的局部地区出现 DPI>1，尤其毕节的 DPI>1.3，表明毕节地区气象水文干旱传播强度极强；在夏季，贵州西部地区出现明显的传播强度峰值区，DPI 峰值范围为［1.16，1.2），与春季相比，夏季强度峰值区域范围更广，但传播强度略低于春季，整体上夏季干旱传播强度呈现“西部低、东部高”的两极特征（图 17-15b）；秋季干旱传播等值线与春夏季相比更加稠密，表明秋季气象干旱向水文干旱传播强度变化幅度较大，且变化幅度在［1，+∞），全省传播强度普遍较强，尤其以北部遵义地区传播强度值为最高，整体上呈由南向北逐渐增强趋势（图 17-15c）；在冬季（图 17-15d），全省气象干旱与水文干旱强度比更高、DPI 值普遍较大，尤其中部地区南北条带状区域内干旱传播强度呈极强状态（DPI>1.3），并在整体上从中部区域的传播强度峰值区分别向西、向东呈强度递减趋势，空间呈“东西低，中部高”的分布格局。

综上研究，贵州省气象干旱与水文干旱在季尺度上传播强度均较强，局部地区传播强度甚至达极强，表明 40 多年来贵州省水文干旱发生强度高于气象干旱，气象干旱发生后演变至水文干旱强度偏强。另外，春季尺度上，贵州省干旱传播强度波动较小，主要为较强状态（DPI=1），而随着时间推进，DPI 等值线逐渐稠密，干旱传播强度在区域内波动逐渐增大，即省内气象干旱向水文干旱传播强度随着季节变化而波动，且波动幅度与季节变化间呈春季<夏季<秋季<冬季。

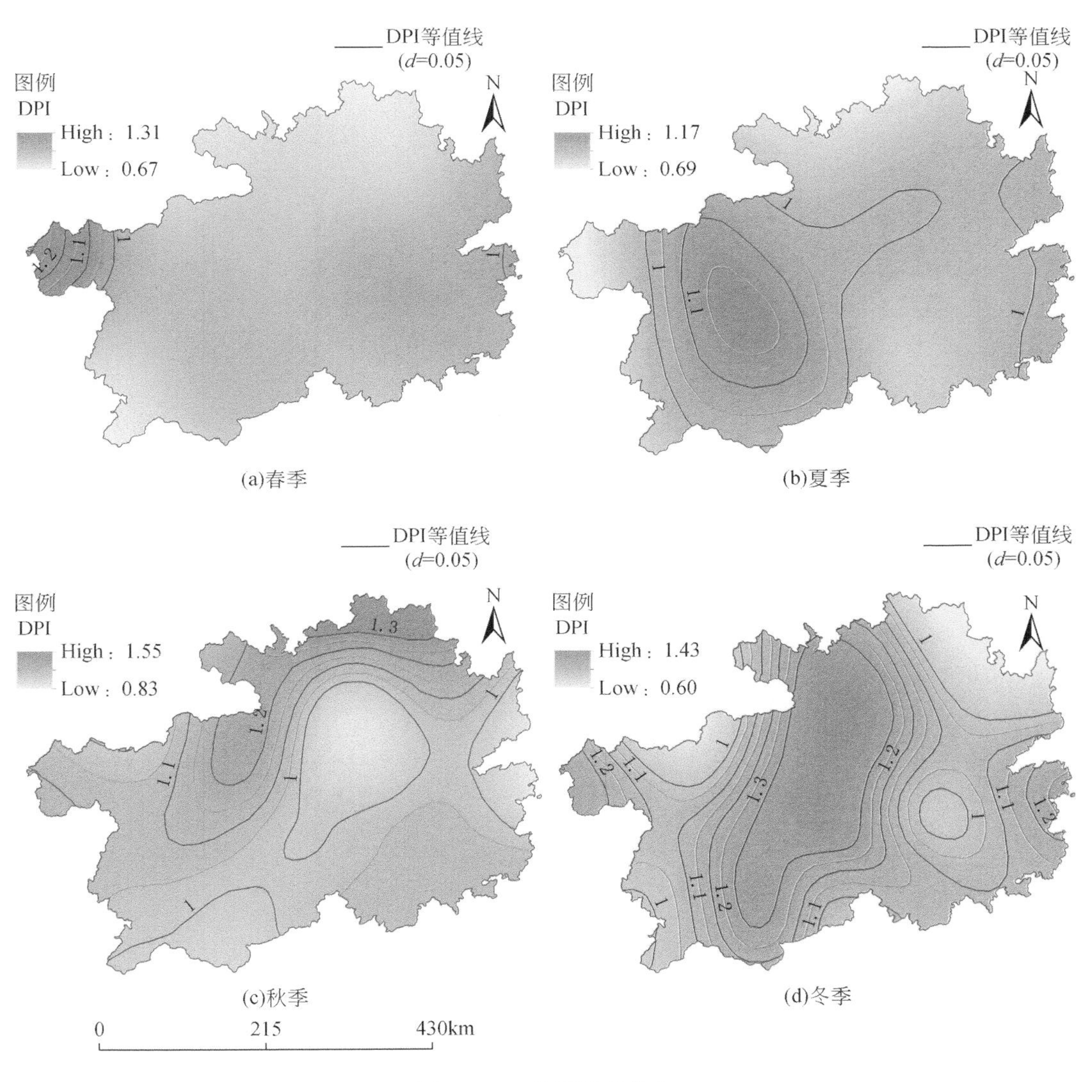

图 17-15 传播强度分布

17.3.1.3 干旱间响应程度特征

由于大气降水是地面水资源的主要来源，因此地表水对大气降水变化十分敏感，对其变化产生响应的程度偏高。尤其在中国南方典型的喀斯特区域，一旦降水异常减少将会发生地表植被枯萎、江河水短缺、湖泊水库水位线下降等异常情况，区域水文干旱对气象干旱的敏感程度极高。

从贵州省水文干旱对气象干旱响应程度分布可知（图 17-16），季尺度区域水文干旱对气象干旱响应十分敏感，区域干旱响应率（Rr）主要集中于 10%~100%，季节性响应程度差异较大。在春季（图 17-16a），贵州省干旱响应率范围 30%~100%，主要以西南（六盘水、黔西南局部地区）、东南（黔东南）地区干旱响应率较低，以遵义为主的北部地区响应率偏高，整体上春季水文干旱对气象干旱响应程度较为显著、呈南北逐渐递增趋势。与春季相比（图 17-16b），夏季区域干旱响应程度整体偏高，响应率 Rr 为 40%～90%；西部存在低响应区，响应程度为 40% <Rr<60%，主要以毕节、六盘水、安顺及黔西南地区为主；东南部则以黔东南为主的高敏感区域，干旱响应程度峰值介于 80%～90%，夏季区域干旱响应程度呈西北东南递增的空间分布。秋季全省干旱响应程度差异较大，主要表现以黔西南、黔东南、黔南为高敏感区，干旱响应率 Rr>80%，以西北部的毕节地区为低敏感区，干旱响应率 Rr<20%～60%；虽然干旱响应程度也是呈西北东南向逐渐增强，但与夏季相比，秋季 Rr 等值线较为稠密，响应程度波动较大，干旱响应率峰值与低值的差值略高于夏季（图 17-16c）。与其余季节相比，冬季区域干旱响应程度偏低（图 17-16d），全省干旱响应程度 10%～60%、响应极差约为 60%，这可能是区域虽处于

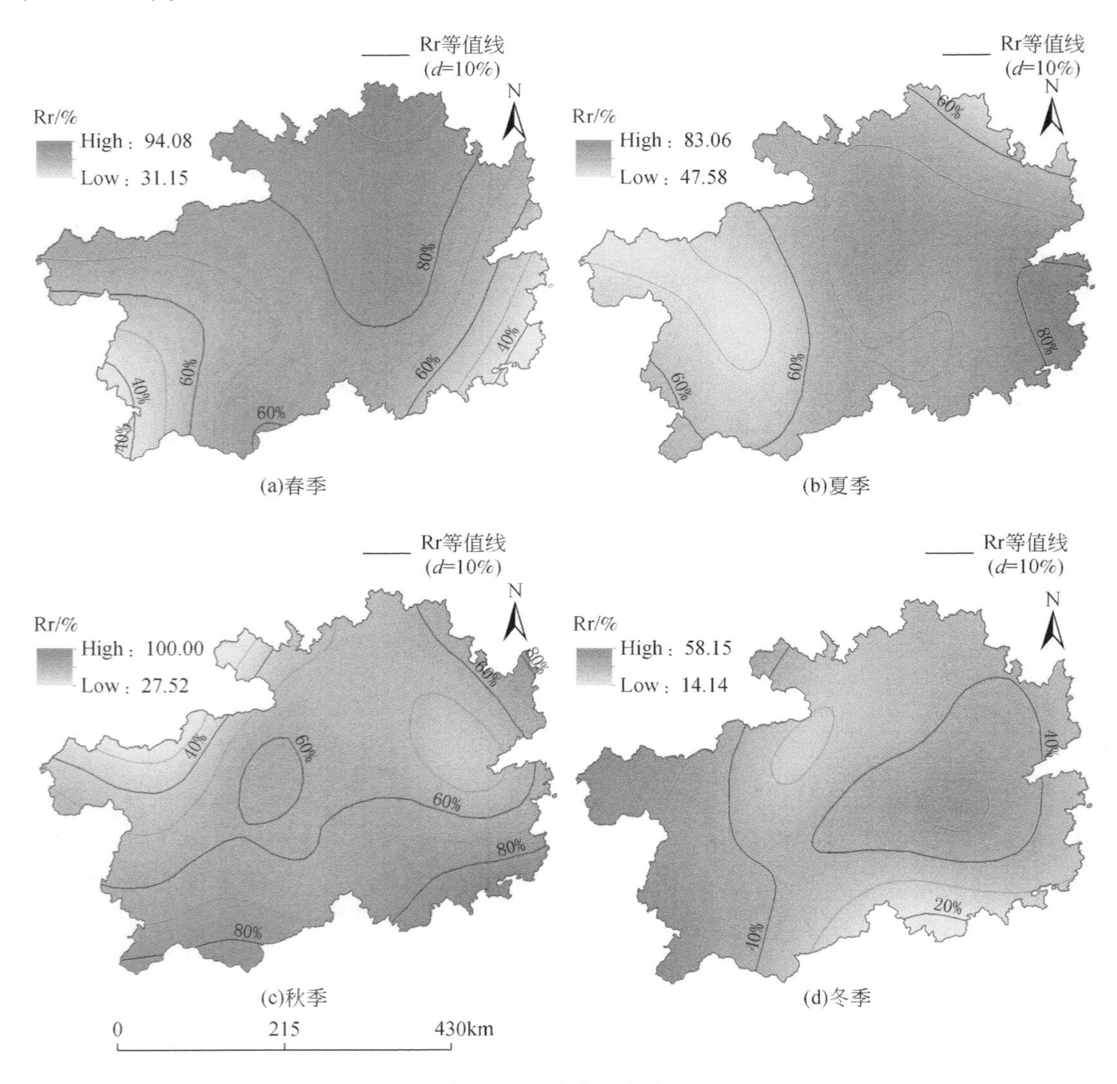

图 17-16 响应程度分布

枯水期、地表径流整体偏低。但一方面由于季风气候使区域冬季气温偏低、蒸散速度减弱，气象干旱发生后区域水资源衰减速度较慢，水文干旱对气象干旱敏感性偏低；另一方面由于区域特殊的喀斯特地貌，地下水资源储备丰富，有效减缓或降低区域水文干旱发生的可能性，使得冬季干旱响应程度显著低于其余季节。空间上由西向东呈“高—低—高”分布格局，其中以西部毕节地区、黔西南局部地区和六盘水地区为高敏感区，黔中地区为低敏感区。

综上研究，1980～2020 年贵州省水文干旱对气象干旱响应程度整体偏高，但季节性差异较为明显，冬季是季尺度中干旱响应程度最低的季节；贵州省范围内以西部地区如毕节、六盘水等地为低敏感区，该区域内由于有大面积湿地水域（毕节市威宁草海）调节局部区域气候，区域有较低的气温（六盘水又称“凉都”）使得区域空气湿度较大、蒸散量偏低，从而导致区域气象干旱发生后降水量稀少，但与其他同省区域相比，西部区域的水文干旱对降水变化的敏感程度较低，对气象干旱响应程度较低。

17.3.2 气象干旱、水文干旱传播-响应特征

（1）区域内多种传播-响应方式发生结构

气象与水文干旱传播过程极为复杂，即相同等级气象干旱可能诱发不同等级水文干旱，不同等级气象干旱也可能引发相同等级水文干旱，因此在同一场干旱传播过程中存在不同等级的气象干旱与水文干旱的对应关系。总体而言，在同一场传播过程中气象干旱与水文干旱约有 9 种不同干旱传播方式，因此深入探究不同等级干旱传播方式是掌握喀斯特地区干旱传播过程的重要内容。

通过气象水文干旱传播-响应方式发生率（图 17-17）可知，区域各站点干旱程度传播以“一对一”为主。例如，在 30 个研究站点中 15 个站点（贵阳、桐梓、望谟、兴义、七星关、大田河、下湾、惠水、湘江、织金、乌江渡、余庆、阳长、石阡、北盘江）的“一对一”传播方式发生率高于 60%，尤其北盘江、阳长、余庆站发生率高达 67.44%、68.70% 和 68.06%。其次是“一对二”传播方式，其中盘县、铜仁站以“一对二”传播方式占总传播方式 30% 以上。同一传播-响应方式在各站点内发生率（图 17-18）表明：在各站点“一对一”传播方式分布相对均衡，与之形成鲜明对比则是“多对一”干旱传播方式，即不同等级气象干旱传播至相同等级水文干旱，各研究站点“多对一”传播方式发生率普遍低于 1，尤其是毕节、罗甸、盘县、三穗、桐梓、兴义等站点极少存在“多对一”传播方式。值得注意的是，“一对多”传播方式中，思南、余庆站发生率占比 10% 以上，说明这两个站由一种气象干旱等级引发多种水文干旱等级的可能性高于其余站点，水文干旱对气象干旱响应较为敏感。

综上研究，在干旱传播过程中以“一对一”传播方式为主，其传播率普遍高于其他方式，尤其贵阳、桐梓、望谟、兴义等站“一对一”传播方式发生率为 60% 以上；其次是“一对二”传播方式，最高传播率铜仁站约为 32%；“多对多”传播方式分布差异较大。

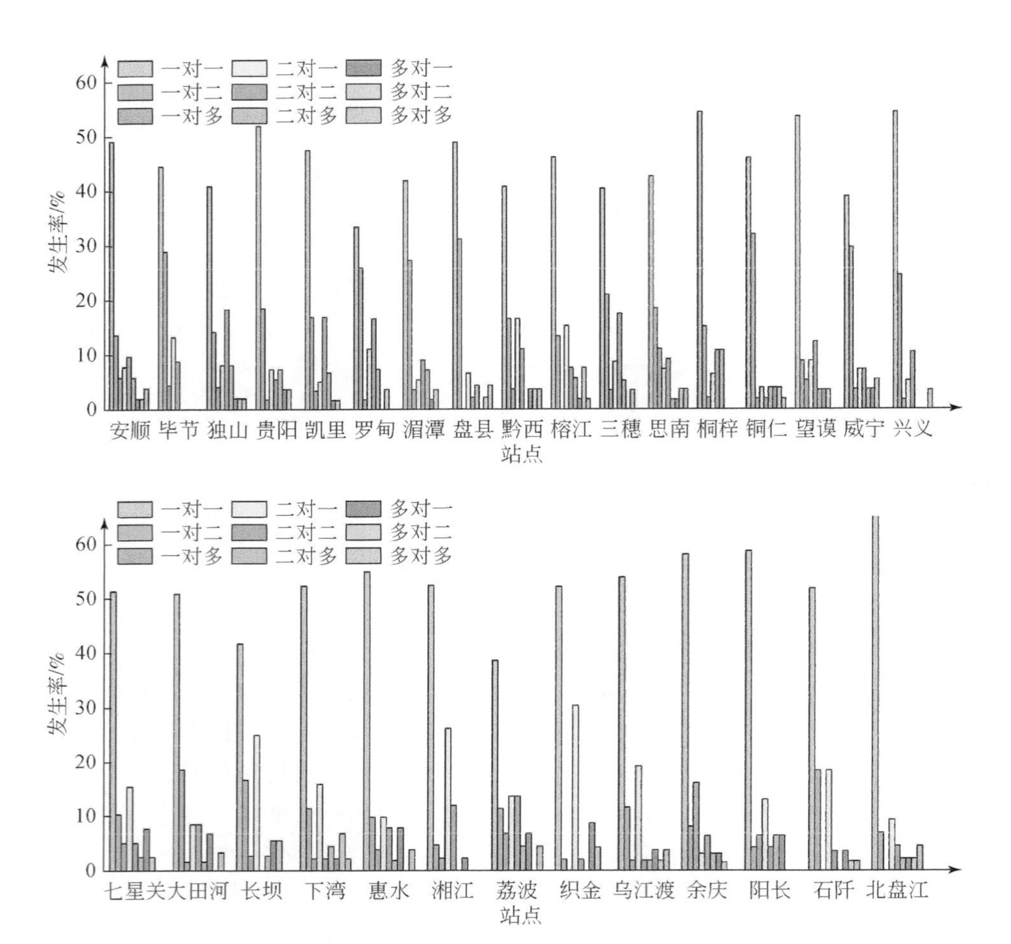

图 17-17　同一站点内多种传播-响应方式发生率

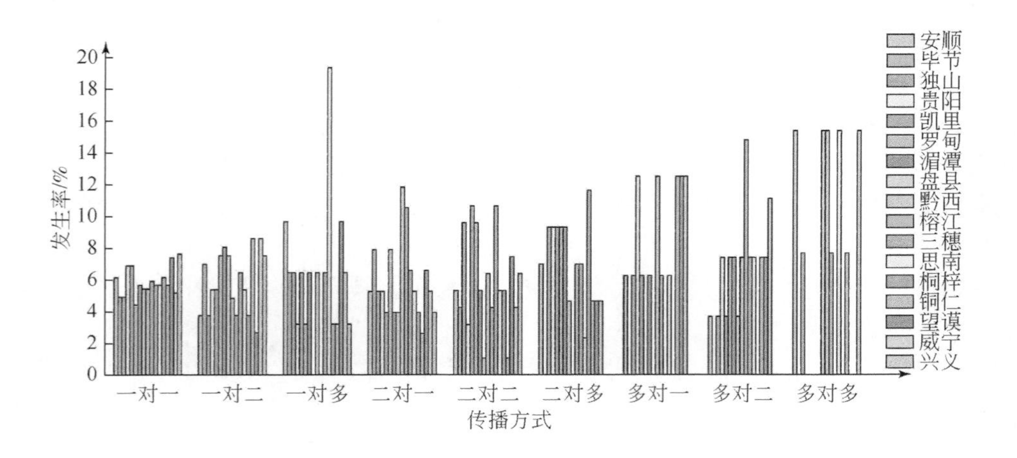

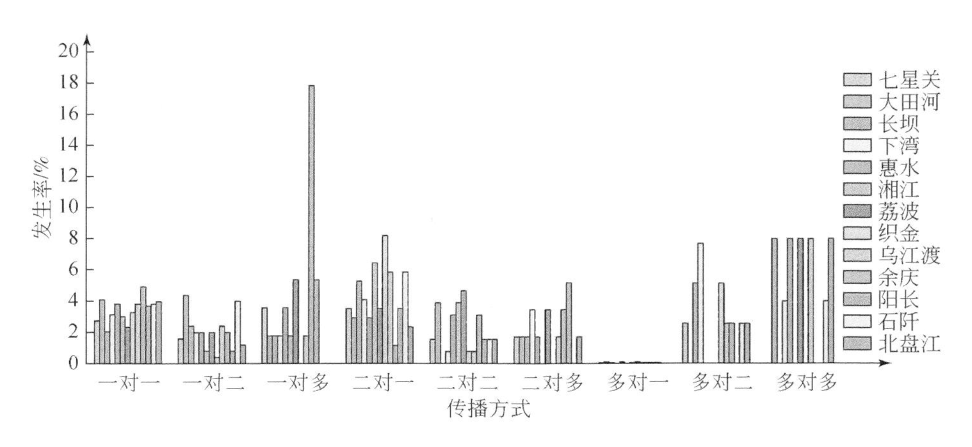

图 17-18　同一传播-响应方式在各站点内的发生率

(2) 干旱间多种传播-响应方式空间分布

干旱传播过程不仅存在程度上多种传播方式，还存在同一传播方式空间差异性。从气象与水文干旱多种传播方式多年累计值空间分布（图 17-19）整体可看出，“一对一”传播方式的多年累计值在空间分布高于其他方式，其次为“一对二”传播方式，而“二对多”“多对一”“多对二”“多对多”等干旱传播方式的多年累计值显著较低。具体而言，区域内“一对一”干旱传播方式在近 40 年整体发生 20 次以上，表明区域“一对一”传播方式较高，尤其贵州省黔西南及黔中地区，传播方式累计值均高于 26，区域内气象水文干旱多种传播方式累计值最大。“一对二”传播方式在区域内累计值介于 10 ~ 20，是区域内发生次数整体较高的传播方式，主要分布于黔北遵义市东部、黔中贵阳市绝大部分地区、黔东北铜仁市、黔西南及黔西毕节市等地，在空间上呈“中间低、两边高”的分布格局。此外，干旱传播“二对一”“二对二”方式在空间分布也具有显著特征，两种传播方式多年来的累计值 10 以下；在毕节市和黔东南大部分地区、黔西南局部地区均存在“二对一”“二对二”干旱传播方式，且两种传播方式发生累计值基本相等，与其他区域相比干旱传播方式更加复杂。区域内“一对多”“二对多”“多对一”“多对二”“多对多”等传播方式在近 40 年来累计值整体较低，累计值低于 6，这表明在区域干旱传播过程中由一种或两种气象干旱传播至多种水文干旱，以及由多种气象干旱传播至一种或一种以上水文干旱的现象较少，区域气象水文干旱传播方式主要以简单型为主。

综上研究，自 1980 年至今区域内气象水文干旱传播过程主要以“一对一、一对二、二对一、二对二”传播方式发生次数较多，其中大部分地区“一对一”传播方式多年累计值高于 20，位居多种干旱传播方式发生率首位。另外，区域干旱传播过程主要以简单型为主，即以一种或两种气象干旱传播至一种或两种水文干旱。

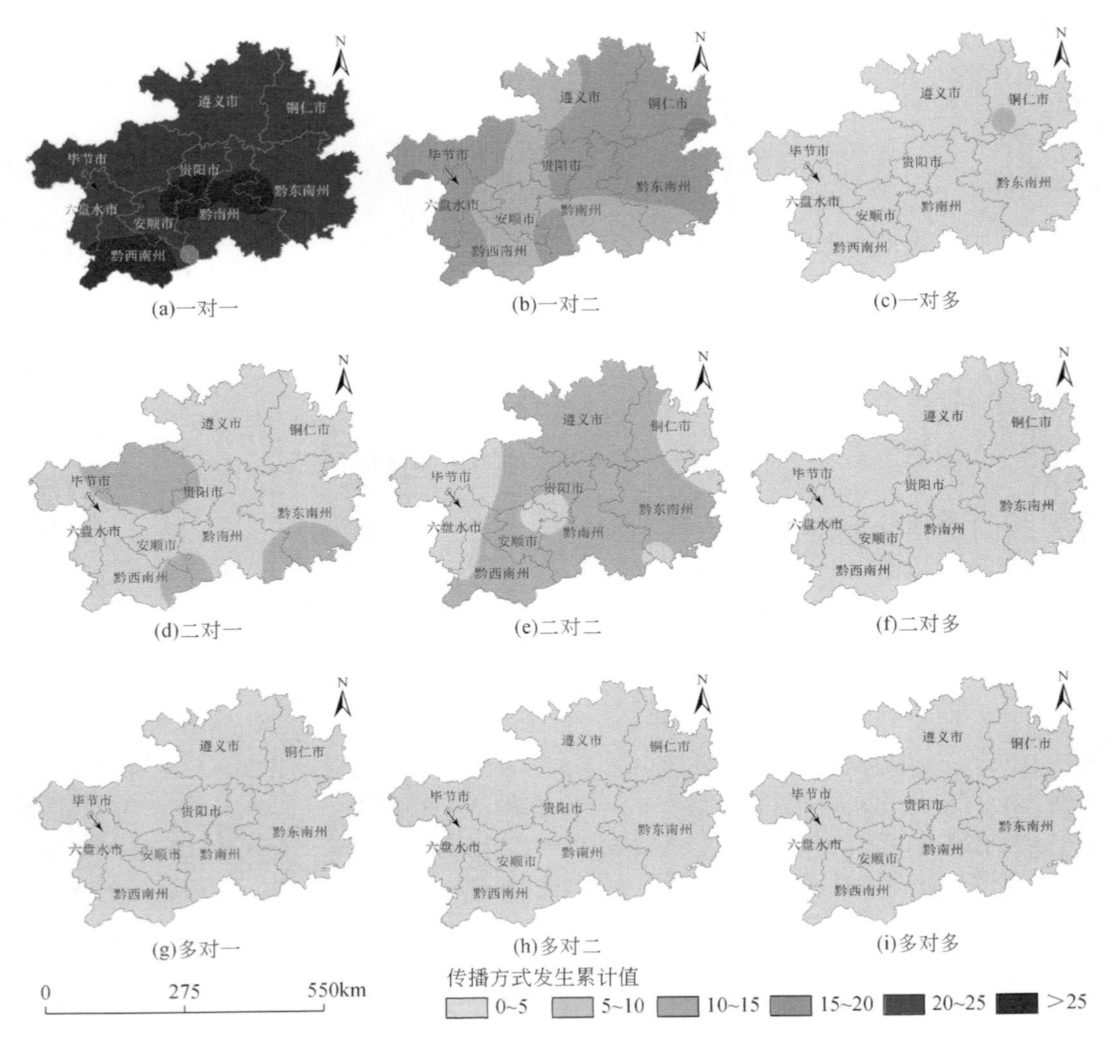

图 17-19 干旱间多种传播-响应方式空间分布

17.4 贵州省气象-水文干旱传播过程驱动机制

17.4.1 下垫面条件与干旱传播过程的关联性

17.4.1.1 不同下垫面条件下的干旱传播差异性

(1) 自然环境因子差异下的干旱传播特征

水文干旱过程极为复杂，因其发生于陆地表面与区域下垫面条件息息相关并受其所制约，从而表现出较强的区域差异性，下垫面条件差异性间接导致气象干旱向水文干旱传播过程也存在差异性。综合区域特性与研究目的，从区域地表形态、地表河流切割深度、喀斯特岩溶发育强度与土壤含沙量等自然环境因子全面探究区域气象干旱向水文干旱传播-响应的空间分布特征。

自然环境因子差异干旱传播强度空间分布在季尺度差异显著（图 17-20），尤其春季干旱传播高强度区主要分布于贵州省西部，该区域内大面积岩溶发育程度较强，地表形态以低山丘陵为主。夏季干旱传播较强区主要分布贵州省中西部，DPI 等值线近似“同心圆”式分布，高传播区地表形态以中山、切割深度以中切割和深切割为主，岩溶发育较强且土壤含沙量高于 60%；因土壤孔隙较大且切割深度较强，为地表水下渗提供了大量的

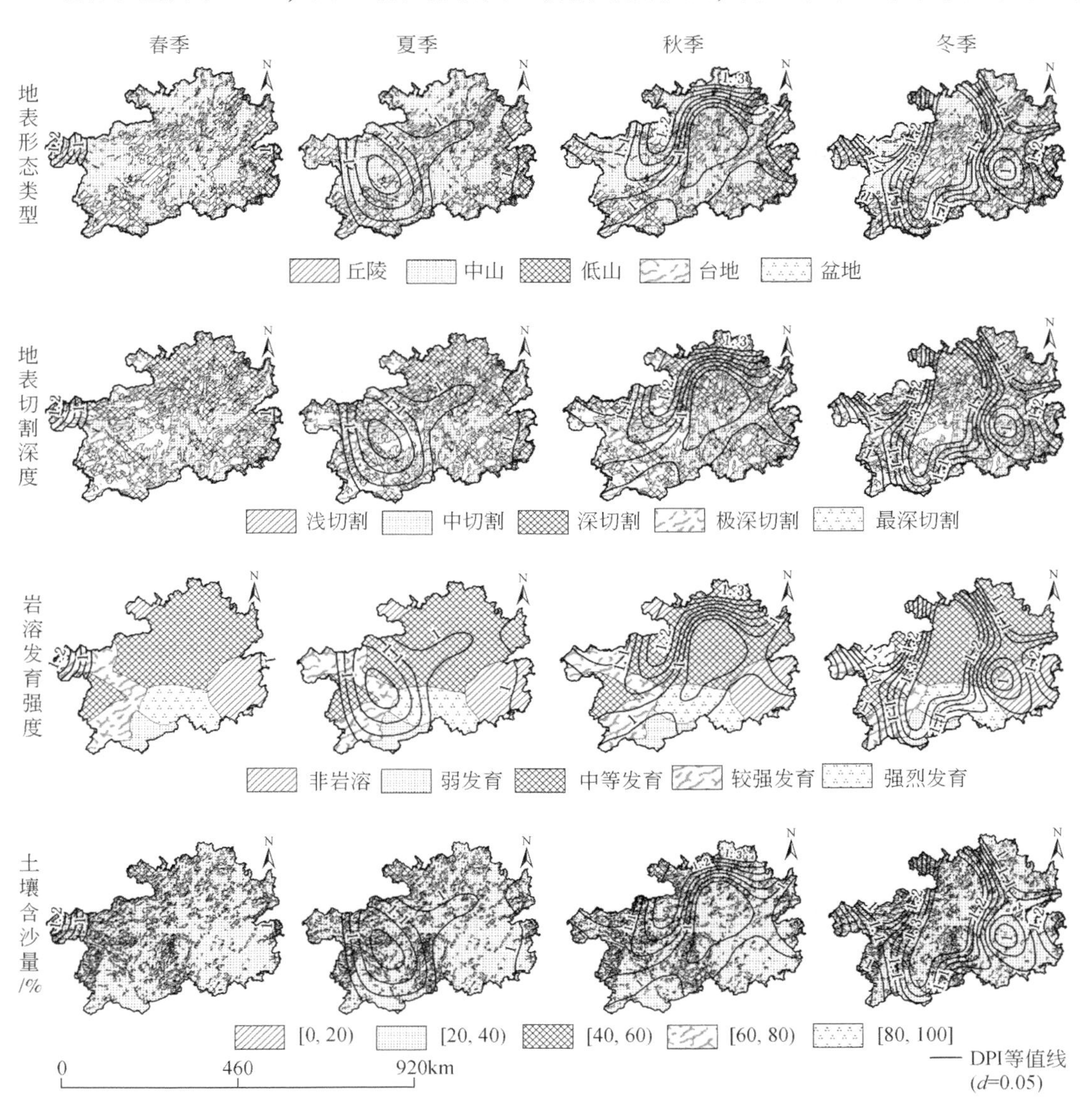

图 17-20　自然环境因子差异下的传播强度空间分布

“管道”，使地表水流失速度加快，增强了气象水文干旱的传播强度。秋季区域干旱传播与岩溶发育强度空间关联性较高，干旱传播强度整体呈北部增强，北部地区为岩溶中等发育区，地表多岩溶洼地、落水洞等，地下则有小规模岩溶管道分布。冬季传播强度 DPI 等值线疏密程度与土壤含沙量存在一定关联性，如黔东南为干旱传播低强度区，因其土壤含沙量较低，土壤黏性大而松散度偏低，土壤颗粒间容隙、空隙等较小从而使地表水不易下渗而汇集于地表，因此该区地表水资源丰富，气象干旱发生后不易导致水文干旱发生，干旱传播强度较低。

从自然环境因子差异干旱响应程度空间分布（图 17-21）上看，春季区域水文干旱对气象干旱响应程度整体呈南北增强，其中北部地区为高敏感区，响应程度 Rr 峰值高于 90%，该地区因地表切割程度较深，且以中等岩溶发育为主，受河流侵蚀和重力因素影响区域水土流失严重、生态环境较为脆弱，对气象干旱发生与变化响应较为敏感。夏季干旱响应由西北向东南增强，这与区域土壤含沙量空间分布具有相似性。西部地区虽土壤含沙量偏高，土壤颗粒间孔隙度高，地表水流失速度快，但区域地表有大面积湿地（威宁草海），自然蓄水、储水能力强，故而对气象干旱敏感程度偏低，是水文干旱低敏感、低响应区；而东部尤其东南部地区虽然与西部地区相比其含沙量整体偏低，但大部分区域含沙量分布均匀（20%~40%），土壤间黏性与孔隙度在整体上相一致，相对均匀的土壤结构有利于地表水的下渗，所以东部尤其是东南部地区的干旱响应程度与其他地区相比，其对气象干旱的响应程度偏强。秋季干旱响应高低与土壤含沙量分布均匀性的关联度更高，尤其南部地区土壤含沙量分布较为均匀，干旱响应明显高于其他地区，响应率 Rr>80% 的区域其含沙量为 20%~40%，说明干旱响应率与土壤含沙量密切相关，与砂土空间分布均匀性也存在一定的关联。

综上研究，区域气象干旱传播至水文干旱强度在空间上主要与岩溶发育强度、土壤含沙量等自然因子关联程度较高，与地表形态类型、切割深度等因子在空间分布关联程度偏低。在地表切割深度较深、岩溶发育强度偏强的区域，其干旱敏感程度较高、响应程度偏高，但土壤含沙量与干旱响应程度并非呈正向关系，虽然土壤中砂石颗粒丰满度影响着地表径流的下渗速度，然而砂石颗粒空间分布均匀度也在一定程度上影响着干旱响应关系，在空间上具有较好的分布均匀性，则区域干旱响应程度也会有所增强。

（2）人类活动因子差异下的干旱传播特征

人类活动是干旱传播最为活跃因素，频繁人类活动区表明城市化进程速度较快，致使流域下垫面发生较大改变，如兴建水利工程设施、增大城市硬化面积、改变森林与植被覆盖度等间接影响区域产汇流机制从而影响区域干旱传播过程，由此导致干旱传播强度与响应程度在不同人类活动干扰区发生显著的状态转移。

20 世纪 80 年代（状态 1）至 21 世纪 10 年代（状态 2）气象干旱至水文干旱传播强度在 6 个不同干扰强度（Hi）区具有着显著的转移痕迹。春季（图 17-22a）各干扰强度分区均主要以低干旱传播强度转移为主且转移活跃度偏低，其中以传播强度 DPI≤3 转向 DPI=1 为主要的转移方向，说明 20 世纪 80 年代至今区域气象水文干旱传播强度以高强度转向低强度为主，区域两种干旱类型间传播强度于春季有所降低。夏季（图 17-22b）区域干旱传播强度状态转移较为活跃，整体上仍然以高强度转向低强度为主，其转移概率与

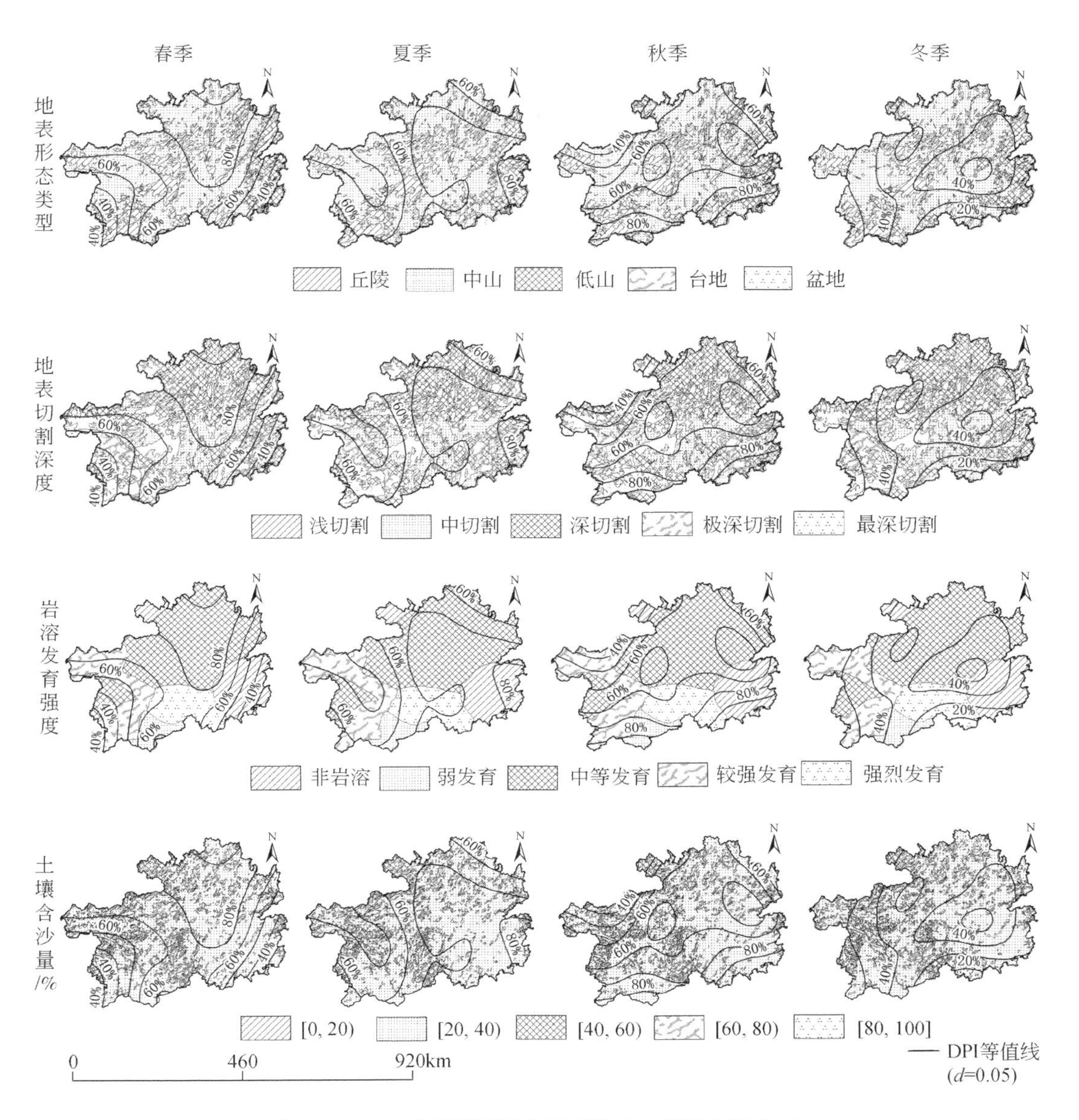

图 17-21 自然环境因子差异下的响应程度空间分布

春季相比却明显偏高，主要分布在干扰强度分区 2≤Hi≤4、表现为 DPI≤6 转向 DPI≤3；20 世纪 80 年代的 DPI=6 地区于 21 世纪 10 年代状态转移为 DPI=3，转移概率趋近于 1。在人类活动干扰强度较低与较高的分区干旱传播强度状态转移差异较大，低传播分区（Hi=1）状态转移活跃度较低，仅为 20 世纪 80 年代的 DPI≤4 与 21 世纪 10 年代的 DPI≤3 内发生状态转移，高干扰强度分区（Hi=6）不仅状态转移活跃度偏高且转移范围也较广，为 20 世纪 80 年代的 DPI≤6 与 21 世纪 10 年代的 DPI≤4 发生状态转移。秋冬季不仅转移活跃度相似而且干旱传播强度转移方向也大体一致（图 17-22c、图 17-22d），均以转向 21 世纪 10 年代的 DPI≥3 为主，即以高强度为转移方向，其中秋季以转向 DPI=3 为主，冬季以转向 DPI=4 为主。在不同干扰强度分区 DPI 状态转移也有相似的特征，在干扰强度 Hi=1 分区均表现出较低状态转移，表现为 DPI=1 地区其干旱传播强度转向 3 级及以上，具有典型的“低转高”传播强度特征。

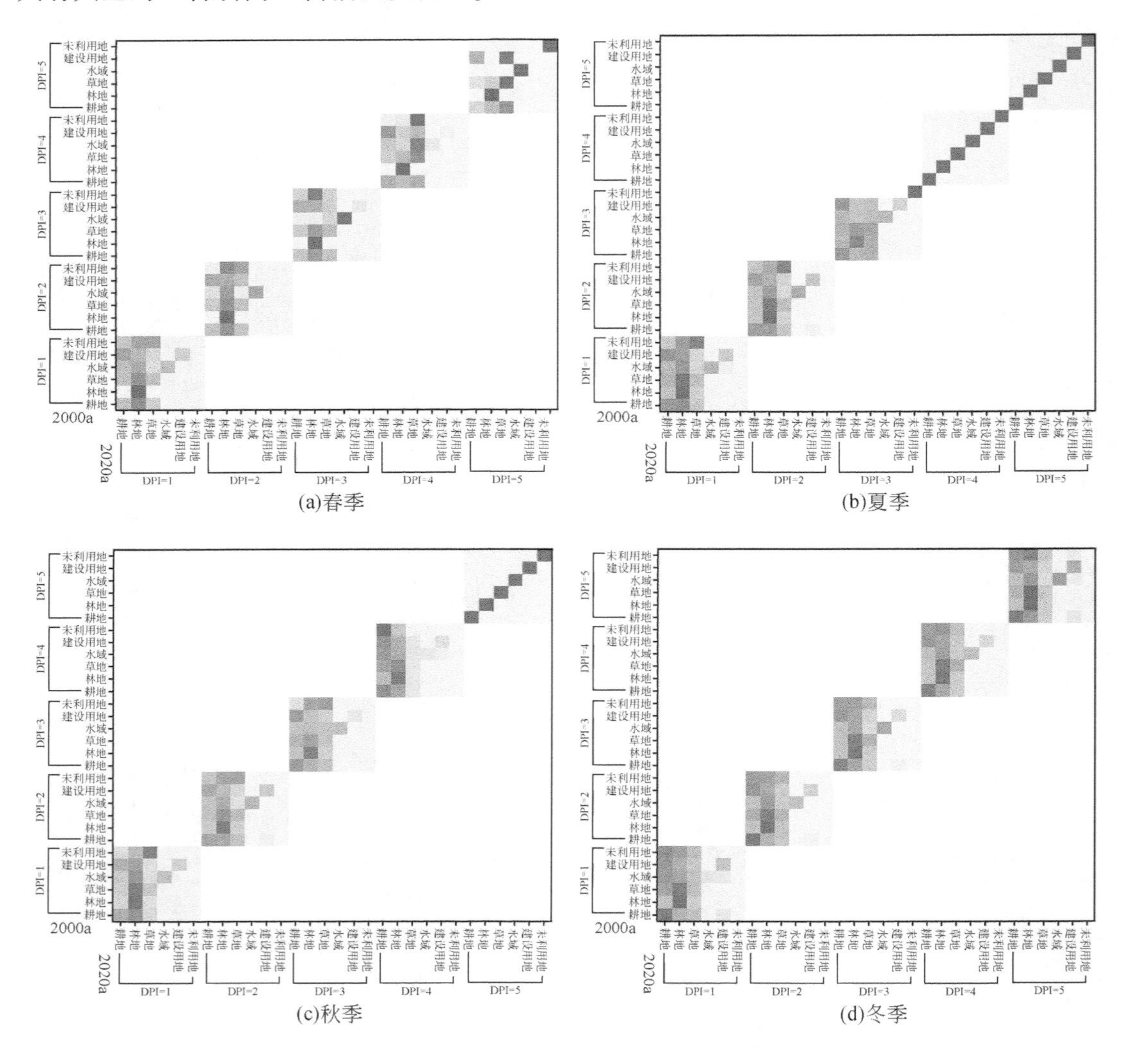

图 17-22　干扰强度分区下干旱传播强度转移概率

从水文干旱对气象干旱响应程度方面，20 世纪 80 年代至 21 世纪 10 年代干旱响应程度也呈现不同状态转移特征。春季（图 17-23a）是季尺度中响应程度状态转移活跃度较高的季节，尤其是干扰强度较高分区（Hi>1），主要以 20 世纪 80 年代的 DPI≥3 转向 21 世纪 10 年代的各级 Rr，其中以转向 4 级或 6 级 Rr 偏高，整体上以高响应程度间的状态转移为主；在 Hi≤2 的人类活动区则具有显著的“高转高”特征，主要以 20 世纪 80 年代的 Rr ≥3 转向 21 世纪 10 年代的 Rr≥4、转移概率极值均高于 0. 8。秋冬季两种干旱类型间的响应程度状态转移相似，主要以 20 世纪 80 年代各级 Rr 转向 21 世纪 10 年代 Rr≤2，表现 Rr =6 转向 Rr=1 的概率较高，转移概率介于［0. 7，1］，说明在人类活动干扰强度较低区域自然环境抗干扰能力较强，对外界环境的敏感度较低，因此干旱响应程度有所降低（图 17-23c、图 17-23d）。与春季相比（图 17-23b），夏季干旱响应程度的状态转移活跃度偏低，与秋冬季相比其干旱响应程度转向 21 世纪 10 年代的 Rr 值显著较高（Rr=3 或 Rr=4），表明夏季区域干旱响应程度整体较高。

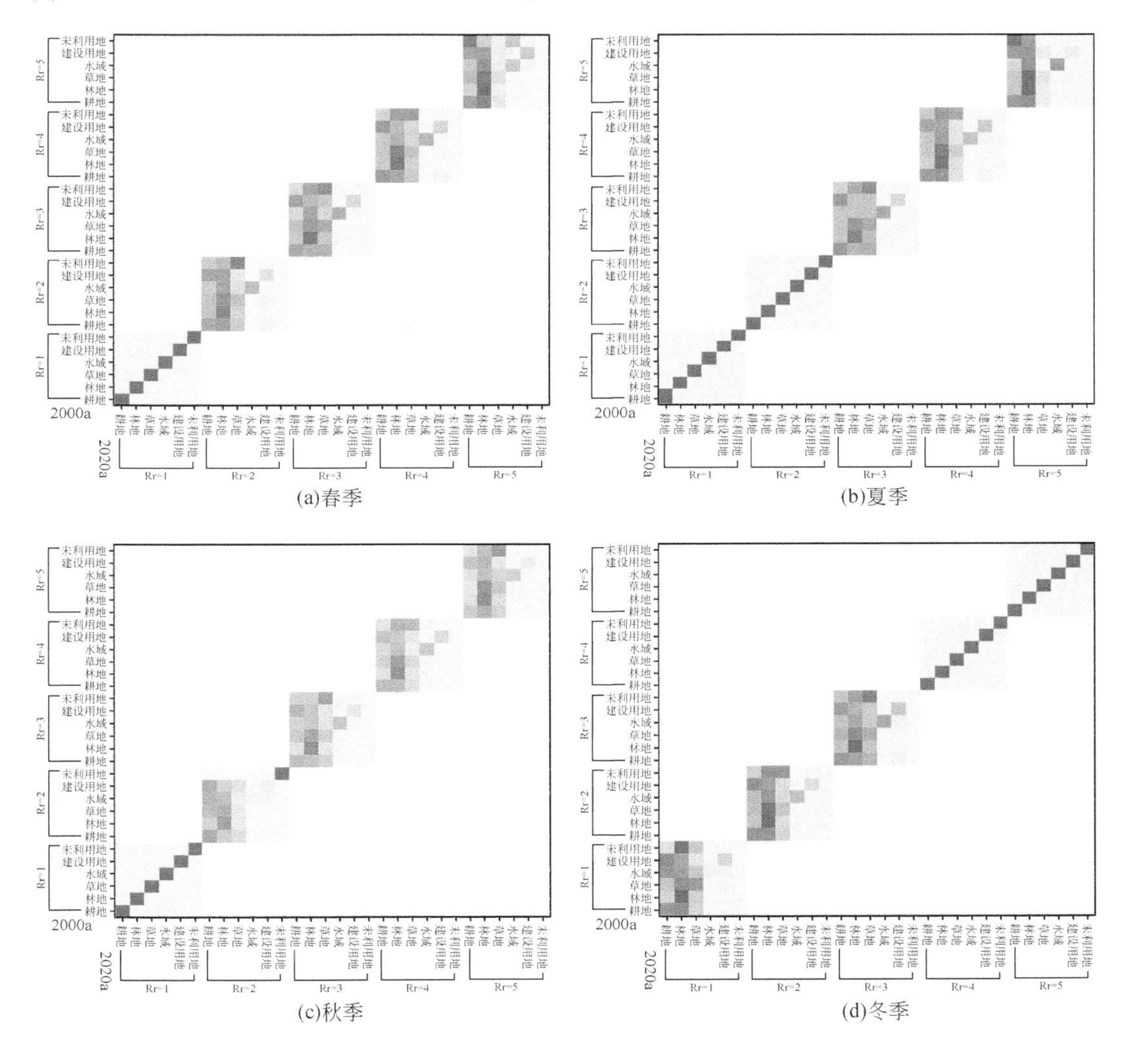

图 17-23　干扰强度分区下干旱响应程度转移概率

综上研究，贵州省气象水文干旱传播过程春夏季较强，秋冬季干旱传播在 20 世纪 80 年代至 21 世纪 10 年代状态转移以“高转低”特征为主，表现为由各级 DPI、Rr 转向 DPI ≤2、Rr≤2。总之，季尺度区域干旱联系程度较弱，干旱间影响程度较低、响应率偏低。

17.4.1.2　干旱传播过程与下垫面条件的显著性探测

对区域自然环境如地表形态特征、切割深度、岩溶发育强度、土壤含沙量等与气象水文干旱传播过程进行相关性分析，探究区域干旱传播过程与自然环境因素之间的关联程度。在季尺度大部分区域相关系数大于0.6，其中以干旱响应程度（Rr）与岩溶发育强度因素春季相关程度最高（0.943），整体上干旱传播过程与区域自然环境因子相关程度较强（表17-3）。

表17-3 干旱传播与自然环境因子的相关程度

尺度	传播特征	地表形态类型	地表切割深度	岩溶发育强度	土壤含沙量
春	DPI	—	0.666	0.707	0.707
	Rr	0.802	0.621	0.943*	—
夏	DPI	-0.866	-0.938*	-0.761	-0.866
	Rr	0.794	0.866	0.436	0.866
秋	DPI	—	—	-0.364	—
	Rr	-0.707	-0.707	0.646	—
冬	DPI	0.776	—	—	—
	Rr	-0.866	-0.730	0.146	—

*在0.06水平上显著相关；“—”表示无相关性

在典型喀斯特分布区气象水文干旱传播强度方面，传播强度与地表切割深度夏季最强，呈显著的负相关关系（-0.938*），即在地表切割深度越大的地区其干旱传播强度越强。在水文干旱对气象干旱响应程度方面，则以响应程度与岩溶发育强度春季最强，呈显著的正相关关系（0.943*）。另外，季尺度干旱传播强度与区域自然环境因子在夏秋季均呈负相关关系，其中秋季仅与区域喀斯特发育强度密切相关，但春冬季干旱传播强度与区域自然环境因子呈正相关，且春季传播强度DPI与除地表形态外的自然环境因素相关程度较强。干旱响应程度与区域自然环境因子在季尺度联系较强，尤其夏季与土壤含沙量相关程度较高（0.866），这归因于夏季时暴雨增多、雨水对土壤颗粒冲刷能力较强，一方面土壤中较小颗粒被洪流冲刷带走，土壤砂砾间裂隙、容隙增大；另一方面因洪流带来山体碎石滞留于土壤中，增大土壤含砂率，增强地表水流失速度，当区域气象干旱发生后地表水量缺失、气温升高，地表蒸发速率增快，水文干旱易于响应。

根据干旱传播与人类活动干扰强度相关性（表17-4），干旱传播强度（DPI）与人类活动的干扰强度在季节上具有显著特征，表现为在春夏季具有联系但相关程度显著性较低。其中，春季干旱传播强度与人类活动干扰强度呈正相关而在夏季呈负相关，相关系数分别为0.668、-0.866。水文干旱对气象干旱响应程度（Rr）与人类活动干扰强度在季尺度中均呈现相关性，且整体相关程度较高；春夏秋季响应程度均为正相关关系、相关系数分别为0.707、0.632与0.707，冬季干旱响应程度与干扰强度却呈显著的负相关（-0.943*），这表明冬季气温虽然较低、地表径流较少，但人类干扰活动对自然环境影响程度偏低，区域生态环境对人类干扰极不敏感，与其他季节相比冬季区域对人类活动抗干扰能力较强。

表 17-4　干旱传播与人类活动干扰强度间相关性

尺度	干旱传播特征	相关性	显著性	尺度	干旱传播特征	相关性	显著性
春	DPI	0.668	0.318	秋	DPI	—	—
	Rr	0.707	0.182		Rr	0.707	0.182
夏	DPI	-0.866	0.068	冬	DPI	—	—
	Rr	0.632	0.262		Rr	-0.943*	0.016

*在 0.06 水平上显著相关；“—”表示无相关性

17.4.2　下垫面条件与干旱传播过程的驱动因素探测

17.4.2.1　干旱传播过程与下垫面条件的单一驱动因素探测

(1) 干旱传播与区域自然环境因子

干旱传播与区域下垫面虽存在相关关系，但不能解释干旱过程主要驱动力及机制问题，根据空间均匀分布性原则，我们将干旱传播过程与下垫面各因素进行空间耦合，采用780个探测点进行干旱驱动力因素探测，研究发现（表 17-5）：无论是气象干旱至水文干旱传播强度或是水文干旱对气象干旱响应程度都与区域下垫面岩溶发育强度具有较强的耦合关系。具体而言，从气象水文干旱传播强度（表 17-5）可知，解释力 q 值在［0，1］表明传播强度在空间异质性与各驱动因素在季节上均具有一定相似程度。自然环境因素对干旱传播强度驱动程度在季尺度具有显著的差异，主要表现：春秋季：岩溶发育强度>地表切割深度>地表形态>土壤含沙量；夏季：岩溶发育强度>地表切割深度>土壤含沙量>地表形态；冬季：岩溶发育强度>地表形态>地表切割深度>土壤含沙量。显然地，春夏秋季气象干旱至水文干旱传播强度主要受岩溶发育程度与地表切割深度影响，冬季除受岩溶发育程度外还受地表形态影响。另外，DPI 与岩溶发育强度异质性解释力 q 值均比其他因素高，说明在各驱动因素中岩溶发育强度空间异质性程度与干旱传播强度相似，即岩溶发育强度是干旱传播强度主要驱动力，则在季尺度驱动力大小：春（0.162）>夏（0.086）>秋（0.072）>冬（0.046）。从水文干旱对气象干旱响应程度上看，区域自然环境因子与干旱响应程度空间异质性程度整体高于其与传播强度，说明与干旱传播相比，自然环境对干旱响应驱动力更强，两者在空间上耦合关系更密切。同样，干旱响应程度因素驱动力在季尺度上也存在差异，季尺度因子驱动力大小依次为：春夏（岩溶发育强度>地表形态>地表切割深度>土壤含沙量），秋季（岩溶发育强度>土壤含沙量>地表形态>地表切割深度），冬季（岩溶发育强度>地表切割深度>地表形态>土壤含沙量）。总之，岩溶发育强度因素与干旱响应程度解释力 q 在季尺度上偏高，尤其夏季最大（q=0.628）、秋季最低（q=0.216），空间异质性程度较高，说明喀斯特岩溶发育程度为水文干旱对气象干旱响应程度主要驱动力，两者在空间分布上具有较强的耦合关系。

综上研究，气象干旱与水文干旱的传播-响应关系整体上与自然环境因子中的岩溶发育强度因素在空间上具有较强的耦合性和异质性，说明在贵州省喀斯特背景下，与区域地表形态、土壤含沙量、地表切割深度等因素相比，岩溶发育强度对区域气象、水文干旱传播过程影响力更大，岩溶发育程度是干旱传播过程中主要的潜在驱动因素。

表 17-5　贵州省干旱传播过程自然环境因子驱动探测

传播强度（DPI）				响应程度（Rr）			
尺度	驱动因子	解释力（q）	p 值	尺度	驱动因子	解释力（q）	p 值
春	地表形态	0.024	1.000	春	地表形态	0.071	0.008
	土壤含沙量	0.006	1.000		土壤含沙量	0.008	1.000
	地表切割深度	0.083	1.000		地表切割深度	0.037	0.717
	岩溶发育强度	0.162	0.000		岩溶发育强度	0.314	0.00
夏	地表形态	0.010	1.000	夏	地表形态	0.084	0.076
	土壤含沙量	0.011	1.000		土壤含沙量	0.023	1.000
	地表切割深度	0.047	1.000		地表切割深度	0.076	0.883
	岩溶发育强度	0.086	0.834		岩溶发育强度	0.628	0.000
秋	地表形态	0.033	1.000	秋	地表形态	0.024	0.827
	土壤含沙量	0.012	1.000		土壤含沙量	0.046	0.419
	地表切割深度	0.069	1.000		地表切割深度	0.023	0.998
	岩溶发育强度	0.072	0.404		岩溶发育强度	0.216	0.000
冬	地表形态	0.022	1.000	冬	地表形态	0.010	0.991
	土壤含沙量	0.012	1.000		土壤含沙量	0.006	1.000
	地表切割深度	0.016	1.000		地表切割深度	0.044	0.828
	岩溶发育强度	0.046	0.692		岩溶发育强度	0.332	0.000

（2）干旱传播与人类活动干扰因子

人类活动作用于地表在地理空间分布具有显著的差异性，分析人类活动干扰强度与干旱传播-响应在空间分布异质性是探究干旱传播过程的重要内容。干旱传播过程与人类活动干扰强度驱动探测结果表明，区域干扰强度与干旱传播过程空间耦合关系偏弱，人类活动对干旱响应程度驱动力更高。

根据表 17-6 可知，人类活动对气象水文干旱传播强度驱动作用在季尺度均较低，其中春季探测解释力 q 最低（0.02），驱动力秋冬季高、春夏季低，解释力均为 0.013，表明秋冬季区域干旱传播强度与人类活动干扰强度空间耦合度更高，即人类活动剧烈且对生态环境干扰强度偏高的区域其生态更加脆弱、干旱传播强度更强。另外，人类活动干扰强度与干旱响应程度空间异质性夏季解释力 q 值最高（$q=0.077$）、秋季最低（$q=0.002$），季尺度解释力 q 值大小排序：夏>春>冬>秋，其中春冬季解释力 q 差值偏小（0.001），表明区域干旱响应程度在夏季受人类活动干扰程度较为明显，对人类活动扰动十分敏感。整体上，与干旱传播过程相比，干旱响应强度更加容易受人类活动驱动，即干扰强度与干旱响应程度空间耦合度高于其与干旱传播强度。

综上研究，与干旱传播强度相比，人类活动干扰对干旱响应过程驱动程度更高，尤其夏季解释力 q 值最高；气象干旱与水文干旱传播-响应关系虽然受人类活动影响，但人类活动对干旱传播过程的驱动作用整体偏低，两者在空间耦合关系较弱。

表 17-6　贵州省干旱传播过程人类活动干扰驱动探测

尺度	干旱传播特征	解释力（q）	p 值	尺度	干旱传播特征	解释力（q）	p 值
春	传播强度/DPI	0.002	1.000	秋	传播强度/DPI	0.013	1.000
	响应程度/Rr	0.018	1.000		响应程度/Rr	0.002	1.000
夏	传播强度/DPI	0.011	1.000	冬	传播强度/DPI	0.013	1.000
	响应程度/Rr	0.077	0.891		响应程度/Rr	0.017	0.998

17.4.2.2　不同尺度下干旱传播过程的组合驱动因素探测

干旱传播过程是复杂的，区域自然环境与人类干扰活动对其影响也是难控的，但可以肯定的是，对干旱传播过程驱动作用并不一定是某一单因素起决定性作用，干旱传播过程区域差异性是由区域内部多因素共同作用的结果，甚至因素组合驱动力可能远远大于单因素驱动力。接下来，我们将进一步对气象水文干旱传播过程组合驱动因素进行探测，分析各组合因素对干旱传播过程的驱动程度。

不同尺度下干旱传播双驱动力探测结果，在整体上，喀斯特岩溶发育强度分别与土壤含沙量、地表形态、地表切割深度的组合因素驱动力与其他因素组合相比，对干旱响应程度驱动力偏高，但对传播强度来说驱动程度偏大，仅有岩溶发育强度与地表切割深度的因素组合。具体探测成果显示，水文干旱对气象干旱响应程度在季尺度均表现岩溶发育强度与其他因素的组合具有较强的驱动力，解释力程度均高于 0.3；但解释力程度仍存在季节性差异，夏季岩溶发育与地表切割深度因素组合对干旱响应程度的解释力程度最大（$q=0.606$），与其他因素的组合对干旱传播过程的驱动程度都大于 0.6，这表明夏季区域岩溶发育程度与其他自然环境因素之间相辅相成、相互作用，共同驱动区域气象干旱与水文干旱传播过程，其中以岩溶发育强度和地表切割深度的组合驱动力最大（图 17-24b）。与其余季节相比，秋季组合因素驱动程度整体较低，虽以岩溶发育强度为主的因素组合对干旱响应程度的空间解释力较大，但是其最大的因子解释力不过为 0.298（岩溶发育强度与地表切割深度的因素组合）（图 17-24c）。与干旱响应程度相比，各因素组合对干旱传播强度的空间分布影响力较低，因素组合对传播强度的因子解释力度整体偏低。岩溶发育强度与地表切割深度的因素组合依旧是区域内部对干旱传播过程影响程度较高的驱动力组合因素，其中春季组合因素对干旱传播强度影响程度较高，解释力 $q=0.299$，表明春季气象水文干旱传播强度在喀斯特地区受岩溶发育与地表切割深度的双重影响较大，该组合因素是区域干旱传播强度的主要驱动因素（图 17-24e）。整体上，组合因素在季尺度对干旱传播过程驱动力大小为：春季>夏季>秋季>冬季，因子解释力度 q 值分别为 0.299、0.239、0.179、0.081，表明区域下垫面因素对干旱传播强度驱动程度随着季节变化而减弱（图 17-24e、图 17-24f、图 17-24g、图 17-24h）。

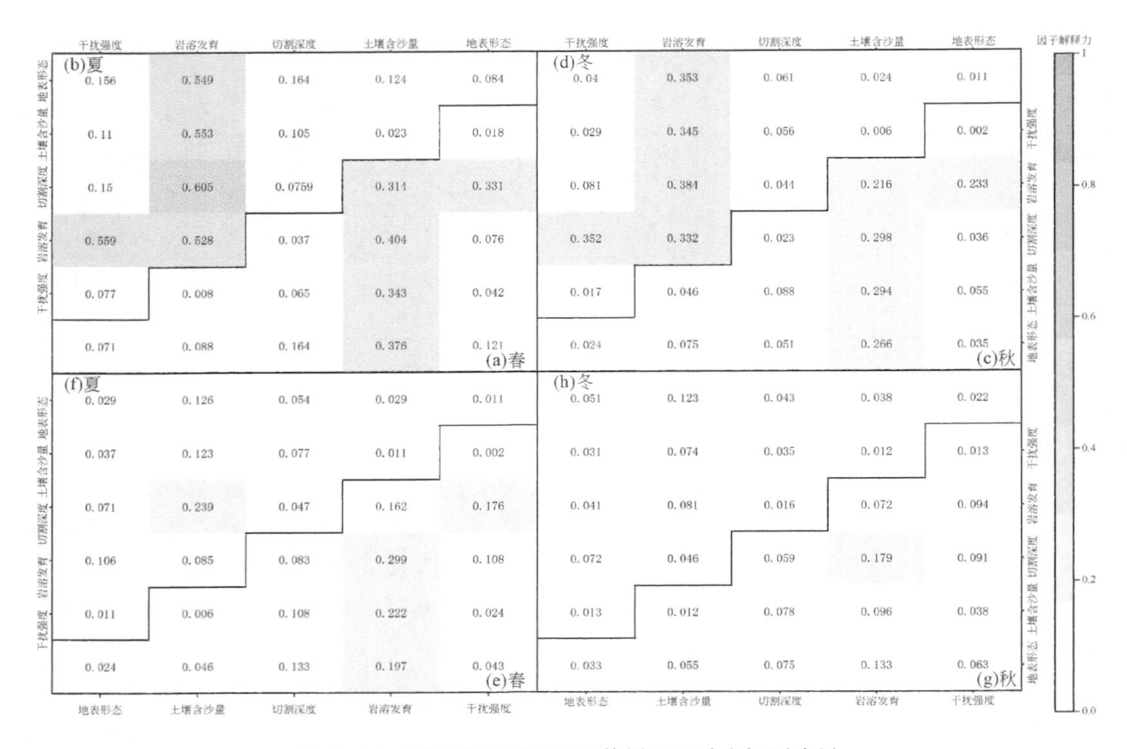

图 17-24　不同尺度下的干旱传播双驱动力探测成果

注：(a)～(d) 为响应程度的双因素解释力；(e)～(h) 为传播强度的双因素解释力

综上研究，从气象干旱至水文干旱传播强度上，岩溶发育强度与地表切割深度的因素组合对区域干旱传播强度空间分布驱动力较大，并随着季节变化其驱动程度逐渐减弱，但区域下垫面因素对传播强度组合驱动力整体偏低。从水文干旱对气象干旱响应程度上看，岩溶发育强度与地表切割深度组合仍旧是主要驱动力，对干旱响应程度影响夏季最高、因子解释力度高达 0.606，整体上区域下垫面因素对干旱响应程度影响比对干旱传播强度的影响力大。总之，在不同下垫面因素中仅有岩溶发育强度与地表切割深度组合对区域气象水文干旱传播过程驱动程度偏大，两者相互作用，共同促进区域干旱传播进程。

17.5　本章小结

本章以中国南方典型喀斯特分布区贵州省为例，探究区域气象水文干旱传播过程的主要方式及其对应关系，深入分析区域下垫面因素对干旱传播过程与响应关系的驱动程度，揭示喀斯特地区下垫面条件对气象水文干旱传播过程的驱动机制。基于以上研究，得出以下结论。

1）1980～2020 年区域内气象干旱与水文干旱发生较为频繁，干旱程度总体偏低，但区域干旱程度逐渐呈加重趋势。20 世纪 80 年代末～90 年代初及 2000 年后区域两种干旱类型的持续时间重合度较高且有逐渐增加趋势，尤其 21 世纪后水文干旱对气象干旱敏感程度越来越高，区域水文干旱在气象干旱发生条件下概率呈逐年增加趋势。

2）在喀斯特分布区总体存在气象干旱至水文干旱传播与水文干旱对气象干旱响应两个方面，区域整体表现干旱传播强度较强（DPI>1）、响应程度较高；在区域滞后效应上，因喀斯特地区蓄水能力较强，整体以水文干旱滞后气象干旱约 1.6 个月；与非喀斯特地区相比，喀斯特地区的干旱滞后期较短，局部地区呈现“高—低—高”分布格局，尤其非岩溶区黔东南滞后效应较强，滞后时间高达 1.7 个月，表明岩溶发育区干旱滞后时间总体低于非岩溶区，干旱滞后效应较弱。

3）在下垫面介质条件差异下，区域气象水文干旱传播过程主要与岩溶发育强度、土壤含沙量等因素在空间关联程度较高，而水文干旱响应过程在地表切割深度较深、岩溶发育强度偏强的区域内敏感程度较高、响应程度偏高；在显著性探测发现地表切割深度、岩溶发育强度与干旱传播过程相关程度较高，其中干旱传播强度与地表切割深度夏季具有显著的负相关关系，而干旱响应程度与岩溶发育强度春季具有显著的正相关关系。

4）在气象水文干旱传播过程中，区域干旱传播主要以一种或两种气象干旱与一种或两种水文干旱为主，即“一对一、一对二、二对一、二对二”等传播方式，其中以“一对一”传播方式为主，尤其 16 个站点“一对一”传播方式发生率为 60% 以上，发生率位居前三的站点为北盘江、阳长、余庆，发生率分别为 67.44%、68.70%、68.06%。整体上区域气象水文干旱传播过程以简单型传播方式为主。

5）喀斯特地区气象水文干旱传播过程主要以“一对一”传播方式的“轻—轻”对应关系为主，“轻—轻”对应关系占全部对应关系的 26.20%，位居首位；在“一对一”传播方式下，不同气象与水文干旱程度的一一对应关系在空间呈现不同气象干旱演变为同一水文干旱，气象干旱程度与干旱传播强度呈负相关关系，而水文干旱对气象干旱响应过程中，则主要呈现同一气象干旱程度下水文干旱程度与其对应气象干旱的响应程度呈负相关关系。

6）在喀斯特地区气象水文干旱传播过程驱动机制上，整体传播或“一对一”传播在空间上均与岩溶发育强度因素具有较强的耦合性和异质性，岩溶发育强度与地表切割深度的因素组合对区域气象水文干旱传播具有较强的驱动作用。总之，在喀斯特地区气象水文干旱传播过程主要驱动力是岩溶发育强度，岩溶发育强度与地表切割深度为主要因素组合驱动，整体上流域干旱传播以双因素驱动为主。

参考文献

安全，贺中华，梁虹，等．2018. 喀斯特分布区小比例尺地表水系提取及阈值分析：以黔中水利枢纽工程区为例．水利水电技术，49（12）：17-26.

白志远，邢立新，潘军，等．2011. 土壤湿度信息遥感研究．测绘与空间地理信息，34（3）：50-55.

陈操操，谢高地，甄霖．2007. 泾河流域降雨量变化特征分析．资源科学，29（2）：172-177.

陈学凯，雷宏军，徐建新，等．2015. 气候变化背景下贵州省农作物生长期干旱时空变化规律．自然资源学报，30（10）：1735-1749.

陈峪，高歌，任国玉，等．2005. 中国十大流域近 40 多年降雨量时空变化特征．自然资源学报，20（5）：637-643.

戴新刚，汪萍，丑纪范．2003. 华北汛期降水多尺度特征与夏季年代际衰变．科学通报，48（23）：2483-2487.

邓孺孺，田国良，柳钦火，等．2004. 粗糙地表土壤含水量遥感模型研究．遥感学报，8（1）：75-80.

杜懿，麻荣永．2018. 不同 Copula 函数在洪水峰量联合分布中的应用比较．水力发电，44（12）：24-26,58.

冯国章．1993. 非相依水文序列极限干旱历时频率分析．干旱地区农业研究，11（3）：60-68.

冯国章．1994. 极限水文干旱历时概率分布的解析与模拟研究．地理学报，49（5）：457-468.

冯国章．1995. 极限水文干旱历时概率分析．水利学报，（6）：37-41.

冯平，贾湖．1997. 供水系统水文干旱预测模型的研究．天津大学学报，30（3）：337-342.

冯平，王仁超．1997. 水文干旱的时间分形特征探讨．水利水电技术，（11）：48-51.

冯平．1999. 径流调节下的水文干旱识别．自然科学进展，（9）：848-853.

付容，胡亮，谷国军．2007. 利用 TRMM 降水资料对华南和长江流域夏季天气尺度的对比分析．中国科学：D 辑，37（9）：1252-1257.

耿鸿江，沈必成．1992. 水文干旱的定义及其意义．干旱地区农业研究，10（4）：91-94.

韩至钧，金占省．1996. 贵州省水文地质志（第一版）．北京：地震出版社．

何原荣，周青山．2008. 基于 SPOT 影像与 Fragstats 软件的区域景观指数提取与分析．海洋测绘，28（1）：18-21.

贺中华，陈晓翔．2013. 基于土壤因素耦合的喀斯特流域水文干旱模拟——以贵州省为例．地理科学，33（6）：724-734.

贺中华，杨胜天，梁虹，等．2004. 基于 GIS 和 RS 的喀斯特流域枯水资源影响因素识别——以贵州省为例．中国岩溶，23（1）：48-55.

贺中华，陈晓翔，梁虹，等．2012. 基于 NDVI 的喀斯特水资源遥感定量监测及分析——以贵州省为例．水土保持研究，19（3）：161-165.

贺中华，陈晓翔，梁虹，等．2013. 基于土壤系统结构的喀斯特流域水文干旱分析——以贵州省为例．自然资源学报，28（10）：1731-1742.

贺中华，陈晓翔，梁虹，等．2014. 贵州典型喀斯特流域土地利用空间结构格局及水文干旱研究．水文，34（1）：20-25.

贺中华，陈晓翔，梁虹，等．2015．典型喀斯特岩性组合结构的流域水文干旱机制研究——以贵州省为例．地质科学，50（1）：340-353.
江海峰．2012．线性代数．北京：中国科学技术大学出版社．
蒋学伟．2016．基于时变因子 Copula 的系统性风险度量．杭州：浙江工商大学硕士学位论文．
康权，郭凤台．1991．论水文干旱与土壤水运动．华北水利水电学院学报，（6）：11-16.
李得勤，段云霞，张述文．2012．土壤湿度观测、模拟和估算研究．地球科学进展，27（4）：424-434.
李明，张永清，张莲芝．2017．基于 Copula 函数的长春市 106 年来的干旱特征分析．干旱区资源与环境，31（6）：147-153.
李松仕．1990．指数 Γ 分布及其在水文中的应用．水利学报，（5）：30-37.
李晓峰，张树清，庞振平，等．2008．矢量景观指数在遥感信息提取中的应用——以乾安湖群为例．遥感学报，12（2）：291-296.
李新辉，宋小宁，周霞．2010．半干旱区土壤湿度遥感监测方法研究．地理与地理信息科学，26（1）：90-93.
李彦恒，史保平，张健．2008．联结（copula）函数在概率地震危险性分析中的应用．地震学报，30（3）：292-301，328.
李运刚，何娇楠，李雪．2016．基于 SPEI 和 SDI 指数的云南红河流域气象水文干旱演变分析．地理科学进展，35（6）：758-767.
林凯荣，何艳虎，雷旭，等．2011．东江流域 1959—2009 年气候变化及其对径流的影响．生态环境学报，20（12）：1783-1787.
刘培君，张琳．1997．卫星遥感估测土壤水分的一种方法．遥感学报，1（2）：135-139.
刘宪锋，朱秀芳，潘耀忠，等．2015．农业干旱监测研究进展与展望．地理学报，70（11）：1835-1848.
刘晓云，王劲松，李耀辉，等．2015．基于 Copula 函数的中国南方干旱风险特征研究．气象学报，73（6）：1080-1091.
刘雪梅，张明军，王圣杰．2016. 2008—2014 年祁连山区夏季降水的日变化特征及其影响因素．地理学报，71（5）：754-767.
刘永林，延军平，岑敏仪．2015．中国降水非均匀性综合评价．地理学报，70（3）：392-406.
马海娇，严登华，翁白莎，等．2013．典型干旱指数在滦河流域的适用性评价．干旱区研究，30（4）：728-734.
马岚．2019．气象干旱向水文干旱传播的动态变化及其驱动力研究．西安：西安理工大学硕士学位论文．
马明卫，宋松柏．2010．椭圆型 Copulas 函数在西安站干旱特征分析中的应用．水文，30（4）：36-42.
马士彬，安裕伦．2012．基于 ASTER GDEM 数据喀斯特区域地貌类型划分与分析．地理科学，32（3）：368-373.
闵屾，钱永甫．2008．我国近 40 年各类降水事件的变化趋势．中山大学学报：自然科学版，47（3）：105-111.
缪驰远，魏欣，孙雷，等．2007．嫩江、哈尔滨两地 48 年来夏季降雨特征分析．资源科学，29（6）：25-31.
莫兴国，胡实，卢洪健，等．2018．GCM 预测情景下中国 21 世纪干旱演变趋势分析．自然资源学报，33（7）：1244-1256.
彭大为，周秋文，谢雪梅，等．2021．下垫面因素对喀斯特地区水分利用效率的影响．地理科学进展，40（12）：2086-2100.
皮贵宁，贺中华，游漫，等．2022．2001—2020 年贵州省气候变化及人类活动对植被变化的影响．水土保持学报，36（4）：160-167.

平凡，罗哲贤，琚建华．2006．长江流域汛期降水年代际和年际尺度变化影响因子的差异．科学通报，51（1）：104-109．
钱莉莉，贺中华，梁虹，等．2019．基于降水 Z 指数的贵州省农业干旱时空演化特征．贵州师范大学学报（自然科学版），37（1）：10-14，19．
任国玉，吴虹，陈正洪．2000．我国降雨变化趋势的空间特征，应用气象学报，11（3）：322-330．
任璐．2016．基于 Copula 的汾河上游水文干旱频率的多时间尺度分析．太原：太原理工大学硕士学位论文．
任荣仪，贺中华，梁虹，等．2020．黔中岩溶山区近 50 年降水时空变化：以黔中水利枢纽工程区为例．贵州科学，38（4）：54-62．
慎东方，商崇菊，方小宇，等．2016．贵州省干旱历时和干旱烈度的时空特征分析．干旱区资源与环境，30（7）：138-143．
施能，陈家其，屠其璞．1995．中国近 100 年来 4 个年代的气象变化特征．气象学报，53（4）：431-439．
宋春桥，游松财，柯灵红，等．2012．藏北高原土壤湿度 MODIS 遥感监测研究．土壤通报，43（2）：294-300．
苏夏羿，张鑫，王云，等．2016．基于 SPI 和 Copula 的湟水流域干旱趋势研究．中国农村水利水电，58（12）：151-155．
孙济良，秦大庸．1989．水文频率分析通用模型研究．水利学报，（4）：1-10．
陶然，张珂．2020．基于 PDSI 的 1982—2015 年我国气象干旱特征及时空变化分析．水资源保护，36（5）：50-56．
田晴，陆建忠，陈晓玲，等．2022．基于长时序 CCI 土壤湿度数据的长江流域农业干旱时空演变．长江流域资源与环境，31（2）：472-481．
王劲峰，徐成东．2017．地理探测器原理与展望．地理学报，72（1）：116-134．
王劲松，郭江勇，周跃武，等．2007．干旱指标研究的进展与展望干旱区地理．干旱区地理，30（1）：60-65．
韦开，王全九，周蓓蓓，等．2017．基于降水距平百分率的陕西省干旱时空分布特征．水土保持学报，31（1）：318-322．
韦志刚，黄荣辉，董文杰．2003．青藏高原气温和降水的年际变化和年代际变化．大气科学，27（2）：157-170．
温庆志，孙鹏，张强，等．2019．基于多源遥感数据的农业干旱监测模型构建及应用．生态学报，39（20）：7757-7770．
文凤平，赵伟，胡路，等．2021．耦合 MODIS 数据的 SMAP 被动微波土壤水分空间降尺度研究——以闪电河流域为例．遥感学报，25（4）：962-973．
吴冬平，杨光，金菊良，等．2015．干旱频率计算的简化方法探讨：以齐齐哈尔市为例．自然灾害学报，24（6）：201-208．
吴建峰，张凤太，卢海芬等．2018．基于标准化降水指数的贵州省近 54 年干旱时空特征分析．科学技术与工程，18（15）：207-214．
吴泽棉，邱建秀，刘苏峡，等．2020．基于土壤水分的农业干旱监测研究进展．地理科学进展，39（10）：1758-1769．
吴战平，白慧，严小冬．2011．贵州省夏旱的时空特点及成因分析．云南大学学报（自然科学版），33（S2）：383-391，396．
吴志勇，徐征光，肖恒，等．2018．基于模拟土壤含水量的长江上游干旱事件时空特征分析．长江流域资源与环境，27（1）：176-184．

夏传花，贺中华，梁虹，等．2020. 基于 landsat8 的贵州省 2015 年农业干旱监测研究．现代农业科技，49（10）：140-143.
夏军．2000. 灰系统水文学——理论、方法及应用．武汉：华中理工大学出版社．
信忠保，许炯心，马元旭．2009. 近 50 年黄土高原侵蚀性降水的时空变化特征．地理科学，29（1）：98-104.
许月萍，张庆庆，楼章华．2010. 基于 Copula 方法的干旱历时和烈度的联合概率分析．天津大学学报，43（10）：928-932.
薛凯丽．2019. 基于时变 Copula 模型的资产间相关关系研究．西安：西安工程大学硕士学位论文．
闫宝伟，郭生练，肖义．2007. 基于两变量联合分布的干旱特征分析．干旱区研究，24（4）：537-542.
杨茂灵，王龙，余航，等．2014. 基于 Pair-copula 函数和标准化径流指数的水文干旱频率分析：以南盘江流域为例．长江流域资源与环境，23（9）：1315-1321.
杨明德．1990. 论喀斯特环境的脆弱性．云南地理环境研究，2（1）：21-29.
尹旭，王婧，李裕瑞，等．2022. 中国乡镇人口分布时空变化及其影响因素．地理研究，41（5）：1245-1261.
尹正杰，黄薇．2009. 陈进水库径流调节对水文干旱的影响分析．水文，29（2）：41-44.
游漫，贺中华，张浪，等．2022. 贵州省农业与气象干旱特征及其响应关系．水土保持学报，36（5）：255-264.
虞美秀，董吴欣，张健云，等．2022. 基于大范围地面墒情监测的鄱阳湖流域农业干旱．水科学展，33（2）：185-195.
曾碧球，解河海，查大伟．2020. 基于 SPI 和 SRI 的马别河流域气象与水文干旱相关性分析．湖北农业科学，59（12）：40-44.
张爱民，王效瑞，马晓群．2002. 淮河流域气候变化及其对农业的影响．安徽农业科学，30（6）：843-846.
张存杰，高学杰，赵红岩．2003. 全球气候变暖对西北地区秋季降水的影响．冰川冻土，25（2）：157-164.
张剑明，黎祖贤，章新平．2007. 长沙近 50 年来降水的多时间尺度分析．水文，27（6）：78-80.
张克新，王娟娟，彭娇婷，等．2020. 贵州省降水集散程度时空变化及其影响因素分析．贵州师范大学学报（自然科学版），38（2）：10-18.
张强．1998. 华北地区干旱指数的确定及其应用．灾害学，13（4）：3-5.
张树誉，孙威，王鹏新．2010. 条件植被温度指数干旱监测指标的等级划分．干旱区研究，27（4）：600-606.
张园．2018. 基于 Copula 函数的陕西省干旱特征分析及应用．西安：长安大学硕士学位论文．
章文波，付金生．2003. 不同类型雨量资料估算降雨侵蚀力．资源科学，25（1）：35-41.
赵林，武建军，吕爱隆，等．2011. 黄淮海平原及其附近地区干旱时空动态格局分析——基于标准化降雨指数．资源科学，33（3）：468-476.
赵少华，秦其明，沈心一，等．2010. 微波遥感技术监测土壤湿度的研究．微波学报，26（2）：90-96.
周念清，李天水，刘铁刚．2019. 基于游程理论和 Copula 函数研究岷江流域干旱特征．南水北调与水利科技，17（1）：1-7.
周玉良，袁潇晨，金菊良．2011. 基于 Copula 的区域水文干旱频率分析．地理科学，31（11）：1383-1388.
Aadhar S，Mishra V. 2017. High-resolution near real-time drought monitoring in South Asia. Scientific Data，（4）：1-14.

Adane A, Foerch G. 2008. Stochastic simulation of the severity of hydrological drought. Water and Environment Journal, 22: 2-10.

Afzal M, Ragab R. 2020. Impact of the future climate and land use changes on the hydrology and water resources in South East England, UK. American Journal of Water Resources, 8 (5): 218-231.

AghaKouchak A, Chiang F, Huning L S, et al. 2020. Climate extremes and compound hazards in a warming world. Annual Review of Earth and Planetary Sciences, 48: 519-548.

AghaKouchak N, Moradkhani H. 2015. Water and climate: Recognize anthropogenic drought. Nature, 524 (7566): 409-411.

Ahmadi-San N, Razaghnia L, Pukkala T, et al. 2022. Effect of land-use change on runoff in Hyrcania. Land, 11 (2): 1-14.

Albert I J M, Beck H E, Crosbie R S, et al. 2013. The millennium drought in southeast Australia (2001–2009): Natural and human causes and implications for water resources, ecosystems, economy, and society. Water Resources Research, 49 (2): 1040-1057.

Alzira S, Alfredo R N, Lucas S L, et al. 2021. Soil moisture-based index for agricultural drought assessment: SMADI application in Pernambuco State-Brazil. Remote Sensing of Environment, 252: 112124-112139.

American Meteorological Society (AMS) . 1997. Meteorological drought-policy statement. Bulletin of the American Meteorological Society, 78: 847-849.

Anand J, Gosain A K, Khosa R, et al. 2018. Prediction of land use changes based on land change modeler and attribution of changes in the water balance of Ganga Basin to land use change using the SWAT model. Geoscience Frontiers, 14 (4): 101542.

Araghinejad S. 2011. An approach for probabilistic hydrological drought forecasting. Water Resources Management, 25 (1): 191-200.

Awange J L, Forootan E, Kuhn M, et al. 2014. Water storage changes and climate variability within the Nile Basin between 2002 and 2011. Advances in Water Resources, 73: 1-15.

Ayantobo O O, Li Y, Song S, et al. 2018. Multivariate drought frequency analysis using four variate symmetric and asymmetric archimedean copula functions. Water Resources Management, 33: 103-127.

Ayele G T, Demissie S S, Jemberie M A, et al. 2009. Space-time modeling of catchment scale drought characteristics. Journal of Hydrology, 375: 363-372.

Azhdari Z, Bazrafshan O, Zamani H, et al. 2021. Hydro-meteorological drought risk assessment using linear and nonlinear multivariate methods. Physics and Chemistry of the Earth, 123: 103046.

Baker T J, Miller S N. 2013. Using the soil and water assessment tool (SWAT) to assess land use impact on water resources in an East African watershed. Journal of Hydrology, 486: 100-111.

Bandyopadhyay N, Bhuiyan C, Saha A K, et al. 2016. Heat waves, temperature extremes and their impacts on monsoon rainfall and meteorological drought in Gujarat, India. Natural Hazards, 82 (1): 367-388.

Beyene B S, Van Loon A F, Van Lanen H A J, et al. 2014. Investigation of variable threshold level approaches for hydrological drought identification. Hydrology & Earth System Sciences Discussions, 11: 12765-12797.

Bouzerdoum M, Mellit A, Massi Pavan A, et al. 2013. A hybrid model (SARIMA-SVM) for short-term power forecasting of a small-scale grid-connected photovoltaic plant. Solar Energy, 98: 226-235.

Breiman L. 2001. Random forests. Machine Learning, 45 (1): 5-32.

Brown J F, Wardlow B D, Tadesse T, et al. 2008. The vegetation drought response index (VegDRI): A new integrated approach for monitoring drought stress in vegetation. GIScience & Remote Sensing, 45 (1): 16-46.

Brunsdon C, Fotheringham A S, Charlton M E. 1996. Geographically weighted regression: A method for exploring spatial nonstationarity. Geographical Analysis, 28 (4): 281-298.

Bunting E L, Munson S M, Villarreal M L, et al. 2017. Climate legacy and lag effects on dryland communities in the southwestern US. Ecological Indicators, 74: 216-229.

Cai Z, Wang J, Yang Y, et al. 2021. Inflfluence of Vegetation Coverage on Hydraulic Characteristics of Overland Flow. Water, 13 (1055): 1-19.

Cao Y, Roy S S. 2020. Spatial patterns of seasonal level trends of groundwater in India during 2002-2016. Weather, 75 (4): 123-128.

Carrao H, Andrew S, Gustavo N, et al. 2014. An optimized system for the classification of meteorological drought intensity with applications in drought frequency analysis. Journal of Applied Meteorology and Climatology, 53 (8): 1943-1960.

Carroll G, Miller S. 2009. Quantifying the costs of drought: Newevidence from life satisfaction data. Journal of Population Economics, 22 (2): 445-461.

Cerdà A, Ackermann O, Terol E, et al. 2019. Impact of farmland abandonment on water resources and soil conservation in citrus plantations in eastern Spain. Water, 11: 824.

Chan J C L, Zhou W. 2005. PDO, ENSO and the early summer monsoon rainfall over south China. Geophysical Research Letters, 32: L08810.

Chen X, Li W F, Feng P, et al. 2018. Spatiotemporal variation of hydrological drought based on the Optimal Standardized Streamflow Index in Luanhe River basin, China. Natural Hazards, 91 (1): 148-169.

Chen Y, Huang G, Shao Q, 2006. Regional analysis of low flow using L-moments for Dongjiang Basin, South China. Hydrological Sciences Journal, 51 (6): 1051-1064.

Chen Y, Xu C Y, Chen X, et al. 2019. Uncertainty in simulation of land-use change impacts on catchment runoff with multi-timescales based on the comparison of the HSPF and SWAT models. Journal of Hydrology, 573: 486-500.

Chen Y L, Meng L L, Huang X H, et al. 2023. Spatial and temporal evolution characteristics of karst agricultural drought based on different time scales and driving detection. Journal of Soil and Water Conservation, 37 (2): 136-148.

Chiang F, Mazdiyasni O, AghaKouchak A, et al. 2021. Evidence of anthropogenic impacts on global drought frequency, duration, and intensity. Nature Communications, 12 (1): 2754.

Choat B, Jansen S, Brodribb T J, et al. 2012. Global convergence in the vulnerability of forests to drought. Nature, 491 (7426), 752-755.

Chu H B, Wei J H, Qiu J, et al. 2019. Identification of the impact of climate change and human activities on rainfall-runoff relationship variation in the Three-River Headwaters region. Ecological Indicators, 106: 105516.

Cong D M, Zhao S H, Chen C, et al. 2017. Characterization of droughts during 2001-2014 based on remote sensing: A case study of Northeast China. Ecological Informatics, 39: 56-67.

Cruz-Roa A F, Olaya-Marín E J, Barrios M I. 2017. Ground and satellite based assessment of meteorological droughts: The Coello river basin case study. International Journal of Applied Earth Observation and Geoinformation, 62: 114-121.

Dai A G, Kevin E, Qian T T, et al. 2004. A global dataset of palmer drought severity index for 1870-2002: Relationship with soil moisture and effects of surface warming. Journal of Hydrometeorology, 5 (6): 1117-1130.

Dai M, Huang S Z, Huang Q, et al. 2020. Assessing agricultural drought risk and its dynamic evolution characteristics. Agricultural Water Management, 231: 106003.

Dankers R, Arnell N W, Clark D B, et al. 2014. First look at changes in flood hazard in the inter-sectoral impact model Intercomparison project ensemble. Proceedings of the National Academy of Sciences of the United States of America, 111: 3257-3261.

Das J, Jha S, Goyal M K, et al. 2020. Non-stationary and copula-based approach to assess the drought characteristics encompassing climate indices over the Himalayan states in India. Journal of Hydrology, 580: 124356.

Datta R, Pathak A, Dodamani B M. 2020. Assessment of meteorological drought return periods over a temporal rainfall change. Trends in Civil Engineering and Challenges for Sustainability, 99: 573-592.

Dayon G, Boé J, Martin E, et al. 2018. Impacts of climate change on the hydrological cycle over France and associated uncertainties. Comptes Rendus Geoscience, 350 (4): 141-153.

Dehghani M, Saghafian B, Zargar M, et al. 2019. Probabilistic hydrological drought index forecasting based on meteorological drought index using Archimedean copulas. Hydrology Research, 50 (5): 1230-1250.

Ding Y B, Xu J T, Wang X W, et al. 2021. Propagation of meteorological to hydrological drought for different climate regions in China. Journal of Environmental Management, 283: 1-12.

Ding Y L, Zhang H Y, Wang Z Q, et al. 2020. A comparison of estimating crop residue cover from sentinel-2 data using empirical regressions and machine learning methods. Remote Sensing, 12 (9): 1470-1491.

Dore M H I. 2005. Climate change and changes in global precipitation patterns: What do we know?. Environment International, 31 (8): 1167-1181.

Dracup A. 1980. On the definition of droughts. Water Resources Management, 16 (2): 297-302.

Du L T, Tian Q J, Wang L, et al. 2012. A comprehensive drought monitoring method integrating MODIS and TRMM data. International Journal of Applied Earth Observations and Geoinformation, 23: 245-253.

Du L T, Tian Q J, Wang L, et al. 2014. A synthesized drought monitoring model based on multi-source remote sensing data. Transactions of the Chinese Society of Agricultural Engineering, 30 (9): 126-132.

Duan K, Mei Y D. 2014. Comparison of meteorological, hydrological and agricultural drought responses to climate change and uncertainty assessment. Water Resour Manage, 28: 5039-5054.

Dunkerley D. 2012. Effects of rainfall intensity fluctuations on infiltration and runoff: Rainfall simulation on dryland soils, Fowlers Gap, Australia. Hydrological ProcHydrological Processesrnesses, 26 (15): 2211-2224.

Ediger V S, Akar S, Ugurlu B. 2006. Forecasting production of fossil fuel sources in Turkey using a comparative regression and ARIMA model. Energy Policy, 34 (18): 3836-3846.

Esha E J, Ahmed A. 2018. Impacts of land use and land cover change on surface temperature in the north-western region of Bangladesh. IEEE Region 10 Humanitarian Technology Conference: 318-321.

Fang W, Huang S Z, Huang Q H, et al. 2019. Probabilistic assessment of remote sensing-based terrestrial vegetation vulnerability to drought stress of the Loess Plateau in China. Remote Sensing of Environment, 232: 111292.

Farvolden R N. 1963. Geologic controls on ground-water storage and base flow. Journal of Hydrology, 1 (3): 219-249.

Feng G Z. 1993. An Analysis of frequency of critical drought duration in independent hydrologic series. Agricultural Research in the Arid Areas, 11 (3): 60-68.

Feng G Z. 1995. An analysis frequency of critical hydrologic drought duration. SHUILI XUEBAO, (6): 37-41.

Feng G. 1994. A study on probamility distribution of critical hydrologic drought durations using the methods of analytic and simulation. Acta Geographica Sinica, 49 (5): 457-468.

Feng P, Jia H. 1997. Inverstigation on forecastiong model of hydrological drought in water supply systems. Journal of Tianjin University, 30 (3): 337-342.

Feng P, Wang R C. 1997. Investigation on the time fractal of hydrologic drought. Water Resources and Hydropower Engineering, (11): 48-51.

Firoz A B M, Alexandra N, Manfred F, et al. 2018. Quantifying human impacts on hydrological drought using a combined modelling approach in a tropical river basin in central Vietnam. Hydrology and Earth System Sciences, 22: 547-565.

Fleig A K, Tallaksen L M, Hisdal H, et al. 2011. Regional hydrological drought in north-western Europe: Linking a new Regional Drought Area Index with weather types. Hydrological Processes, 25: 1163-1179.

Franchini M, Pacciani M. 1991. Comparative anaysis of several conceptual rainfall runoff models. Journal of Hydrology, 122: 161-219.

Ganguli P, Janga Reddy M. 2012. Risk assessment of droughts in gujarat using bivariate copulas. Water Resources Management, 26 (11), 3301-3327.

Gao T, Wang H X, Zhou, T J. 2017. Changes of extreme precipitation and nonlinear infuence of climate variables over monsoon region in China. Atmospheric Research, 197: 379-389.

Gao T, Xu Y F, Wang H X, et al. 2022. Combined impacts of climate variability modes on seasonal precipitation extremes over China. Water Resources Management, 36: 2411-2431.

Gao X C, Yang Z Y, Gao K, et al. 2011. The impact of wind on the rainfall-runoff relationship in urban high-rise building areas. Hydrology and Earth System Sciences, 25: 6023-6039.

Gao Z L, Zhang L, Cheng L, et al. 2015. Groundwater storage trends in the Loess Plateau of China estimated from streamflflow records. Journal of Hydrology, 530: 281-290.

Geng H J, Shen B C. 1992. Definition and significance of hydrologic droughts. Aricultural Research in the Arid Areas, 10 (4): 91-94.

Ghamghami M, Irannejad P. 2019. An analysis of droughts in Iran during 1988-2017. Applied Sciences, (1): 1-21.

Gil M, Garrido A, Gómez- Ramos A. 2011. Economic analysis of drought risk: An application for irrigated agriculture in Spain. Agricultural Water Management, 98: 823-833.

Gimeno L, Stohl A, Trigo R M, et al. 2012. Oceanic and terrestrial sources of continental precipitation. Reviews of Geophysics, 50 (4): RG4003.

Gohain G Z, Sharif F, Shahid M G, et al. 2021. Assessing the impact of land use land cover change on regulatory ecosystem services of subtropical scrub forest, Soan Valley Pakistan. Scientific Reports, 12: 10052.

Gong J F, Yao C, Li Z J, et al. 2021. Improving the food forecasting capability of the Xinanjiang model for small-and mediumsized ungauged catchments in South China. Natural Hazards, 106: 2077-2109.

Gregory K J, Walling D E. 1968. The variation of drainage density within a catchment, Bull. International Association of Scientific Hydrology, 13 (2): 61-68.

Guirguis K, Gershunov A, Cayan D R, et al. 2015. Interannual variability in associations between seasonal climate, weather, and extremes: Wintertime temperature over the Southwestern United States. Environmental Research Letters, 10 (12): 124023.

Guo F, Jiang G H, Yuan D X, et al. 2012. Evolution of major environmental geological problems in karst areas of Southwestern China. Environmental Earth Sciences, 69 (7): 2427-2435.

Guo H B, Liu A M, Tie J P, et al. 2018. Spatial and temporal characteristics of droughts in Central Asia during 1966-2015. Science of the Total Environment, 624: 1523-1538.

Guo Y H, Sheng Z H, Qiang W, et al. 2019. Assessing socioeconomic drought based on an improved multivariate standardized reliability and resilience index. Journal of Hydrology, 568: 904-918.

Guo Y H, Sheng Z H, Qiang W, et al. 2020. Propagation thresholds of meteorological drought for triggering hydrological drought at various levels. Science of the Total Environment, 712: 136502.

Guttman N B. 1999. Accepting the standardized precipitation index: A calculation algorithm. Journal of the American Water Resources Association, 35: 311-322.

Gómez-Limón A. 2020. Hydrological drought insurance for irrigated agriculture in southern Spain. Agricultural Water Management, 240: 106271.

Güven O. 1983. A simplified semiemprical approach to probabilities of extreme hydrologic droughts. Water Resource Research, 19 (2): 441-453.

Han S J, Tang Q H, Xu D, et al. 2014. Irrigation-induced changes in potential evaporation: Moreattention is needed. Hydrological Processes, 28: 2717-2720.

Han Z M, Huang S Z, Huang Q, et al. 2019. Assessing GRACE-based terrestrial water storage anomalies dynamics at multi-timescales and their correlations with teleconnection factors in Yunnan Province, China. Journal of Hydrology, 574: 836-850.

Han Z M, Huang S Z, Huang Q, et al. 2021. Spatial-temporal dynamics of agricultural drought in the Loess Plateau under a changing environment: Characteristics and potential influencing factors. Agricultural Water Management, 244: 106540-106552.

Hao Z C, Agha Kouchak A. 2013. Multivariate standardized srought index: A parametric multi-index model. Advances in Water Resources, 57: 12-18.

Hao Z, Hao F, Singh V P, et al. 2016. Probabilistic prediction of hydrologic drought using a conditional probability approach based on the met-Gaussian model. Journal of Hydrology, 542: 772-780.

He F L, Hu C H, Wang J J, et al. 2015. Analysis of meteorological and hydrological drought in the Yellow River basin during the past 50 years based on SPI and SDI. Geography and Geo-information Science, 31 (3): 69-75.

He Z H, Chen X X, Liang H, et al. 2014. Study on spatial pattern of land-using types and hydrologic droughts for typical karst basin of Guizhou province. Journal of China Hydrology, 34 (1), 20-25.

He Z H, Chen X X, Liang H, et al. 2015. Studies on the mechanism of watershed hydrologic droughts based on the combined structure of typical Karst lithology: Taking Guizhou Province as a case. Chinese Journal of Geology, 50 (1): 340-353.

He Z H, Chen X X. 2013. The hydrological drought Simulating in karst basin based on coupled soil factors: Taking Guizhou Province as a case. Scientia Geographica Sinica, 33 (6): 724-734.

He Z H, Liang H, Yang Z H, et al. 2018. Water system characteristics of Karst river basins in South China and their driving mechanisms of hydrological drought. Natural Hazards, 92: 1155-1178.

He Z H, Zhao C W, Zhou Q, et al. 2021. Temporal-spatial evolution of lagged response of runof to rainfall in Karst drainage basin, Central Guizhou of China. Theoretical and Applied Climatology, 147: 437-449.

Herbst P H, Bredenkamp D B, Barker H M G. 1996. A technique for the evaluation of drought from rainfall data. Journal of Hydrology, (4): 264-272.

Hisdal H, Tallaksen L M. 2003. Estimation of regional meteorological and hydrological drought characteri-stics: A case study for Denmark. Journal of Hydrology, 281 (3): 230-247.

Hong X G, Guo S L, Zhou Y L, et al. 2015. Uncertainties in assessing hydrological drought using streamflow drought index for the upper Yangtze River basin. Stochastic Environmental Research & Risk Assessment, 29: 1235-1247.

Hsieh W W, Wu A , Shabbar A. 2006. Nonlinear atmospheric teleconnections. Geophysical Research Letters, 33: 7714.

Hu T X, Toman E M, Chen G, et al. 2021. Mapping fine-scale human disturbances in a working landscape with Landsat time series on Google Earth Engine. ISPRS Journal of Photogrammetry and Remote Sensing, 176: 250-261.

Hu W. 2016. Technical Note: Multiple wavelet coherence for untangling scalespecific and localized multivariate relationships in geosciences. Hydrology & Earth System Sciences Discussions, 20: 3183-3191.

Hu X P, Wang S G, Xu P P, et al. 2014. Analysis on causes of continuous drought in Southwest China during 2009-2013. Meteorological Monthly, 40 (10): 1216-1229.

Huang S Z, Chang J X, Huang Q, et al. 2015. Identification of abrupt changes of the relationship between rainfall and runoff in the Wei River Basin, China. Theoretical & Applied Climatology, 120 : 299-310.

Huang S Z, Huang Q, Chang J X, et al. 2016. Linkages between hydrological drought, climate indices and human activities: A case study in the Columbia River basin. International Journal of Climatology, 36: 280-290.

Huang S Z, Huang Q, Chang J X. 2015. The response of agricultural drought to meteorological drought and the influencing factors: A case study in the Wei River Basin, China. Agricultural Water Management, 159: 45-54.

Huang S Z, Li P, Huang Q, et al. 2017. The propagation from meteorological to hydrological drought and its potential inflfluence factors. Journal of Hydrology, 547: 184-195.

Huang S Z, Wang W, Huang Q, et al. 2019. Spatiotemporal characteristics of drought structure across China using an integrated drought index. Agricultural Water Management, 218: 182-192.

Hurni H, Kebede T, Zeleke G. 2005. The implications of changes in population, land use, and land management for surface runoffff in the upper Nile basin area of Ethiopia. Mountain Research & Development, 25 (2): 147-154.

Hurtt G C, Chini L P, Frolking S. 2011. Harmonization of land-use scenarios for the period 1500-2100: 600 years of global gridded annual land-use transitions, wood harvest, and resulting secondary lands. Climatic Change, 109: 117-161.

Hurtt G C, Frolking S, Fearon M G, et al. 2006. The underpinnings of land-use history: Three centuries of global gridded land-use transitions, wood-harvest activity, and resulting secondary lands. Global Change Biology, 12: 1208-1229.

Islam A, Kabir M, Choudhury T R, et al. 2021. Sustainable groundwater quality in southeast coastal Bangladesh: Co-dispersions, sources, and probabilistic health risk assessment. Environment, development and sustainability, 23: 18394-18423.

Jehanzaib M, Shah S A, Yoo J Y, et al. 2020. Investigating the impacts of climate change and human activities on hydrological drought using non-stationary approaches. Journal of Hydrology, 588: 125052.

Jha S, Das J, Sharma A, et al. 2019. Probabilistic evaluation of vegetation drought likelihood and its implications to resilience across India. Global and Planetary Change, 176: 23-35.

Jha V B, Gujrati A, Singh R P, et al. 2020. Copula based analysis of meteorological drought and catchment resilience across Indian river basins. International Journal of Climatology, (1): 1-15.

Jiang C, Xiong L H, Wang D B, et al. 2015. Separating the impacts of climate change and human activities on runoff using the Budyko-type equations with time-varying parameters. Journal of Hydrology, 522: 326-338.

Jiang C, Zhang L B. 2016. Effect of ecological restoration and climate change on ecosystems: A case study in the Three-Rivers Headwater Region, China. Environmental Monitoring and Assessment: An International Journal, 188 (6): 382-402.

Jiao S L, Liang H. 2002. The research on the rdlationship between drainage basins' landforms and its lithologic features in Karst region: A case study in Guizhou Province. Carsologica Sinica, 21 (2): 95-100.

Jones R N, Chiew F H S, Boughton W C, et al. 2006. Estimating the sensitivity of mean annual runoff to climate change using selected hydrological models. Advances in Water Resources, 29 (10): 1419-1429.

Kajikawa Y, Yasunari T, Yoshida S, et al. 2012. Advanced Asian summer monsoon onset in recent decades. Geophysical Research Letters, 39 (3): 1033.

Kao S C, Rao S G. 2010. A copula- based joint deficit index for droughts. Journal of Hydrology, 380 (1): 121-134.

Katsuyama M, Tani M, Nishimoto S. 2010. Connection between streamwater mean residence time and bedrock groundwater recharge/discharge dynamics in weathered granite catchments. Hydrological Processes, 24: 2287-2299.

Ke Q, Zhang K. 2022. Interaction effects of rainfall and soil factors on runoff, erosion, and their predictions in different geographic regions. Journal of Hydrology, 605: 127291.

Keesstra S D, Nunes J P, Saco P, et al. 2018. The way forward: Can connectivity be useful to design better measuring and modelling schemes for water and sediment dynamics? . Science of the Total Environment, 644: 1557-1572.

Kim J S, Seo G S, Jang H W, et al. 2017. Correction analysis between Korean spring drought and large- scale teleconnection patterns for drought forecasting. KSCE Journal of Civil Engineering, 21: 458-466.

Kim T W, Valdes J B, Asce F, et al. 2006. Nonparametric approach for bivariate Drought characterization using Palmer drought. Journal of Hydrologic Engineering, 11 (2): 134-143.

Knight J R, Folland C K, Scaife A A, et al. 2006. Climate impacts of the Atlantic multidecadal oscillation. Geophysical Research Letters, 33 (17): 17706.

Kogan F N. 1995. Application of vegetation index and brightness temperature for drought detection. Advances in Space Research, 15 (11): 91-100.

Kogan F N. 2007. Remote sensing of weather impacts on vegetation in non-homogeneous areas. International Journal of Remote Sensing, 11 (8): 1405-1419.

Krishnaswamy J, Vaidyanathan S, Rajagopalan B, et al. 2015. Non-stationary and non-linear inflfluence of ENSO and Indian Ocean Dipole on the variability of Indian monsoon rainfall and extreme rain events. Climate Dynamics, 45: 175-184.

Kroll C N, Vogel R M. 2002. Probability distribution of low streamflow series in the United States. Journal of Hydrologic Engineering, 7 (2): 137-146.

Kumar K K, Rajagopalan B, Cane M A, et al. 1999. On the weakening relationship between the Indian monsoon and ENSO. Science, 284: 2156-2159.

Kuroda K, Hayashi T, Do A T, et al. 2017. Groundwater recharge in suburban areas of Hanoi, Vietnam: Effect of decreasing surface-water bodies and land-use change. Hydrogeology Journal, | 25: 727-742.

Labat A. 2005. Recent advances in wavelet analyses: Part 1. A review of concepts. Journal of Hydrology, 314: 275-288.

Lee T, Modarres R, Ouarda T B M J, et al. 2013. Data-based analysis of bivariate copula tail dependence for drought duration and severity. Hydrol Process, 27 (10): 1454-1463.

Leng G Y, Tang Q H, Rayburg S. 2015. Climate change impacts on meteorological, agricultural and hydrological droughts in China. Global and Planetary Change 126: 23-34.

Leta M K, Demissie T A, Trnckner J, et al. 2021. Modeling and prediction of land use land cover change dynamics based on land change modeler (LCM) in Nashe Watershed, Upper Blue Nile Basin, Ethiopia. Sustainability, 13 (7): 3740.

Li H, Dai A, Zhou T, et al. 2010. Responses of East Asian summer monsoon to historical SST and atmospheric forcing during 1950-2000. Climate Dynamics, 34: 501-514.

Li J Z, Tan S M, Chen F L, et al. 2014. Quantitatively analyze the impact of land use/land cover change on annual runoff decrease. Natural Hazards, 74 (2): 1191-1207.

Li Q F, He P, He Y, et al. 2020. Investigation to the relation between meteorological drought and hydrological drought in the upper Shaying River Basin using wavelet analysis. Atmospheric Research, 234: 104743.

Li Q F, He P F, He Y C, et al. 2020. Investigation to the relation between meteorological drought and hydrological drought in the upper Shaying River Basin using wavelet analysis. Atmospheric Research, 234: 1-10.

Li Q, Sheng B, Huang J, et al. 2022. Different climate response persistence causes warming trend unevenness at continental scales. Nature Climate Change, 12: 343-349.

Li R H, Chen N C, Zhang X, et al. 2020. Quantitative analysis of agricultural drought propagation process in the Yangtze River Basin by using cross wavelet analysis and spatial autocorrelation. Journal of Virological Methods, 280: 107809.

Li R, Chen N, Zhang X, et al. 2020. Quantitative analysis of agricultural drought propagation process in the Yangtze River Basin by using cross wavelet analysis and spatial autocorrelation. Agricultural and Forest Meteorology, 280: 1-9.

Li S L, Bates G T. 2007. Infuence of the Atlantic multidecadal oscillation on the winter climate of East China. Advances in Atmospheric Sciences, 24: 126-135.

Li Y G, He J N, Li X. 2016. Hydrological and meteorological droughts in the red river basin of Yunnan Province based on SPEI and SDI Indices. Progress in Geography, 35 (6): 758-767.

Li Y J, Zheng X D, Lu F, et al. 2012. Analysis of drought evolvement characteristics based on standardized precipitation index in the huaihe river basin. Procedia Engineering, 28: 434-437.

Li Y Y, Luo L F, Chang J X. 2020. Hydrological drought evolution with a nonlinear joint index in regions with significant changes in underlying surface. Journal of Hydrology, 585: 124794.

Li Y, Huang S, Wang H, et al. 2022b. High-resolution propagation time from meteorological to agricultural drought at multiple levels and spatiotemporal scales. Agricultural Water Management, 262: 107428.

Li Y, Gu W, Cui W J, et al. 2015. Exploration of copula function use in crop meteorological drought risk analysis: A case study of winter wheat in Beijing, China. Natural Hazards, 77: 1289-1303.

Li Z Y, Huang S Z, Zhou S, et al. 2021. Clarifying the propagation dynamics from meteorological to hydrological drought induced by climate change and direct human activities. Journal of Hydrometeorology, 22 (9): 2359-2378.

Liang H, Yang M. 1995. Flow Gathering analysis of hydrologeomorphologic system in Karst Drainage Basin. Carsologica Sinica, 14 (2): 186-193.

Liang H. 1995. Effect Analysis of hydrogeomorpphologic making flood peak in Karst Drainage Basin. Carsologica Sinica, 14 (3): 223-229.

Liang H. 1997. Preliminary study on the charcat eristics of flood discharge and low flow influenced by the scale of karst drainage basin-exampled by the Rivers in Guizhou Province. Carsologica Sinica, 16 (2): 121-129.

Liang H. 1998. Arelative analysis between the lithological features and the characteristics of flood discharge and low flow in Karst District: Case study of the rivers, Guizhou Province. Carsologica Sinica, 17 (1): 67-73.

Liao J, Wang W S, Ding J. 2007. Comprehensive assessiment of water quality on main rivers in Sichuang by Bayes Method. Journal of Sichuan Normal University (Natural Science), 30 (4): 519-522.

Liu J B, Liang Y, Gao G Y, et al. 2022. Quantifying the effects of rainfall intensity fluctuation on runoff and soil loss: From indicators to models. Journal of Hydrology, 607: 127494.

Liu L, Hong Y, Yong B, et al. 2012. Hydro-climatological drought analyses and projections using meteorological and hydrological drought indices: A case study in Blue River Basin, Oklahoma. Water Resour Manage, 26: 2761-2779.

Liu X F, Liang X, Zhai J Q, et al. 2013. Quantitative study of impacts for environmental change on runoff in Luanhe River Basin. Journal of Natural Resources, 28 (2): 244-252.

Liu X F, Zhu X F, Pang Y Z, et al. 2016. Agricultural drought monitoring: Progress, challenges, and prospects. Journal of Geographical Sciences, 26 (6): 750-767.

Liu X F, Zhu X F, Zhang Q, et al. 2020. A remote sensing and artificial neural network-based integrated agricultural drought index: Index development and applications. Catena, 186 (3): 1-8.

Liu X L, Xu X H, Yu M X. 2016. Hydrological drought forecasting and assessment based on the standardized stream index in the Southwest China. Procedia Engineering, 154: 733-737.

Liu X M, Zhang M J, Wang S J. 2016. Diurnal variation of summer precipitation and its influencing factors of the Qilian Mountains during 2008-2014. Acta Geographica Sinica, 71 (5): 754-767.

Liu X N, Xu H M, Huang F. 2002. Study on graphic information characteristics of land use spatial pattern and its change. Scientia Geograhpica Sinica, 22 (1): 79-84.

Liu X N, Xu H M. 2001. Graphic representation of spatial pattern of land use. Geographical Research, 20 (6): 752-760.

Liu Y L, Yang J P, Qin M Y, et al. 2015. Comprehensive evaluation of precipitation heterogeneity in China. Acta Geographica Sinica, 70 (3): 392-406.

Liu Y, Zhu Y, Ren L, et al. 2019. Understanding the spatiotemporal links between meteorological and hydrological droughts from a three-dimensional perspective. Journal of Geophysical Research: Atmospheres, 124 (6): 3090-3109.

Liu Z Y, Zhou P, Zhang F Q, et al. 2013. Spatiotemporal characteristics of dryness/wetness conditions across Qinghai Province, Northwest China. Agricultural and Forest Meteorology, 182-183: 101-108.

Lorenzo-Lacruz J, Vicente-Serrano S M, López-Moreno J I. et al. 2010. The impact of droughts and water management on various hydrological systems in the headwaters of the Tagus River. Journal of Hydrology, 386 (1-4): 13-26.

Lu R. 2006. Impact of the Atlantic Multidecadal Oscillation on the Asian summer monsoon. Geophysical Research Letters, 33: L24701.

Luo W, Stepinski T. 2008. Identifification of geologic contrasts from landscape dissection pattern: An application to the Cascade Range, Oregon, USA. Geomorphology, 99: 90-98.

Luo Y, Qin N S, Zhou B, et al. 2019. Runoff characteristics and hysteresis to precipitation in Tuotuo river basin in source region of Yangtze river during 1961-2011. Bulleting of Soil and Water Conservation, 39 (2): 22-28.

Ma F L, Luo L F, Ye A Z, et al. 2019. Drought characteristics and propagation in the semiarid Heihe river basin in northwestern China. Journal of hydrometeorology, 20: 59-77.

Ma Mi W, Song S B. 2010. Elliptical copulas for drought characteristics analysis of Xi'an gauging station. Journal of China Hydrology, 30 (4): 36-42.

Ma S B, An Y L. 2012. Auto-classification of landform in karst region based on ASTER GDEM. Scientia Geographica Sinica, 32 (3): 368-373.

Macdonald N, Redfern T, Miller J, et al. 2022. Understanding the impact of the built environment mosaic on rainfall-runoff behaviour. Journal of Hydrology, 604: 127147.

Marani M, Eltahir E, Rinaldo A. 2001. Geomorphic controls on regional base flow. Water Resour Res, 37 (10): 2619-2630.

Masud M B, Khaliq M N, Wheater H S. 2015. Analysis of meteorological droughts for the Saskatchewan River Basin using univariate and bivariate approaches. Journal of Hydrology, 522: 452-466.

McDonnell J J, Mcguire K, Aggarwal P, et al. 2010. How old is streamwater? Open questions in catchment transit time conceptualization, modelling and analysis. Hydrol Process, 24: 1745-1754.

McGuire K J, McDonnell J J. 2006. A review and evaluation of catchment transit time modeling. Journal of Hydrology, 330: 543-563.

McKee T B, Doesken N J, Kleist J, et al. 1993. The relationship of drought frequency and duration to time scales. Eighth Conference on Applied Climatology, 23: 179-184.

Meresa H K, Osuch M, Romanowicz R J. 2016. Hydro-Meteorological Drought Projections into the 21-st Century for Selected Polish Catchments. Water, 8 (5): 206.

Milly P C D, Betancourt F, Hirsch R M, et al. 2008. Climate change- stationarity is dead: Whither water management? . Science, 319 (5863): 573-574.

Milly P, Dunne K. 2002. Macroscale water fluxes 2. Water and energy supply control of their interannual variability. Water Resources Research, 38 (10): 1-24.

Minnig M, Moeck C, Radny D, et al. 2018. Impact of urbanization on groundwater recharge rates in Dübendorf, Switzerland. Journal of Hydrology, 563: 1135-1146.

Mirakbari M, Ganji A, Fallah S R. 2010. Regional bivariate frequency analysis of meteorological droughts. Journal of Hydrologic Engineering, 15: 985-1000.

Modarres R, Sarhadi A. 2010. Frequency distribution of extreme hydrologic drought of Southeastern Semiarid Region, Iran. Journal of Hydrologic Engineering, 15 (4): 255-264.

Mohan S, Rangacharya N C. 1991. A modified dethod for drought identification. Journal of Hydrological Sciences, 36 (1): 11-22.

Mondal A, Mujumdar P. 2015. Return levels of hydrologic droughts under climate change. Hadvances in Water Resources, 75: 67-79.

Monjo R, Royé D, Martin-Vide J. 2020. Meteorological drought lacunarity around the world and its classification. Earth System Science Data, 12: 741-752.

Mudelsee M. 2007. Long memory of rivers from spatial aggregation. Water Resources Research, 43: 129-137.

Nabaei S, Sharafati A, Yaseen Z M, et al. 2019. Copula based assessment of meteorological drought characteristics: Regional investigation of Iran. Agricultural and Forest Meteorology, 276-277: 107611.

Nalbantis I, Tsakiris G. 2009. Assessment of hydrological drought revisited. Water Resour Manage, 23 (5): 881-897.

Nalbantis I. 2008. Evaluation of a hydrological drought index. European Water, 23 (24): 67-77.

Nelson D. 2006. An Introduction to Copulas, 2nd Ed. New York: Springer Verlag.

Ngondo J, Joseph M, Joel N, et al. 2022. Hydrological response of the Wami-Ruvu basin to land-use and land-cover changes and its impacts for the future. Water, 14 (2): 184.

Niu J, Chen J, Sun L Q, et al. 2015. Exploration of drought evolution using numerical simulations over the Xijiang (West River) basin in South China. Journal of Hydrology, 526: 68-77.

Niu J, Chen J, Sun L Q, et al. 2018. Time-lag effects of vegetation responses to soil moisture evolution: A case study in the Xijiang basin in South China. Stoch Environ Res Risk Assess, 32: 2423-2432.

Nunes A N, de Almeida A C, Coelho C O A. 2011. Impacts of land use and cover type on runoff and soil erosion in a marginal area of Portugal. Applied Geography, 31: 687-699.

Nyabeze W R. 2004. Estimating and interpreting hydrological drought indices using a selected catchment in Zimbabwe. Physics and Chemistry of the Earth, 29: 1173-1180.

Nyatuame M, Amekudzi L K, Agodzo S K. 2020. Assessing the land use/land cover and climate change impact on water balance on Tordzie watershed. Remote Sensing Applications Society and Environment, 20: 100381.

Oguntunde P G, Abiodun B J, Lischeid G. 2017. Impacts of climate change on hydro-meteorological drought over the Volta Basin, West Africa. Global and Planetary Change, 155: 121-132.

Oloruntade A J, Mohammad T A, Ghazali A H, et al. 2017. Analysis of meteorological and hydrological droughts in the Niger-South Basin, Nigeria. Global and Planetary Change, 155: 225-233.

Olusola O A, Li Y, Song S B, et al. 2017. Spatial comparability of drought characteristics and related return periods in mainland China over 1961-2013. Journal of Hydrology, 550: 549-567.

Oroian M, Florina D, Ursachi F. 2020. Comparative evaluation of maceration, microwave and ultrasonic-assisted extraction of phenolic compounds from propolis. Journal of Food Science and Technology, 57 (1): 70-78.

Panu U S, Sharmat C. 2009. Analysis of annual hydrological droughts: The case of northwest Ontario, Canada. Hydrological Sciences-Journal-des Sciences Hydrologiques, 54 (1): 29: 42.

Peters E, Bier G, van Lanen H A J, et al. 2006. Propagation and spatial distribution of drought in a groundwater catchment. Journal of Hydrology, 321 (1/4): 257-275.

Peters-Lidard C D, Mocko D M, Su L, et al. 2021. Advances in land surface models and indicators for drought monitoring and prediction. Bulletin of the American Meteorological Society, 102: E1099-E1122.

Pi J, Zhang L. 2022. Response of vegetation to meteorological drought in watershed at different time scales: A case study of Guizhou Province. Research of Soil and Water Conservation, 29 (4): 277-284, 291.

Piao S, Ciais P, Huang Y, et al. 2010. The impacts of climate change on water resources and agriculture in China. Nature, 467: 43-51.

Post D A, Jakeman A J. 1996. Relationships between catchment attributes and hydrological response characteristics in small Australian mountainash catchments. Hydrol Process, 10: 877-892.

Potop V, Mozny M, Soukup J. 2012. Drought evolution at various time scales in the lowland regions and their impact on vegetable crops in the Czech Republic. Agricultural and Forest Meteorology, 156: 121-133.

Qian C, Zhou T J. 2014. Multidecadal variability of North China aridity and its relationship to PDO during 1900-2010. Journalof Climate, 27: 1210-1222

Quintion J N. 2022. Tilling soils on slopes makes crop production and soils more vulnerable to drought. Nature Food, 3 (7): 497-498.

Raje D, Mujumdar P P. 2010. Hydrologic drought prediction under climate change: Uncertainty modeling with Dempster-Shafer and Bayesian approaches. Advances in Water Resources, 33 (9): 1176-1186.

Ramos P, Santos N, Rui R. 2015. Performance of state space and ARIMA models for consumer retail sales forecasting. Robotics and Computer-Integrated Manufacturing, 34: 151-163.

Raziei T, Bordi I, Pereira L S, et al. 2010. Sutera. Space-time variability of hydrological drought and wetness in Iran using NCEP/NCAR and GPCC datasets. Hydrology and Earth System Sciences, 14: 1919-1930.

Ren L L, Shen H R, Yuan F, et al. 2016. Hydrological drought characteristics in the weihe catchment in a changing environment. Advances in Water Science, 27 (4): 492-500.

Ren L L, Wang M R, Li C H, et al. 2002. Impacts of human activity on river runoff in the northern area of China. Journal of Hydrology, 261: 204-217.

Ren L L, Wang X W. 2022. Algal bloom prediction in the Jiulong River Reservoir based on three types of time series models. Acta Scientiae Circumstantiae, 42 (11): 172-183.

Rhee J, Im J, Carbone G J, et al. 2010. Monitoring agricultural drought for arid and humid regions using multi-sensor remote sensing data. Remote Sensing of Environment, 114 (12): 2875-2887.

Rudd A C, Bell V A, Kay A L. 2017. National-scale analysis of simulated hydrological droughts (1891-2015). Journal of Hydrology, 550: 368-385.

Ryu J H, Svoboda M D, Lenters J D. 2010. Potential extents for ENSO-driven hydrologic drought forecasts in the United States. Climatic Change, 101: 575-597.

Sain S R. 2012. The nature of statistical learning theory. Technometrics, 38 (4): 409.

Sandeep P, Obi Reddy P G, Jegankumar R, et al. 2021. Monitoring of agricultural drought in semi-arid ecosystem of Peninsular India through indices derived from time-series CHIRPS and MODIS datasets. Ecological Indicators, 121: 107033.

Santos D, Rosa T, de Teresa M T C. 1983. Regional droughts: A stochastic characterization. Journal of Hydrology, 66 (1-4): 183-211.

Sattar M N, Lee J Y, Shin J Y, et al. 2019. Probabilistic characteristics of drought propagation from meteorological to hydrological drought in South Korea. Water Resources Management, 33: 2439-2452.

Savari M, Eskandari Damaneh H, Damaneh H E. 2021. Factors infuencing farmers' management behaviors toward coping with drought: Evidence from Iran. Journal of Environmental Planning and Management, 64 (11): 2021-2046.

Sbabel B, Kensuke F K, Bunpot S. 2004. Effect of acid speciation on solid waste liquefaction in an anaerobic acid digester. Water Research, 38 (9): 2416-2422.

Schewe J, Heinke J , GertenD, et al. 2014. Multimodel assessment of water scarcity under climate change. Proceedings of the National Academy of Sciences of the United States of America, 111: 3249-3250.

Seager R, Hoerling M P. 2014. Atmosphere and ocean origins of North American droughts. Journal of Climate, 27: 4581-4606.

Seibert M, Merz B, Apel H. 2017. Seasonal forecasting of hydrological drought in the Limpopo Basin: A comparison of statistical methods. Hydrology and Earth System Sciences, 21: 1611-1629.

Sen Z. 1977. Run-sums of annual flow series. Journal of Hydrology, 35 (3): 311-324.

Sen Z. 1989. The theory of runs with applieations to drought predietions- comment. Journal of Hydrology, 110: 382-390.

Sen Z. 1990. Critical drought analysis by second-order Markov chain. Journal of hydrology, 120: 183-202.

Sen Z. 1991. On the probability of the longest run length in an independent series. Journal of Hydrology, 125: 37-46.

Sen Z. 1997. Run-sums of annual flow series. Journal of Hydrology, 35 (3): 311-324.

Serrano-Notivoli R, Martínez-Salvador A, García-Lorenzo, et al. 2020. Comparative evaluation of conceptual and physical rainfall-runoff models. Journal Of Earth System Science, 26: 1243-1260.

Seyam E A. 2017. Analysis of rainfall intensity impact on the lag time estimation in tropical humid rivers. International Journal of Advanced and Applied Sciences, 4 (10): 15-16.

Shahab Araghinejad. 2011. An approach for probabilistic hydrological drought forecasting. Water Resour Manage, 25: 191-200.

Shahbazi A N. 2015. Climate change impact on meteorological droughts in watershed scale (case study: southwestern Iran). International Journal of Engineering & Technology, 4 (1): 1-11.

Shaik R, Naidu G S. 2021. Development of hydro- meteorological drought index under climate change- Semi- arid river basin of Peninsular India. Journal of Hydrology, 594: 125973.

Sharma T C. 1998. An analysis of non- normal Markovian extremal droughts. Hydrology Process, 12: 597-611.

Shen R P, Guo J, Zhang J X, et al. 2017. Construction of a drought monitoring model using the random forest based remote sensing. Journal of Geo- information Science, 19 (1): 125-133.

Shi P F, Yang T, Xu C Y, et al. 2017. How do the multiple large scale climate oscillations trigger extreme precipitation?. Global Planet Change, 157: 48-58.

Shi P, Zhang Y, Ren Z P, et al. 2019. Land- use changes and check dams reducing runoff and sediment yield on the Loess Plateau of China. Science of the Total Environment, 664: 984-994.

Shiau J T, Shen H W. 2001. Recurrence analysis of hydrologic drought of differing verity. Journal of Water Resources Planning and Management, 127 (1): 30-40.

Shiau J T. 2006. Fitting drought and severity with two- dimasional copulas. Water Resources Management, 20 (5): 795-815.

Siddik M S, Tulip S S, Rahman A, et al2022. The impact of land use and land cover change on groundwater recharge in northwestern Bangladesh. Journal of Environmental Management, 315: 115130.

Singh V P, Guo H, Yu F X. 1993. Parameter estimation for 3- parameter log- logistic distribution (LLD3) by Pome. Stochastic Hydrology and Hydraulics, (7): 163-177.

Smakhtin V U. 2001. Low flow hydrology: A review. Journal of Hydrology, 240: 147-186.

Song G, Wang P P. 2017. Spatial pattern of land use along the terrain gradient of county in Songnen High Plain: A case study of Bayan County. Scientia Geograhpica Sinica, 37 (8): 1218-1225.

Song S B, Singh V P. 2010. Meta- elliptical copulas for drought Frequency analysis of periodic hydrologic data. Stochastic Environmental Research & Risk Assessment, 24: 425-444.

Song X L, Mi N, Mi W B, et al. 2022. Spatial non-stationary characteristics between grass yield and its influencing factors in the Ningxia temperate grasslands based on a mixed geographically weighted regression model. Journal of Geographical Sciences, 32 (6): 1076-1102.

Song Y Z, Wang J F, Ge Y, et al. 2020. An optimal parameters-based geographical detector model enhances geographic characteristics of explanatory variables for spatial heterogeneity analysis: Cases with different types of spatial data. GIScience & Remote Sensing, 57 (5): 593-610.

Soulsby C, Tetzlaff D, Rodgers P, et al. 2006. Runoff processes, stream water residence times and controlling landscape characteristics in amesoscale catchment: An initial evaluation. Journal of Hydrology, 325: 197-221.

Souza A G S S, Neto A R, de Souza L L. 2021. Soil moisture- based index for agricultural drought assessment: SMADI application in Pernambuco State- Brazil. Remote Sensing of Environment, 252: 112124.

Srivastava A, Kumari N, Maza M. 2020. Hydrological response to agricultural land use heterogeneity using variable infiltration capacity model. Water Resources Management, 34: 3779-3794.

Su B D, Huang J L, Wang Y J, et al. 2018. Drought losses in China might double between the 1.5℃ and 2.0℃ warming. Proceedings of the National Academy of Sciences of the United States of America, 115: 10600-10605.

Sun G, McNulty S G, Lu J, et al. 2005. Regional annual water yield from forest lands and its response to potential deforestation across the southeastern United States. Journal of Hydrology, 308: 258-268.

Sun G, Zhou G Y, Zhang Z Q, et al. 2006. Potential water yield reduction due to forestation across China. Journal of Hydrology, 328: 548-558.

Sun L, Wang F, Li B G, et al. 2014. Study on drought monitoring of wuling mountain area based on multi-source data. Transactions of the Chinese Society for Agricultural Machinery, 45 (1): 246-252.

Sutanto S J, van der Weert M, Wanders N. 2019. Moving from drought hazard to impact forecasts. Nature Communications, 10 (1): 4945.

Tabari H, Nikbakht J, Talaee P H, et al. 2013. Hydrological Drought Assessment in Northwestern Iran Based on Streamflow Drought Index (SDI) . Water Resources Management, 27: 137-151.

Tadesse T, Champagne C, Wardlow B, et al. 2017. Building the vegetation drought response index for Canada (VegDRI-Canada) to monitor agricultural drought: First results. GIScience & Remote Sensing, 54 (2): 230-257.

Tahiru A A, Doke D, Baatuuwie B. 2020. Effect of land use and land cover changes on water quality in the Nawuni Catchment of the White Volta Basin, Northern Region, Ghana. Applied Water Science, 10: 198.

Talaee H, Nikbakht J, Hosseinzadeh Talaee P. 2013. Hydrological drought assessment in Northwestern Iran based on streamflow drought index (SDI) . Water Resources Management, 27 (1): 137-151.

Tan H J, Cai R S, Chen J L, et al. 2016. Decadal winter drought in Southwest China since the late 1990s and its atmospheric teleconnection. International Journal Of Climatology, 37: 455-467.

Tan X J, Zhang Q Y. 2009. Dynamic analysis and forecast of water resources ecological footprint in China. Acta Ecologica Sinica, 29 (7): 3559-3568.

Tao W H, Wang Q J, Guo L, et al. 2019. An enhanced rainfall-runoff model with coupled canopy Interception. Hydrological Processes, 34 (8): 1837-1853.

Tena T, Mwaanga P, Nguvulu A. 2019. Impact of land use/land cover change on hydrological components in chongwe river catchment. Sustainability, 11: 6415.

Tenhumberg B, Crone E E, Ramula S, et al. 2018. Time-lagged effects of weather on plant demography: Drought and Astragalus scaphoides. Ecology, 99 (4): 915-925.

Tesfamariam B G, Awoke B G, Melgani F. 2019. Characterizing the spatiotemporal distribution of meteorological drought as a response to climate variability: The case of rift valley lakes basin of Ethiopia. Weather and Climate Extremes, 26: 100237.

Tian Y, Xu Y P, Wang G Q, et al. 2018. Agricultural drought prediction using climate indices based on Support Vector Regression in Xiangjiang River basin. Science of the Total Environment, 622-623: 710-720.

Tigkas D, Vangelis H, Tsakiris G, et al. 2012. Drought and climatic change impact on streamflow in small watersheds. Science of the Total Environment, 440: 33-41.

Torabi Haghighi A, Darabi H, Shahedi K, et al. 2020. A scenario-based approach for assessing the hydrological impacts of land use and climate change in the Marboreh Watershed, Iran. Environmental modeling & assessment, 25: 41-57.

Tromp-van Meerveld H J, McDonnell J J. 2006. Threshold relations in subsurface stormflow: 1. A 147-storm analysis of the Panola hillslope. Water Resources Research, 42 (2): W02410.

Tsakiris G, Pangalou D, Vangelis H. et al. 2007. Regional drought assessment based on the reconnaissance drought index (RDI) . Water Resour Manage, 21: 821-833.

Tu X J, Chen X, Zhao Y, et al. 2016. Responses of hydrologic drought properties and water shortage under changing environments in Dongjiang River Basin. Advances in Water Science, 27 (6): 810-821.

Van Huijgevoort M H J, van Lanen H A J, Teuling A J, et al. 2014. Identification of changes in hydrological drought characteristics from a multi-GCM driven ensemble constrained by observed discharge. Journal of Hydrology, 512 (6): 421-434.

Van Lanen H, Wanders N, Tallaksen L M, et al. 2013. Hydrological drought across the world: Impact of climate and physical catchment structure. Hydrology and Earth System Sciences Discussions, 17: 1715-1732.

Van Loon A F, Gleeson T, Clark J, et al. 2016. Drought in the anthropocene. Nature Geoscience, 9: 89-91.

Van Loon A F, Laaha G. 2015. Hydrological drought severity explained by climate and catchment characteristics. Journal of Hydrology, 526: 3-14.

Van Loon A F, Tijdeman E, Wanders N, et al. 2014. How climate seasonality modifies drought duration and deficit. Journal of Geophysical Research, 119 (8): 4640-4656.

Van Loon A F, Van Lanen H A J. 2013. Making the distinction between water scarcity and drought using an observation-modeling framework. Water Resources Research, 49: 1483-1502.

Van Loon A F, Van Lanen H. 2012. A process-based typology of hydrological drought. Hydrology and Earth System Sciences Discussions, 16: 1915-1946.

Vasiliades L, Loukas A. 2009. Hydrological response to meteorological drought using the Palmer drought indices in Thessaly, Greece. Desalination, 237: 3-21.

Vazifehkhah S K E. 2018. Hydrological drought associations with extreme phases of the North Atlantic and Arctic Oscillations over Turkey and northern Iran. International Journal of Climatology: A Journal of the Royal Meteorological Society, 38: 4459-4475.

Veettil A V, Mishra A. 2020. Multiscale hydrological drought analysis: Role of climate, catchment and morphological variables and associated thresholds. Journal of Hydrology, 582: 124533.

Vergni L, Todisco F. 2011. Spatio-temporal variability of precipitation, temperature and agricultural drought indices in Central Italy. Agricultural and Forest Meteorology, 151: 301-313.

Vergopolan N, Chaney N W, Beck H, et al. 2020. Combining hyper-resolution land surface modeling with SMAP brightness temperatures to obtain 30-m soil moisture estimates. Remote Sensing of Environment, 242: 11740-11755.

Vicente-Serrano S M, Beguería S, Lopez-Moreno J I. 2010. A multiscalar drought index sensitive to global warming: The standardized precipitation evapotranspiration index. Journal of Climate, 23: 1696-1718.

Vicente-Serrano S M, Lopez-Moreno J I, et al. 2005. Hydrological response to different time scales of climatological drought: An evaluation of the Standardized Precipitation Index in a mountainous Mediterranean basin. Hydrology and Earth System Sciences, (9): 523-533.

Vicente-Serrano S M, López-Moreno J I, Beguería S. 2012. Accurate computation of a streamflow drought index. Journal of Hydrologic Engineering, 17 (2): 318-332.

Vidal J P, Martin E, Franchistéguy L, et al. 2010. Multilevel and multiscale drought reanalysis over France with the Safran-Isba-Modcou hydrometeorological suite. Journal of Earth System Science, 14 (3): 459-478.

Vogelmann J E, Gallant Alisa L, Shi H, et al. 2016. Perspectives on monitoring gradual change across the continuity of Landsat sensors using time-series data. Remote Sensing of Environment: An Interdisciplinary Journal, 185: 258-270.

Vrochidou A E K. 2013. The impact of climate change on hydrometeorological droughts at a basin scale. Journal of Hydrology, 476 (7): 290-301.

Wainwright J, Parsons A J. Abrahams A D. 2000. Plot-scale studies of vegetation, overland flow and erosion interactions: Case studies from Arizona and New Mexico. Hydrological Processes, 14: 2921-2943.

Wanders N, Wada Y, 2015. Human and climate impacts on the 21st century hydrological drought. Journal of Hydrology, 526 (6): 208-220.

Wang B, Liu J, Kim H J, et al. 2013. Northern Hemisphere summer monsoon intensified by mega-El Niño/southern oscillation and Atlantic multidecadal oscillation. Proceedings of the National Academy of Sciences of the

United States of America, 110: 5347-5352.

Wang F, Lai H, Li Y. 2022. Dynamic variation of meteorological drought and its relationships with agricultural drought across China. Agricultural Water Management, 261: 107301.

Wang J S, Han L Y, Jia J Y, et al. 2016. The spatial distribution characteristics of a comprehensive drought risk index in southwestern China and underlying causes. Theoretical & Applied Climatology, 124: 517-528.

Wang Q, Xu Y P, Cai X T. 2021. Role of underlying surface, rainstorm and antecedent wetness condition on flood responses in small and medium sized watersheds in the Yangtze River Delta region, China. Catena: An Interdisciplinary Journal of Soil Science Hydrology-Geomorphology Focusing on Geoecology and Landscape Evolution, 206: 105489.

Wang S T, Chen D Y, Wang X L, et al. 2015. A new method for the determination of potassium sorbate combining fluorescence spectra method with PSO-Bp Neural Netork. Spectroscopy and Spectral Analysis, 35 (12): 3549-3554.

Wang S W, Munkhnasan L, Lee W K. 2021. Land use and land cover change detection and prediction in Bhutan's high altitude city of Thimphu, using cellular automata and Markov chain. Environmental Challenges, (2): 100017.

Wang S, Li R P, Li X Z. 2019. Inversion and distribution of soil moisture in belly of Maowusu sandy land based on comprehensive drought index. Transactions of the Chinese Society of Agricultural Engineering, 35 (13): 113-121.

Wang S, Yan Y, Fu Z, et al. 2022. Rainfall-runoff characteristics and their threshold behaviors on a karst hillslope in a peak-cluster depression region. Journal of Hydrology, 605: 127370.

Wang W Q, Shao Q X, Yang T, et al. 2013. Quantitative assessment of the impact of climate variability and human activities on runoff changes: a case study in four catchments of the Haihe River basin, China. Hydrological Processes, 27 (8): 1158-1174.

Wang W, Guo, B, Zhang Y. 2020. The sensitivity of the SPEI to potential evapotranspiration and precipitation at multiple timescales on the Huang-Huai-Hai Plain, China. Theoretical and Applied Climatology, 143 (1): 87-99.

Wang Y Q, Yang J, Chen Y N, et al. 2019. Quantifying the effects of climate and vegetation on soil moisture in an arid area. Water, 11 (4): 767-783.

Wang Z, Liang H, Yang M. 2002. Analysis of the impact of different landform types on low flow modulus in karst regions: A case study of rivers in Guizhou Province. Journal of Geographical Research, 21 (4): 441-448.

Wei S G, Zhang R Q, Li L, et al. 2022. Assessment of agricultural drought based on reanalysis soil moisture in southern China. Land, 11 (4): 502-502.

Wen L, Rogers K, Ling J, et al. 2011. The impacts of river regulation and water diversion on the hydrolo-gical drought characteristics in the Lower Murrumbidgee River, Australia. Journal of Hydrology, 405 (3): 382-391.

Wen Q H, Zhang X, Xu Y. 2013. Detecting human inflfluence on extreme temperatures in China, Geophys. Nanoscale Research Letters, 40: 1171-1176.

Wen Q Z, Sun P, Zhang Q, et al. 2019. An integrated agricultural drought monitoring model based on multi-source remote Sensing data: Model development and application. Acta Ecologica Sinica, 39 (20): 7757-7770.

White J H R, Walsh J E. 2020. Using Bayesian statistics to detect trends in Alaskan precipitation. International Journal of Climatology, 41 (3): 2045-2059.

Wilhite D A. 2000. Drought as a natural hazard: Concepts and definitions//Wilhite D A. Drought: A Glogal Assessment Vol. 1. New York: Routledge.

Woods R A, Sivapalan M, Robinson J S. 1997. Modeling the spatial variability of subsurface runoff using a topographic index. Water Resources Research, 33 (5): 1061-1073.

Woodward F I, Lomas M R, Kelly C K. 2004. Global climate and the distribution of plant biomes. Philosophical Transactions of the Royal Society B: Biological Sciences, 359 (1450): 1465-1476.

Wu H, Su X, Singh V P, et al. 2021. Agricultural drought prediction based on conditional distributions of vine copulas. Water Resources Research, 57: 1-23.

Wu J F, Chen X H, Yuan X, et al. 2021. The interactions between hydrological drought evolution and precipitation-streamflow relationship. Journal of Hydrology, 597: 126210.

Wu J F, Chen X W, Chang T J. 2020. Correlations between hydrological drought and climate indices with respect to the impact of a large reservoir. Theoretical and Applied Climatology, 139: 727-739.

Wu J F, Tan X Z, Chen X H, et al. 2020. Dynamic changes of the dryness/wetness characteristic in the largest river basin of South China and their possible climate driving factors. Atmospheric Research, 232 (24): 104685.

Wu J J, Zhou L, Liu M, et al. 2013. Establishing and assessing the Integrated Surface Drought Index (ISDI) for agricultural drought monitoring in mid-eastern China. International Journal of Applied Earth Observation and Geoinformation, 23: 397-410.

Wu J J, He B, Lu A F. 2011. Quantitative assessment and spatial characteristics analysis of agricultural drought vulnerability in China. Natural Hazards, 56: 785-801.

Wu J L. 2021. Evolution of rainfall runoff relationship based on nonparametric model and movement recognition of aerobics training. Arabian Journal of Geosciences, 14: 1775.

Wu J W, Miao C Y, Duan Q Y, et al. 2019. Dynamics and attributions of baseflow in the semiarid loess plateau. Journal of Geophysical Research, 124: : 282-289.

Xiao M, Zhang Q, Singh V P. 2015. Infuences of ENSO, NAO, IOD and PDO on seasonal precipitation regimes in the Yangtze River Basin, China. International Journal of Climatology, 35: 3556-3567.

Xiong K N, Zhu D Y, Peng T, et al. 2016. Study on ecological industry technology and demonstration for Karst Rocky desertification control of the Karst Plateau-Gorge. Acta Ecologica Sinica, 36 (22): 7109-7113.

Xu C G, McDowell N G, Fisher R A, et al. 2019. Increasing impacts of extreme droughts on vegetation productivity under climate change. Nature Climate Change, 9 (12): 948-953.

Xu H J, Wang X P, Zhao C Y, et al. 2018. Diverse responses of vegetation growth to meteorological drought across climate zones and land biomes in northern China from 1981 to 2014. Agricultural and Forest Meteorology, 262: 1-13.

Xu J Y, Ying S, Gao X J, et al. 2012. Projected changes in climate extremes over China in the 21st century from a high resolution regional climate model (RegCM3). Chinese Science Bulletin, 58: 1443-1452.

Xu K, Yang D W, Xu X Y, et al. 2015. Copula based drought frequency analysis considering the spatio-temporal variability in Southwest China. Journal of Hydrology, 527: 630-640.

Xu Y, Zhang Q, Lou Z. 2010. Joint Probability Analysis of Drought Duration and Severity Based Oil Copula Approach. Journal of Tianjin University, 43 (10): 928-932.

Xu Z, Fan K, Wang H. 2015. Decadal variation of summer precipitation over China and associated atmospheric circulation after the late 1990s. Journal Of Climate, 28: 4086-4106.

Yan B, Guo S, Xiao Y. 2007. Analysis on drought characteristics based on bivariate joint distribution. Arid Zone Research, 24 (4): 537-542.

Yan G X, Wu Z Y, Li D H. 2013. Comprehensive analysis of the persistent drought Events in Southwest

China. Disaster Advances, 6 (3): 306-315.

Yang P, Xia J, Zhang Y Y, et al. 2021. Quantitative study on characteristics of hydrological drought in arid area of Northwest China under changing environment. Journal of Hydrology, 597: 1-12.

Yang W T, Long D, Bai P. 2019. Impacts of future land cover and climate changes on runoff in the mostly afforested river basin in North China. Journal of Hydrology, 570, 201-219.

Yang Y T, Shang S H, Jiang L. 2012. Remote sensing temporal and spatial patterns of evapotranspiration and the responses to water management in a large irrigation district of North China. Agricultural and Forest Meteorology, 164: 112-122.

Yao J Q, Zhao Y, Chen Y N, et al. 2018. Multi-scale assessments of droughts: A case study in Xinjiang, China. Science of the Total Environment, 630, 444-452.

Ye B S, Yang D Q, Kane D L. 2003. Changes in Lena River streamflow hydrology: Human impacts versus natural variations. Water Resources Research, 39 (7): 195.

Yi X S, Li G S, Yin Y Y. 2012. Temperature variation and abrupt change analysis in the Three-River Headwaters Region during 1961-2010. Journal Of Geographical Sciences, 22 (3): 451-469.

Yimit H, Tayir S, Eziz M. 2011. Analysis of impacts of climate variability and human activity on streamflflow in the Yanqi Basin, northeast China. Journal of Hydrology, 410: 239-247.

Yonetani T, Gordon H B. 2001. Simulated changes in the frequency of extreme and regional features of seasonal/annual temperature and precipitation when CO_2 is double. Journal of Climate, 14: 1765-1779.

Yu L F, Leng G Y, Python A. 2022. A comprehensive evalidation for GPM IMERG precipitation products to detect extremes and drought over mainland China. Water Resources Management, 36: 100458

Yue S, Wang C Y. 2004. Possible regional probability distribution type of Canadian annual streamflow by Lmoments. Water Resour Manage, 18 (5): 425-438.

Zaidman M D, Rees H G, Young A R. 2002. Spatio-temporal development of streamflow droughts in north-west Europe. Hydrology and Earth System Sciences, 5 (4): 733-751.

Zarch A, Amin M, Sivakumar B, et al. 2015. Droughts in a warming climate: A global assessment of Standardized precipitation index (SPI) and Reconnaissance drought index (RDI) . Journal of Hydrology, 526: 183-195.

Zare M, Samani A A N, Mohammady M. 2016. The impact of land use change on runoff generation in an urbanizing watershed in the north of Iran. Environmental Earth Sciences, 75: 1279.

Zeng P, Sun F Y, Liu Y J, et al. 2020. Future river basin health assessment through reliability-resilience-vulnerability: thresholds of multiple dryness conditions. Science of the Total Environment, 741: 140395.

Zeng P, Sun F Y, Liu Y J. 2021. Mapping future droughts under global warming across China: A combined multi-timescale meteorological drought index and SOM-Kmeans approach. Weather and Climate Extremes, 31: 100304.

Zhai J Q, Jiang G Q, Pei Y S, et al. 2015. Hydrologic drought assessment in the river basin based on Standard Water Resources Index (SWRI): A case study on the Northern Haihe River. SHUILI XUEBAO, 46 (6): 687-698.

Zhang A J, Zhang C, Fu G B, et al. 2012. Assessments of impacts of climate change and human activities on runoff with SWAT for the Huifa River basin, Northeast China. Water Resources Management, 26 (8): 2199-2217.

Zhang A Z, Jia G S. 2013. Monitoring meteorological drought in semiarid regions using multi-sensor microwave remote sensing data. Remote Sensing of Environment, 134: 12-23.

Zhang B Q, He C S. 2016. A modified water demand estimation method for drought identification over arid and semiarid regions. Agricultural and forest meteorology, 230-231: 58-66.

Zhang J T, Yang J, An P L, et al. 2017. Enhancing soil drought induced by climate change and agricultural practices: observational and experimental evidence from the semiarid area of northern China. Agricultural and Forest Meteorology, 243: 74-83.

Zhang J, Wang S, Fu Z Y, et al. 2022. Soil thickness controls the rainfall- runoff relationship at the karst hillslope critical zone in southwest China. Journal of Hydrology, 609: 127779.

Zhang L, Sielmann F, Fraedrich K, et al. 2015. Variability of winter extreme precipitation in Southeast China: Contributions of SST anomalies. Climate dynamics: Observational, theoretical and computational research on the climate system, 45: 2557-2570.

Zhang L, Sielmann F, Fraedrich K, et al. 2017. Atmospheric response to Indian Ocean Dipole forcing: Changes of Southeast China winter precipitation under global warming. Climate Dynamics, 48: 1467-1482.

Zhang Q, Kong D D, Singh V P, et al. 2017. Response of vegetation to different timescales drought across China: Spatiotemporal patterns, causes and implications. Global and Planetary Change, 152: 1-11.

Zhang Q, Miao C Y, Gou J J. 2022. Spatiotemporal characteristics of meteorological to hydrological drought propagation under natural conditions in China. Weather and Climate Extremes, 38: 100505.

Zhang Q, Miao C, Guo X, et al. 2023. Human activities impact the propagation from meteorological to hydrological drought in the Yellow River Basin, China. Journal of Hydrology, 623: 129752.

Zhang T, Wang Y X, Wang B. 2018. Understanding the main causes of runoff change by hydrological modeling: A case study in Luanhe River Basin, North China. Water, 10 (8): 1-17.

Zhang W G, An S Q, Xu Z. 2011. The impact of vegetation and soil on runoff regulation in headwater streams on the east Qinghai-Tibet Plateau, China. Catena: An Interdisciplinary Journal of Soil Science Hydrology-Geomorphology Focusing on Geoecology and Landscape Evolution, 87: 182-189.

Zhang Y H, Xiang L, Sun Q, et al. 2016. Bayesian probabilistic forecasting of seasonal hydrological drought based on copula function. Scientia Geographica Sinica, 36 (9): 1437-1444.

Zhang Y, Hao Z C, Feng S F, et al. 2021. Agricultural drought prediction in China based on drought propagation and large-scale drivers. Agricultural Water Management, 255 (11): 264-274.

Zhao H Y, Gao G, An W, et al. 2017. Timescale differences between SC-PDSI and SPEI for drought monitoring in China. Physics and Chemistry of the Earth, 102: 48-58.

Zhao A Z, Zhang A B, Cao S. 2018. Responses of vegetation productivity to multi-scale drought in Loess Plateau, China. Catena: An Interdisciplinary Journal of Soil Science Hydrology- Geomorphology Focusing on Geoecology and Landscape Evolution, 163: 165-171.

Zhao J, Huang S Z, Huang Q, et al. 2019a. Copulabased abrupt variations detection in the relationship of seasonal vegetation-climate in the Jing River Basin, China. Remote Sensing11 (13): 1628.

Zhao J J, Li Q Q, Wang L Y, et al. 2019b. Impact of Climate change and land-use on the propagation from meteorological drought to hydrological drought in the Eastern Qilian Mountains. Water, 1062: 1-19.

Zhao K G, Wulder M, Hu T X, et al. 2019c. Detecting change-point, trend, and seasonality in satellite time series data to track abrupt changes and nonlinear dynamics: A bayesian ensemble algorithm. Remote Sensing of Environment, 232 (C): 111181-111201.

Zhao L, Wu J. 2014. Impact of Meteorological Drought on Streamflow Drought in Jinghe River Basin of China. Chinese Geographical Science, 24 (6): 694-705.

Zhao P P, Lu H, Wang W, et al. 2019. From meteorological droughts to hydrological droughts: A case study of the Weihe River Basin, China. Arabian Journal of Geosciences, 12 (11): 1-13.

Zhao X, Zhao R. 2016. Applicability of the hydrologic drought index in the upper Fenhe River. Advances in Water Science, 27 (4): 512-519.

Zhao Y, Xu X D, Liu L P, et al. 2019d. Effects of convection over the Tibetan Plateau on rainstorms downstream of the Yangtze River Basin. Atmospheric Research, 219 (5): 24-35.

Zhou K K, Li J Z, Zhang T, et al. 2021. The use of combined soil moisture data to characterize agricultural drought conditions and the relationship among different drought types in China. Agricultural Water Management. 243: 106479-106493.

Zhou Y L, Yuan X C, Jin J L. 2011. Regional hydrological drought frequency based on copulas. Agricultural Water Management, 31 (11): 1383-1388.

Zhou Z Q. 2021. Characteristics of propagation from meteorological drought to hydrological drought in the Pearl River Basin. Journal of Geophysical Research: Atmospheres, 126 (4): 1-20.

Zhou Z Q, Shi H Y, Fu Q. 2020. Characteristics of propagation from meteorological drought to hydrological drought in the Pearl River Basin. Journal of Geophysical Research Atmospheres, 126 (4): e2020JD033959.

Zhu B W, Xie X H, Zhang K. 2018. Water storage and vegetation changes in response to the 2009/10 drought over North China. Hydrology Research, 49 (5): 1618-1635.

Zhu C H, Li Y K. 2014. Long-term hydrological impacts of land use/land cover change from 1984 to 2010 in the Little River watershed, Tennessee. International Soil and Water Conservation Research, (2): 11-21.